研讨汉源新县城岩土工程问题

（左为中国工程院院士王思敬，右为中国工程勘察设计大师李文纲）

瀑布沟大坝蓄水前上游面貌

瀑布沟大坝蓄水后库首段水库面貌

远眺昔日宽缓条形单斜顺向山坡——萝卜岗

汉源湖环绕汉源新县城全景面貌

汉源新县城夜景面貌

西南山区复杂岩土工程研究与实践

——瀑布沟水电站汉源新县城移民迁建工程

中国电建集团成都勘测设计研究院有限公司

主　编　李文纲　　陈卫东　　张廷柱　　梁　宇

副主编　苏鹏云　　文继涛　　安世泽　　余江展

中国水利水电出版社

www.waterpub.com.cn

·北京·

内 容 提 要

本书以瀑布沟水电站汉源新县城移民迁建工程为例，对西南山区复杂岩土工程的实践进行了系统的总结与研究，内容分为4篇。第1篇概论，介绍了汉源新县城的规划、选址、勘察设计研究的基本情况。第2篇岩土工程勘察，从区域地质环境、场地工程地质条件研究入手，分别对汉源新县城工程建设所涉及的岩质顺向斜坡、高切坡、滑坡、采空区、岩溶地基和特殊土等主要工程地质问题进行了系统、深入的研究。第3篇岩土工程设计，对影响建设场地、建筑地段稳定性的滑坡等地质灾害，进行了稳定性分析计算和治理设计研究；同时针对山区场地顺向斜坡和高切坡进行了支挡设计研究。第4篇岩土工程监测，针对建设场地整体稳定性、场平和建（构）筑物稳定性以及地质灾害治理工程等进行了多方法监测和成果分析，验证了岩土工程勘察设计和处理效果。汉源新县城建成运行6年来，整体安全稳定，是西南山区复杂移民集中安置场地岩土工程勘察设计成功的典范。

本书可供从事水电水利行业和其他行业岩土工程专业技术人员及有关院校相关专业的师生参考使用。

图书在版编目（CIP）数据

西南山区复杂岩土工程研究与实践 ：瀑布沟水电站汉源新县城移民迁建工程 / 李文纲等主编. -- 北京：中国水利水电出版社，2016.10
ISBN 978-7-5170-4821-3

Ⅰ．①西⋯ Ⅱ．①李⋯ Ⅲ．①山区－岩土工程－研究－西南地区 Ⅳ．①TU412

中国版本图书馆CIP数据核字（2016）第253801号

书 名	西南山区复杂岩土工程研究与实践 ——瀑布沟水电站汉源新县城移民迁建工程 XINAN SHANQU FUZA YANTU GONGCHENG YANJIU YU SHIJIAN
作 者	中国电建集团成都勘测设计研究院有限公司 主 编 李文纲 陈卫东 张廷柱 梁 宇 副主编 苏鹏云 文继涛 安世泽 余江展
出版发行	中国水利水电出版社 （北京市海淀区玉渊潭南路1号D座 100038） 网址：www.waterpub.com.cn E-mail：sales@waterpub.com.cn 电话：（010）68367658（营销中心）
经 售	北京科水图书销售中心（零售） 电话：（010）88383994、63202643、68545874 全国各地新华书店和相关出版物销售网点
排 版	中国水利水电出版社微机排版中心
印 刷	北京新华印刷有限公司
规 格	184mm×260mm 16开本 26.5印张 631千字 2插页
版 次	2016年10月第1版 2016年10月第1次印刷
印 数	0001—1500册
定 价	**120.00元**

主编单位　中国电建集团成都勘测设计研究院有限公司

参编单位　（排名不分先后）
　　　　　　　自贡市城市规划设计研究院有限责任公司
　　　　　　　中节能建设工程设计院有限公司
　　　　　　　四川省地质工程勘察院

主　　编　李文纲　陈卫东　张廷柱　梁　宇
副主编　苏鹏云　文继涛　安世泽　余江展

本书撰稿人员名单

篇章	撰稿人（按姓氏笔画排序）
第1篇	苏鹏云　李　明　李　毅　杨　洲　何立新　张廷柱　陈光明 梁　宇　梁　炎　董　明　傅支黔
第2篇	王　影　尹华尧　刘忠祥　苏银华　杜文树　杜明祝　李作兵 何立新　张廷柱　陈淑芬　赵军海　梁　宇
第3篇	卫志强　王小珊　文继涛　邓绍康　孙宇彤　苏银华　苏鹏云 杜明祝　李　毅　杨　科　佘鸿翔　张　逊　陈东升　陈罗毅 林　兵　罗贞华　郑玉辉　梁　宇　傅支黔
第4篇	王誉陶　刘　峰　刘满江　杜明祝　杨　科　吴常栋　何立新 张廷柱　陈淑芬　梁　宇

参加工作主要人员
（排名不分单位、按姓氏笔画排序）

马　萧	马林艳	马俊琳	马德林	王　敏	王　影	王　潘	王小冲
王云飞	王方亮	王成峰	王向东	王观琪	王承俊	王舒婷	韦才华
韦玉婷	文继涛	方　勇	尹华尧	尹显科	邓　韧	邓　晶	邓绍康
邓晓丽	甘　林	石伟明	石定国	龙海涛	田启文	兰　宇	朱建波
华博深	向斌益	刘大文	刘文涛	刘平安	刘永峰	刘宗祥	刘洧骥
刘银海	江　萍	汤　彬	孙　璇	孙宇彤	苏红杰	苏建民	苏鹏云
杜文树	杜明祝	李　中	李　军	李　明	李　鸣	李　毅	李大鑫
李卫红	李小泉	李文纲	李文慧	李汤伟	李作兵	李青春	李英勇
杨　建	杨　科	杨　洲	杨　彬	杨世华	杨明杰	杨建波	杨建宏
肖长波	肖庆峰	肖红勇	何　涛	何中江	何文才	何立新	何成江
佘鸿翔	余　亮	邹维勇	汪天寿	宋书志	宋玲丽	张　庆	张　芳
张　逊	张　铭	张　斌	张　魁	张云海	张占成	张江平	张廷柱
张佑廷	张征东	张建川	张晓阳	张惠芝	陈　全	陈　超	陈　晶
陈卫东	陈东升	陈光伟	陈光明	陈国辉	陈罗毅	陈淑芬	陈绪刚
范　伟	林　兵	罗本全	罗贞华	罗奎品	和春华	周　虹	周　静
周小义	周云金	周本能	周佩华	周晓清	郑志龙	郑利群	郑晓晶
屈宋源	赵　宇	赵小平	赵永旭	赵军海	赵国全	胡志洪	胡秉偃
胡泽铭	胡建忠	钟　声	钟涵翰	贺如平	袁　博	袁　全	袁　勇
晏　群	徐　飞	徐　虹	徐　静	徐海丽	徐开寿	高　捷	郭万侦
唐　然	唐翠华	涂　翔	谈　琴	黄　刚	黄　伟	黄　波	黄　剑
黄竞强	黄辉强	曹　霞	商礼治	梁　平	梁　宇	梁　炎	彭朝洪
董　明	董建辉	粟　兰	蒋　媛	韩丽芳	傅　涛	傅支黔	谢　畅
雷万君	詹禹楠	谭　丽	樊熠玮	颜　超	颜正礼	魏良帅	

中国电建集团成都勘测设计研究院有限公司简介

中国电建集团成都勘测设计研究院有限公司（简称"成都院"），其历史可以追溯至1950年成立的燃料工业部西南水力发电工程处，正式建制于1955年，拥有成都与温江科研、办公场所18万多 m²，成都办公区位于风景秀丽的浣花溪畔，毗邻历史人文胜迹青羊宫、杜甫草堂。

成都院是中国电建集团直属的国家级大型综合勘测设计科研企业，持有工程设计综合甲级、工程勘察综合类甲级、工程造价咨询、工程监理、水土保持、水文水资源调查评价、建设项目环境影响评价、污染治理设施运行服务、地质灾害治理设计勘查与施工、环境污染防治工程、对外承包工程等20余项资质证书及发电业务许可证。同时，建立了质量、职业健康安全、环境管理体系。

成都院一直秉承"贡献国家、服务业主、回报社会"的价值理念，致力于实现人与自然、社会的和谐发展，服务全球清洁能源与基础设施、环境工程建设。

成都院国家级高精尖人才众多，拥有一批工程经验丰富、学术水平高的技术带头人。现有国家勘察大师1人，国家监理大师1人，享受国务院政府特殊津贴专家11人，国家新世纪百千万人才计划1人，全国优秀科技工作者2人，四川省学术和技术带头人4人，后备人选13人，四川省工程勘察设计大师8人。本科及以上学历人员近九成，其中博士38人，硕士563人。

60多年来，成都院完成了西南及西藏地区100余条大中型河流的水力资源普查和复查，普查的水能资源理论蕴藏量占全国的54.4％；承担雅鲁藏布江、金沙江、大渡河、雅砻江、嘉陵江等流域和河段的开发规划，水利枢纽和水电站规划约350座，总装机容量约2.1亿 kW，约占我国可开发水力资源的39％，居行业首位；勘测设计并建成发电的羊湖、映秀湾、龚嘴、铜街子、沙牌、瀑布沟、溪洛渡、锦屏一级和大岗山等水电站140余座，总装机容量7000余万 kW，包括我国20世纪投产的最大水电站二滩、装机容量世界第三的溪洛渡、世界第一高拱坝锦屏一级等巨型工程；正在从事前期勘测设计的水电站约30座，装机容量2000万 kW，正在建设的水电站15座，装机容量1500万 kW，涉及长河坝、两河口、双江口等世界级大型水电站。

成都院在国家能源规划、高端技术服务方面培育出核心竞争能力，代表着我国乃至世界水电勘测设计的最高水平，拥有10多项国际领先的核心技术：300m级高混凝土拱坝勘察设计成套技术、300m级高土心墙堆石坝勘察设计成套技术、复杂地基处理勘察设计技术、巨型地下洞室群勘察设计技术、高陡边坡稳定控制技术、高水头大流量窄河谷泄洪消能技术、深埋长大引水隧洞设计技术、大坝施工过程仿真与智能监测技术、气垫式调压室设计技术、环境评价与保护设计技术、三维协同设计技术、峡谷风电场勘察设计技术、数字流域成套技术、水电站设计施工一体化技术等。形成了"产学研"相结合的科技创新体系，拥有国家能源水能风能研究分中心、高混凝土坝研发分中心、大型地下工程研发分中心，博士后工作站、四川省首批院士工作站，成都院-IBM智慧流域研究院、法国达索-成都院工程数字化创新中心等多个研发平台。2008年，被认定为国家级高新技术企业；2012年，被认定为第五批国家级创新型试点企业；2013年，被认定为四川省创新型示范企业。

成都院荣获国家科技进步奖23项（含国家科技进步一等奖2项）、全国优秀工程勘察与设计奖19项，国家级企业创新管理奖1项；主编国家及行业规范76篇；获得省部级科技进步奖204项、省部级优秀工程勘察与设计奖125项；拥有数百项专利。连续多年被评选为"全国勘察设计综合实力百强单位"，位居水电行业之首；由美国《工程建设记录》（ENR）和中国《建筑时报》组织的中国承包商和工程设计企业TOP 60强评选中，在中国工程设计企业中位列前十名。

60多年创新求存，成都院已发展成为集工程规划、勘测设计、咨询、监理、总承包、投资运营、科技研发为一体的工程公司，在保持传统业务优势的同时，从专注水利水电、新能源等领域，积极拓展到交通、建筑、市政及水环境、水务、岩土工程、数字工程、环境工程、移民工程代建、设备成套供应等多元业务领域，构筑可持续发展的全产业价值链。

成都院依托雄厚的技术实力和人才优势，坚持战略转型和业务升级，形成了工程勘测设计、工程总承包、投资及资产运营"三大产业"格局。

成都院从2003年开始进军总承包业务市场。先后承担50余项总承包业务，带来了总承包管理水平的提高，黑河塘水电站荣获2007年度四川省建设工程"天府杯"金奖，德昌一期风电荣获2014年第一届电力勘察设计行业优秀工程总承包二等奖。

成都院大力发挥投资驱动作用，参、控股公司28家，拥有发电权益容量200多万kW，已建、在建权益容量100万kW；城市污水处理BOT项目9个，污水处理能力近30万t/d。

成都院坚持国际优先发展战略，业务范围遍布亚洲、非洲、欧洲、南北美洲、大洋洲等60余个国家或地区，控股哈萨克斯坦水利设计院，参股欧亚电力有限公司，成功建设马其顿科佳、格鲁吉亚卡杜里、越南洛富明、哈萨克斯坦玛依纳等项目；承担中亚五国可再生能源规划和塞拉利昂国家水电规划；开展南亚最大污水处理厂孟加拉达舍尔甘地EPC项目、越南国家风电示范项目富叻风电EPC项目，承担科特迪瓦苏布雷水电站勘测设计和机电设备成套任务；成功签订老挝大捷水电站FEPC总承包合同；正在启动列宁格勒抽水蓄能电站。经过多年经营、探索和实践，积累了丰富的国际工程勘测设计与施工总承包经验。

成都院2014年成功跨入集团八大特级子企业行列，资产规模突破百亿大关，各项经济指标保持平稳增长势头，营业收入、利润和经济增加值均创历史新高。荣获"中央企业先进集体""全国用户满意企业""四川省最佳文明单位"等30多项荣誉称号。

成都院坚守"诚信、负责、卓越"企业精神与"服务、关爱、回报"企业价值观，勇于承担中央企业的社会责任和义务，在水电工程抢险、堰塞湖整治、次生灾害防治、帮扶救助等方面作出积极贡献，荣膺中共中央、国务院、中央军委、水利部、国资委、四川省委省政府各类表彰。

适应新常态，迎接新挑战，成都院将强力深化改革，着力推动创新，持续提升管理，加快实现有质量、有效益、可持续发展目标，向着"国际型一流工程公司"阔步前行。

由于瀑布沟水电站的修建，原汉源县城位于库水位以下将被淹没，由此需另选新址搬迁重建。新县城从选址到建成，历时 20 多年，比较了市荣、萝卜岗、九襄、周家等多个场地，最终综合选定在萝卜岗现有场地上建设。建设过程中，在"5·12"汶川特大地震后，本人于2009 年 4 月主持了对《四川省汉源县城新址地质安全评价报告》的评审。

岩质顺向边坡、高切坡、滑坡、岩溶地基、煤层采空区及特殊土等是萝卜岗场地的重大工程地质问题。该书在对上述主要工程地质问题的分析评价方法和治理原则确定等方面具有针对工程地质问题分区勘察评价的创新和岩土工程动态设计治理之特色。在边坡稳定性标准选用上，以建设部门和国土资源部门的岩土工程勘察设计标准为主，结合水电行业标准，既经济合理又保证了工程安全。

岩土工程面对的是千变万化的地质条件和多种多样的岩土特性，工程设计和治理需紧密结合具体条件，因地制宜。该书岩土工程研究的主要创新点有：①针对影响重大的滑坡进行了专题研究，尤其是乱石岗特大型滑坡，根据其变形破坏特征和当时状态，将滑坡及其影响范围分为滑坡堆积区、滑坡拉裂松动变形区和滑坡拉裂松弛变形区，其中滑坡拉裂松动变形区又细分为强拉裂松动变形区和弱拉裂松动变形区。从而为工程建设用地划分和工程处理深度提供了可靠的依据。②针对煤层采空区分布有错综复杂的小煤窑和小巷道，有的自然塌陷、有的为空洞的特点，采用民访、地表变形测绘，洞口定位，洞内测量，再结合物探、钻探准确查明了采空区的情况，为人居建筑物的避让和市政道路的布设提供了依据。③针对灰岩地基中岩溶发育的特点，准确区分了古岩溶和现代岩溶，将古岩溶作为建筑物基础持力层而加以利用，现代岩溶地基进行可靠处理后利用。④针对单斜顺向边坡，当顺层软弱结构面未在前缘临空出露且埋深较大时，对边坡地基不再进行工程处理，既保证了工程安全又节约了工程投资。⑤结合单斜顺向边坡特定的地形地质条件，需要高切坡形成场平，因此大量采用挡墙支挡，其结构形式多样，一般高度为 8～12m，最大高度达 25m，总长 40 余km，属国内罕见。⑥在萝卜岗场地大量采用 GNSS 形变监测新技术，与深部变形、地下水水位以及支护效应等常规监测手段相结合，构建了"空基-地基-物基"多源立体监测系统，使不同监测效应量相互关联、相互补充和相互检核，确保了监测成果分析与评价的准确性和可靠性。

县城的搬迁重建属大型移民工程，既涉及国家重点水电工程如期蓄水发电问题，更涉及建设与环境和谐发展问题和社会稳定、移民安居乐业等民生问题。县城的建设社会影响和关注度高，加之萝卜岗场地环境地质和工程地质条件复杂，在近 3 年时间内，建设者们克服了诸多困难，一座崭新的县城屹立在萝卜岗上。为不影响瀑布沟水电站按期下闸蓄水和发电的时间要求，新县城建设在管理模式上进行了创新，在工程建设上紧紧抓住了关键工程技术问题，脚踏实地处理好了单斜岩质顺向边坡稳定问题、高切坡与高挡墙问题、滑坡灾害问题、采空区问题和岩溶地基问题等。由中国工程勘察设计大师、教授级高级工程师、高级工程师等组成的该书作者及其团队，长期战斗在工程建设第一线，夜以继日，及时处理和解决工程施工中出现的问题，控制了风险，如期完成了工程建设，可喜可贺。

汉源新县城建成运行 6 年来，整体安全稳定，是西南山区复杂岩土工程移民集中安置成功的典范。该书作者及其团队不辞辛劳，及时从岩土工程勘察、设计、监测等方面进行了梳理和总结，将他们工作过程中取得的新认识、新成果全面、客观、翔实地展现给大家，为类似工程的勘察设计和治理提供借鉴参考。

感谢参与者的辛勤付出和无私奉献。

中国工程院院士 王思敬

2015 年 9 月 20 日

前言

改革开放以来，我国兴建了一批大型和特大型水电工程，为国民经济可持续发展和人民生活水平不断提高提供了强有力的清洁可再生能源支撑。然而，这些大型和特大型水电工程建设中无不涉及建设征地和移民安置问题，如何解决好库区城镇迁建与移民搬迁安置已成为水电开发建设能否顺利实施的关键问题。

瀑布沟水电站是一座以发电为主，兼有防洪、拦沙等综合利用效益的大型水电枢纽工程。水库正常蓄水位为850.00m，总库容为53.37亿m³，水库淹没面积为84.14km²，水库淹没影响范围涉及四川省雅安市汉源县、石棉县和凉山彝族自治州甘洛县共3个县22个镇（乡）71个村。地处瀑布沟水电站水库淹没区的汉源县原县城需另选新址建设。

汉源新县城的选址是一项涉及国计民生的复杂系统工程。县域内山地多、平坝少，平坝人口密集、有效耕地资源稀缺是汉源县的基本县情。从行政区划位置、区域经济发展、土地资源利用、环境与生态保护、场地工程地质条件等多因素分析比较，并经上级主管部门审查、批准，汉源县城新址选定在与原县城一岸之隔的市荣乡萝卜岗宽缓条形山地上，其区位适中，可合理利用低山缓坡地，少占农田，符合汉源县实际情况。最终审定的汉源新县城建设规模人口为 30000 人，占地面积为 2.99km²。

新县城场地规划、勘察设计和工程建设从 1989 年至 2011 年城市建设基本完成，经历了 20 多年复杂曲折的历程。在各级党委和政府的坚强领导下，在全体参建者和援建者共同努力下，如今随着瀑布沟水电站的建成发电，一座依山傍水、风景秀丽的汉源新县城屹立于萝卜岗上。为总结工程规划、勘测设计中的经验，在各方支持下，特组织编撰《西南山区复杂岩土工程研究与实践——瀑布沟水电站汉源新县城移民迁建工程》一书。

本书以瀑布沟水电站汉源新县城移民迁建工程为例，对西南山区复杂岩土工程的实践进行了系统的总结与研究，内容分为 4 篇。第 1 篇概论，介绍了汉源新县城的规划、选址、勘察设计研究的基本情况。第 2 篇岩土工程勘察，从区域地质环境、场地工程地质条件研究入手，分别对汉源新县城工程建设所涉及的岩质顺向斜坡、高切坡、滑坡、采空区、岩溶地基和特殊土等主要工程地质问题进行了系统、深入的研究。第 3 篇岩土工程设计，对影响建设场地、建筑地段稳定性的滑坡等地质灾害，进行了稳定性分析计算和治理设计研究；同时针对山区场地顺向斜坡和高切坡进行了支挡设计研究。第 4 篇岩土工程监测，针对建设场地整体稳定性、场平和建（构）筑物稳定性以及地质灾害治理工程等进行了多方法监测和成果分析，验证了岩土工程勘察设计和处理效果。汉源新县城建成运行 6 年来，整体安全稳定，是西南山区复杂移民集中安置场地岩土工程勘察设计成功的典范。本书对山区岩土工程，尤其是移民集中安置迁建场地的勘察设计与建设具有重要的借鉴和参考价值。

本书由成都院组织策划并主编，自贡市城市规划设计研究院有限责任公司、中节能建设工程设计院有限公司、四川省地质工程勘察院等单位参编；由中国工程勘察设计大师、教授级高级工程师、高级工程师等组成的编撰团队，经历两年全面总结、深入研究、精心编写而成。

工程建设过程中，得到了中国工程院王思敬院士和成都理工大学副校长黄润秋教授的悉心指导和大力支持；成都理工大学、西南交通大学、四川省地震局工程地震研究院、河海大学等合作单位参加了部分工作。在此一并表示诚挚的谢意。

在本书编写过程中得到了成都院的领导和技术经济委员会、科技质量部、建设管理部、勘测设计管理部等职能部门以及地质处、征地移民处、水环境与市政分院、交通分院、水工处、施工处、监测及试验研究所等相关生产单位的大力支持和帮助，尤其是原院领导胡志洪、原副专总杜明祝教授级高级工程师对本书提出了许多建设性的修改意见，在此表示衷心感谢。

由于我们的水平有限，时间仓促，本书中的不足和错误在所难免，敬请读者批评指正。

编　者

2015 年 8 月

目录

第2篇 岩土工程勘察

第3篇 岩土工程设计

第4篇 岩土工程监测

第 1 篇

概论

1

瀑布沟水电站枢纽工程与移民工程概况

1.1 水电枢纽工程概况

1.1.1 地理位置及工程规模

瀑布沟水电站是大渡河干流水电梯级规划 22 级开发中的第 17 个梯级，地跨四川省雅安市汉源县和凉山彝族自治州甘洛县两县境。坝址位于大渡河中游尼日河汇口觉托附近，下游距成昆铁路汉源火车站 9km，上游距汉源县城约 28km。

瀑布沟水电站是一座以发电为主，兼有防洪、拦沙等综合利用效益的大型水电枢纽工程。电站采用坝式开发，工程枢纽由拦河大坝、泄水建筑物、引水发电建筑物、尼日河引水入库工程等主要永久建筑物组成。工程拦河大坝采用砾石土心墙堆石坝，最大坝高 186m。水库正常蓄水位 850.00m，死水位 790.00m，总库容 53.37 亿 m^3，为不完全年调节水库。水库干流回水至石棉县城大桥处，长 72km，支流流沙河回水长 12km，水库面积 84.14km^2。

电站采用 6 台单机容量 600MW 的混流式水轮发电机组，装机总容量 3600MW，保证出力 926 MW，多年平均年发电量 147.9 亿 kW·h。

1.1.2 工程布置及主要建筑物

工程枢纽总布置为：河床中建砾石土心墙堆石坝，引水发电建筑物、一条岸边开敞式溢洪道和一条深孔无压泄洪洞布置于左岸，右岸设置一条放空洞及尼日河引水建筑物。

1.1.2.1 拦河大坝

砾石土心墙堆石坝坝顶高程为 856.00m，最大坝高 186m，坝顶长 540.5m，坝顶宽 14.0m。坝体断面分为砾石土心墙、反滤层、过渡层和堆石区 4 个区；围堰与坝体堆石部分结合。大坝抗震设防烈度为 8 度。

坝基覆盖层最大厚度为 77.9m，采用 2 道混凝土防渗墙全封闭防渗，墙厚 1.2m。为了增加下游坝基中砂层的抗液化能力，在下游坝脚处增设两级压重体，顶高程分别为 730.00m 和 692.00m。

为了减少不均匀沉降，防止坝体开裂，在心墙与两岸基岩接触面上铺设 3m 厚的高塑性黏土，在防渗墙顶、廊道周围和心墙底部也铺设高塑性黏土。

1.1.2.2 泄水建筑物

（1）溢洪道。溢洪道紧靠左坝肩布置。设 3 孔 12.0m×17.0m（宽×高）的开敞式进水闸，堰底长度约42m，堰后接泄水陡槽，泄槽断面为矩形，出口采用挑流消能。溢洪道总长约575m。

（2）泄洪洞。深孔无压泄洪洞布置在左岸。由进口、洞身（含补气洞）、出口3个部分组成。进口为岸塔式，塔体尺寸为52.0m×22.0m×67.0m（长×宽×高），置于弱风化、弱卸荷的花岗岩岩体上，最大开挖边坡高度约117m。进口采用有压短管进口。进口岸塔内设事故检修闸门和工作闸门各一道。

洞身段长约2024m，圆拱直墙式断面，宽度12.0m，洞高15.0～16.5m。隧洞沿线设有掺气槽和补气洞。

出口位于瀑布沟沟口附近，扭曲挑流鼻坎长约43m。挑流水舌冲坑靠河床左岸。

（3）放空洞。放空洞布置在右岸。进口位于坝轴线上游300m处，采用深式有压进口与竖井式闸门井结合的布置形式；事故检修闸门井高126m。进口至事故检修闸门井段为有压盲肠洞段，长约122m，断面直径为10.0m，底坡为平坡。

有压洞段由直段和两弯段组成，洞长约457m，洞径9.0m。工作闸门孔口尺寸为6.3m×8.0m（宽×高）。

工作闸室后接直线布置的圆拱直墙式无压洞，洞长约556m，在距出口200m处设一掺气坎。

出口采用挑流消能，水流泄入大渡河与尼日河的汇口段。

1.1.2.3 引水发电建筑物

引水发电建筑物由电站进水口、压力管道、地下厂房系统、开关站等组成。

电站进水口的进水前沿宽175.1m，总高度为96.0m。

压力管道共6条，内径为9.5m，平行布置。

地下厂房系统由主副厂房、主变室、尾水闸门室、尾水管及连接洞、母线洞和2条无压尾水隧洞及其他附属洞室等组成，深埋于左岸山体内，埋深220～360m，距河边约400m，厂区围岩多数为Ⅱ类、Ⅲ类岩体；主厂房尺寸为294.1m×26.8m×70.1m（长×宽×高）。在主厂房的下游平行布置主变室和尾水闸门室。无压尾水隧洞断面尺寸为20.0m×24.2m（宽×高），布置为两条。开关站布置在地下厂房顶部地面。

1.1.2.4 尼日河引水入库工程

尼日河系大渡河右岸的一条支流，全长140km，多年平均流量128m³/s，年径流量40.4亿m³，在瀑布沟坝址下游约700m处汇入大渡河。为利用尼日河水量，在尼日河开建桥建低闸，枯期引尼日河水入瀑布沟水库，引用流量80m³/s，可增加瀑布沟水电站保证出力60MW，年发电量增加5.4亿kW·h。

尼日河引水工程由首部枢纽和引水隧洞两部分组成。首部枢纽在距尼日河口15km的开建桥建低闸挡水；无压引水隧洞沿尼日河左岸布置，总长约13.1km，出口位于瀑布沟库内距大坝约900m处。

1.1.3 勘测设计过程

瀑布沟水电站的勘测设计工作由中国电建集团成都勘测设计研究院有限公司（以下简称"成都院"）承担。

1983年成都院编制完成了《大渡河干流规划报告》（双江口至铜街子段），1989年11

4

月水利部、能源部和四川省计委在成都联合组织召开了审查会议，会议基本同意该报告。1992 年 6 月四川省人民政府批复了该审查意见。

1988 年 8 月成都院编制完成了《瀑布沟水电站可行性研究报告》（等同于预可行性研究报告），同年 11 月水利水电规划设计管理局会同四川省计经委，共同主持召开了可行性研究报告审查会议，会议基本同意该报告，能源部以能源水规〔1989〕314 号文批复了该审查意见。

1993 年，四川省移民办以川移函〔1993〕46 号文下发了《关于对〈大渡河瀑布沟水电站汉源县城迁建选址和电信设施迁建规划评审意见〉的批复》，原则同意推荐萝卜岗为汉源县城迁建初选新址。

1993 年 12 月成都院提交了《瀑布沟水电站初步设计报告》（等同于可行性研究报告），1994 年 6 月水利水电规划设计总院会同四川省计委在成都召开了初步设计报告审查会议，会议同意该报告，电力部以电水规〔1994〕575 号文批复了该审查意见。

2001 年 12 月《大渡河瀑布沟水电站项目建议书》通过了中国国际工程咨询公司的评估，2003 年 1 月国务院批准了该项目建议书。

2002 年 5 月成都院编制完成了《四川省大渡河瀑布沟水电站过木及泄水建筑物调整设计报告》和《四川省大渡河瀑布沟水电站水文复核报告》，同月中国水电工程顾问有限公司会同四川省计委在成都主持召开了过木及泄水建筑物调整设计报告审查会议，会议同意该报告，并于 2002 年 6 月以水电顾水工〔2002〕0037 号文印发了审查意见。

2003 年 1 月，水电水利规划设计总院在成都召开了《四川大渡河瀑布沟水电站可研补充报告 9　建设征地及移民安置》初审会议，2003 年 3 月水电水利规划设计总院在成都召开了《四川大渡河瀑布沟水电站可研补充报告 9　建设征地及移民安置》第二次审查会。根据审查意见，成都院编制完成了《四川大渡河瀑布沟水电站可研补充报告 9　建设征地及移民安置》。

2003 年 4 月成都院编制完成了《四川大渡河瀑布沟水电站可行性研究补充报告》，并通过了有关部门组织的审查，水电水利规划设计总院以水电规水工〔2003〕0017 号文批复了审查意见。

2003 年 6 月《四川省大渡河瀑布沟水电站可行性研究补充报告》通过中国国际工程咨询公司组织的评估。

2003 年 12 月，为推动瀑布沟水电站移民安置实施进度，成都院会同四川省大型水电工程移民办公室（以下简称"省移民办"）共同编写了《四川大渡河瀑布沟水电站建设征地及移民安置实施规划设计工作大纲》，对瀑布沟水电站实施阶段相关规划工作提出相应的工作原则、方法及深度，并于同期通过水电水利规划设计总院审查。

工程开工建设以来，成都院根据新的基础资料和现场条件等实际情况，以及新的规范、规程等技术标准的规定，在进行大量分析研究工作的基础上，持续开展优化设计工作，包括建筑物细部构造和体型优化、支护参数调整优化和安全保障措施优化等。优化后的项目在确保工程质量、安全的前提下，降低了施工难度，缩短了施工工期，节省了工程投资。

工程设计重大变更中，电气主接线及 500kV 开关站布置调整、装机容量优化调整以及防震抗震研究设计等报告均已通过审查并获批复；库首右岸拉裂变形体治理设计报告、下游河道及雾化防护设计调整报告均已通过审查。

1.1.4 工程建设情况

瀑布沟水电站是我国西部大开发标志性工程，国家"十五"重点建设项目。工程由中国国电集团大渡河流域水电开发有限公司投资建设。工程于 2001 年开始筹建，2002 年 10 月导流洞开工，2004 年 3 月 30 日正式开工建设。

2005 年 11 月 22 日工程实现河道截流，2009 年 10 月 31 日拦河大坝填筑完成。

2009 年 9 月 28 日和 11 月 1 日，1 号、2 号导流洞分别下闸成功，标志着瀑布沟水电站水库正式进入蓄水阶段，2009 年年底首台机组（6 号机组）发电。

2010 年 10 月 13 日水库蓄水位达到正常水位 850.00m；2010 年年底工程 6 台机组全部投入商业运行。

1.2 水库移民工程概况

1.2.1 水库淹没及移民搬迁规模

瀑布沟水库是大渡河流域水电开发的控制性水库之一，水库淹没面积 84.14km²。淹没影响范围涉及四川省雅安市汉源县、石棉县和凉山彝族自治州甘洛县共 3 县 22 个乡镇、71 个村、403 个组。主要包括淹没汉源县城 1 座，淹没汉源县的顺河乡、万工乡、桂贤乡、富泉乡、市荣乡、青富乡、小堡乡、大树镇和石棉县的迎政乡、宰羊乡、丰乐乡、永和乡等 12 个集镇。

瀑布沟水电站建设征地范围包括水库淹没影响区、枢纽工程建设占地区、城市集镇迁建新址和农村移民集中安置点建设占地区、公路复建占地区、工业迁建占地区，以及汉源县垃圾处理工程占地区。

水库移民规划实施阶段，全库区建设征地范围内搬迁住户 35000 余户，移民 102000 余人，其中汉源县需搬迁安置人口 92533 人。

1.2.2 水库移民安置实施规划

1.2.2.1 概况

瀑布沟水库移民安置分搬迁安置和生产安置两种类型。安置方案采用"内安"与"外迁"相结合的形式进行移民对接与安置。

四川省内和雅安市内接纳的瀑布沟库区"外迁"移民安置，主要安置在四川省成都、绵阳、德阳、眉山、乐山和雅安 6 市的 31 个县（市、区）182 个乡（镇）。安置形式有集中安置、分散安置、养老保障和自谋职业等，其中新建有 128 个集中安置点。

"内安"后靠移民安置，涉及瀑布沟库区就近安置的汉源、石棉、甘洛 3 县，安置形式多元化，有集中安置、分散安置、养老保障、自谋出路和投亲靠友等形式，其中新建集中安置点 58 个。

1.2.2.2 农村移民安置实施规划

汉源、石棉、甘洛 3 县的"内安"农村移民安置，在充分挖掘剩余土地资源潜力，开发、改造河滩地和库周浅淹没区防护耕地的基础上，加大土地利用规模，采取"以土定点、以土定人"和"集中安置为主、分散安置为辅，兼有自谋出路、投亲靠友及其他安置方式等"的多元化模式进行安置。

1.2.2.3 集镇迁建及移民安置实施规划

汉源县：根据移民安置去向和水库形成后人口、经济的变化，以及移民后期扶持可持续发展等情况，在乡域及建制调整规划方面，将汉源县水库淹没区内的大树镇、桂贤乡合并为大树镇，市荣乡与青富乡合并为市荣乡，小堡乡提升为建制镇。

石棉县：根据集镇的移民安置容量和水库形成后人口、经济的变化情况，石棉县淹没的永和、迎政、宰羊、丰乐4个乡域及其建制不做调整。

1.2.2.4 县城迁建及移民安置实施规划

汉源县城迁建规划，在场地初选基础上对萝卜岗、九襄两场地又进行了反复分析与比选。从工程地质条件看，两场地经相应工程治理均可作为县城迁建新址；综合选址因素、结合汉源县县情，权衡利弊，并征求市、县政府意见确认后编制新址选择专题报告，推荐萝卜岗场地为新县城选定场地。建议以东区为主进行工程规划布局。

2003年3月，水电水利规划设计总院会同四川省发改委在审查《瀑布沟水电站可行性研究补充报告》时，涉及县城规划选址的审查意见为：汉源县城新址以萝卜岗为宜，新址布置在萝卜岗东南端；县城规模以人口30000人，占地2.4km²为宜。

2003年12月，汉源县人民政府委托重庆大学编制的《汉源新县城总体规划》报告完成，并以《关于汉源县新县城规划有关问题的函》（汉府函〔2004〕11号）上报主管部门，将规划布置及用地范围做了较大调整。

2005年6月，四川省建设厅在《关于〈汉源县县城总体规划（2005—2020）〉的批复》中，确定汉源新县城近期（2010年）建设规模为人口30000人，占地面积为2.99km²，并同意将汉源县城迁建新址用地范围由萝卜岗东南端调整到西北端。

新县城定位：全县的政治、经济、文化、商业、交通中心，建设成为一座发展旅游业和服务业为主的滨湖山水园林城市。

1.2.3 专项基础设施实施规划

为恢复和完善迁建县城、集镇和农村移民安置点的建设与长期发展创造条件，促进库区移民安居致富和经济社会的可持续发展，开展了库区迁建城镇及安置点规划用地范围外的配套专项基础设施规划，包括水源及供水工程、库区浅淹没区防护及造地工程、河道整治及农田防护工程、工矿企业复建、公路工程及水运码头复建，以及电力、电信、广播与电视工程复建等。

7

2

汉源新县城选址与建设

2.1 概述

　　汉源县行政区划隶属雅安市所辖，位于四川省西南部大渡河中游，地理位置为东经 102°16′～103°00′、北纬 29°05′～29°43′。北接荥经县，西靠石棉县和甘孜藏族自治州泸定县，南连凉山彝族自治州甘洛县，东邻乐山市金口河区和眉山市洪雅县（图 1.2.1）。全

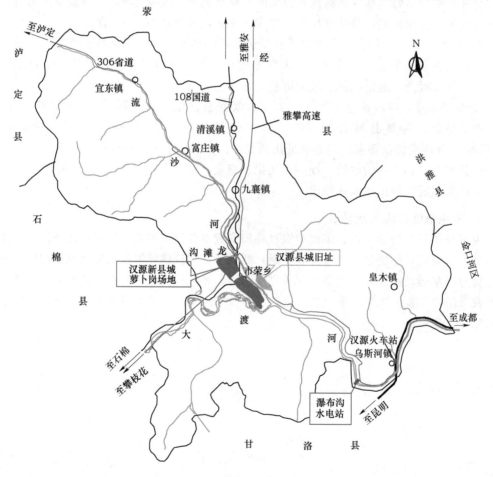

图 1.2.1　汉源县地理位置及交通示意图

县县境东西长 71.45km，南北宽 70.1km，面积为 2349km²。全县辖 8 个镇、32 个乡、255 个村。

汉源县为青藏高原向四川盆地过渡之高山-中山地带，属于北温带与季风带之间的川西南山地亚热带季风性湿润气候。受西风环流和西南季风气流影响，气候垂直变化突出，高山寒冷，河谷炎热，日照充足；又因高山环绕，东北面有大相岭亘阻，故具有大凉山北部大陆气候特点，冬春温暖、干燥少雨，干热河谷焚风作用强烈；夏秋炎热、屡有暴雨发生，在极端气候下易于发生冰雹、山洪、泥石流、滑坡等自然灾害。

汉源县县城所在地——富林镇，是全县的政治、文化、经济、交通、商业中心，位于大渡河与流沙河交汇的左岸冲洪积扇上，地面高程为 780.00～820.00m。老县城前邻流沙河，后靠马鞍山、偏墙岩，除流沙河新区外，人民街、文化街、饮泉街、解放街、黑石河路、商业街等旧城区，街道狭窄，交通拥挤，居民居住环境亟待改善。

随着西部大开发标志性工程——瀑布沟水电站的兴建，地处瀑布沟水库淹没范围内的老县城，急需另选新址搬迁重建。

2.2 县城新址选择

瀑布沟水电站库区移民安置规划，其重中之重是汉源县城的迁建，迁建的首要任务是县城新址的选择。

汉源县城新址的选择经历了新址初选和新址确定两个过程。

2.2.1 新址初选

汉源县城新址初选，起始于 1989 年瀑布沟水电站初步设计阶段，1989—1993 年间，成都院开展了九襄、周家、萝卜岗 3 个可供初选的县城迁建场地的初步比选工作。其中，九襄、周家两个场地位于流沙河中游左岸冲洪积扇上，地势开阔、平缓，场地整体稳定且易于平整，但人口稠密、需占用大片农田和房屋；萝卜岗场地位于市荣乡流沙河与大渡河交汇的宽缓条形山地上，与老县城仅一河相隔，区位适中，可合理利用低山缓坡地、少占农田，但需注意场地顺向岩质边坡的稳定性。根据汉源县山地多、平坝少，平坝人口密集、有效耕地资源稀缺的基本县情，经行政区划、区域经济、长期发展、土地资源利用、环境与生态保护、场地工程地质条件等多因素的初步分析比较，推荐萝卜岗作为县城迁建新址初选方案；经与市、县政府统一意见后形成初选新址规划报告，报四川省移民办组织评审。其后，四川省移民办以川移函〔1993〕46 号文下发了《关于对〈大渡河瀑布沟水电站汉源县城迁建选址和电信设施迁建规划评审意见〉的批复》，原则同意推荐萝卜岗为汉源县城迁建初选新址。

1993 年，受四川省移民办委托，四川省城乡规划设计研究院开展了新址初步规划，并提交了《汉源新县城迁建总体规划》。

1994 年 6 月，水利水电规划设计总院会同四川省计委、四川省建委在成都召开了大渡河瀑布沟水电站初步设计报告审查会。涉及县城新址选择的审查意见为：同意汉源县城新址初步选择在市荣乡萝卜岗，新县城可按人口规模 20000 人，占地面积 1.6km² 进行规划；但需注意开挖边坡的顺层滑动问题，有关单位应结合城市规划进行专题研究。同年 9 月，电力工业部以电水规〔1994〕575 号文《关于大渡河瀑布沟水电站初步设计报告审查意见的批复》批复了该审查意见。

2.2.2　新址比较与选定

2001—2003 年，在瀑布沟水电站优化调整初步设计中，受四川省移民办委托，成都院在汉源县城新址初选的基础上，对新址又做了进一步的比选和总体规划设计工作。比选新址主要围绕萝卜岗场地和九襄场地展开。

1. 萝卜岗场地

萝卜岗场地位于大渡河与流沙河交汇处三面环水的宽缓条形山地上，属低山斜坡地貌，场地地形较宽缓，坡度一般为 10°～25°，为顺坡向的低山斜坡。浅表覆盖层厚度较小，下部基岩多裸露，主要由二叠系下统阳新组（P_{1y}）灰岩和三叠系上统白果湾组（T_{3bg}）砂泥岩地层组成。区内未见较大的断层和强烈褶皱发育，宏观上属典型的单斜构造区，地下水水位埋藏较深。场地区分为东、中、西 3 个区。东区为灰岩地区，工程地质条件较简单，易于整治，工程建设适宜性为较适宜-适宜性差；中区基岩为砂泥岩夹薄煤层，为小煤窑采空区，场地不稳定，不适宜建筑；西区为砂泥岩地区，场地基本稳定-稳定性差，工程建设适宜性为较适宜-适宜性差。

2. 九襄场地

九襄场地位于九襄镇东北侧，关宝沟左岸、108 国道以东，与九襄旧城区相邻，高程为 1085.00～1200.00m。地形较平缓，起伏度较小，坡度一般为 5°～8°。场地地基以冰水堆积的含孤块碎石土为主，厚数十米，结构密实，具有较高承载力。场区东西两侧外围出露地层为震旦系上统灯影组（Z_{bd}）硅质白云岩和侏罗系中统牛滚凼组（J_{2n}）砖红、鲜红色泥岩、粉砂质泥岩为主，其间汉源-昭觉断裂（九襄-汉源段）不具新活动性。场地未发现大规模的边坡变形和滑坡活动，但可能遭受关宝沟形成的洪涝或泥石流的影响。场地整体稳定性较好，工程建设适宜性为适宜-较适宜区。

从工程地质条件看，上述两场地的场地稳定性和工程建设适宜性有一定差异，但经相应工程治理，两场地均可作为县城迁建新址。综合地理位置、规划布局、移民安置、土地资源利用、工程地质、环境与生态保护等因素，经反复分析与比选，结合汉源县县情，权衡利弊，并征求市、县政府意见确认后编制新址选择专题报告，推荐萝卜岗场地为新县城选定场地。建议以东区（萝卜岗东南端）为主进行工程规划布局。

2003 年 3 月，水电水利规划设计总院会同四川省发改委审查通过了《瀑布沟水电站可行性研究补充报告》，其中涉及新县城选址的审查意见为：汉源县城新址以萝卜岗为宜，新址布置在萝卜岗东南端；县城规模以人口 30000 人，占地 2.4km² 为宜。

2.3　新县城规划勘察设计

汉源县城迁建规划勘察设计工作，在新址选择和初步规划的基础上，经历了总体规划、详细规划和施工图设计 3 个阶段。

2.3.1　总体规划勘察设计

2001—2003 年，成都院在县城新址选择的同时，开展了萝卜岗场地东南端（东区河口-无名沟）总体规划勘察设计工作，并提出了总体规划勘察报告。勘察报告主要结论为：

萝卜岗场地地处宽缓条形斜坡上，地面高程为 870.00～1200.00m，地形坡度一般为10°～25°，为低山单斜顺向斜坡。场地区沟谷较发育，切割较浅，覆盖层厚度较小，下部基岩主要为石灰岩和砂泥岩、局部夹煤质页岩及薄煤层。区内构造较简单，未见较大断层和强烈褶皱发育，宏观上为一单斜构造区，地下水水位埋深较大。根据场地区的工程地质条件，按《城乡规划工程地质勘察规范》（CJJ 57）有关场地稳定性类别与工程建设适宜性分类，萝卜岗场地可分为东、中、西3个区，东区场地稳定性为基本稳定-稳定性差，工程建设适宜性为较适宜-适宜性差；中区为小煤窑采空区，场地不稳定，不适宜建筑物布置；西区场地稳定性为基本稳定-稳定性差，工程建设适宜性为较适宜-适宜性差。建议以东区为主进行工程建筑规划布置。

考虑到汉源新县城的城市远景发展，受四川省移民办委托，2003—2004 年成都院对萝卜岗西北端（无名沟-龙潭沟）扩大西区作为发展和备用地进行了总体规划勘察设计工作，并提交了扩大西区总体规划勘察报告。勘察报告主要结论为：西北端扩大西区覆盖层较浅薄，基岩为砂岩、粉砂岩夹薄层粉砂质泥岩，软弱夹层较发育。根据场地稳定性和工程建设适宜性分级标准，可分为两个亚区：富塘-野猪塘亚区和乱石岗亚区。富塘-野猪塘亚区场地稳定性为稳定性差，工程建设适宜性差；乱石岗亚区内分布一古滑坡（面积为0.77km²），场地不稳定，不适宜建筑物布置，可规划为园林绿化休闲用地，并明确指出乱石岗亚区的主要工程地质问题，为高切坡顺层滑移失稳和滑坡复活等问题，建议详细规划阶段对乱石岗滑坡、松林沟拉裂体及其场地稳定性与建设适宜性开展专项勘察设计研究。

2002 年 8 月至 2004 年 6 月，成都院与成都理工大学合作开展了萝卜岗场地地质灾害危险性评估，并提出《汉源新县城萝卜岗场地建设用地地质灾害危险性评估》报告。该报告将萝卜岗场地划分为Ⅰ区、Ⅱ区、Ⅲ区：Ⅰ区——乱石岗滑坡区及小煤窑采空区，为地质灾害较严重危险区，工程布置应避开；Ⅱ区——各类中小型滑坡体、肖家沟-五条沟沟谷密集区、较厚昔格达层及残坡积层堆积区，为地质灾害中等危险区，规划建设时需采取相应工程措施；Ⅲ区——除Ⅰ区、Ⅱ区以外的其余场区，为地质灾害轻微-较轻微危险区，适宜工程建设。

2003 年 12 月，汉源县人民政府委托重庆大学重新编制的《汉源新县城总体规划》报告完成，并以《关于汉源县新县城规划有关问题的函》（汉府函〔2004〕11 号）上报了规划布置及用地范围的调整，即将汉源县城迁建新址用地范围扩大到 2.99km²，主要规划用地由萝卜岗东南端调整到西北端。2005 年 6 月，四川省建设厅以《关于〈汉源县县城总体规划（2005—2020）〉的批复》（川建发〔2005〕100 号）文件，批复了《汉源新县城总体规划》，确定汉源新县城近期（2010 年）建设规模 30000 人，占地面积为 2.99km²。

2.3.2 详细规划勘察设计

2003 年 12 月至 2004 年 7 月，受四川省移民办委托，成都院在总体规划勘察的基础上，开展并完成了萝卜岗场地东南端（东区河口-无名沟）的详细规划勘察工作。主要勘察结论为：场地东南端分为东、中、西3个区，其中东区细分为4个亚区，中区细为2个亚区，西区细分为2个亚区。场地稳定性与工程建设适宜性评价表明，场地基本稳定、工程建设较适宜的东二区、东四区、西一区，总面积为 2.0km²，采取适当工程治理，可建对地基有特殊要求的建筑物或体型复杂的高层建筑物；场地稳定性差、工程建设适宜性差的东一区、东三区、西二区，总面积为 2.61km²，经相应工程治理，可建一般工程；场地不稳定、工程建设不适宜的中一区、中二区，为小煤窑采空区，总面积为 0.69km²，采取工程治理措施后，可布置城市道路、供排水管网等市政设施。

2004 年 12 月，汉源县人民政府委托攀枝花市规划建筑设计研究院（以下简称"攀枝花市规划院"）在重庆大学编制的《汉源新县城总体规划》基础上进行《汉源新县城修建性详细规划》报告编制。2005 年 12 月，四川省建设厅组织了《汉源新县城修建性详细规划》评审会，并通过评审。

2005 年 12 月至 2007 年 10 月，各建筑地段的详细规划、场平、施工图等勘察设计工作，由地方政府委托多家勘察设计单位进行，并同时开展修建工作。

2.4 施工详图设计

2005 年年底以后，新县城全面进入市政基础设施、场平工程和单体房屋建筑建设阶段。鉴于场地总体规划和详细规划阶段开展了大量的勘察工作，在建筑场地、地段岩土工程勘察时，可行性研究勘察和初步勘察阶段利用场地总体规划和详细规划阶段勘察成果，同时进行适当的补充，重点进行了详细勘察阶段工作。

在新县城建设初期，各单位安置地块实行自主负责勘察、设计，2007 年 11 月 27 日，四川省人民政府以会议纪要形式明确由水电工程主体设计单位成都院全面总体牵头进行新县城的迁建规划、设计、研究、优化，以及咨询、协调和解决新县城工程建设中的设计问题。

2008 年 6 月，场地西北端扩大西区经地质复核，并结合施工开挖揭露，进一步揭示了乱石岗滑坡及其后缘拉裂松动变形区和拉裂松弛变形区的分布范围、拉裂缝展布与发育特征，明确确定其对建（构）筑物基础的影响；发现了康家坪滑坡和富塘滑坡残留体及松弛岩体区的分布及变形破坏特征。成都院会同四川省地质工程勘察院、成都理工大学、自贡市城市规划设计研究院有限责任公司，对乱石岗滑坡（含康家坪、富塘滑坡）及其影响区开展稳定性专题研究、治理设计、规划方案调整设计工作。

为适应单斜坡地层结构，避免大挖大填，详细规划设计将场平大平台调整为小分台设计，为准确查明建筑场地地基、挡墙基础地基的持力层及其稳定性，分析评价地质灾害的危害程度等，成都院团队自 2007 年 11 月进场后，投入了大量的人力物力，高峰期勘察设计人员达 200 人以上，勘探工作截至 2010 年 11 月 15 日，完成总进尺达 116093m/7167 孔；完成新县城东区、西区和扩大西区约 28.8km 挡土墙工程、36.5km 道路工程、2.87km 梯道工程设计，约 290 万 m² 单体房屋建筑工程设计，乱石岗影响区 512 根抗滑桩（含 121 根锚索抗滑桩）治理设计，以及乱石岗等 10 余个滑坡地质灾害治理设计，及时为新县城施工建设提供了勘察、设计资料。

"5·12"汶川特大地震后，为进一步评价和回应社会舆论关注度高的新县城萝卜岗场地稳定性和地质安全性问题，在四川省地震局川震发防〔2008〕129 号文《关于汉源新县城建设工程抗震设防要求的批复》的基础上，2008 年 12 月至 2009 年 4 月，应国家发改委（发改办能源〔2008〕2731 号文）要求及国土资源部地质环境司（国土资源函〔2008〕

138号文）委托，中国地质环境监测院开展了汉源县城新址地质安全评价工作，并提交《四川省汉源县城新址地质安全评价报告》。2009年4月24日该报告通过国土资源部地质环境司专家组的评审。专家组认为报告提出的"县城新址萝卜岗斜坡总体是稳定的，选址在萝卜岗是合适的"的结论是合理的。县城新址规划用地范围面积为2.99km²，"根据斜坡地质结构、地质灾害分布及变形特征和稳定性划分为3个大区、35个亚区，结合城市规划区进行地质安全性及房屋工程建设适宜性的分区评价原则与标准是适宜的"。地质安全性等级为安全-基本安全、工程建设适宜性为适宜-较适宜区，面积为1.5778km²，占52.77％；地质安全性等级为安全性较差、工程建设适宜性为适宜性差区，面积为1.3661km²，占45.69％；地质安全性等级为安全性较差、工程建设适宜性为不适宜区（肖家沟），面积为0.0461km²，占1.54％，评价结果可信（地质安全性差、工程建设不适宜的乱石岗滑坡堆积区和拉裂松动区，面积为0.77km²，位于调整规划红线用地范围外，未计入）。

3

汉源新县城勘察设计主要内容和特点

3.1 岩土工程勘察

3.1.1 场平工程

汉源县旧县城位于我国西南部青藏高原向四川盆地过渡的川西南山地凉山中升区，大渡河中游段流沙河左岸Ⅰ级阶地上，后坡中等-陡坡，覆盖层坡洪积、坡残积较厚，主要为粉土、碎石土等，小冲沟发育，泥石流较为发育，历年来遭受东沟、西沟、黑石沟泥石流和背后山滑坡的严重威胁，是全国著名的地质灾害易发点之一。随着西部大开发的标志性工程——瀑布沟水电站的兴建，从支持国家重点建设出发，旧县城需另选新址。

新县城的选址是一项涉及国计民生的复杂系统工程。山地多、平坝少，平坝人口密集、有效耕地资源稀缺是汉源县的基本县情。从行政区划、区域经济、长期发展、土地资源利用、环境与生态保护、场地工程地质条件等多因素综合分析比较，根据城市规划选址和场地比选结果，经上级主管部门审查、批准，汉源县城新址选定在与旧县城仅一河之隔的市荣乡萝卜岗宽缓条形山地上。萝卜岗场地区位适中，可合理利用低山缓坡地、少占农田。选址在萝卜岗是合适的，是符合汉源县县情的。但需注意场地内工程布置和顺向岩质边坡稳定性。

（1）场地工程地震条件较简单，构造稳定性相对较好。汉源新县城位于川滇南北向构造带东亚带（凉山拗褶带）北段，在大地构造部位上，处于上扬子台褶带峨眉山断块瓦山断穹构造西侧汉源向斜南西翼。工程区及其外围褶皱、断裂较发育，区域地质构造环境较复杂。经地震地质、地震活动性及地震潜在危险性分析，工程场地历史上曾多次遭受外围强震的波及影响，最大影响烈度达Ⅶ度，"5·12"汶川特大地震影响烈度达Ⅷ度；工程场地未来面临的地震危险性主要来自于磨西8级地震潜在震源区的影响。经地震安全性评价，汉源新县城及其北段工程场地未来50年超越概率10%的基岩水平峰值加速度分别为 $143cm/s^2$ 和 $141cm/s^2$，地震基本烈度为Ⅶ度。宏观上，在我国西部地区地震地质环境总体较为复杂、本地地震一般为5～6级、基本烈度为Ⅶ度及以上的大背景下，新县城场地构造稳定性相对较好，工程场地建（构）筑物应严格按照地震安全性评价报告确定的抗震设防地震动参数和相应规程规范要求进行抗震设计和施工。

（2）场地斜坡工程建设适宜性以适宜性差-较适宜为主，建（构）筑物应科学合理布局。汉源新县城萝卜岗场地，地处大渡河与流沙河交汇处的中、低山顺向斜坡地带。出露地层主要为三叠系上统白果湾组（T_{3bg}）砂泥岩和二叠系下统阳新组（P_{1y}）灰岩，场地地层产状较平缓，构造形式以次级舒缓褶皱、小断层、层间错动带和节理裂隙为特征。但场地上覆有成因类型不同、岩性结构不均匀且厚度不等的土层，建设用地及其周围存在规模不等的滑坡、采空区、岩溶、软弱夹层、膨胀性黏土、"昔格达组"粉砂及粉土层、冲沟洪流等不良地质现象，影响局部场地或地基的稳定性和建（构）筑物基础形式与地基处理方案的选择。根据场地的地形地貌、地层岩性、地质构造、动力地质作用和人类活动的影响等特征，将场地细分为 10 个工程地质区，并按照《城乡规划工程地质勘察规范》（CJJ 57）对各工程地质区进行了稳定性和工程建设适宜性评价。结果表明，萝卜岗场地稳定性类别以稳定性差-基本稳定为主，工程建设适宜性分类以适宜性差-较适宜为主。其中，属基本稳定、工程建设较适宜场地，面积为 2.0km² ，经相应治理后，可建对地基有特殊要求的建筑物或体型复杂的高层建筑物（工程等级为一级）；属稳定性差、工程建设适宜性差场地，面积为 2.61km² ，经有效工程处理后，可建一般工程（工程等级为二级）；属不稳定、工程建设不适宜场地，面积为 1.46km²（乱石岗滑坡堆积区及其拉裂松动区面积为 0.77km² 、煤层采空区面积为 0.69km² ），不适宜建筑物布置，工程建设应予避开，必要时采取工程处理后，可布置道路、管网系统和田园、绿化工程。

（3）软弱夹层是顺向岩质边坡稳定性的控制因素，工程建设应采取边坡加固处理措施和选择适宜的施工方法。不同沉积环境形成的地层和不同岩石类型组合，具有不同的岩体结构特征及边坡变形破坏形式。根据顺向岩质边坡的岩质类型、层状岩层单层厚度、结构面发育程度、岩体完整性及嵌合程度，将场地区岩体结构划分为层状结构、镶嵌结构、碎裂结构、散体结构 4 种类型。各种不同岩体结构类型及其岩石组合又具有各自不同的物理力学特性，室内外试验表明各类岩石的力学强度一般均相对较高。因此，顺向岩质边坡的稳定性主要受结构面所控制。

软弱夹层是顺向岩质边坡稳定性的主要控制结构面。从成因类型上可将软弱夹层划分为原生型、构造型、次生型和复合型 4 种类型，从工程性状上可大致归纳为 3 类，即岩屑夹泥（黏土）型、泥（黏土）夹岩屑型和泥（黏土）型。

顺向岩质边坡岩体沿软弱夹层（面）的变形破坏模式有滑移-弯曲破坏、滑移-拉裂破坏和滑移-压致拉裂破坏等。萝卜岗场地区顺向岩质边坡的变形破坏模式可以概括为"多层顺层滑移-拉裂型"。勘察设计和施工开挖实践表明：场地西区和扩大西区顺向坡岩体可能沿两条或两条以上软弱夹层向临空方向呈"抽屉式"滑移，在岩体深部沿陡倾结构面产生张拉裂缝，而其上覆岩体仍保持较完整状态的假象；岩体失稳后多具"麻将牌式"的顺层面堆积。

通过对场地区顺向岩质边坡稳定性的定性分析和极限平衡计算分析结果认为：① 一般工况、暴雨工况下，各区边坡岩体均能保持整体稳定状态；② 地震工况下，除东区和中区外，各区边坡岩体稳定性系数偏低，处于欠稳定状态；③ 分析和计算表明新县城萝卜岗场地斜坡深层整体稳定，计算稳定性系数大于二级边坡稳定安全系数 1.30。但西区、扩大西区滑坡体、局部地段斜坡浅表层整体稳定性系数偏低，但天然状态下处于基本稳定。

市政工程开挖后，各区的边坡岩体稳定性系数均会有所降低，尤其是西区和扩大西区将不能满足工程要求。因此，在城市市政工程和房屋建筑规划与建设中，应结合场地工程地质条件进行科学、合理布局，尽量控制和减少边坡开挖高度，需有相应工程措施，并采用适宜的施工方法以及对边坡及时支护处理，同时应防止地表水下渗恶化地基。

（4）场地工程高切坡点多、面广、坡型复杂，应按其稳定状态分别采取相应支护措施。为满足山区城市空间布局与功能分区的需要，在城市建设过程中对地处层状顺向斜坡地带的萝卜岗场地开展了大规模的场平工程，形成了大量的高切坡。这些高切坡具有坡陡、坡型复杂、数量多、分布范围广、坡面抗冲蚀能力差、应力分布特征明显、坡体结构多样性、坡体失稳危害程度严重等特点。

场地高切坡分为土质高切坡、岩质高切坡和岩土混合高切坡 3 种类型。土质高切坡稳定性主要取决于土体性质和水的作用，其变形破坏模式以坡面径流冲蚀、坍塌、滑坡为主；岩质高切坡稳定性主要取决于岩性、岩体结构和水的作用，其变形破坏模式包括表层变形、卸荷拉裂、蠕变、崩塌（落）和滑动；岩土混合高切坡上部土体稳定性主要取决于土体内部或岩土接触面的性状和水的作用，下部岩体稳定性主要取决于岩性、岩体结构和水的作用，其变形破坏模式分别与土质高切坡、岩质高切坡相同。

对于可能滑动破坏的高切坡，在变形破坏模式及其机制分析和稳定性定性评价的基础上，按其可能破坏模式，选用合适的计算方法（如圆弧滑动法、平面滑动法和折线滑动法）进行稳定性定量评价，并根据其破坏模式分析、稳定性定性和定量评价结果对高切坡整体和局部进行稳定性综合评价。

对于各种工况下整体稳定、仅局部坡面可能变形破坏的高切坡，建议采用混凝土格构护坡、喷锚支护、坡面绿化和排（截）水等措施进行坡面防护；对于整体可能变形破坏的高切坡，需进行综合治理。为此，根据场地条件和坡体下滑力，建议采用抗滑桩、抗滑挡墙、系统锚喷等措施进行加固，并辅以混凝土格构护坡、排（截）水和绿化等措施，以改变可能失稳破坏的高切坡应力平衡条件，使其处于稳定状态。其中，挡墙（抗滑挡墙）因能很好地利用场平工程对高切坡进行加固，且自身具有一定的经济、技术合理性，在场地内被广泛采用，为场地高切坡的主要加固措施。

（5）场地滑坡多为工程活动形成或触发老滑坡复活，规划建设中对危及场地稳定、较难治理的大型滑坡，以避开为主；影响建筑地基稳定的中、小型滑坡，均采取工程治理措施。滑坡是汉源新县城萝卜岗场地的主要地质灾害之一。滑坡不仅影响到迁建场地的选择和建设场地的稳定性，也威胁着人民生命财产和建（构）筑物的安全，制约着新县城的建设步伐。

汉源新县城规划建设场地范围内共分布新老滑坡 24 处，这些滑坡总的特点是数量多，范围小，深度浅，个体规模不大，以土质滑坡为主，多为工程活动而形成或触发老滑坡的复活所致。从滑坡分布区域看，滑坡主要发育在西区和扩大西区的砂、泥岩分布地区；而东区灰岩分布区相对较少。从滑坡成因类型分析，因不合理的工程开挖切坡、堆载填筑和施工（生活）用水而导致的工程（新）滑坡，以及因工程而复活的老滑坡占绝大多数，说明人类工程活动是新县城萝卜岗场地岩土体滑移的主要诱发因素。依滑坡体（带）物质组成而言，由人工填土、弱膨胀粉质黏土、"昔格达组"粉砂及粉土、块碎石土等组成的土质滑坡占大多数；岩质（或岩土混合）滑坡较少。依滑坡规模而论，滑坡体积小于 100 万

m³ 的中、小型为主；体积大于 100 万 m³ 的大型滑坡仅有乱石岗、康家坪 2 处，但其对场地选择和场地稳定性影响大，造成地质灾害也较大，尤其乱石岗滑坡堆积区和拉裂松动区不适宜建筑物布置，应予避开。

滑坡的发生和发展是多种环境因素相互长期作用的结果。其中：①岩土性质，包括弱膨胀粉质黏土、"昔格达组"及其后期搬运堆积的粉砂、粉土层是著名的"易滑层"；下伏基岩砂、泥岩，层间错动带、软弱夹层较发育，尤其泥型、泥夹岩屑型软弱夹层工程性状差，透水性弱，抗剪强度低，易形成滑移控制面，它们为滑坡形成或复活提供了物质基础。②单斜顺向坡、岩土体结构、节理裂隙及层间错动带等，尤其具互层状-薄层状结构砂泥岩中的"两陡一缓"结构面，分别构成了滑坡或潜在不稳定体滑移的侧（纵）向切割面、横向切割面或临空面和滑移面，它们为滑坡的形成提供了边界条件，在河谷下切或暴雨、地震、工程活动等因素触发下极易向临空方向产生滑动，场地内的基岩滑坡几乎均为滑移-拉裂、滑移-弯曲、滑移-弯曲转化为滑移-溃屈变形破坏机制。③水的作用，暴雨是斜坡变形发生滑坡或滑坡复活的重要诱发因素，暴雨强度越大、持续时间越长，越易出现滑坡。④人类工程活动，包括工程不合理的开挖切坡、堆载填筑和施工（生活）用水入渗等，是萝卜岗场地新滑坡发生或老滑坡复活的主要触发因素之一，该类滑坡多为牵引式浅层滑坡，规模不大，工程治理前处于临界状态或不稳定状态。

通过对滑坡稳定性的定性分析和一般工况、暴雨工况、地震工况下的定量计算分析表明：这些滑坡在一般工况下多处于基本稳定状态；暴雨工况、地震工况下处于不稳定或欠稳定状态，不能满足工程要求，其分析结果与滑坡实际情况基本吻合。考虑到滑坡所处位置的重要性，一旦失稳将危及整个场地建筑物安全，因此需采取有效的综合工程治理措施。

根据滑坡稳定性分析结合其个性实际情况，在新县城城市规划布局和建设实施过程中，对于危及场地稳定、较难治理的大型滑坡体，以避开为主；影响建设场地稳定的中、小型滑坡体均需采取工程治理措施。滑坡防治工程稳定安全标准为：建设用地边坡主要依据《建筑边坡工程技术规范》（GB 50330）Ⅰ级边坡要求，非建设用地边坡主要依据《滑坡防治工程设计与施工技术规范》（DZ/T 0219）Ⅱ级防治边坡要求。滑坡治理措施以抗滑桩或其他支挡设施为主体的支挡工程，辅以削坡减载、地表截（排）水和护坡工程等相结合的综合治理措施，并加强监测预警。

通过对萝卜岗场地滑坡工程治理和监测实践表明：经有效工程处理后，目前这些滑坡均处于受控稳定状态，未发现持续变形速率（或变形量）呈趋势性递增现象，总体运行良好。

（6）采空塌陷区及采空区均处于不稳定状态，工程建筑规划布局应予避开。萝卜岗规划场地中一区、中二区分布的三叠系上统白果湾组（T₃bg）砂、泥岩中，夹有 4 层薄层状或透镜状煤层、煤线。由于无序开采，采煤巷道纵横交错、上下叠置，形成了较大面积的采空塌陷区和地下采空区，坡体后缘地表出现了 3 条较大规模的拉裂缝和数处民房严重毁坏，采空塌陷和拉裂缝的扩展受下部煤层回采的控制，雨季地表水的入渗加剧了塌陷和裂缝的扩展范围，该区地质环境遭受强烈破坏。小窑采空区及其塌陷区的这种变形破坏过程是长期的和复杂的，在新县城城市建设期间仍未停止。

经稳定性分析评价，采空区场地地基和边坡处于不稳定状态，不适宜建（构）筑物布置。

考虑到城市规划建设的整体性，采用抗滑桩、回填灌浆等工程处理措施后，也可进行道路和管网布置。在工程建设期间，应加强地质环境保护，禁止在该区域内开挖坡脚，防止地表水大量下渗，以免导致采空区地质条件的进一步恶化；城市工程建设期和运行期，建议建立地表变形监测网络，设立监测标志，加强采空区的工程监测工作。

3.1.2 工业与民用建筑

场地区为单斜顺向坡，区内覆盖层种类较多、成因类型不同、岩性结构不均匀且厚度不等，场地内基岩主要为三叠系上统白果湾组砂岩、页岩和碳质页岩，二叠系下统阳新组灰岩，浅表部岩体内层间错动带局部较发育，深部微新岩体内错动带闭合不显现，中等风化下限以上岩体受风化卸荷等改造，局部错动带弱化形成软弱夹层，在二叠系中等风化灰岩体内为碎屑夹泥型夹层，三叠系砂页岩中等风化岩体内为泥夹碎屑型和紫红色泥型软弱夹层。建设用地及其周围存在规模不等的滑坡、采空区、岩溶、软弱夹层、膨胀性黏土、"昔格达组"粉砂及粉土层、冲沟洪流等不良地质现象和特殊性岩土，影响局部场地或地基的稳定性和建（构）筑物基础形式与地基处理方案的选择。

（1）场地溶沟、溶槽、溶蚀裂隙影响建构筑基础稳定性、均匀性，施工中采取灌浆、置换或调整基础结构形式等处理措施。通过大面积的岩溶地基勘察及后期建（构）筑物基础施工揭露了岩溶现象，查明了场地灰岩区岩溶的形态特征、空间分布、发育规律、岩溶类型，并对岩溶地基的均匀性和稳定性进行了评价。总体来看，场地灰岩区岩溶虽较发育，但岩溶化程度较低，个体规模相对较小，地表岩溶形态以溶沟、溶槽为主；深部岩溶形态多为溶蚀裂隙、小型溶洞。在前期勘察、后期建构筑地基开挖及桩基础持力层岩溶检测时，均未发现大型无充填的水平溶洞，在基础持力层下一定深度内，亦未发现大型成片、未充填的溶洞。场地绝大部分古岩溶被后期成岩较好的砂泥岩充填密实，对场地地基稳定无影响，可作为建（构）筑物基础持力层。现代岩溶以及部分地处岩性接触带、构造破碎带部位且遭受后期构造、风化和地下水活动等改造的古岩溶，工程性状差，对建（构）筑物地基稳定性不利。经稳定性分析，在地基持力层及其影响范围内的溶沟、溶槽、溶蚀裂隙和溶洞等，未经处理不宜作为建（构）筑物基础（尤其桩基础）的持力层。施工中，对影响建（构）筑物地基稳定性、均匀性的岩溶洞隙，进行了补充钻探和物探探测；并视其具体情况分别对溶洞、溶隙、溶沟、溶槽等地质缺陷，采取了灌浆、置换（清除充填物并回填混凝土）或调整基础结构形式（如筏板基础、墩基、桩基）等处理措施。

（2）场地膨胀性粉质黏土和"昔格达组"粉细砂、粉土工程性状差，作为基础持力层应采取相应工程处理。新县城萝卜岗场地地处中低山单斜顺向坡，地形坡度一般为10°～15°。斜坡浅表层广泛分布含大量的亲水矿物的残坡积粉质黏土，自由膨胀率 F_s 一般为40％～57％，属弱膨胀土，具有弱膨胀潜势，尤其是遇水后土层压缩变形较大，承载能力及力学强度较低，地基易产生不均匀沉陷，边坡易失稳滑塌，对场地建（构）筑物地基和边坡稳定不利，一般应避开以膨胀性黏土作为建（构）筑物基础持力层。必要时，基础设计和地基处理施工需严格按《膨胀土地区建筑技术规范》（GBJ 112）有关条款执行。对于膨胀性黏土层厚度较小者，建议清除；当该土层较深厚且以其作为低层建筑物或低矮支挡构筑物基础持力层时，需经相应的承载力及稳定性验算，在满足地基稳定和变形要求的前提下，基础埋置深度应大于大气影响层的深度，并需经相应的承载力及稳定性验算；不能满足要求时需采取相应的工程处理或调整基础结构形式。基坑开挖时宜采取保护措施，边坡应及时支护。

场地区山帽顶、垭口头-海子坪、龙潭沟中槽-上槽等处出露的"昔格达组"粉砂、粉土，属第四纪早更新世河湖相沉积物，在天然干固状态下保持固有的超压密性和盐类胶结的特点，多呈半成岩状，相对于一般土层而言其承载力较高，压缩性较低；但浅表部受后期风化、侵蚀或短距离搬运再堆积，其结构和工程性状已发生较大改变，层间结合力弱化，加之土层中富含亲水矿物，遇水易软化、泥化，承载力和抗剪强度显著降低，前缘临空时常出现顺层滑移现象，属变形较大的地基土层和"易滑层"。因此，该土层浅表部未经处理不宜作为建（构）筑物基础持力层；必要时，经相应工程处理或调整基础结构形式，可作为低层建筑物或低矮支挡构筑物的基础持力层，并应在干固状态下施工，同时须预留保护层、加强排水和做好封闭处理。

（3）中等风化砂岩、泥质粉砂岩、灰岩地基，是场地建（构）筑物基础的主要持力层。强风化砂岩、泥质粉砂岩、灰岩地基，以及人工填土、粉质黏土、碎石土、"昔格达组"粉砂及粉土层地基，不宜直接作为建（构）筑物基础持力层，必要时需采取相应的工程措施。场地建筑地基按岩土性状可分为基岩地基和覆盖层地基两大类。基岩地基又分为砂泥岩地基和灰岩地基，覆盖层地基包括人工填土、粉质黏土及含碎石粉质黏土、碎石土和"昔格达组"粉砂及粉土地基。

中等风化砂岩、泥质粉砂岩、灰岩地基，岩石致密较坚硬，岩体质量较好，地基承载力和强度均较高，是场地建（构）筑物基础主要持力层。

强风化粉砂岩、强风化泥质粉砂岩、强风化灰岩地基和中风化泥岩地基，工程性状较差，且位于单斜坡表层，稳定性相对较差，一般不宜选作建（构）筑物基础主要持力层；人工填土地基、粉质黏土及含碎石粉质黏土地基、碎石土地基、"昔格达组"粉砂及粉土层地基和强风化泥岩地基，其均匀性较差，承载力较低，且位于单斜坡表层，稳定性差，不宜直接作为建（构）筑物基础持力层；必要时需采取相应的工程措施或选择适宜的基础结构形式。

由于场地处于单斜顺向坡地段，且岩体存在较多出露在坡体上的软弱夹层，建筑地基基础设计时，根据实际情况基础多采用了桩的型式将建筑物荷载传至深部岩体上。

3.2 岩土工程设计

3.2.1 地质灾害治理设计

汉源县城新址位于萝卜岗单斜坡，场地及其周边存在滑坡、潜在不稳定斜坡、采空区、岩溶、冲沟洪流等地质灾害，这些地质灾害影响建设场地稳定性和建（构）筑物安全，需要进行防治。

新县城城市规划建设用地避开了乱石岗滑坡堆积区及拉裂松动区、采空区和冲沟泥石流。

滑坡是汉源新县城萝卜岗场地的主要地质灾害之一。滑坡不仅影响到迁建场地的选择和建设场地的稳定性，也威胁着人民生命财产和建（构）筑物的安全，制约着新县城的建设步伐。据统计，汉源新县城萝卜岗规划建设场地内，共分布新老滑坡24处。

根据滑坡稳定性、危害对象、重要性确定治理标准，分别采用不同行业的规范重点对滑坡进行治理设计。边坡防治工程稳定安全标准为：建设用地边坡主要依据《建筑边坡工程技术规范》（GB 50330）Ⅰ级边坡要求，非建设用地边坡主要依据《滑坡防治工程设计与施工技术规范》（DZ/T 0219）Ⅱ级防治边坡要求。

（1）乱石岗滑坡堆积区及拉裂松动区属不稳定、不适宜工程建设场地，新县城城市规划建设用地已避开了滑坡堆积区及拉裂松动区。作为滑坡影响区的后缘拉裂松弛区属稳定性差、适宜性差建设场地，经可靠处理可作为建设用地。

为确保后缘拉裂松弛区及以上建设场地的边坡稳定和建筑物安全，对拉裂松动区后缘及拉裂松弛区边坡采用以抗滑桩、锚索抗滑桩为主，局部锚索的治理措施。经多年运行和监测表明，治理后整个场地和边坡稳定性较好。

（2）汉源二中体育场后侧滑坡，结合汉源二中体育场扩建深挖需要，采用上部全挖除、下部抗滑桩和框架梁锚索支护措施，目前整体稳定状态良好。

（3）西区8号次干道滑坡群采用下部抗滑桩板墙支挡、上部削坡格构植草护坡为主的治理措施，确保了建设场地后缘边坡的稳定性。

（4）污水处理厂潜在不稳定斜坡治理设计思路有别于其他地质灾害治理设计，既要考虑潜在不稳定斜坡的变形特征、机理和水库运行后的演化趋势，又要综合污水处理厂建（构）筑物的布置，以及场地一旦失事的后果，充分考虑各种影响因素尤其水库水位骤降对坡体的影响，采用以抗滑桩板墙为主的综合治理措施。经观测和检验表明，治理效果良好，结构安全可靠，工程整体稳定。

（5）净水厂滑坡和有色金属总厂后缘滑坡，采用抗滑桩支挡，抗滑桩沿陡坎坡肩设置，桩端进入基岩，抗滑桩之间滑面以上地段利用已有挡土墙或直接采用浆砌片石护坡作为填充墙，与抗滑桩形成联合支护体系；地表采取截排水、裂缝填塞、洼地堆填、坡面绿化（生物护坡）等措施，减少了治理工程量，达到了综合治理目的。

3.2.2 挡墙工程设计

（1）挡墙工程是新县城建设的一大特点。结合单斜顺向边坡特定的地形地质条件，需要高切坡形成场平，因此大量采用挡墙支挡，其结构型式多样，一般高度为8~12m，最大高度达25m，总长40余km，属国内罕见。

（2）汉源新县城挡墙设计安全分项系数、计算荷载组合、荷载选择、地基承载力、稳定性计算主要按照《建筑边坡工程技术规范》（GB 50330）执行，在挡墙材料强度选取以及桩板式挡墙、锚拉桩板式挡墙、衡重式挡墙、悬臂式挡墙、锚杆（索）挡墙的计算方法和构造设计等方面借鉴参考了《铁路路基支挡结构设计规范》（TB 10025）、《土层锚杆设计与施工规范》（CECS 22）、《岩土锚杆（索）技术规程》（CECS 22）和《公路挡土墙设计与施工技术细则》等的相关规定。

（3）汉源新县城由于处于单斜顺向坡，重力式挡墙基底采用了台阶基础，高度超过12m后增设了地锚；根据地质条件、相邻构筑物关系等采用了不同的桩间板形式，并根据建筑物变形需求控制桩板挡墙的变形；大量应用了桩板式挡墙和桩基托梁基础，并对其进行了研究。

（4）对于开挖高度较高的岩质边坡主要分整体稳定边坡、外倾结构面边坡和破裂结构面边坡三大类，根据不同的边坡类型提出了不同的处理措施建议。

1）整体稳定边坡：指岩体结构比较完整，裂隙不发育且连通性较差，主要结构面或结构组成的棱线，其倾向与边坡倾向呈大角度斜交的边坡（图 1.3.1）。该类边坡主要位于新县城东区的中等风化-微新灰岩地段，处理方案多采用坡脚设置排水沟，坡面根据边坡加载情况设置锚杆＋挂网喷混（图 1.3.2 和图 1.3.3）。

图 1.3.1　东区灰岩整体稳定边坡开挖揭示情况

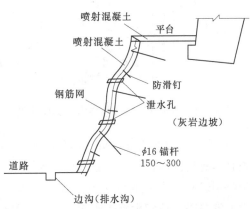

图 1.3.2　整体稳定边坡喷护设计图

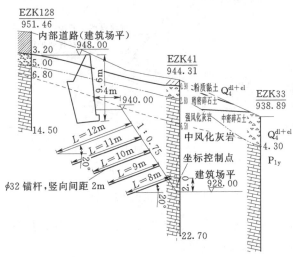

图 1.3.3　加载岩质锚杆喷护设计图

图 1.3.4　外倾结构面边坡开挖揭示情况

2）外倾结构面边坡：指岩体结构比较完整，裂隙不太发育，但主要结构面或结构组成的棱线，其倾向与边坡倾向基本一致或呈小角度斜交的边坡（图 1.3.4）。该类边坡广泛分布于新县城西区和扩大西区，以及东区部分地段的中风化砂岩、粉砂质泥岩地层中。

21

处理方案多采用坡脚设置排水沟、护脚墙，坡面采用框架锚杆索＋挂网喷混或贴坡式挡墙（图1.3.5）。

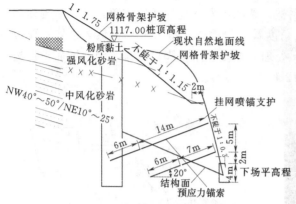

图1.3.5　外倾结构面边坡锚索支护设计图　　图1.3.6　碎裂结构面边坡开挖揭示情况

3）碎裂结构面边坡：指岩体裂隙比较发育，结构已遭严重破坏，结构面分布规律性较强且具有良好的连贯性，岩体的性质已很接近于散体结构的边坡。该类边坡主要分布于冲沟特别发育地段且岩性为砂、泥岩，如龙潭沟、松林沟、无名沟等地段（图1.3.6）。处理方案多采用坡脚设置排水沟、护脚墙及碎落台，坡面采用框架锚杆（索）＋挂网喷混或贴坡式挡墙（图1.3.7和图1.3.8）。

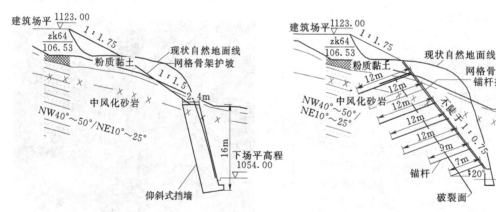

图1.3.7　碎裂结构面边坡仰斜式挡墙支护图　　图1.3.8　碎裂结构面边坡锚杆挡墙支护图

（5）根据现场施工开挖揭示地质情况，根据"动态设计、信息化施工"的指导思想及时反馈，设计采用快速、有效的手段合理处理动态设计成果。

（6）挡墙工程在整个新县城的基础设施投资中所占比例较大，其设计直接影响移民安置、场地安全、规划实施、建筑功能、工程投资等多方面，挡墙已历经了近6年的考验，尤其经历了2008年"5·12"汶川特大地震、2010年"7·17"特大暴雨及2012年"4·20"芦山大地震后，未发生重大问题，设计施工质量可控。监测成果表明，这些挡土墙工程的设计安全可靠，满足了新县城场地投入使用的要求。

3.3 岩土工程监测

萝卜岗场地稳定性安全监测以汉源县城新址萝卜岗场地斜坡和工程支护措施为主要监测对象，通过近6年对斜坡表部和深部变形、地下水渗压及支挡结构的应力应变监测以及安全巡视等，动态掌握新县城建设施工期和运行期的稳定性状态，反馈并指导移民迁建工程安全施工，检验复杂岩土工程治理效果，及时捕捉监测效应量异常迹象和潜在不安全因素，服务移民决策与灾害应急，以便及时采取防范措施，防止或规避重大事故发生，保障汉源新县城移民工程安全运行。

监测设计总体上以萝卜岗场地整体稳定性监测为主，以局部地灾点、支挡结构、建筑地基以及周边环境稳定性监测为辅，对汉源新县城萝卜岗建设场地进行有重点的全方位监控。

（1）汉源新县城整体稳定性监测。针对汉源新县城场地整体稳定性共设置16个监测剖面，包括 GNSS 地表位移监测、测斜孔深部位移监测、地下水动态监测以及地质巡视检查。

从2009年至2015年6年来，对汉源新县城萝卜岗场地整体稳定性监测成果表明，除个别剖面局部地段地表水平位移暂未收敛外（变形量值总体仍较小，累积变形量30mm以内），场地地下深层岩土体变形已基本趋于稳定。综合分析认为，萝卜岗场地斜坡整体稳定，安全可控。

（2）乱石岗滑坡堆积区及拉裂松动区稳定性监测。乱石岗滑坡堆积区及拉裂松动区虽为非移民安置区的自然斜坡，但其稳定性将影响上部作为移民安置的松弛区，因此，对其稳定性亦进行了监测。监测项目包括 GNSS 地表位移监测、测斜孔深部位移监测、地下水动态监测。

1）GNSS 变形监测多表现出较明显位移增大趋势，当前暂未完全收敛，反映区域表层岩土体稳定性总体较差，应进行持续监测并加强地表巡视检查。

2）大部分测斜孔深部位移随时间变化稳定，少数测孔浅表部或深部地层虽存在一定异常变位，但基本上未形成明显滑移变形带，表明该区域深层岩土体整体基本稳定。

（3）乱石岗滑坡后缘松弛区稳定性监测。乱石岗滑坡后缘松弛区及 M1－M2 地块稳定性监测项目包括 GNSS 地表位移监测、测斜孔深部位移监测、地下水动态监测以及分级抗滑措施的支护效应监测。

1）GNSS 变形监测站横河向与顺河向位移总体较小，位移-时间曲线变化稳定，无明显异常或趋势性变形迹象，反映该区块表层岩土体整体上是稳定的。

2）大部分测斜孔深部位移随时间变化稳定，少数测孔浅表部或深部地层虽存在一定异常变位，但基本上未形成明显滑移变形带，且目前变形已逐步趋于收敛，反映乱石岗滑坡后缘松弛区及 M1－M2 地块深层岩土体整体上是稳定的。

3）渗压计孔内水位2013年汛后变化趋于稳定。

4）监测抗滑桩倾斜变形基本稳定，无不利或异常变化迹象。

5）抗滑桩接触土压力一般在埋设初期变化显著，变化持续过程一般与围岩应力调整有关，支护体系受力稳定后，桩身土压力测值随时间变化平稳，无异常趋势性变化迹象。

（4）富塘滑坡残留物堆积区及 N1 - N3 地块稳定性监测。富塘滑坡残留物堆积区及 N1 - N3 地块稳定性监测项目包括 GNSS 地表位移监测、测斜孔深部位移监测、地下水动态监测以及分级抗滑措施的支护效应监测。

1）GNSS 变形监测期间均表现较明显位移增大趋势，部分测站变形暂未完全收敛，反映该区域表层岩土体稳定性相对较差，房建前已将滑坡残留体清除；对 N1 - N3 地块应继续加强监测。

2）大部分测斜孔深部地层均存在一定异常变位，但基本上未形成明显滑移变形带，且目前已逐步趋于收敛。

3）渗压计孔内地下水位呈年周期性变化，汛期水位上升，枯水期水位回落以至干孔，最大年变幅为 5.09m（2012 年）。

4）监测抗滑桩倾斜变形基本稳定，无不利或异常变化迹象。

5）抗滑桩接触土压力一般在埋设初期变化显著，变化持续过程一般与围岩应力调整有关，支护体系受力稳定后，桩身土压力测值随时间变化平稳，无异常趋势性变化迹象。

（5）康家坪古滑坡堆积区稳定性监测。康家坪古滑坡堆积区稳定性安全监测项目包括 GNSS 地表位移监测、测斜孔深部位移监测、地下水动态监测以及 KA - KA′线抗滑桩支护效应监测。

1）GNSS 变形监测水平位移量与位移变幅总体较小，目前已渐趋收敛。

2）钻孔测斜仪监测孔深部均未形成较明显滑移面，未见明显异常或趋势性发展迹象，反映滑坡深层岩体变形已基本稳定。

3）地下水水位受汛期降雨补给相对明显，枯水期水位平稳，最大年变幅 1.5m。

4）监测抗滑桩倾斜变形较小，土压力测值变化稳定，抗滑桩受力正常。

（6）煤层采空区稳定性监测。煤层采空区以 GNSS 地表位移监测为主，测斜孔深部位移监测为辅。

1）采空区地表水平位移量值不大，最大变化点 TPck - 1（汉源二中操场附近后坡）主要表现为顺河向上游方向变形，与测站所在斜坡实际相符，已于 2014 年汛前进行了挡土墙支护治理。

2）采空区后缘深层岩体变形稳定，位移量及其随时间变幅较小，无趋势性变化迹象。

（7）东区灰岩场地稳定性监测。东区灰岩场地稳定性监测项目包括 GNSS 地表位移监测、测斜孔深部位移监测和地下水动态监测。

1）GNSS 监测表明，变形量值不大，随时间变化较平稳，反映东区灰岩场地表层岩土体整体上是稳定的。

2）测斜孔监测表明，深部岩体位移量及位移变幅总体较小，未产生明显滑移变形带或一致性滑移迹象，反映东区灰岩场地深层岩土体整体上是稳定的。

3）地下水位监测孔显示，地下水位近似呈年周期性变化，汛期水位上升，枯水期水位回落至稳定，水位涨落受降雨影响较为显著。

（8）萝卜岗后坡稳定性监测。萝卜岗后坡以 GNSS 地表位移监测为主，测斜孔深部位移监测为辅。

1）GNSS 监测地表水平位移总体量值不大，个别点（如位于坡顶地形较陡部位的

TP7－1）受局部地形影响，变形相对较大，且以横河向坡外变形为主，其余测点位移变化稳定。

2）测斜仪监测孔各深度位移量随时间变化较小，未产生明显滑移变形带，钻孔部位深层岩土体变形稳定。

（9）萝卜岗环周边库岸稳定性监测。萝卜岗环周边库岸以GNSS地表位移监测和地下水动态监测为主，测斜孔深部位移监测为辅。

1）大部分GNSS水平位移监测站随时间总体变化稳定，仅个别点变形较明显，其中TPkz－24在2012年"7·2"雨灾中滑塌破坏，已加固处理。

2）测斜孔监测表明，总体上位移量及位移变幅较小，未见明显滑动面或持续变形趋势，反映深层岩体基本稳定。

3）水位孔监测成果显示，地下水水位具有明显年周期性变化规律，地下水水位升降与库水位涨落一致性较好。

（10）建筑基础及其支挡结构稳定性监测。

1）第一行政中心采用GNSS表观和钻孔深部测斜监测，后坡受2012年汉源县"7·2"雨灾影响，发生滑塌，测斜孔亦有明显反应，2013年10月经工程防护治理后，滑动位移逐步趋于收敛，目前整体稳定。

2）电力公司场地基础GNSS测站水平位移较小，基础沉降已趋稳定；后缘预应力锚索桩板墙锚索锚固力损失较大，经重新张拉锁定处理后已稳定。

3）法院后缘挡墙GNSS测站水平位移较小，基础沉降基本稳定；前缘挡墙裂缝变化速率逐步趋缓，但暂未完全收敛，仍在监测。

4）汉源二中操场后缘斜坡锚索墙锚固力监测表明支护效果良好。

5）富林一小前缘桩板墙水平位移较小，裂缝开度未见明显扩展，倾角变化稳定，深部位移主要发生在埋设初期，目前变形逐趋平稳，未见进一步趋势性变化。

6）妇幼保健院M－4挡墙GNSS水平位移略显增大趋势，目前裂缝开合度暂未完全收敛，正在加固处理。

7）复合安置用地1－A区8号挡墙裂缝开合度随时间缓慢增大，暂未完全收敛；支护抗滑桩未发生明显倾斜变形，抗滑桩所受滑坡推力及土体抗力总体较小，处于基本稳定状态。

1－B区17号楼施工期间建筑基础沉降量相对偏大，倾斜变形明显，已加固处理。

第 2 篇

岩土工程勘察

4

区 域 地 质 环 境

4.1 地貌形态特征

汉源县位于青藏高原向四川盆地过渡的横断山脉北段东缘，地处川西南山地大凉山中升区的大渡河中游。西部及西北部为邛崃山余脉飞越岭，北部及东北部为邛崃山余脉南支大相岭（图2.4.1），东部为瓦山桌状山地（图2.4.2），南部属大凉山连绵群峰，中部为较宽阔的汉源、九襄河谷盆地（图2.4.3），大渡河由西向东横穿县境，流沙河自北西而南东流经宜东、九襄于县城附近汇入大渡河，形成了四周高山环绕、中部河谷低平的山川地势。地形地貌总体特点表现为构造剥蚀高山-中山山地广泛分布，以侵蚀堆积为主的山间河谷盆地及宽谷河段则分布于县境中西部。汉源县境内崇山峻岭，河谷深切，岭谷高低悬殊，山势展布与构造线走向基本一致，山岭海拔一般为1800～3500m，西北部山峰高达3500～4000m，相对高差一般为1100～2800m，最大可达3300m以上。山川地势以西北部与泸定县交界处的马鞍山为最高，海拔4021m，东端著名的大渡河大峡谷与白熊沟汇合口处为最低，高程仅550.00m（图2.4.4）。境内残存的3800～3600m、3200～3000m、2600～2400m和2000～1800m等多级剥夷面依稀可辨，其以下可见零星分布的Ⅰ～Ⅵ级河谷阶地。反映出新近纪以来，县境内一直处于比较稳定的大面积整体间歇性抬升状态，

图2.4.1 西部飞越岭高山（远景）和北部大相岭泥巴山高中山（近景）地貌

差异活动不甚明显；同时也显示其经历了长期剥蚀夷平及河流强烈下切侵蚀的过程。汉源县境内地貌形态及成因类型分类见表2.4.1。

图2.4.2　东部瓦山桌状山高中山地貌

图2.4.3　中部汉源-九襄河谷盆地（卫星影像）

图2.4.4　大渡河大峡谷及瓦山桌状山地碳酸盐岩构造侵蚀高中山地貌

　　汉源新县城萝卜岗场地位于大渡河与流沙河所围限的宽缓斜坡地带上。该斜坡长约8.5km，宽1.5～1.9km，总体走向北西40°，倾向北东，坡度为10°～25°，地势西北高、东南低，坡顶高程为990.00～1260.00m，拔河高度200～470m，属中山-低山单斜顺向坡地貌。瀑布沟水电站的兴建，其水库面积为四川省内目前面积最大的人工湖泊。地处瀑布沟水库库中段萝卜岗场地的汉源新县城，其东、南、西三面环水，北面依山，山水相连，风景秀丽。

表 2.4.1 　　　　　　　　　　汉源县境内地貌形态及成因类型分类简表

地貌类型		绝对高度/m	相对高度/m	主要山峰及其绝对高度/m
按地势形态分类	按成因类型分类			
高山	西部及西北部飞越岭岩浆岩类构造剥蚀高山	3500～4000	2800～3300	马鞍山（4021）、扇子山（3799）、鸡冠山（3640）、黄草山（3661）
中山	北部及东北部大相岭岩浆岩类构造剥蚀高中山	1800～3500	1100～2800	大坪顶（2865）、黄连山（3155.8）、泡草湾（2949.8）、大牛场（3330.6）、佛静山（2617）
	东部瓦山桌状山地碳酸盐岩类构造侵蚀高中山			轿顶山（3552）、老鹰嘴（3215）、帽壳山（3224.8）、大瓦山（3236）、小瓦山（3064）、蓑衣岭（2805）
	南部大凉山西段碳酸盐岩类构造侵蚀高中山			板厂（3060.6）、马耳朵梁子（2702）、桦槁林（2765）、徐家山（2701）、瓦板山（2760）
	中西部宜东、九襄、汉源中生代碎屑岩类构造剥蚀高中山			大包尖（2482.3）、大尖山（2202）、尖峰顶（1840）、瓦爪坪后山（1982）
中山-低山、山间河谷盆地	中部汉源、九襄中山-低山、山间河谷侵蚀堆积盆地	700～1300	0～600	萝卜岗后山（1260）、萝卜岗山冒顶（1121）、九襄黄土坡（1080）、白岩海子村（1071）、云盘山（983）

4.2　区域地质环境条件

汉源县位于川滇南北向构造带东亚带（凉山拗褶断带）北段，在大地构造部位上处于上扬子台褶带峨眉山断块瓦山断穿构造西侧。西面以金坪断裂为界与康滇地轴毗邻，北面及东北面以荥经-马边-盐津断裂（北段）为界与川西台陷和龙门山褶断束相接，南面以石棉-峨边东西向隆起带为界与凉山陷褶束和美姑-金阳陷褶束相连。

境内地层除泥盆系、石炭系、白垩系、新近系缺失外，前震旦纪基底岩系和震旦系-第四系沉积盖层均有出露。其中，前震旦系板岩、绢云千枚岩和变质玄武岩等基底岩系，零星出露于乌斯河和富春以东的下堰沟一带；前震旦纪至早震旦世的晋宁-澄江期岩浆侵入岩和巨厚火山喷出岩及火山碎屑岩，主要分布于清溪-九襄-富春以东的大相岭泥巴山、佛静山、杨家山和青富-河西-富乡以西的小堡、火厂坝、青杠嘴、箭杆岭、马鞍山，以及顺河-乌斯河等地，岩性以酸性-中酸性花岗岩、闪长岩和酸性-中性-基性火山熔岩、火山碎屑岩为主（昔称"富林杂岩"）；震旦系上统至二叠系下统浅海相沉积的碳酸盐岩和碎屑岩，厚度大、岩相稳定，广泛分布于县境；晚二叠世峨眉山组玄武岩仅出露于富泉-汉源县城-万工以东的三道坪、沙湾头、挖断山等地，三叠系上统陆相含煤砂页岩至侏罗系中统紫红色泥岩，分布于宜东-九襄-河西、市荣、汉源（老）县城-白岩等中生代拗陷带内；第四系下更新统河湖相半成岩之"昔格达组"砂泥岩，零星出露于九襄黄土坡、唐家文武坡、白岩海子村和大树麦坪等地；第四系中上更新统和全新统冲积、洪积、坡残积、崩积等松散堆积层，多分布于河（沟）谷低地及缓坡地带。境内区域地层岩性特征见表2.4.2。

表 2.4.2 汉源县境内区域地层岩性特征简表

地层单位				代号	厚度/m	岩性特征简述
界	系	统	组			
新生界	第四系	全新统		Q_4	0～65	近代冲积洪积、坡残积、滑坡或人工堆积。由卵砾石、碎砾石、角砾和粉质黏土等组成
		中上更新统		Q_{2-3}	0～91	冲洪积、地滑堆积、古坡残积及堰塞湖相堆积。由漂卵石、卵（碎）石、角砾、砂、粉土等组成，结构较密实，局部钙质胶结紧密
		下更新统	"昔格达组"	Q_{1x}	0～310	浅黄、灰黄色厚层细砂、粉砂夹粉土层，半成岩状；下部灰、青灰、棕红等色半成岩粉土、黏土层，层理发育，层纹清晰；底部半胶结砂卵石、角砾层。与下伏呈角度不整合接触关系
中生界	侏罗系	中统	牛滚凼组	J_{2n}	＞500	棕红色泥岩、粉砂质泥岩夹岩屑细砂岩
			新村组	J_{2x}	656～954	紫红色泥岩、泥质粉砂岩砂砂岩、岩屑长石石英细砂岩，底部紫红色砾岩、含砾砂岩
		下统	益门组	J_{1y}	154～323	暗紫红色粉砂质泥岩夹钙质细砂岩、粉砂岩，底部灰黑色粗砂岩、砾岩
	三叠系	上统	白果湾组	T_{3bg}	150～800	上部浅灰色中厚层状细砂岩、粉砂岩夹粉砂质泥岩，下部灰、灰黄、灰黑、紫红等色粉砂岩、泥质粉砂岩、粉砂质泥岩、岩屑砂岩、炭质页岩夹煤层，底部角砾岩。与下伏呈平行不整合接触关系
古生界	二叠系	上统	峨眉山组	$P_{2\beta}$	0～450	灰绿、墨绿色致密块状、杏仁状、斑状玄武岩夹凝灰岩。与下伏呈平行不整合接触关系
		下统	阳新组	P_{1y}	0～400	灰、深灰色厚至中厚层状生物碎屑灰岩，下部夹钙质粉砂岩，上部夹紫红泥岩
			梁山组	P_{1l}	0～25	铝土质黏土岩、炭质黏土岩，下部石英砂岩。与下伏呈平行不整合接触关系
	志留系	下统	罗惹坪组	S_{1lr}	0～72	灰、深灰色薄层状灰岩夹生物碎屑灰岩
			龙马溪组	S_{1lm}	0～23	灰、深灰色薄层状泥质粉砂岩灰岩
	奥陶系	上统	临湘组	O_{3l}	0～21	灰紫、紫红色条带状瘤状泥质灰岩
		中统	宝塔组	O_{2b}	0～443	暗紫红色龟裂纹、豹皮纹灰岩
			上巧家组	O_{2q}	0～91	浅灰、肉红色长石石英砂岩、粉砂岩
		下统	下巧家组	O_{1q}	0～111	细粒石英砂岩、生物灰岩、页岩韵律互层
			红石崖组	O_{1h}	0～150	浅灰、紫红色泥质、钙质粉砂岩、页岩及细砂岩
	寒武系	上统	洗象池组	$\in O_x$	0～125	浅灰色白云岩、泥质白云岩夹砂岩
		中统	西王庙组	$\in_{2x}$	0～108	紫红色钙质粉砂岩、砂质白云岩
		下统	沧浪铺组＋龙王庙组	$\in_{1c}+\in_{1l}$	0～122	浅灰、深灰色含砾石英砂岩、中粗粒砂岩，细砂岩、白云质粉砂岩砂质白云岩、隐晶质白云岩互层
			筇竹寺组	$\in_{1q}$	0～160	黄灰、深灰色长石石英细砂岩、粉砂岩，下部夹泥质灰岩、泥岩、磷块岩

地层单位				代号	厚度/m	岩性特征简述
界	系	统	组			
上元古界	震旦系	上统	灯影组	Z_{bdn}	930～1100	上部晶洞白云岩、纹层白云岩，中部藻纹状、葡萄状白云岩，下部泥质白云岩夹泥岩
			观音崖组	Z_{bg}	20～108	上部竹叶状白云岩夹紫色泥岩，下部含粒砂岩、细砂岩。与下伏呈平行不整合接触关系
			列古六组	Z_{bl}	0～120	紫红、紫灰色中粗粒岩屑砂岩、细砂岩，底部砾岩、顶部泥岩
		下统	开建桥组	Z_{ak}	0～800	紫红色凝灰质含砾岩屑砂岩、角砾岩、流纹岩夹沉凝灰岩
			苏雄组	Z_{as}	1000～5400	上部流纹岩、流纹斑岩夹火山角砾岩，中部安山岩、玄武质安山岩夹火山角砾岩，下部斑状玄武岩、角砾凝灰岩。与下伏呈角度不整合接触关系
下元古界	前震旦系		峨边群	P_{teb}	＞300	黄灰、深灰、灰黑色条带状板岩、绢云千枚岩、绿泥绢云千枚岩

纵观区域地质发展演化史，汉源县境及其外围地区在漫长的地质历史时期里，经历了晋宁、澄江、加里东、华里西、印支、燕山和喜山等构造运动，其中以晋宁、印支和喜山运动的规模较大，影响程度较强。晚元古代前震旦纪末期的晋宁运动，使前震旦系泥质岩及火山岩系等基底岩系强烈褶皱、变质，并伴随大量岩浆活动。早震旦世爆发大规模的岩浆侵入和喷溢，早震旦世末期的澄江运动，境内地壳强烈拗陷，致使晚震旦世广泛遭受灯影海侵，接受巨厚的浅海-滨海相碳酸盐岩沉积。

澄江运动以后，境内以间歇性的振荡升降活动为主，寒武纪—三叠纪海水往复进退，受西侧康滇地轴不断抬升和向东侧陆续扩张的影响，在一些拗陷中心始有滨海相碳酸盐岩及海陆交互相碎屑岩沉积。其间，发生在志留纪末期的加里东运动，表现为境内整体隆起，缺失泥盆-石炭系沉积；早二叠世初，境内再次拗陷遭受阳新海侵，形成统一的碳酸盐坪台，广泛接受了一套以生物碎屑灰岩为主的浅海相碳酸盐岩沉积；早二叠世末期华里西运动，喷发堆积大量的晚二叠世早期峨眉山组玄武岩。中三叠世末印支运动早期，基本结束了海侵历史，继之以内陆湖盆含煤岩系及红色岩系沉积为主。早白垩世末期燕山运动地壳不断隆起，境内缺失白垩-古近系沉积；新近纪以来喜山运动，境内新构造活动特征主要表现为大面积整体间歇性抬升，在伴随大幅度上升的同时，在一些局部下陷洼地、河谷等始有上新世—早更新世河湖相砂砾、泥质物沉积。

汉源县境及其外围地区主要构造格局雏形始于晋宁-澄江运动，历经加里东、华里西、印支、燕山、喜山运动逐渐成形，并得到发展和加强，直至喜山运动晚期最终成熟定型。区域构造格局演化表明，汉源县境及其外围地区各时期构造应力场及其变化的总趋势是：以南北向水平挤压→东西向水平挤压→南北向不均匀推挤→东西向挤压占主导地位。从汉源县境及其外围构造格架可以看出：该区域内主要褶皱、断裂等构造有近南北向、北西向、北东向和近东西向4组。其中，以北西向构造较发育，主要分布于西北部和东北部，其次为近南北向构造。县境及其外围主要构造特征见表2.4.3和图2.4.5。

表 2.4.3 　　　　　　　　　　汉源县境及其外围地区主要构造特征简表

展布方位	断裂名称	延伸长度/km	产状			错断地层	破碎带特征	
			走向	倾向	倾角/(°)		宽度/m	组成物质
南北向	宜坪-美姑断裂	106	近南北	西	60～80	震旦系/中生界	50～60	碎粒岩、构造角砾岩夹碎粉岩
	汉源-昭觉断裂	120	近南北	东（局部西）	60～80	震旦系/中生界	20～60	碎粒岩、碎粉岩、构造角砾岩
	大渡河断裂	150	近南北	西或东	45～80	前震旦系/中生界	5～50	糜棱岩化、韧性剪切带，构造透镜体角砾岩、碎粒岩
北西向	磨西断裂	150	北10°～30°西	南西（局部北东）	70～78	震旦系/古生界	30～120	片状岩、碎粒岩、碎粉岩、断层泥
	荥经断裂	85	北25°～30°西	南西	60	震旦系/中生界	10～30	片状岩、碎裂岩夹碎粉岩
	保新厂-凰仪断裂	120	北40°西	南西	≥70	震旦系/中生界	10～20	碎裂岩、碎粒岩、碎粉岩
	石棉断裂	38	北40°～60°西	北东或南西	60～80	震旦系	<200	碎裂岩夹碎粒岩、碎粉岩
	金坪断裂	100	北40°西	南西	50～70	震旦系/中生界	20～40	碎裂岩、碎粒岩夹碎粉岩
北东向	二郎山断裂	57	北20°东	北西或南东	50～75	震旦系/中生界	5～10	片状岩、碎裂岩、碎粒岩、碎粉岩
东西向	石棉-峨边东西向隆起带：位于北纬29°10′左右，发育于大渡河南侧石棉苏雄峨边一带，由苏雄、大营盘等复式背斜组成，核部为前震旦系峨边群砂板岩、火山岩夹大理岩，成生于晋宁期，重磁力异常显示清楚							

与汉源新县城场地距离较近、关系较密切的断裂、褶皱构造，主要有汉源-昭觉断裂、金坪断裂、保新厂-凰仪断裂和汉源向斜，现分述如下：

（1）汉源-昭觉断裂（九襄-富林隐伏段称为九襄断裂）：分布于新县城萝卜岗场地东侧1～2km，北起泥巴山垭口与保新厂-凰仪断裂相交接，向南延伸经汉源九襄、富泉、富林、炒米岗、桂贤、片马至甘洛岩岱，再向南与甘洛-竹核断裂相连，长约120km。主要断切于震旦系与古生界或中生界地层之间，早期具有挤压兼右旋逆冲性质，后期显示左旋逆冲特征。断裂总体走向近SN（九襄-富林-桂贤隐伏段走向NW），倾向E（局部倾W），倾角60°～80°，破碎带宽20～60m，由碎粒岩、碎粉岩、角砾岩和构造岩块等组成，并有石英脉、方解石脉等充填（图2.4.6），汉源九襄黄土坡、唐家文武坡、白岩炒米岗等地，沿断裂带分布的第四系下更新统半成岩之"昔格达组"（Q_{1x}）砂泥岩中，褶皱和小断层较发育（图2.4.7），局部地段见中更新统（Q_2）砂砾石层中发生变形（图2.4.8）、错断形迹，但该断裂带上覆晚更新世早期洪积物［热释光（TL）法测龄值为67000±4500a］未受到影响，显示该断裂在早、中更新世时期具有一定的活动性，未发现晚更新世以来的活动形迹。该断裂属早、中更新世活动断裂。沿断裂现今地震活动微弱，历史上仅在汉源以

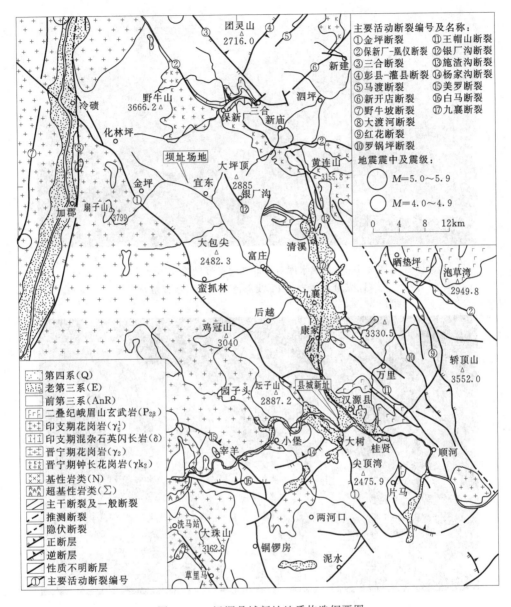

主要活动断裂编号及名称:
①金坪断裂　⑪王帽山断裂
②保新厂-凤仪断裂　⑫银厂沟断裂
③三合断裂　⑬施渣沟断裂
④彭县-灌县断裂　⑭杨家沟断裂
⑤马渡断裂　⑮美罗断裂
⑥新开店断裂　⑯白马断裂
⑦野牛坡断裂　⑰九襄断裂
⑧大渡河断裂
⑨红花断裂
⑩罗锅坪断裂

地震震中及震级:

○ M=5.0～5.9

○ M=4.0～4.9

0　4　8　12km

第四系(Q)
老第三系(E)
前第三系(AnR)
二叠纪峨眉山玄武岩($P_{2\beta}$)
印支期花岗岩(γ_5^1)
印支期混杂石英闪长岩(δ)
晋宁期花岗岩(γ_2)
晋宁期钟长花岗岩(γk_2)
基性岩类(N)
超基性岩类(Σ)
主干断裂及一般断裂
推测断裂
隐伏断裂
正断层
逆断层
性质不明断层
主要活动断裂编号

图 2.4.5　汉源县城新址地质构造纲要图

北清溪附近有过一次 5.0 级地震发生的记载。

　　（2）金坪断裂：分布于新县城萝卜岗场地西侧约 1km，系康滇地轴与上扬子台缘褶带之边界断裂。北西起于泸定冷碛附近与大渡河断裂、二郎山断裂相交接，向南东经佛耳崖、兴隆、金坪，再经汉源许家沟、火厂坝、大树至甘洛沙岱附近与汉源-昭觉断裂相接，长约 100km。总体走向 N40°W，倾向 SW，倾角 50°～70°，破碎带宽 20～40m，局部达 100m，由构造片理、碎粒岩、碎裂岩夹碎粉岩组成。断裂带物质成分及两盘次级构造与地层位移显示，该断裂早期具有右旋逆冲、晚期显示左旋逆冲性质。汉源大树以北，晋宁-澄江期花岗岩仰冲于古生界碳酸盐岩、中生界含煤地层或红层之上，垂直断距达 500

图 2.4.6　远眺水库对岸炒米岗一带汉源-昭觉断裂
（J_{2x}紫红色泥岩与P_{1y}浅灰色灰岩呈断层接触）

图 2.4.7　汉源九襄黄土坡"昔格达组"（Q_{1x}）砂泥岩地层中褶曲、揉皱及断裂

余 m；以南主要断切于震旦系、古生界地层之间。汉源大树一带，第四系下更新统"昔格达组"（Q_{1x}）砂泥岩层中褶皱及小断裂较发育；大树王家田西侧，在主干断裂旁侧一条小断层上取断层带物质，经热释光（TL）法测龄值为距今 $116200 \pm 9200a$，表明该断裂的新构造活动性主要活动时期为早、中更新世。火厂坝、大树附近，断裂带上覆的河谷阶地上均未发现晚更新世以来的变形、断裂迹象。该断裂属早、中更新世活动断裂。沿该断裂现今地震活动微弱，仅在汉源西南侧附近曾发生过一次 5.0 级地震。

（3）保新厂-凰仪断裂：分布于新县城萝卜岗场地北东侧约 26km，北西起于天全两河口石杠子沟以北与二郎山断裂相交接，向南东经赤竹坪、保新厂、泥巴山、凰仪，又经寿

图 2.4.8　汉源九襄黄土坡中更新统（Q_2）砾石层与"昔格达组"（Q_{1x}）粉砂岩不整合接触

屏山向南东延伸，于金口河以北为金口河断裂、峨眉山断裂所截，再向南东与宜坪-美姑断裂相接，长约 120km。该断裂总体沿大相岭北西向隆起带发育，走向 N40°W，倾向 SW，倾角 70°以上，中部凰仪附近向东突出呈弧形展布，破碎带宽 10～20m，由碎裂岩、碎粒岩夹碎粉岩等组成，主要断于晋宁-澄江期岩浆岩与古生代、中生代地层之间或古生代地层中，属一条高角度逆冲断层。新庙附近，在主干断裂旁侧一次级断层上取方解石样品经热释光（TL）法测定，其年龄值为距今 463000 ± 56000a（图 2.4.9）；西北段陈香岩附近，取断层带碎粉岩对石英颗粒表面特征经扫描电镜（SEM）法分析，显示其新活动性在中更新世，未发现晚更新世以来的新构造活动迹象，表明保新厂-凰仪断裂属中更新世及以前活动断裂。沿断裂带现今地震活动微弱，至今尚无破坏性地震发生的记载。

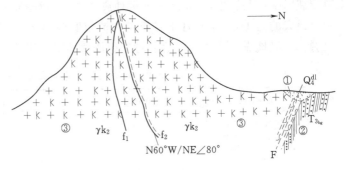

图 2.4.9　新庙保新厂-凰仪断裂剖面图
①—全新统坡积层；②—三叠系上统白果湾组煤系地层；
③—晋宁期钾长花岗岩

（4）汉源向斜：分布于汉源富泉、富林、白岩一带，长约 8km。北西段与宜东向斜呈雁列式排列，轴面走向 N40°～50°W，倾向 NE，倾角 75°。轴部为中侏罗统紫红色泥岩、粉砂岩，两翼由下侏罗统—上震旦统紫红色砂泥岩、含煤砂页岩、长石石英砂岩、玄武岩、石灰岩、白云岩等组成。两翼开阔不对称，NE 翼较陡，岩层倾角 40°～50°；SW 翼较缓，岩层倾角 20°～30°。轴部被汉源-昭觉断裂所破坏。

汉源新县城萝卜岗场地，位于汉源向斜南西翼，汉源-昭觉断裂与金坪断裂所切割的地块上。场地内地质构造较简单，构造形迹以次级褶皱、小断层、层间挤压错动带和节理裂隙为其特征，宏观上为一向北东倾斜的单斜构造区。

4.3 地震地质特征及地震动参数

为确定汉源新县城及其北段工程场地在不同风险水平下的地震烈度值、基岩与地面水平峰值加速度、反应谱和时程，四川省地震局工程地震研究所和四川赛思特科技有限责任公司先后于 2002 年及 2005 年开展了汉源新县城及其北段工程场地地震安全性评价工作。

4.3.1 地震地质特征

汉源县地处我国中部南北向地震带中南端的东侧。西北面为鲜水河地震带，西南面为安宁河地震带，东北面为龙门山地震带，东面为马边-昭通地震带，宏观地震地质背景总体较复杂。汉源新县城萝卜岗工程场地，无区域性活动断裂通过，不具备强震发生的地震地质条件，历史上无中强震及强震分布的记载，场地地震效应主要受外围强震及近场区中强震的波及影响。

据历史地震记载，工程场地周围不小于 150km 范围内的研究区（东经 $100°42'\sim104°24'$、北纬 $28°00'\sim31°18'$），自公元 624 年以来迄今的 1300 余年中，共记录到 $7.0\sim7.9$ 级地震 9 次，$6.0\sim6.9$ 级地震 20 次，$5.0\sim5.9$ 级地震 76 次；以工程场地为中心 25km 范围内的近场区（东经 $102°08'\sim102°57'$、北纬 $29°06'\sim29°54'$），自公元 1216 年有史料记载以来，共发生过 $5.0\sim5.9$ 级地震 4 次，$4.7\sim4.9$ 级地震 2 次。其中，对工程场地影响最大的是 1786 年 6 月 1 日康定、泸定磨西间 $7\frac{3}{4}$ 级地震，其次为 1957 年 8 月 9 日汉源 5.0 级地震，这些历史地震对工程场地的最大影响烈度为Ⅶ度（表 2.4.4）。

表 2.4.4　　　　　　　　　　历史地震对工程场地影响烈度表

序号	发震时间	震中位置	震级	震中烈度	对工程场地的影响烈度
1	1216 年 7 月 2 日	汉源北	5.0	Ⅵ～Ⅶ	Ⅴ～Ⅵ
2	1536 年 3 月 19 日	西昌北	$7\frac{1}{2}$	Ⅹ	Ⅵ
3	1725 年 8 月 1 日	康定	7.0	Ⅸ	Ⅵ
4	1786 年 6 月 1 日	康定、泸定磨西间	7.0	≥Ⅹ	Ⅶ
5	1951 年 3 月 16 日	石棉	5.0	Ⅵ	Ⅴ～Ⅵ
6	1955 年 4 月 14 日	康定折多塘	7.5	Ⅹ	Ⅵ
7	1957 年 8 月 9 日	汉源	5.0	Ⅵ～Ⅶ	Ⅵ
8	1966 年 4 月 30 日	石棉擦罗	4.8	Ⅵ	Ⅴ
9	1989 年 6 月 9 日	石棉北西	5.0	Ⅶ	＜Ⅴ
10	2008 年 5 月 12 日	汉源	8.0	Ⅺ	Ⅷ

历史地震活动与地震地质背景研究表明，区内历史地震的空间分布格局具有以下特征：

（1）区域地震活动具有明显的分带特点，其空间分布与活动断裂及其主要活动段有着密切的联系。研究区西侧及西南侧的强震活动多沿鲜水河-安宁河-则木河断裂带成带展布，历史地震频度高、强度大，道孚、康定、冕宁、西昌等地是强震多次重复发生的场所；研究区东北部的中、强震活动主要分布在龙门山断裂带的中、南段；研究区东部 M_s ≥6.0 级地震集中分布在马边-大关一线，在空间上形成一条与荥经-马边-盐津断裂走向基本吻合的北西向强震密集带（图 2.4.10）。

（2）地震活动的空间分布具有显著的不均匀性，其分布格局的不均匀性主要表现在地震活动沿某些区域分布较为集中，而在另一些区域则很少发生。强震活动的这种特性则表现得更为明显，近代弱震活动多集中分布在区域性断裂及断裂的交汇部位。

（3）历史上发生强震的地区或活动断裂的主要活动段，未来仍有强震重复发生的可能。

经地震地质背景、新构造运动、断裂构造最新活动性和地震活动特征分析，工程场地外围强震活动与活动断裂及其主要活动段基本相吻合，即强震主要发生在鲜水河断裂带、安宁河断裂带、龙门山断裂带和荥经-马边-盐津断裂带中南段的相对活动段。鲜水河断裂南东段（磨西断裂）、安宁河断裂北段（麂子坪-大桥断裂）具备发生 7.5 级左右大震的构造背景，龙门山断裂南西段（二郎山断裂和大川-双石断裂）、石棉断裂、荥经-马边-盐津断裂中南段（马边-盐津断裂）具有发生 7 级左右强震的构造条件。根据工程场地及其外围的地震地质条件、地壳结构及深部构造、地震活动特征，以及潜在震源区划分的原则与标志等，经地震危险性分析结果，汉源新县城工程场地地震危险性主要来自于西北面的鲜水河断裂带南东段磨西 8 级潜在震源区、西南面的安宁河断裂带北段栗子坪 7.5 级潜在震源区和石棉断裂北段石棉 7 级潜在震源区、东北面的龙门山断裂带南西段天全 7 级潜在震源区、东面的荥经-马边-盐津断裂中南段马边 7 级潜在震源区等的影响。其中，磨西 8 级潜在震源区对汉源新县城工程场地的影响占主导地位。

4.3.2 地震动参数

根据四川省地震局工程地震研究所 2002 年 10 月提交并经四川省地震局批复的《瀑布沟水电站汉源县城新址及永定桥供水水库工程场地地震安全性评价报告》（川震发防〔2002〕18 号）地震危险性概率计算结果，汉源县城新址（河口-无名沟）工程场地未来 50 年超越概率为 10％的地震烈度值为 7.4 度，相应地震基本烈度为Ⅶ度，基岩水平峰值加速度为 143cm/s²；工程场地未来 50 年超越概率为 10％的地面设计地震水平峰值加速度（分 A、B、C 3 个区）分别为：A 区 183cm/s²、B 区 175cm/s²、C 区 167cm/s²（表 2.4.5～表 2.4.9）。根据四川省赛思特科技有限责任公司 2007 年 3 月提交并经四川省地震局批复的《汉源新县城规划区北段工程场地地震安全性评价报告》（川震发防〔2007〕49 号）地震危险性概率计算结果，新县城规划区北段（无名沟-龙潭沟）工程场地未来 50 年超越概率为 10％的地震烈度值为 7.4 度，相应地震基本烈度为Ⅶ度，基岩水平峰值加速度为 141cm/s²；50 年超越概率 10％的地面设计地震水平峰值加速度（分 A、B、C 3 个区）分别为：A 区 178cm/s²、B 区 172cm/s²、C 区 158cm/s²（表 2.4.10～表 2.4.13）。

2008 年 5 月 12 日汶川县发生 8.0 级特大地震，汉源县城震感强烈，老县城部分抗震

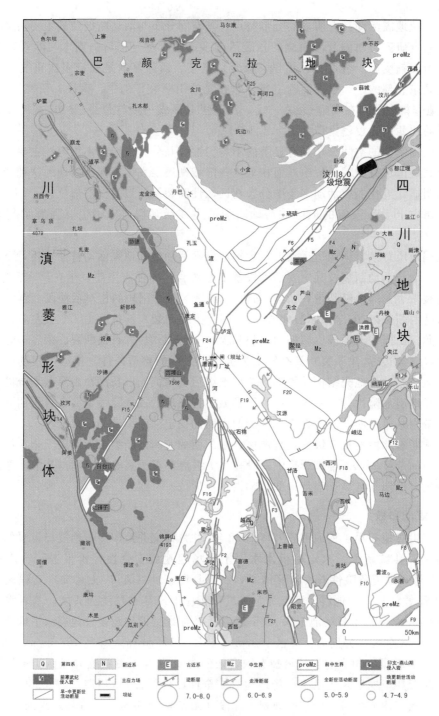

图 2.4.10　汉源县城新址区域地震构造略图

F₁—鲜水河断裂带；F₂—安宁河断裂带；F₃—大凉山断裂带；F₄—彭县-灌县断裂；F₅—北川-映秀断裂；

F₆—茂汶-汶川断裂；F₇—蒲江-新津断裂；F₈—马边断裂；F₉—莲峰断裂；F₁₀—老坝河-马颈子断裂；

F₁₁—磨西断裂；F₁₂—荥经-马边断裂；F₁₃—小金河断裂；F₁₄—理塘-德巫断裂；F₁₅—玉农希断裂；

F₁₆—大泥沟断裂；F₁₇—龙泉山断裂；F₁₈—美姑断裂；F₁₉—金坪断裂；F₂₀—保新厂-凰仪断裂；

F₂₁—越西断裂；F₂₂—松岗断裂；F₂₃—米亚罗断裂；F₂₄—大渡河断裂；F₂₅—抚边河断裂

能力差的砌体结构及砖木结构房屋损毁、倒塌较多。雅安市地震局向四川省地震局呈报《关于重新明确汉源新县城建设工程抗震设防要求的紧急请示》报告（雅震发〔2008〕20号）。对此，四川省地震局于6月8日在《四川省地震局关于汉源新县城建设工程抗震设防要求的批复》（川震发防〔2008〕129号）文件中回复：按《中国地震动参数区划图》（GB 18306—2001），汉源新老县城的地震动峰值加速度均位于0.15g分区内，特征周期处于0.45s内。汶川大地震后，对龙门山构造带的发震能力有了新的认识，通过对地震潜源和地震活动性参数进行分析研究，经四川省地震安全性评定委员会认真讨论，认为原报告的结论是适合的。汉源新县城抗震设防要求，应严格按照《四川省地震局〈关于对瀑布沟水电站汉源县城新址及永定桥供水水库工程场地地震安全性评价报告〉的批复》（川震发防〔2002〕18号）和《四川省地震局〈关于对汉源新县城规划区北段工程场地地震安全性评价报告〉的批复》（川震发防〔2007〕49号）两文件批复报告的评价结论进行抗震设计、施工，并加强监理。

表 2.4.5　　　　　　　　　汉源县城新址地震危险性概率分析结果

烈度和地震动参数	50年超越概率		
	63%	10%	3%
烈度	6.1	7.4	7.9
基岩水平峰值加速度/(cm/s²)	46	143	208

表 2.4.6　　　　　　　　　汉源县城新址基岩设计地震动参数

超越概率	谱参数	T_1 /s	T_g /s	β_m	γ	η_1	η_2	PGA /(cm/s²)
50年	63%	0.1	0.4	2.4	0.9	0.02	1.0	46
	10%	0.1	0.4	2.4	0.9	0.02	1.0	143
	3%	0.1	0.4	2.4	0.9	0.02	1.0	208

表 2.4.7　　　　　　　汉源县城新址场地地面设计地震动参数（A区）

超越概率	谱参数	T_1 /s	T_g /s	β_m	γ	η_1	η_2	PGA /(cm/s²)
50年	63%	0.1	0.45	2.4	0.9	0.02	1.0	61
	10%	0.1	0.45	2.4	0.9	0.02	1.0	183
	3%	0.1	0.45	2.4	0.9	0.02	1.0	278

注　A区指覆盖层厚度大于15m的区域（下同）。

表 2.4.8　　　　　　　汉源县城新址场地地面设计地震动参数（B区）

超越概率	谱参数	T_1 /s	T_g /s	β_m	γ	η_1	η_2	PGA /(cm/s²)
50年	63%	0.1	0.45	2.4	0.9	0.02	1.0	58
	10%	0.1	0.45	2.4	0.9	0.02	1.0	175
	3%	0.1	0.45	2.4	0.9	0.02	1.0	272

注　B区指覆盖层厚度为5～15m的区域（下同）。

表 2.4.9 汉源县城新址场地地面设计地震动参数（C 区）

超越概率	谱参数	T_1 /s	T_g /s	β_m	γ	η_1	η_2	PGA /(cm/s²)
50 年	63%	0.1	0.45	2.4	0.9	0.02	1.0	54
	10%	0.1	0.45	2.4	0.9	0.02	1.0	167
	3%	0.1	0.45	2.4	0.9	0.02	1.0	254

注 C 区指覆盖层厚度小于 5m 的区域（下同）。

表 2.4.10 汉源县城规划区北段地震危险性概率分析结果

烈度和地震动参数	50 年超越概率		
	63%	10%	3%
烈度	6.1	7.4	8.0
基岩水平峰值加速度/(cm/s²)	46	141	219

表 2.4.11 汉源县城规划区北段 A 区场地设计地震反应谱参数表（5%阻尼比）

超越概率	谱参数	T_0 /s	T_1 /s	T_g /s	β_m	γ	η_1	η_2	PGA /(cm/s²)
50 年	63%	0.04	0.1	0.45	2.4	0.9	0.02	1.0	60
	10%	0.04	0.1	0.45	2.4	0.9	0.02	1.0	178
	3%	0.04	0.1	0.45	2.4	0.9	0.02	1.0	275

表 2.4.12 汉源县城规划区北段 B 区场地设计地震反应谱参数表（5%阻尼比）

超越概率	谱参数	T_0 /s	T_1 /s	T_g /s	β_m	γ	η_1	η_2	PGA /(cm/s²)
50 年	63%	0.04	0.1	0.45	2.4	0.9	0.02	1.0	56
	10%	0.04	0.1	0.45	2.4	0.9	0.02	1.0	172
	3%	0.04	0.1	0.45	2.4	0.9	0.02	1.0	270

表 2.4.13 汉源县城规划区北段 C 区场地设计地震反应谱参数表（5%阻尼比）

超越概率	谱参数	T_0 /s	T_1 /s	T_g /s	β_m	γ	η_1	η_2	PGA /(cm/s²)
50 年	63%	0.04	0.1	0.45	2.4	0.9	0.02	1.0	53
	10%	0.04	0.1	0.45	2.4	0.9	0.02	1.0	158
	3%	0.04	0.1	0.45	2.4	0.9	0.02	1.0	246

4.4 区域构造稳定性评价

汉源新县城萝卜岗场地位于川滇南北向构造带东亚带（凉山拗褶带）北段，在大地构造部位上，处于上扬子台褶带峨眉山断块瓦山断穹构造西侧汉源向斜南西翼。工程区外围褶皱、断裂较发育，外围鲜水河断裂带南东段、安宁河断裂带北段具备发生 7.5 级左右大震的构造背景，龙门山断裂带南西段、荥经-马边-盐津断裂带中南段具有 7.0 级左右强震的地质条件，对工程场地产生一定影响；工程场地附近的汉源-昭觉断裂、金坪断裂和保新厂-凰仪断裂属早中更新世活动断裂，晚更新世以来不具活动性，不具备发生 6 级以上强震的条件，不致对工程场地造成重要影响；工程场地内一些次级小断层及破碎带不具新活动性，不致对建筑物地基产生重大影响，场地工程地震条件较简单。经地震地质、地震活动性及地震潜在危险性分析，工程场地历史上曾多次遭受Ⅵ度地震的波及影响，最大影响烈度达Ⅶ度；工程场地未来面临的地震危险性主要来自于磨西 8 级地震潜在震源区的影响。经地震安全性评价，汉源新县城及其北段工程场地未来 50 年超越概率 10% 的基岩地震动水平峰值加速度分别为 143cm/s² 和 141cm/s²，地震基本烈度为Ⅶ度；新县城及其北段工程场地未来 50 年超越概率为 10% 的地面设计地震水平峰值加速度（分 A、B、C 3 个区）分别为：A 区 183cm/s² 及 178cm/s²、B 区 175cm/s² 及 172cm/s²、C 区 167cm/s² 及 158cm/s²。宏观上，在我国西部地区地震地质环境总体较为复杂、本地地震一般为 5～6 级、基本烈度为Ⅶ度及以上的大背景下，萝卜岗场地地震基本烈度为Ⅶ度，区域构造稳定性相对较好。

5

新县城场地工程地质条件

5.1 地形地貌

汉源新县城萝卜岗场地位于流沙河与大渡河所围限的宽缓斜坡地带上。斜坡走向 NW40°，倾向北东（流沙河侧），东起流沙河河口，西至龙潭沟，长约 8.5km，宽 1.5～1.9km。地势西北高、东南低，场地地面高程为 870.00～1200.00m，拔河高度为 80～410m。场地相对较高的山脊制高点由东至西依次有河帽顶、小营盘、大营盘、山帽顶、营盘上、垭口头等，山脊高程为 990.00～1260.00m。场地西南靠大渡河侧，坡向南西，坡度较陡，平均坡度约 40°～50°，最陡达 60°，为逆向陡坡地形；场地所在流沙河侧，坡向北东，坡度相对较缓，坡度一般为 10°～25°，属单斜顺向斜坡地带（图 2.5.1）。

图 2.5.1 新县城萝卜岗场地地貌立体图

新县城萝卜岗规划建设区场地冲沟较发育，但其汇水面积不大，延伸较短，切割较浅，规模较小。规模相对较大的冲沟有蜂子崖沟、任家沟、小水塘沟、大沟头沟、肖家沟、潘家沟、五条沟、无名沟、王家沟、石板沟、松林沟、龙潭沟等。由于岩性、构造和冲沟切割程度的差异，地表形态略显起伏，场地南北两侧坡面向外凸出，中部肖家沟、潘家沟、五条沟一带相对向里凹曲。地表多被厚度不等的第四纪不同成因类型的堆积物所覆盖，山帽顶、垭口头-海子坪和龙潭沟上槽-中槽等"古槽谷"一带，"昔格达组"（Q_{1x}）河湖相半成岩之粉砂、粉土岩层堆积厚度达20～30m，其余地段第四系松散堆积物厚度一般为5～10m，薄者小于5m。

萝卜岗场地北东、南西两侧分别为流沙河与大渡河，河谷宽阔，漫滩、阶地发育。据勘察和建（构）筑物地基开挖揭示，场地区流沙河侧及其邻近地带，发育有Ⅰ～Ⅵ级阶地。其中，Ⅰ级、Ⅱ级为堆积阶地；Ⅲ～Ⅵ级以基座阶地为主，偶见侵蚀阶地，且分布零星。萝卜岗场地河谷阶地特征及分布见表2.5.1。

表2.5.1　　　　　　　　　新县城萝卜岗场地河谷阶地特征及分布简表

阶地级数	成因时代代号	拔河高度/m	阶面高程/m	阶地类型	组成物质及分布简述
Ⅵ	$Q_2^{1\,fgl}$	170～175	955.00～960.00	基座	卵砾石夹砂层透镜体，上部粉细砂或粉土。具有二元结构，厚7.5～15m。零星出露于河帽顶、蜂子崖沟顶、小营盘、山冒顶、大深塘、圆包包等处的外侧
Ⅴ	$Q_2^{2\,fgl}$	115～125	900.00～910.00	基座	砂卵石，上部粉砂。具有二元结构，厚3.5～8.5m。零星分布于河帽顶、红亏地、小水塘沟、大蜂包附近
Ⅳ	$Q_3^{1\,al}$	80～85	865.00～870.00	基座	砂卵石，残留厚度约24m。零星出露于河帽顶、红亏地、任家沟、大沟头沟等处
Ⅲ	$Q_3^{2\,al}$	55～65	840.00～850.00	基座	砂卵砾石夹砂层透镜体，上部粉细砂及粉土。具有二元结构，厚25～30m。主要分布于场地下方前进堰附近和东南侧河帽顶下方一带
Ⅱ	$Q_3^{3\,al}$	20～25	805.00～810.00	堆积/基座	含漂卵砾石，上部粉砂或粉质黏土。具有二元结构，一般厚10～15m。分布于场地下方桃坪村、市荣乡旧址和上指大地等处
Ⅰ	$Q_4^{1\,al}$	8～10	793.00～795.00	堆积	漂卵石层。物质成分杂，粒径大小悬殊，可见厚度为5～10m。阶面保存完好，沿流沙河呈条带状分布

场地内山帽顶、大深塘、小水塘沟、大沟头沟、肖家沟和潘家沟一线以东，为碳酸盐岩分布区，岩性为二叠系下统阳新组（P_{1y}）厚层-中厚状灰岩组成，岩石质纯、性脆，裂隙较发育，在地下（表）水长期溶蚀、侵蚀作用下，岩溶较发育，但岩溶发育不充分，岩溶化程度相对较低，单体规模较小，地表岩溶个体形态多以顺坡向发育的溶沟、溶槽、溶蚀裂隙和小型溶洞为主，且多被后期红黏土、含碎石黏土所充填或掩覆，未见较大垂直和水平管道型岩溶洞穴分布，地貌类型以浅切割的中低山地覆盖型岩溶地貌为主，裸露型岩溶地貌次之。

5.2　地层岩性

根据场地工程地质测绘，并参照汉源县幅地质图（1：50000），汉源新县城萝卜岗场地出露地层主要有：①第四系全新统人工堆积层（Q_4^{ml}）；②第四系全新统滑坡堆积层（Q_4^{del}）；③第四系全新统残坡积层（Q_4^{el+dl}）；④第四系全新统冲洪积层（Q_4^{al+pl}）；⑤第四系中上更新统冲洪积层（Q_{2-3}^{al+pl}）；⑥第四系下更新统"昔格达组"（Q_{1x}）；⑦第四系下更新统成因类型不明堆积层（Q_1^{pr}）；⑧三叠系上统白果湾组（T_{3bg}）；⑨二叠系上统峨眉山组（$P_{2\beta}$）；⑩二叠系下统阳新组（P_{1y}）；⑪二叠系下统梁山组（P_{1l}）；⑫奥陶系下统红石崖组（O_{1h}）；⑬寒武系上统洗象池组（$\in_{3x}$）；⑭寒武系中统西王庙组（$\in_{2x}$）；⑮寒武系下统沧浪铺组＋龙王庙组（$\in_{1c}＋\in_{1l}$）；⑯寒武系下统筇竹寺组（$\in_{1q}$）；⑰震旦系上统灯影组（Z_{bdn}）。场地区地层岩性特征及分布见表 2.5.2。

表 2.5.2　　　　　　　　　　新县城萝卜岗场地地层岩性特征及分布简表

界	系	统	组层	代号	厚度/m	岩性特征及分布简述
新生界	第四系	全新统	人工堆积层	Q_4^{ml}	0～23	褐黄、黄褐、棕红等色，由耕植土、粉质黏土、角砾、碎石、块石或建筑废渣等混合组成。粒径大小悬殊，粗颗粒成分主要为砂岩、灰岩、泥岩等，细粒土以粉质黏土、粉土为主。结构松散，局部架空。主要分布于新县城建设场地内场平工程的填方区
			滑坡堆积层	Q_4^{del}	0～14.9	主要由耕植土、粉质黏土、粉砂、粉土、角砾土、块碎石土等松散堆积物和砂岩、泥质粉砂岩、泥岩等，在重力、暴雨等触发或工程开挖切脚后失稳下滑堆积而成。分布于山帽顶、肖家沟、乱石岗、康家坪、富塘等斜坡地带
			残坡积层	Q_4^{el+dl}	0～15	黄褐、棕红、褐黄色，稍密-密实，由粉质黏土、粉土、含块碎石土、角砾土、块碎石土等组成，系斜坡地带全强风化灰岩、砂岩、泥岩或"昔格达组"粉砂及粉土层，经长期风化或短距离再搬运堆积而成，粗颗粒成分以近源母岩为主。广泛分布于斜坡浅表部
			冲洪积层	Q_4^{al+pl}	0～10	黄灰、紫红色，由漂卵石、卵砾石、砂砾石、碎砾石等组成，稍密-密实。漂卵（碎）砾石成分以花岗岩、流纹岩、闪长岩、砂岩为主，充填物为粉细砂，粉黏粒含量较重；主要出露于场地下方流沙河侧I级阶地、漫滩及冲沟出口处
		中上更新统	冲洪积层	Q_{2-3}^{al+pl}	0～18.8	黄灰、灰、紫红色，由漂卵石、卵砾石、砂砾石、卵石土、碎砾石等组成，上部粉砂或粉质黏土，稍密-密实。漂卵砾石成分以花岗岩、闪长岩、石英砂岩、流纹岩、凝灰熔岩、玄武岩为主，圆-次圆状，粒径一般为 2～8cm，中细砂充填，局部夹砂层透镜体；碎砾石为近源砂岩、粉砂岩、灰岩等，棱角-次棱角状。零星出露于场地靠流沙河侧高程约 1010.00m 以下II～VI级阶地及冲沟两侧
		下更新统	"昔格达组"	Q_{1x}	0～28.7	浅黄粉细砂及土黄色夹浅紫红色粉土层。半成岩状，粉土层层理发育，底部夹半胶结碎砾石、角砾或粗砂，属早期河湖相沉积物。粉细砂及粉土具有遇水易软化、浸水易崩解、失水易开裂特点；且浅表部受后期风化搬运改造，形成残积土，结构疏松，力学性状差。该层主要分布于山帽顶、垭口头-海子坪和龙潭沟上槽-中槽一带，顶面出露高程分别约为 1104.00m、1099.00～1125.00m 和 1100.00～1118.00m
			成因类型不明堆积层	Q_1^{pr}	0～15	黄褐、褐色，碎石、角砾夹块石混杂堆积，棱角-次棱角状。碎砾石成分较单一，以玄武岩、玄武质凝灰岩为主，石英砂岩次之，灰岩少量。铁、钙质胶结，强风化状态，结构胶紧密。局部出露于县行政和社会事业中心、档案局背后的寨子山山脊一带。与下伏地层呈角度不整合接触关系

界	系	统	组层	代号	厚度/m	岩 性 特 征 及 分 布 简 述
中生界	三叠系	上统	白果湾组	T_{3bg}	0~150	灰、浅灰、紫灰、浅紫色，薄-中厚层状，细砂岩、粉砂岩、泥质粉砂岩、岩屑砂岩、粉砂质泥岩、泥岩夹薄煤层；下部紫红色岩屑砂岩，黄褐色泥岩、泥质粉砂岩；底部可见 3~5m 厚的角砾岩。与下伏地层呈平行不整合接触关系。广泛出露于萝卜岗场地的中、西区，东区文化大厦-盐业公司一线以西各地块也有分布，为场地中、西区建筑物地基主要岩系
古生界	二叠系	上统	峨眉山组	$P_{2\beta}$	0~40	致密状、杏仁状、斑状玄武岩夹凝灰岩。局部分布于场地靠流沙河侧的肖家沟、潘家沟及龙潭沟下游等低高程一带，多呈镶嵌状、碎裂状结构产出
		下统	阳新组	P_{1y}	0~180	灰、深灰、灰黑色，厚层状-中厚层状，含生物碎屑灰岩，顶部夹粉砂质泥岩条带。主要出露于东区各地块至肖家沟、五条沟一带，为场地东区建筑物地基主要岩系
			梁山组	P_{1l}	0~25	铝土质黏土岩、碳质黏土岩；下部为石英细砂岩。出露于场地以西大渡河一侧。与下伏地层平行不整合接触
	奥陶系	下统	红石崖组	O_{1h}	0~150	泥质、钙质粉砂岩、页岩及细砂岩。分布于场地以西大渡河一侧，局部出露于龙潭沟上游一带
	寒武系	上统	洗象池组	$\in_{3x}$	0~60	白云岩、泥质白云岩夹砂岩。出露于场地以西大渡河一侧
		中统	西王庙组	$\in_{2x}$	0~6	砂质白云岩。出露于场地以西大渡河一侧
		下统	沧浪铺组+龙王庙组	$\in_{1c}+\in_{1l}$	0~60	上部白云质粉砂岩、细砂岩与砂质白云岩互层；下部含燧石、砾石砂岩，中-粗砂岩。出露于场地以西大渡河一侧
			筇竹寺组	$\in_{1q}$	0~160	长石石英细砂岩、粉砂岩，下部夹黏土岩、磷块岩。出露于场地以西大渡河一侧
元古界	震旦系	上统	灯影组	Z_{bdn}	>50	厚层、巨厚层状白云岩、藻纹白云岩、晶洞白云岩。出露于场地以西大渡河一侧

由表 2.5.2 可知，场地区地层岩性及其分布具有下列特征：

（1）从地层岩性分布情况看，上述①~⑩层主要分布于萝卜岗场地靠流沙河一侧的顺向斜坡地带上，与工程建设场地和建（构）筑物基础密切相关；⑪~⑯层主要出露于萝卜岗场地西南靠大渡河侧的逆向陡坡地带。

（2）场地区内①~⑦层为第四系沉积松散堆积层。松散堆积层厚度一般为 5~10m，薄者 15m，厚者 20~30m。成因类型以坡积、残积、冲积、洪积、河湖相堆积为主，物质组成主要有漂卵石、卵砾石、砂砾石、块石土、碎石土、角砾土、粉细砂、粉土和粉质黏土等，按结构密实程度可分为疏松、密实、盐类弱胶结状、半成岩状，其物理力学性质差异悬殊。从工程性状看，粉质黏土属弱膨胀土，力学强度较低，具弱膨胀潜势；"昔格达组"粉砂、粉土，原始状态下呈半成岩状，力学强度较高，但浅表部多被后期风化、改造或搬运再堆积，遇水易软化、泥化，强度急剧降低，是著名的"易滑层"。二者均不宜直接作为建（构）筑物基础的持力层。

（3）场地区内第⑧层三叠系上统白果湾组（T_{3bg}）砂泥岩和第⑩层二叠系下统阳新组（P_{1y}）灰岩，是工程建设场地和建（构）筑物基础的主要持力层。前者广泛出露于场地中区、西区和扩大西区，东区文化大厦-盐业公司一线以西各地块也有分布，为场地中区、西区和扩大西区建（构）筑物基础依托的主要岩系，岩性为灰、浅灰、紫灰、浅紫色薄-中厚层状细砂岩、粉砂岩、泥质粉砂岩、岩屑砂岩、粉砂质泥岩、泥岩夹薄煤层，下部紫红色岩屑砂岩、黄褐色泥岩及泥质粉砂岩；后者主要出露于东区各地块至肖家沟、五条沟以东一带，为场地东区建（构）筑物基础依托的主要岩系，岩性为灰、深灰、灰黑色厚层状-巨厚层状含生物碎屑灰岩，顶部夹紫色粉砂质泥岩条带。

5.3 地质构造

地质构造部位上，汉源新县城萝卜岗场地位于峨眉山断块瓦山断穹构造西侧汉源向斜南西翼。场地内无强烈褶皱和区域性活动断裂分布，总体为一向北东倾斜的单斜构造区。印支运动以来，受东、西两侧汉源-昭觉断裂和金坪断裂右旋逆冲的影响，工程场地不同区段内岩层产状有一定变化，地层舒缓波状起伏，地质构造形迹以次级褶皱、小断层、层间错动带和节理裂隙系统为其特征，主要发育有近东西向的野猪塘向斜、垭口头背斜、肖家沟向斜等次一级短轴褶皱和 F_1、F_2 等小断层以及规模不等的层间错动带。

5.3.1 次级褶皱

（1）野猪塘向斜：分布于西区龙潭沟野猪塘（富塘）、上指大地一带，长约 3km，轴面走向近东西，轴部较宽缓，由三叠系上统白果湾组（T_{3bg}）长石石英细砂岩夹粉砂岩组成，两翼为奥陶系下统红石崖组（O_{1h}）、二叠系下统梁山组（P_{11}）、阳新组（P_{1y}）和三叠系上统白果湾组（T_{3bg}）地层。地层产状北翼为 N15°E/SE∠21°，核部为 N10°W/NE∠12°～18°，南翼为 N40°～50°W/NE∠15°～25°。轴向向南西西方向翘起，仰角 20°。

（2）垭口头背斜：西起营盘上与垭口头间，向东经圆包包、庄园大酒店至乌龟背附近，长约 1.5km，轴面走向北东东，核部由阳新组（P_{1y}）、峨眉山组（$P_{2\beta}$）和白果湾组（T_{3bg}）地层组成，两翼为白果湾组（T_{3bg}）地层。岩层产状背斜北翼为 N20°～30°W/NE∠10°～20°，南翼为 N0°～10°W/NE∠10°～15°，核部被 F_1、F_2 断层破坏，近核部地层倾角较陡，达 46°～52°，甚至局部倒转。为一向南西西倾伏的鼻状背斜。

（3）肖家沟向斜：自西向东分布于红岩洞、汉源二中、肖家沟一带，长约 1.5km，轴面走向北东东，轴部开阔地层平缓，向南西端扬起。轴部地层以白果湾组（T_{3bg}）岩屑砂岩、泥质粉砂岩、泥岩夹煤质页岩或薄煤层为主，两翼由白果湾组（T_{3bg}）、阳新组（P_{1y}）地层组成。地层产状向斜北翼为 N10°～30°E/SE∠25°～40°，轴部为 N10°～30°W/NE∠10°～15°，南翼为 N65°～75°W/NE∠5°～15°。

5.3.2 小断层

（1）F_1 断层：西起垭口头与营盘上附近，向东经海子坪、圆包包、庄园大酒店至乌龟背，发育于垭口头背斜核部，长约 1.5km。该断层在施工图设计详勘钻孔和挡墙、房屋建筑地基开挖中均已揭露，断层走向近 EW，倾向 N，倾角 75°～85°，破碎带宽度一般为 8～15m，最窄仅 3m，最宽达 25m，由碎裂岩、角砾岩夹碎粒岩等组成，上盘影响带岩层牵引、拖曳揉褶现象明显，岩层产状杂乱，具有压扭性特征。主要断切于白果湾组

（T_{3bg}）、峨眉山组（$P_{2\beta}$）和阳新组（P_{1y}）地层之间。该断层为一浅层"盖层断裂"，虽破碎带相对较宽，但切割深度不大，对场地稳定性影响较小（图 2.5.2）。

图 2.5.2　营盘上附近 8 号次干道自谋职业 4 号地块
后缘 F_1 断层露头之一隅

（2）F_2 断层：位于 F_1 断层以北 60～120m，沿垭口头背斜核部靠北翼部位发育，长约 1.5km，主要断切于白果湾组（T_{3bg}）砂岩及粉砂岩中，断层走向 N65°E，倾向 NW，倾角 60°～80°，由角砾岩、碎裂岩等组成，破碎带宽 1～3m，显示张扭性特征。

5.3.3　层间错动带与软弱夹层

（1）萝卜岗场地三叠系白果湾组（T_{3bg}）砂岩、泥岩和二叠系阳新组（P_{1y}）灰岩及其相间的原生软弱泥质、炭质夹层，在区域构造应力作用下，经挤压错动而发育的层间剪切错动现象较为普遍，并多沿软硬相间的岩层层面或软弱的泥质、炭质夹层发育或形成了层间错动带（面），这些层间错动带一般称之为"构造型软弱夹层"。错动带内原岩结构遭受构造破坏后多呈碎粉岩、碎粒岩、碎裂岩等产出，其倾角较缓、厚度较薄、结构疏松、性状软弱、力学强度较低。这些层间错动带多顺岩层层面缓倾坡外，与纵、横向陡倾角结构面不利组合易构成潜在滑移面，对场地边坡稳定和建（构）筑物地基稳定不利。

据钻孔和施工开挖揭示，场地浅表部位的这些层间错动带（面），经后期风化改造、卸荷松弛及地表（下）水入渗，不同程度地充填有泥质物、岩屑、碎块，大多数发育成"复合型软弱夹层"，简称为软弱夹层。

（2）场地内的软弱夹层是滑坡或顺向坡不稳定岩体潜在滑带（面）形成的物质基础，也是控制场地及其建（构）筑物地基稳定性的主要因素。根据前期勘察和施工开挖揭示，场地区发育的软弱夹层归纳起来具有以下特征：

1）软弱夹层主要沿泥岩、粉砂质泥岩、泥质粉砂岩、粉砂岩、砂岩和灰岩中岩性软弱的层理面、泥（炭）质夹层发育而成，且多具有一定程度的构造挤压错动迹象，形成层间层错动带（面），有的表面较光滑平整；浅表部位的软弱夹层，还经历了后期风化、卸荷改造和地表（下）水作用而更加破碎，有的形成泥化夹层（图 2.5.3～图 2.5.5）。软弱夹层按其成因类型可划分为原生型、构造型、次生型和复合型。复合型为原生型与构造型叠加后再经后期次生风化作用形成。

图 2.5.3　西区富塘 T_{3bg} 粉砂岩中的软弱夹层　　　图 2.5.4　肖家沟 P_{1y} 灰岩中的薄层泥岩夹层

图 2.5.5　西区妇幼保健院前缘边坡 ZK03 孔（孔深 7.60～8.4m 段）
泥夹岩屑型软弱夹层

2) 这些软弱夹层比相邻两侧的岩层软弱、破碎、厚度薄。厚度一般为 5～20cm，薄者 1～2cm，多顺层发育，倾角一般为 10°～20°。其分布范围与岩性、原生软弱夹层和构造等有关，一般地砂泥岩中分布较广泛，灰岩次之，且埋藏深度不一，连续性较好，延伸较长。

3) 软弱夹层按物质组成和性状分类，可大致划分为 3 类：①B1 型——以岩屑、角砾为主的岩屑夹泥（黏土）型。岩屑、角砾成分主要由砂岩、粉砂岩、泥质粉砂岩、粉砂质泥岩等组成，粒径一般为 2～5cm，小者仅 0.2～0.5cm，岩屑、角砾含量占 70%～80%；黏粒含量一般小于 10%。②B2 型——泥夹岩屑型。黏粒含量一般为 10%～30%，岩屑含量占 30%～40%，岩屑、角砾成分以砂岩、粉砂岩、泥质粉砂岩为主，粒径一般为 0.2～2cm。③B3 型——以黏土为主的泥型。黏粒含量一般大于 30%，大者达 50%～70%，甚至 80% 以上。这些软弱夹层在浅表部低围压状态下，性状较差，尤其以黏土为主的泥型多呈软塑-可塑状，遇水易软化甚至部分泥化，其抗剪强度急剧降低。

4) 从软弱夹层的物质组成及其与纵、横向陡倾角结构面组合关系并结合场地实际情况看，在不利条件下（如暴雨及其他地表水入渗、河谷下切、开挖切坡临空等），软弱夹层可构成滑坡或岩体失稳的底滑面。乱石岗、康家坪、富塘滑坡就是沿着浅表部数条软弱夹层顺层滑移拉裂而成的，其后缘形成规模不等、宽度不一的拉陷槽和拉裂缝。类似的滑移拉裂实例在场平施工开挖中（如汉源二中体育场后缘）也有发生。

5.3.4 节理裂隙

场地区砂泥岩、灰岩节理裂隙的空间展布主要有 3 组，即"两陡一缓"。由于岩性和岩体结构的差异以及所处构造部位不同，其发育程度、展布优势方位和性状具有区段性特点。

（1）西区三叠系白果湾组（T_{3bg}）砂岩、泥岩的节理裂隙有：①层面裂隙，产状为 N0°～30°W/NE∠10°～15° 及 N40°～50°W/NE∠10°～25°，沿层面延伸较长，裂面起伏、粗糙，多闭合，部分裂面有擦痕，浅表部位受风化、卸荷影响，裂面多张开，部分有泥膜或夹泥；②卸荷裂隙，产状为 N30°～60°W/NE∠75°～85°，顺坡面走向分布，裂隙延伸长一般为 5～20m，裂面平直、粗糙，受风化、卸荷拉裂影响，裂面多张开-宽张，部分张开宽度达数厘米至数十厘米，可见锈膜或泥膜，多有黏性土或碎石土充填，个别宽张者无充填，间距 0.5～2m；③卸荷裂隙，产状为 N40°～60°E/NW（SE）∠75°～85°，垂直于坡面发育，裂隙延伸长 3～6m，裂面平直、粗糙，多显微张-张开，可见锈膜、钙膜，部分充填次生泥，间距 3～5m。

（2）东区二叠系阳新组（P_{1y}）灰岩的节理裂隙有：①层面裂隙，沿层面发育，产状以 N20°～45°W/NE∠10°～15° 为主，局部为 N35°～40°E/NW∠15°，延伸较长，裂面平直、粗糙，多闭合-微张；②卸荷裂隙，产状为 N40°～55°W/NE（SW）∠80°～88°，该组裂隙顺坡面走向发育，延伸长度为 1～20m 不等，裂面平直、粗糙，多见钙膜或铁锰氧化膜，微张-张开，部分张开宽度可达 2～3cm，无充填或少量次生泥充填，间距 1～5m；③卸荷裂隙，产状为 N55°～75°E/NW∠75°～85°，裂隙走向与坡面近于直交，延伸长度一般为 4～6m，裂面较平直，多附着钙膜或铁锰氧化膜，浅表部位受风化卸荷影响，多张开 1～2cm，无充填或少量次生泥充填，间距一般为 0.5～1.5m。个别采石场侧坡沿此组裂隙面崩塌形成陡崖。

5.4 水文地质条件

萝卜岗场地地处单斜顺向斜坡地带，其北东、南东、南西三面被大渡河、流沙河深切，仅西北面与山体相连，地势西北高、东南低，海拔 870～1200m。场地气候具有川西南大凉山北部"干热、多风、少雨、蒸发量大"的大陆性气候特点。据统计，多年平均年降水量为 743.4mm，雨量偏少且不均匀，多年平均年蒸发量为 1491.1mm，蒸发量是降雨量的 2 倍。

场地内含水岩土体主要为第四系（Q）松散堆积层、三叠系上统白果湾组（T_{3bg}）砂泥岩和二叠系下统阳新组（P_{1y}）灰岩。构造上处于汉源向斜南西翼，构造形迹以次级褶皱、小断层、层间挤压错动带和节理裂隙系统为其特征。场地地下水类型以基岩裂隙水为主，孔隙水次之，由于年降水量不丰，降水入渗量不大，其补给源有限，岩土体富水性较差，又处于斜坡地带，排泄顺畅，故地下水贫乏。据地质调查，地表泉水露头稀少，流量小且不稳定，地下水水位埋藏较深，上部岩土体基本处于疏干状态，勘察期间各钻孔均未揭示出稳定的地下水水位，场地属典型"靠天吃饭"的缺水地区。

5.4.1　含水系统组成特征

根据岩土含水介质及其富水性特点，可概略地将萝卜岗场地含水系统划分为第四系松散堆积层含水岩组、碎屑岩类含水岩组和碳酸盐岩类含水岩组。

（1）第四系松散堆积层含水岩组：由含水层和相对隔水层组成。含水层主要岩性为砂卵砾石、块碎石土、碎石土、角砾土，其次为粉细砂，渗透系数 $K = 2.36 \sim 53.5 \text{m/d}$，以中等-强含水透水层为主。相对隔水层岩性以粉质黏土、粉土为主，$K = 0.036 \sim 0.00018 \text{m/d}$，隔水性较好，但分布不稳定，厚度变化较大，部分地段缺失，导致弱-中等透水砂卵砾石、块碎石土、碎石土、角砾土、粉细砂层等直接与下伏基岩接触。

（2）碎屑岩类含水岩组：裂隙含水层岩性为白果湾组（T_{3bg}）细砂岩、泥质粉砂岩、岩屑砂岩，浅表部强-中等风化岩体节理裂隙发育，部分岩体卸荷、松弛显著，多具有中等富水特点。该岩组中的泥岩、粉砂质泥岩、薄煤层，分布较连续，呈互层状产出，可视为相对隔水层。

（3）碳酸盐岩类含水岩组：含水层岩性为阳新组（P_{1y}）灰岩，该岩组为厚层-中厚层状结构，厚度较大，浅表岩体裂隙发育，为东区主要含水层，但岩溶发育程度较低，富水性弱，以溶隙含水为主。

5.4.2　地下水基本类型及其赋存特征

根据岩土工程勘察和已有地质资料，场地地下水基本类型依其赋存条件、含水层性质和水力特征可分为第四系松散堆积层孔隙水、碎屑岩类裂隙水和碳酸盐岩类岩溶裂隙水 3 种基本类型。

（1）第四系松散堆积层孔隙水：赋存于第四系砂卵砾石、块碎石土、碎石土、角砾土等松散堆积层孔隙中，以及半成岩"昔格达组"（Q_{1x}）粉砂、粉土层内，岩土含水性差异较大。主要接受大气降水补给，暴雨季节地表水入渗后，常沿与粉质黏土、粉土层或基岩接触带以间歇性潜水或上层滞水形式而赋存，呈点滴状渗出，向河谷及低洼沟谷排泄。泉水露头稀少，仅在大营盘、山帽顶 1 号简易公路附近"昔格达组"粉砂、粉土层和东区 T2 地块任家沟附近碎石土中见泉水出露，流量较小（$1 \sim 5 \text{L/min}$），且动态不稳定，受季节影响极为明显，仅雨季有水渗出，旱季枯竭。

（2）碎屑岩类裂隙水：主要赋存于三叠系白果湾组（T_{3bg}）细砂岩、泥质粉砂岩、岩屑砂岩之构造裂隙、风化裂隙或裂隙密集带、卸荷松弛带中，富水性很不均一，常以泥岩、粉砂质泥岩、薄煤层或层内挤压错动带等相对隔水层（带）阻挡而富集。裂隙水主要接受大气降水的补给，其次为松散岩类孔隙水的入渗，向附近低洼沟谷处排泄。泉水露头多呈滴状形式沿大沟头沟、肖家沟、石板沟、陈家沟等冲沟壁或滑坡壁溢出，流量均较小。如汉源二中体育场后侧滑坡壁和 2 号主干道连接线 k0+000～k0+020 段内侧坡两处，见泉水分别以薄煤层、泥岩为隔水底板，沿泥质粉砂岩裂隙中溢出，渗水量为 $0.1 \sim 0.5 \text{L/min}$。其动态随大气降水变化明显，雨季水量略大，平常干枯无水。

（3）碳酸盐岩类岩溶裂隙水：主要赋存于场地东区阳新组（P_{1y}）厚-中厚层状灰岩之节理裂隙、溶蚀裂隙、溶孔、溶洞中。岩溶水主要受大气降水补给，其次为孔隙水、裂隙水的入渗，其富水性和分布状况受岩性结构和岩溶发育程度所控制，由于岩体较完整，岩溶发育程度较低，而浅表部岩体裂隙较发育，岩溶水多沿溶蚀裂隙、溶蚀孔洞渗出，流量较小，如东区 T3 地块南侧一采石场石灰岩矿洞中，见地下水沿陡倾角裂隙呈点滴状渗出，流量小于 2L/min。

如上所述，场地特定的自然气候条件、地形地貌、岩土性质和地质构造是地下水补给、赋存和运移的主要控制因素。场地碎屑岩类裂隙水和碳酸盐岩类岩溶裂隙水，以及第四系松散堆积层孔隙水的主要补给来源均为大气降水入渗，含水层中的孔（空）隙、裂隙和溶孔、溶隙是地下水富集、储存和运移的主要空间。由于大气降水不多，地下水量不丰，且场地受斜坡地形控制和河（沟）谷侵蚀切割，地下水径流、排泄通畅，其水位埋藏较深，故场地地下水露头稀少，水文地质条件相对较简单。

5.4.3 地下水水质类型及其腐蚀性评价

根据前期和施工勘察地下水水质简分析成果，场地地下水无色、无味、透明，地下水阳离子以 Ca^{2+} 为主、Mg^{2+} 次之，阴离子以 HCO_3^- 为主、SO_4^{2-} 次之，pH 值为 7.47～8.0，矿化度为 0.25～1.02g/L，总碱度为 145.71～297.97mg/L，水质类型以弱碱性 HCO_{3-} Ca·Mg 型淡水或 HCO_{3-}·SO_4^{2-} Ca·Mg 型淡水为主，大沟头沟基岩裂隙泉水为弱碱性 SO_4·HCO_3^- Ca·Mg 型低矿化度水（表 2.5.3）。显示出地下水化学特征随含水岩组化学成分不同而有所差异；大沟头沟基岩裂隙泉水 SO_4^{2-}、HCO_3^-、Mg^{2+}、Ca^{2+} 离子和总矿化度含量较高，究其原因与其在上游径流、运移于含煤层有关。

根据《岩土工程勘察规范》（GB 50021）有关水腐蚀性的评价标准评定，场地肖家沟、蜂子崖沟、陈家沟、乱石岗滑坡壁 4 处基岩裂隙水和山帽顶覆盖层孔隙水，对混凝土结构、钢筋混凝土结构中的钢筋均具有微腐蚀性；大沟头沟基岩裂隙泉水对混凝土结构具有硫酸盐弱腐蚀性，对钢筋混凝土结构中的钢筋具有弱腐蚀性（表 2.5.4）。

表 2.5.3　　　　　　　　　　场地区地下水水质分析成果表

分析项目		肖家沟基岩裂隙泉水	大沟头沟基岩裂隙泉水	蜂子崖沟基岩裂隙泉水	乱石岗滑坡壁基岩裂隙泉水	陈家沟基岩裂隙泉水	山帽顶"昔格达组"粉砂层孔隙泉水
pH 值		7.80	7.70	7.90	8.00	7.70	7.47
游离 CO_2/（mg/L）		13.59	16.99	9.34	6.79	16.14	15.20
侵蚀性 CO_2/（mg/L）		0.0	0.0	0.0	0.0	0.0	5.9
总硬度	德国度	9.51	37.18	26.19	16.12	16.14	13.59
	以 $CaCO_3$ 计/（mg/L）	169.82	663.93	467.67	287.86	293.04	242.70
暂时硬度	德国度	8.83	16.35	15.37	8.16	16.35	9.17
	以 $CaCO_3$ 计/（mg/L）	157.68	291.96	274.46	145.71	291.97	163.8
永久硬度	德国度	0.68	20.83	10.82	7.96	0.06	4.42
	以 $CaCO_3$ 计/（mg/L）	12.14	371.97	193.21	142.15	1.07	78.90
负硬度	德国度	0	0	0	0	0	0
	以 $CaCO_3$ 计/（mg/L）	0	0	0	0	0	0
总碱	德国度	8.83	16.35	15.37	8.16	16.35	9.17
	以 $CaCO_3$ 计/（mg/L）	157.68	291.96	274.46	145.71	291.97	163.80

分 析 项 目			肖家沟基岩裂隙泉水	大沟头沟基岩裂隙泉水	蜂子崖沟基岩裂隙泉水	乱石岗滑坡壁基岩裂隙泉水	陈家沟基岩裂隙泉水	山帽顶"昔格达组"粉砂层孔隙泉水
阴离子	Cl⁻	mg/L	36.23	22.05	18.86	48.93	29.93	15.80
		mmol/L	1.02	0.62	0.53	1.38	0.84	0.45
	SO_4^{2-}	mg/L	176.85	384.71	196.01	108.87	23.60	57.10
		mmol/L	1.84	4.00	2.04	1.13	0.25	0.59
	HCO_3^-	mg/L	277.03	355.75	334.39	177.56	258.16	199.70
		mmol/L	4.54	5.83	5.48	2.91	4.23	3.27
	CO_3^{2-}	mg/L	0	0	0	0	0	0
		mmol/L	0	0	0	0	0	0
阳离子	Ca^{2+}	mg/L	112.26	173.32	138.76	43.67	78.78	57.30
		mmol/L	2.80	4.33	3.46	1.09	1.97	1.43
	Mg^{2+}	mg/L	34.66	56.06	29.43	19.09	23.35	24.20
		mmol/L	1.43	2.10	1.21	0.79	0.96	0.99
	Na^++K^+	mg/L	19.75	29.75	18.75	20.25	32.75	1.40
		mmol/L	0.79	1.19	0.75	0.81	1.31	0.06
矿化度/(mg/L)			656.78	1021.64	736.20	418.38	544.16	255.70

表 2.5.4　　　　　　　　场地区地下水腐蚀性评价表

腐蚀对象	分析项目	测试值	环境类型	微腐蚀性评价标准	腐蚀性等级	结　论
混凝土结构	硫酸盐含量 SO_4^{2-}/(mg/L)	23.60~196.01 (大沟头 384.71)	Ⅱ	<300 (300~1500)	微 (大沟头弱)	地下水对混凝土结构具有微腐蚀性(大沟头沟基岩裂隙水具有硫酸盐弱腐蚀性)
	镁盐含量 Mg^{2+}/(mg/L)	19.09~56.06	Ⅱ	<2000	微	
	总矿化度 /(mg/L)	255.70~1021.64	Ⅱ	<20000	微	
	pH 值	7.47~8.00	B	>5.0	微	
	侵蚀性 CO_2 /(mg/L)	0.0~5.9	B	<30	微	
	HCO_3^- /(mmol/L)	2.91~5.83	A	>1.0	微	
混凝土结构中的钢筋	Cl⁻ /(mg/L)	15.80~48.93	干湿交替	<100	微	地下水对混凝土结构中的钢筋具有微腐蚀性

注　表中Ⅱ指Ⅱ类腐蚀环境；A指直接临水或强透水层中的地下水；B指弱透水中的地下水。

5.5　不良地质现象

萝卜岗场地不良地质现象主要有岩体风化卸荷、崩塌、滑坡、岩溶、采空区、膨胀土、"昔格达组"岩层、冲沟泥石流等。规划建设用地及其周围分布的这些类型各异、规模不等的不良地质现象，不仅影响局部场地或地基的稳定性，而且也涉及建（构）筑物基础形式与地基处理方案的选择。

5.5.1 岩体风化

岩体风化受岩性、构造、岩体结构、地形地貌、地下水等综合因素所控制，其风化作用宏观上可分为物理风化、化学风化和生物风化。岩体风化的结果不同程度地致岩石分解与解体、矿物成分改变、岩体强度弱化。

根据岩体的风化颜色、组织结构变化与破坏情况、矿物风化蚀变程度、风化裂隙的发育情况、裂面风化特征、充填物及性质、锤击与岩芯特征等，从场地建（构）筑物基础的适宜性和岩体可利用程度出发，按《岩土工程勘察规范》（GB 50021），将岩体风化程度划分为强风化带、中等风化带和微风化-未风化带，各带之间多呈渐变过渡关系，但每一带又都具有各自一定的风化特征，界面较清晰。它不仅反映出当时气候条件下地表或接近地表不同岩石抵抗风化能力的差异性，也一目了然地显示出岩石各风化分带产物的特点（图 2.5.6）。

图 2.5.6　西区妇幼保健院电梯井基坑壁长石石英砂岩强风化带/中等风化带及界线

（1）强风化带：岩石呈褐灰、灰黄、褐黄色，锤击声哑，风化裂隙发育、多张开充填次生泥或无充填，裂面铁锰质锈染普遍且沿裂面形成风化晕，岩体破碎、多呈碎裂状或散体状结构。岩体强度及承载能力较低。当地基承载力、变形和稳定性满足要求时，可作为建（构）筑物浅基础持力层。白果湾组（T_{3bg}）砂岩、粉砂岩、泥质粉砂岩、泥岩、岩屑砂岩等强风化带厚度一般为 3～6m，局部厚达 15m；阳新组（P_{1y}）灰岩强风化带厚度为 0.3～1.5m。

（2）中等风化带：岩石褪光褪色，锤击较清脆，节理裂隙轻度发育-较发育，裂面多闭合-微张，岩体较完整，其承载能力和强度较高，是建（构）筑物深基础的主要持力层。该带厚度一般为 10～35m 不等，局部厚达 45m。

（3）微风化-未风化带：岩石较新鲜，组织结构基本未改变，未见风化痕迹或局部裂面见锈染，节理裂隙不发育-轻度发育，岩体完整，强度及承载能力均高，厚度大，埋藏于中等风化带之下。

场地区城市市政工程和房屋建筑基础持力层一般仅涉及上述强风化-中等风化岩体。

5.5.2 岩体卸荷

场地斜坡岩体经构造、风化和自重应力作用，沿斜坡向临空方向发生卸荷、松弛现象较显著。根据斜坡岩体拉裂与松弛程度、卸荷裂隙的张开宽度与充填状况和岩体风化程度等，将场地区岩体卸荷带划分为强卸荷带和弱卸荷带。

（1）强卸荷带。其一般深度与强风化带下限基本一致，西区乱石岗、富塘滑坡拉裂松弛区后缘强卸荷带深度可达中等风化带内。该带岩体风化、卸荷、松弛显著，卸荷裂隙密集，岩体多沿卸荷裂隙或原有平面 X 形裂隙拉张，普遍张开 2～10cm，局部张开数厘米至数十厘米，多充填有岩块、岩屑和次生泥，局部有架空现象，部分可见岩体松动或变形；强卸荷拉裂缝与缓倾角结构面或软弱夹层组合时，常产生蠕动变形或滑塌现象。前期勘察和施工开挖揭示，该带岩体向临空方向发生的强卸荷拉裂，以横向（顺等高线方向）为主且宽度较大，局部伴随有沿软弱面（夹层）的微弱蠕滑或滑移迹象。

（2）弱卸荷带。其深度基本达中等风化带内。带内岩体较松弛，卸荷裂隙发育较稀疏，多沿原有裂隙张开，一般张开数毫米至数厘米，部分充填次生泥或泥膜。卸荷裂隙分布不均匀，常呈间隔带状发育。

5.5.3 崩塌

场地地处顺向缓坡地带，自然崩塌不发育，但局部较陡峻岩质边坡的风化卸荷岩体，受重力作用或暴雨等因素触发，沿陡倾角结构面产生崩裂偶有所见。在场平施工开挖过程中崩塌也时有发生，其数量较多，但规模不大、易于处理，对场地及建筑地基稳定性影响较小。如 2 号主干道延长线（采空区段）k0＋000～k0＋180 段内侧岩质边坡，在修建 2 号主干道延长线时开挖削坡坡体临空后，局部卸荷岩体沿两组陡倾角结构面发生崩塌，体积仅 10～30m³。

5.5.4 滑坡

滑坡是影响新县城规划建设场地或地基局部稳定性的主要不良地质现象。其数量较多、规模大小悬殊，类型各异。按其物质组成可划分为岩质滑坡和土质滑坡两大类。

（1）岩质滑坡：主要发育于西区三叠系上统白果湾组（T_{3bg}）砂岩、粉砂岩、泥质粉砂岩、粉砂质泥岩、泥岩夹薄煤层中。其滑坡机理主要受"两陡一缓"结构面控制且沿一组缓倾角软弱结构面（夹层）顺斜坡向临空方向产生蠕滑-拉裂所致，软弱夹层及结构面性状等为滑坡的形成提供了物质基础，流沙河河谷下切、坡体临空、降雨入渗、地震和人类活动（如工程开挖切脚）等是滑坡发生的主要诱发因素。属于这一类型的滑坡有乱石岗滑坡、康家坪滑坡、富塘滑坡和汉源二中体育场后缘滑坡等。

（2）土质滑坡：主要发育于第四系人工堆积层（Q_4^{ml}）、残坡积层（Q_4^{el+dl}）粉质黏土、碎石土和"昔格达组"（Q_{1x}）半成岩之粉砂、粉土层中，常沿其内部或与下伏岩土层之软弱接触面向临空方向滑动而成。第四系松散堆积层及其与基岩接触界面的岩土特性、地形地貌条件是滑坡形成的必要条件，暴雨及地表水入渗、人类活动（如堆载、生产生活用水下渗、工程开挖切脚等）是滑坡形成的主要诱发因素。属于这一类型滑坡虽单体规模不大，但数量较多，直接影响建（构）筑物局部地基稳定性和工程建设周期，如 8 号次干道内侧后缘、F 组团海子坪公园、工商银行后坡、肖家沟 A 组团、移民局 B 组团、档案局 C 组团、T10 地块复合安置 1 号 A 后缘、T8 地块 K 组团后缘等滑坡，其中因工程开挖切脚触发坡体滑移失稳占大多数。

上述滑坡不仅是制约新县城建设场地和建（构）筑物地基稳定性的主要因素，同时也影响工程建设进度与投资控制。因此，在工程建设中高度重视，对其逐个开展了详细勘察研究和工程治理设计，且规划建设场地和建（构）筑物布置已避开了规模较大、不易治理的乱石岗滑坡。

5.5.5 岩溶

岩溶是指可溶性岩石长期被水溶蚀以及由此引起的各种地质现象和形态的总称。萝卜岗场地东区 T1、T2、T3、T4、T5、T10 地块和西二区 S1、S2 地块及其东南侧一带，出露二叠系下统阳新组（P_{1y}）中厚-厚层状灰岩，该层位厚度较大，岩性较纯，具备岩溶发育的基本条件。

据现场调查、前期勘探和施工开挖揭示，在东区 T5 地块和市荣集镇一带于二叠系阳新组（P_{1y}）灰岩顶部发育有古岩溶，且被三叠系白果湾组（T_{3bg}）砂泥岩充填；以流沙河为排泄基准面发育现代岩溶。现代岩溶以东区 T3、T4、T5、T10 地块南东侧相对较发育，数量较多，但岩溶化程度相对较低，规模较小，浅表部位的岩溶形态多为溶沟、溶槽，在深部以溶隙和小型溶洞为主，发育方向为流沙河，其单体溶洞高度一般为 0.7～5.9m，小者仅 0.1～0.4m，宽度较窄；且多为黏土或碎石土所充填。未发现较大的垂直岩溶管道和水平岩溶管道分布。

鉴于古岩溶已充填密实，对场地地基稳定无影响。现代岩溶的存在对建（构）筑物稳定性不利。施工详图阶段中，对工程建设场地内影响建（构）筑物地基稳定性、均匀性的岩溶洞隙，均进行了物探探测；并视其具体情况分别对溶洞、溶隙、溶沟、溶槽等地质缺陷，采取了灌浆、置换（清除充填物并回填混凝土）或调整基础结构形式（如筏板基础、墩基、桩基）等处理措施。

5.5.6 采空区

萝卜岗场地中一区、中二区，分布的三叠系上统白果湾组（T_{3bg}）地层主要由粉砂岩、泥质粉砂岩、粉砂质泥岩和泥岩等组成，夹有 4 层薄层或透镜体状煤层、煤线。20 世纪 80—90 年代，当地居民在该区内的胡树叶沟、毛狗洞沟、黄家沟、石厂坡、大湾塘和转盘头一带，无序开洞掘巷采煤。据调查和不完全统计，在 0.69km^2 内共发现废旧煤洞 37 个，其长度一般为 100～400m，长者大于 500m，这些采煤巷道纵横交错，上下叠置，方向凌乱，均系手工作业，断面狭窄，多数无支撑或支撑稀疏，且煤柱多被破坏，致使数处巷道顶板任其自由塌落，巷道和地面多处位移、塌陷，房屋开裂、垮塌，形成较大面积的采空塌陷区，构成了工程规划建筑区内的主要地质灾害之一。通过详细规划勘察和专题研究，以及对各规划建筑区的稳定性与工程建设适宜性评价表明，采空区（尤其采空塌陷区）范围内处于不稳定状态，属不适宜工程建设场地，治理难度大，不宜用作建筑地基。目前，规划建筑物布置已避开该区域，拟将其调整为城市园林绿化与生态田园用地。考虑到城市规划建设市政基础设施和远景发展，满足东西区居民的生产、生活需要，该区域内仅布置有城市交通连接干道、地下管网工程和园林绿化等设施。

5.5.7　膨胀土

场地区斜坡地形较平缓，浅表部广泛分布棕红、棕褐、黄褐色粉质黏土。该土层多为二叠系下统阳新组（P_{1y}）灰岩经溶蚀、风化或再搬运而形成的残积、坡积土层。土层中常含有钙质或铁锰质结核，裂隙较发育，多有光面和擦痕，部分裂隙中充填有灰白、灰绿色黏土条带。该土层遇水膨胀、软化，失水收缩、干裂，斜坡常见浅层塑性滑塌和地裂现象。为评价其胀缩性能及其对建筑地基和边坡稳定性的影响，在前期勘察中开展了相应的工程地质特性研究。结果表明，该类土黏粒、粉粒含量较高，亲水性较强，具有压缩变形较大、压缩模量和抗剪强度（尤其饱和剪）均低的特点；胀缩性试验表明其自由膨胀率为40%～57%，膨胀力一般为12～68kPa，最大达83kPa，按其胀缩潜势、结合场地的地貌地质特征判别，该类土属弱膨胀土，具有弱膨胀潜势。据施工开挖揭示，该类土的不利工程地质特性主要表现在：一方面吸水膨胀、软化，当开挖边坡形成临空面时，其软化部分常形成局部坍滑；另一方面失水收缩、干裂，为地表水的入渗提供较为有利的通道，从而影响边坡的局部稳定性。

如上所述，东区场地斜坡浅表层广泛分布的粉质黏土，属弱膨胀土，具有弱膨胀潜势、遇水易膨胀软化、失水易干裂收缩的特点；加之该土层压缩变形较大，地基承载能力及力学强度较低，易产生不均匀沉陷，边坡易失稳滑塌。由此带来的灾害对场地地基和边坡稳定不利。因此，该土层在大气影响深度，尤其大气剧烈影响深度内的浅表部，不宜作为建（构）筑物基础的持力层，应予以清除；工程边坡应及时支护。

5.5.8　"昔格达组"岩层

已有研究成果表明，在川西大渡河、安宁河流域和金沙江攀枝花地区，第四纪早更新世时期普遍发育了一套河湖相"昔格达组"（Q_{1x}）半成岩状的粉砂、细砂、粉土沉积层。通过磁性地层学研究与对比，大渡河汉源富林"昔格达组"剖面磁性地层底部和顶部年龄值为3.275～1.782MaB.P.。在汉源新县城萝卜岗斜坡地带，该套地层呈带状零星出露于山帽顶、垭口头-海子坪、龙潭沟中槽-上槽等处，其主要特点是：分布位置相对较高，沉积厚度较大，主要由半成岩状褐黄、土黄色粉细砂及黄灰、浅紫色粉土组成，层内夹薄层钙质结核，底部为角砾岩，原始天然状态下，其承载能力和强度均较高，压缩性较低；但结构不均一，粉土中富含蒙脱石等黏土矿物，浅表部多被后期风化或搬运再堆积，其组织结构已显著变化，遇水易软化、泥化，失水易崩解，强度及承载力急剧降低，易产生滑坡灾害，是著名的"易滑地层"。因此，在工程建设场地内该层不宜直接作为建（构）筑物基础持力层，需挖除。必要时经相应工程处理或调整基础结构形式，可作为低层建筑物或低矮支挡构筑物的基础持力层，并应在干固状态下施工，同时须预留保护层、加强排水和做好封闭处理。

5.5.9　冲沟泥石流

萝卜岗场地及外围地表冲沟较发育，但其延伸较短，切割较浅，规模不大，汇水面积较小。主要冲沟有蜂子崖沟、任家沟、小水塘沟、大沟头沟、肖家沟、潘家沟、五条沟、无名沟、王家沟、石板沟、松林沟、龙潭沟等。据调查，这些沟谷的汇水面积一般为 0.15～0.76km²，最大达 4.41km²（龙潭沟），沟谷长度一般为 0.5～1.0km，最长为 5.59km（龙潭沟），总体纵坡降为 15%～25%。冲沟上段多为树枝状，沟床不明显；中段切割较浅，两侧无明显沟壁；下段多呈 V 形，切割相对较深而窄，沟道多基岩裸露，部分堆积有含块碎石土、粉质黏土等，一般厚 2～5m。沟内平常干枯无水，仅暴雨时节才有短暂流水或洪流出现。

对工程建设场地区内汇水面积较大、延伸较长、切割较深的龙潭沟、松林沟，为预测其在不同降雨条件下发生泥石流的可能性，评价其对工程场地的影响，在前期详细勘察阶段，对其开展了专题研究，主要有以下结论：

（1）龙潭沟流域在平面上呈典型的漏斗状地形，汇水面积为 4.41km²，主沟长为 5.59km，纵坡降为 19.5%，该沟在近 50 年内曾于 1974 年、1976 年、1995 年发生过 3 次较大规模洪水，尤以 1974 年暴发的山洪规模最大。从沟内松散物质分布及植被状况看，估计松散物源总量达 438.5×10⁴ m³。其中，稳定物源 412×10⁴ m³，占总量的 94.0%；潜在不稳定物源 26.5×10⁴ m³，占总量的 6.0%。该沟属轻度易发偏黏性泥石流沟。

（2）松林沟流域呈狭窄的条带树叶状，汇水面积为 1.4km²，主沟长 3.67km，纵坡降为 20.1%，该沟在近 50 年内仅于 1955 年发生过一次较大规模洪水。从沟内松散物质分布及植被状况看，松散物源总量预计 79.2×10⁴ m³。其中，稳定物源 71.6×10⁴ m³，占总量的 90.4%；潜在不稳定物源 7.3×10⁴ m³，占总量的 9.2%；不稳定物源 0.3×10⁴ m³，占总量的 0.4%。该沟属轻度易发偏黏性泥石流沟。

（3）通过对目前沟内现有松散物源分布调查及沟谷的动力学特性分析表明，龙潭沟、松林沟只有在特大规模降雨条件下才会有泥石流暴发的可能，且规模较小；暴发小——定规模泥石流的暴雨概率至少为 100 年一遇（$P=1\%$）；预计在特大暴雨工况下会有少量物质冲出，可能形成的泥石流固体物质分别为 0.518×10⁴ m³ 和 0.128×10⁴ m³。

（4）龙潭沟涵洞的入口断面尺寸基本能满足 200 年一遇暴雨工况下的洪水及泥石流过流要求。松林沟涵洞的入口断面尺寸能满足 500 年一遇暴雨条件形成的洪水过流要求，但满足不了 100 年及以上暴雨形成的泥石流过流能力，存在安全隐患，对场地潜在危害性较大，建议在涵洞入口以上沟谷两岸采取相应工程措施。

（5）考虑到龙潭沟因新建公路、弃渣等，物源条件有所变化，且泥石流的预测具有不确定性，因此，建议加强雨季对冲沟的监测（雨量、冲沟岸坡等）和巡查，建立健全预警和应急预案。

5.6 场地稳定性与工程建设适宜性评价

5.6.1 场地工程地质分区

汉源新县城萝卜岗场地位于汉源向斜南西翼，为汉源-昭觉断裂和金坪断裂所切割的斜坡地带上。场地出露地层主要为三叠系上统白果湾组（T₃bg）砂泥岩和二叠系下统阳新组（P₁y）灰岩，场地内无大的褶皱和区域性活动断裂分布，地层较平缓，构造形式以次级舒缓褶皱、小断层、层间错动带与软弱夹层和节理裂隙为特征，地质构造较简单，总体为一向北东缓倾斜的单斜构造区。场地不具备强震和中强震发生的地震地质条件，地震效应属外围强震和近场区中强地震的波及区，地震基本烈度为Ⅶ度。场地地形为一宽缓单斜顺向坡，其上覆有成因类型不同、厚度不等的松散堆积物，浅表部不同地段局部分布有滑坡、拉裂松动体、采空区、岩溶、膨胀土、"昔格达组"粉砂及粉土层和冲沟洪流等不良地质现象，影响场地和建筑物地基的稳定性。根据详细规划阶段初步勘察和施工图阶段详细勘察成果，并综合考虑场地的地形地貌、地层岩性、地质构造和工程地质、水文地质条件的复杂程度，以及不良地质作用和地质灾害发育程度与地质环境破坏程度等特征，在规划选址和总体规划勘察初分的东区（P_{1y}阳新灰岩）、中区（T_{3bg}下部含煤砂泥岩）、西区（T_{3bg}上部砂泥岩）和扩大西区（T_{3bg}上部砂泥岩）的基础上，将场地进一步划分为 10 个工程地质区（图 2.5.7）。

（1）东一区：位于蜂子崖沟以东，高程为 870.00～1010.00m，面积为 0.67km²。地形地貌复杂，沟梁状地形起伏大，沟谷较发育，切割较深，流沙河侧地形坡度为 15°～25°。区内河帽顶、小营盘山脊高程分别为 990.00m 和 1010.00m；蜂子崖沟、河帽顶沟沟底高程分别为 870.00～1090.00m 和 825.00～985.00m，沟深分别为 15～20m 和 20m，沟底纵坡降分别为 20%～25% 和 15%～20%，沟长分别约为 900m 和 700m。区内地表覆盖层厚度变化较大，且有膨胀性红黏土以及粉砂或粉土等特殊土类分布，覆盖层厚度以小营盘、蜂子崖沟一带较厚，一般厚度分别为 13～20m 和 18～45m，最厚分别达 36m 和 60m；河帽顶和河帽顶沟一带较薄，仅 2～6m。下伏基岩为阳新组（P_{1y}）灰岩，岩溶较发育。局部分布土质滑坡。场地复杂程度等级属一级（复杂）场地。

（2）东二区：位于蜂子崖沟以西、1 号采石场以东、大营盘以北一带，高程为 870.00～1050.00m，面积为 0.71km²。地形起伏不大，无较大沟谷切割，地形坡度平均为 18°～23°；覆盖层较薄，斜坡地带厚度仅为 1～5m，局部低洼地带厚达 12～18m，主要为残积红黏土。下伏基岩为阳新组（P_{1y}）灰岩，岩体较完整，但当地居民开采石灰石矿活动较频繁，场地内零星分布有 9 个采石场（总面积约 0.1km²），场地地质环境已受到一般破坏。场地复杂程度等级属二级（中等复杂）场地。

（3）东三区：位于大营盘至山帽顶一带，高程为 1050.00～1115.00m，面积为 0.43km²。地形起伏不大，沟谷不发育，地形坡度流沙河侧为 10°～15°。地表覆盖层以河湖相"昔格达组"（Q_{1x}）粉砂、粉土层为主，厚度较大，达 18～25m，工程地质性状差，滑坡等不良地质作用及地质灾害发育，主要有山帽顶 1 号、2 号滑坡等土质滑坡，前者有泉水出露。下伏基岩为阳新组（P_{1y}）灰岩和白果湾组（T_{3bg}）砂泥岩，灰岩岩溶和砂泥岩软弱夹层均较发育，工程地质条件复杂。场地复杂程度等级属一级（复杂）场地。

（4）东四区：位于 1 号采石场以西、大沟头沟以东、大营盘以北，高程为 870.00～1050.00m，面积为 0.74km²。地形起伏较大，坡度为 12°～17°；场地中部发育小水塘沟、任家沟等冲沟，小水塘沟长约 430m，宽约 20m，深约 11m，沟底纵坡降为 15%～20%，底高程为 860.00～940.00m，沟内无常年流水。覆盖层厚度一般为 5～15m，大胜塘等地厚 12～18m，最厚达 23m，土质不均匀，有粉质黏土、碎石土、粉土、粉砂、卵石土等，局部分布小型土质滑塌；下伏基岩为阳新组（P_{1y}）灰岩和白果湾组（T_{3bg}）砂泥岩，灰岩岩溶和砂泥岩中软弱夹层均较发育。场地复杂程度等级属二级（中等复杂）场地。

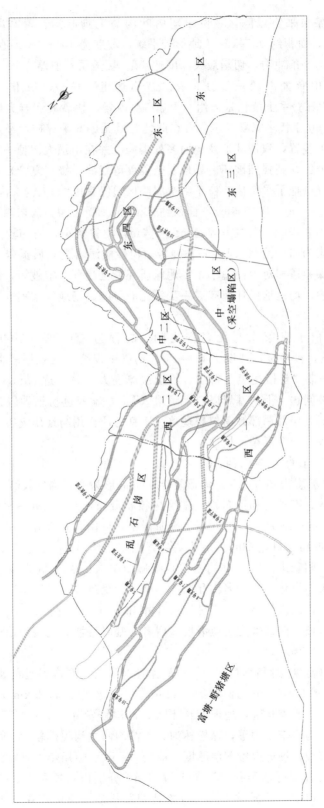

图 2.5.7 汉源新县城场地工程地质分区图

（5）中一区：煤层采空塌陷区，位于胡树叶沟与毛狗洞沟、黄家沟之间，高程为960.00～1080.00m，面积约0.59km²。地形较平缓，坡度为10°～15°；地表发育黄家沟、毛狗洞沟和胡树叶沟3条冲沟，切割最大深度达6m。覆盖层一般厚5～15m，主要为粉质黏土、碎石土，在山脊大湾塘一带分布有"昔格达组"粉砂、粉土，最大厚度可达17.5m。下伏基岩为三叠系上统白果湾组（T_{3bg}）粉砂岩、粉砂质泥岩夹碳质页岩、煤层煤线。20世纪80—90年代多家私人承包者在此地大量无序开采煤矿，小煤窑密布，采煤巷道纵横交错、上下叠置，致使巷道及地面多处塌陷，并在山顶大湾塘一带出现房屋拉裂变形，场地地质环境已受到强烈破坏。场地复杂程度等级属一级（复杂）场地。

（6）中二区：煤层地下采空区，位于采空塌陷区边缘肖家沟-大沟头沟和大沟头沟-黄家沟一带，高程为870.00～1010.00m，面积约0.1km²。受大沟头沟切割影响，场地地形复杂，地形坡度为15°～30°。大沟头沟沟长约900m，沟谷狭窄，切割较深，最大切割深度约50m。下伏基岩为白果湾组（T_{3bg}）粉砂岩、粉砂质泥岩夹炭质页岩及煤层煤线。煤层薄、煤质差，采煤巷道相对少而短小，场地地质环境已受到一定破坏，加之受中一区煤层采空塌陷变形影响，场地地质环境有进一步恶化的可能。场地复杂程度等级属一级（复杂）场地。

（7）西一区：位于肖家沟与无名沟之间，高程为960.00～1100.00m，面积为0.55km²。地形完整，较平缓，坡度为6°～15°，沟谷不发育，覆盖层较薄，一般厚度为2～4m；但海子坪一带"昔格达组"粉砂、粉土层厚度大，最大达25m，存在遇水软化、失水崩解和土体滑坡问题。下伏基岩以白果湾组（T_{3bg}）紫灰色粉细砂岩为主，下部夹粉砂质泥岩，存在软弱夹层及局部卸荷拉裂现象。不良地质作用与地质灾害一般发育。场地复杂程度等级属二级（中等复杂）场地。

（8）西二区：位于肖家沟以西、无名沟以东，高程为870.00～960.00m，面积为0.37km²。地形总体坡度为20°～25°，地形复杂，负地形为主，沟谷发育，相对较大的冲沟有肖家沟、潘家沟、五条沟和无名沟，多呈树枝状分布，长为400～800m不等，切割深度为7～10m，纵坡坡降为15%～30%，平时干枯，仅雨季有水流。覆盖层一般厚度为5～10m，无名沟一带局部可达20m。下伏基岩以白果湾组（T_{3bg}）下部泥岩、粉砂质泥岩、岩屑砂岩为主，阳新组（P_{1y}）灰岩次之，峨眉山组（$P_{2\beta}$）玄武岩少量；前者岩性软弱，一旦暴露地表极易风化，且无名沟北西侧山脊一带受褶皱、断层构造作用影响，表部岩层产状较零乱，岩体结构较破碎。不良地质作用和地质灾害发育强烈，主要有肖家沟、五条沟和潘家沟等滑坡，前二者为土质滑坡，后者为基岩滑坡，规模均较大。场地复杂程度等级属一级（复杂）场地。

（9）扩大西区（富塘-野猪塘区）：位于无名沟以西至龙潭沟附近的富塘、野猪塘一带，高程为1080.00～1180.00m，面积约1.0km²（总体规划为3.23km²）。单斜顺向坡，地形坡度为10°～20°，地势开阔，地形起伏不大；冲沟较发育，主要有石板沟、松林沟、龙潭沟及其支沟陈家沟、李家沟等，除松林沟、龙潭沟两主沟规模较大、切割较深外，其余冲沟切割深度均较浅；场地内覆盖层厚度一般为2～5m，但局部如陈家沟、康家坪、垭口头覆盖层厚度最大分别可达65m、24.5m和27m，分别由粉质黏土、碎石土以及"昔格达组"粉砂、粉土组成，粉质黏土和"昔格达组"粉砂、粉土存在遇水软化、失水崩解、强度降低和滑坡问题。下伏基岩为白果湾组（T_{3bg}）上部长石石英砂岩夹泥质粉砂岩、粉砂质泥岩，浅表部岩体"两陡一缓"结构面发育，缓倾角结构面多沿层面或层间错动带发育而形成软弱夹层，抗剪强度低，其组合对边坡稳定不利，前缘临空时存在顺层滑坡问题；冲沟两侧及陡坎附近岩体卸荷松弛强烈。区内滑坡等不良地质作用和地质灾害发育，滑坡以富塘、康家坪、陈家沟等中型滑坡为主，场地地质环境破坏强烈。场地复杂程度等级属一级（复杂）场地。

（10）扩大西区（乱石岗区）：位于无名沟与龙潭沟之间，高程为 860.00～1080.00m，面积约 0.91km²。单斜顺向坡，地势较开阔，地形起伏不大，地形坡度为 11°～23°；冲沟发育，主要有何家沟、王家沟、石板沟、松林沟、龙潭沟，其中松林沟、龙潭沟汇水面积较大，延伸较长，下游段切割较深，暴雨工况下易引发山洪。场地覆盖层浅薄，厚度一般为 2～5m；下伏基岩为白果湾组（T_{3bg}）长石石英砂岩夹泥质粉砂岩、粉砂质泥岩，浅表部岩体"两陡一缓"结构面发育，薄层粉砂质泥岩、层面和层间错动带经风化、卸荷松弛改造和地表水入渗易形成软弱夹层，前沿临空时易产生顺层滑移拉裂变形。场地内不良地质作用和地质灾害强烈发育，主要有乱石岗滑坡体、松林沟和何家沟拉裂变形体，其厚度、分布面积及规模均大，地质环境已经受到强烈破坏。场地复杂程度等级属一级（复杂）场地。

5.6.2 场地稳定性评价

场地稳定性评价是城乡规划和工程建设用地选择的关键，也是评价规划区内各场地工程建设适宜性的前提。在场地工程地质分区、场地复杂程度等级划分的基础上，综合场地的工程地质与水文地质条件，从突出不良地质作用发育程度和原生、次生地质灾害危险性大小，以及对工程建设的影响程度出发，按《城乡规划工程地质勘察规范》（CJJ 57）场地稳定性分级规定，对各区进行场地稳定性分级和评价。

（1）东一区：一级（复杂）场地；地形地貌复杂，地表起伏大，沟谷较发育，且切割较深；岩土种类多，覆盖层较厚，膨胀性红黏土、粉砂或粉土工程性质差，下伏基岩岩溶较发育；环境工程地质条件较复杂。属稳定性差场地。

（2）东二区：二级（中等复杂）场地；地形地貌较复杂，覆盖层较薄，下伏基岩为阳新组灰岩，岩体较完整，但人类采矿活动较频繁，场地内零星分布有 9 个采石场，地质环境受到一定破坏。属基本稳定场地。

（3）东三区：一级（复杂）场地；地形有一定起伏，沟谷不发育；但覆盖层较厚，主要为"昔格达组"粉砂、粉土层，工程性状很差，发育有山帽顶 1 号、2 号滑坡等土质滑坡，下伏基岩为阳新组灰岩和白果湾组砂泥岩，灰岩岩溶较发育；环境工程地质条件较复杂。属稳定性差场地。

（4）东四区：二级（中等复杂）场地；地形有一定起伏，沟谷较发育；局部覆盖层较厚，下伏基岩为阳新组灰岩和白果湾组砂泥岩，灰岩岩溶较发育，局部存在小型土质滑坡，地质灾害危险性较小。属基本稳定场地。

（5）中一区：一级（复杂）场地；地表沟谷较发育，下伏基岩为三叠系白果湾组下部含煤砂泥岩，层间夹 4 层薄煤层，其埋藏深浅不一。由于人为无序采煤，小煤窑巷道纵横交错，上下叠置，导致地面多处塌陷位移、房屋严重拉裂变形乃至毁坏，已形成大面积煤层采空塌陷区，地质环境已经受到强烈破坏，不易治理。属不稳定场地。

（6）中二区：一级（复杂）场地；场地狭窄，地形复杂，沟谷切割较深；含煤砂泥岩中煤层薄、煤质差，煤洞相对较稀疏，巷道较短，但已形成煤层采空区，且巷道埋深较浅，加之紧邻采空塌陷区，受其影响地质环境有进一步恶化的可能。属不稳定场地。

（7）西一区：二级（中等复杂）场地；地形有一定起伏，覆盖层较薄，下伏基岩为白果湾组粉砂岩、粉砂质泥岩，环境工程地质条件较简单，不良地质作用相对较弱，属基本稳定场地。但海子坪一带"昔格达组"粉砂、粉土层厚度大，暴雨等地表水入渗存在滑坡等地质灾害潜在危险性问题，局部稳定性差。

（8）西二区：一级（复杂）场地；地形复杂，负地形为主，沟谷发育，切割较深；下伏基岩为白果湾组下部泥岩、粉砂质泥岩、岩屑砂岩和阳新组灰岩，前者岩性软弱、风化强烈；场地内肖家沟、五条沟、潘家沟等滑坡地质灾害发育，地质环境已受到强烈破坏。属稳定性差场地。

（9）扩大西区（富塘-野猪塘）：一级（复杂）场地；场地冲沟较发育，陈家沟、康家坪、垭口头一带覆盖层较厚，土体工程性状差；浅表部岩体"两陡一缓"结构面发育，缓倾角结构面多沿层面或层间错动带发育而形成软弱夹层，其组合对边坡稳定不利，前缘临空时存在顺层滑坡及其岩体拉裂松弛变形问题，发育有康家坪滑坡、富塘滑坡及其拉裂松弛变形区等较大不良地质体，地质环境破坏较强烈。属稳定性差场地。

（10）扩大西区（乱石岗区）：一级（复杂）场地；场地不良地质作用强烈发育，浅表部岩体风化、卸荷、拉裂松弛显著，"两陡一缓"结构面发育，前沿临空后其不利组合形成了以顺层滑移-拉裂机制为典型的乱石岗滑坡，以及松林沟、何家沟拉裂松动体及其拉裂松弛变形带，地质环境已受到强烈破坏。属不稳定场地。

在场平施工阶段，对扩大西区（乱石岗区）进行专题研究，根据滑坡变形破坏程度、影响范围、成因机制和稳定性分析，乱石岗滑坡区分为乱石岗滑坡堆积区和滑坡影响区，其中滑坡影响区进一步细分为强拉裂松动变形区、弱拉裂松动变形区和拉裂松弛变形区。按场地稳定性分级，滑坡堆积区、强拉裂松动变形区、弱拉裂松动变形区属不稳定场地（0.77km²）；拉裂松弛变形区属稳定性差场地（0.14km²）。

5.6.3　工程建设适宜性评价

在各场地工程地质分区及稳定性评价的基础上，综合场地工程地质特征及其与工程建设的相互关系，从突出城市规划建设用地的合理选择和综合利用能力出发，充分考虑场地治理难易程度，按照《城乡规划工程地质勘察规范》（CJJ 57）场地工程建设适宜性分级标准、拟建工程的等级与类型和《水电工程移民安置城镇迁建规划设计规范》（DL/T 5380）城市集镇新址建设用地分类标准，对各分区进行工程建设适宜性分级和工程地质评价。

（1）东一区：场地稳定性差；地形地貌复杂，地形起伏大，沟谷较发育，切割较深，地形坡度较大，场地平整较困难；膨胀性红黏土、粉砂或粉土层厚度大，工程性质差，下伏灰岩岩溶较发育，地基处理难度和工程量大。工程建设适宜性为适宜性差，经有效工程处理后可规划一般工程。

（2）东二区：场地基本稳定；地形坡度较大，场平工程量较大；但覆盖层较薄，基岩灰岩较完整，地基条件较好；采石场 9 个，但总面积不大，对工程建设场地影响不大，处理难度不大。工程建设适宜性为较适宜，经相应治理后可规划重大工程。

（3）东三区：场地稳定性差；地形有一定起伏，覆盖层较厚，主要为"昔格达组"粉砂、粉土层，工程性状很差，发育山帽顶 1 号、2 号等土质滑坡，工程建设诱发次生地质灾害可能性较大；下伏基岩为阳新组灰岩和白果湾组砂泥岩，灰岩岩溶较发育，环境工程地质条件较复杂，地质灾害治理和地基处理难度较大。场地工程建设适宜性为适宜性差，经有效工程治理后可规划一般工程。

（4）东四区：场地基本稳定；地形有一定起伏，沟谷较发育；局部覆盖层较厚，下伏基岩以阳新组灰岩为主，白果湾组砂泥岩少量，地基条件较好；岩溶、局部小型土质滑坡等不良地质现象易于整治。场地工程建设适宜性为较适宜，经相应治理后可规划重大工程。

（5）中一区：场地不稳定；为煤层采空塌陷区，地面多处塌陷位移、房屋严重拉裂变形乃至毁坏，地质环境已经受到强烈破坏，场地治理难度和工程量很大。工程建设适宜性为不适宜。考虑到城市规划建设的整体性和远景发展需要，采取有效工程处理后，可进行城市道路和管网布置或田园绿化工程，并在工程建设期和运行期进行工程监测。

（6）中二区：场地不稳定；含煤砂泥岩中煤层薄、煤质差，煤洞相对较稀疏，巷道较短，但已形成煤层采空区，且巷道埋深较浅，加之紧邻采空塌陷区，受其影响地质环境有进一步恶化的可能，工程建设诱发次生地质灾害可能性较大。场地工程建设适宜性为不适宜。经有效工程治理后，可布置城市道路、管网系统和绿化工程。

（7）西一区：场地基本稳定；覆盖层较薄，粉细砂岩、粉砂质泥岩地基较稳定，环境工程地质条件较简单，不良地质作用相对较弱；海子坪一带"昔格达组"粉砂、粉土层厚度大，工程建设中在暴雨等地表水入渗触发下将诱发滑坡等次生地质灾害，需采取一定治理措施。场地总体工程建设适宜性为较适宜，经相应治理后可规划重大工程。

（8）西二区：场地稳定性差；地形复杂，地形坡度较大，场平工程量大；白果湾组泥质粉砂岩、粉砂质泥岩、砂岩中软弱夹层较发育；场地内肖家沟、五条沟、潘家沟等滑坡地质灾害发育，地质环境已受到强烈破坏，工程建设诱发次生地质灾害可能性较大，需采取较大规模的有效治理措施。场地工程建设适宜性为适宜性差，经有效治理后可规划一般工程。

（9）扩大西区（富塘-野猪塘区）：场地稳定性差；覆盖层总体较浅薄，岩体整体基本稳定。陈家沟、康家坪、垭口头一带土层厚度大，存在土层与基岩接触面滑移问题；浅表岩体拉裂松弛显著，发育有康家坪、富塘滑坡及其拉裂松弛变形等不良地质体，治理难度及工程量均较大。场地工程建设适宜性为适宜性差，经专门研究和有效治理后可规划一般工程或次要工程。

（10）扩大西区（乱石岗区）：不稳定场地，场地不良地质作用强烈，发育乱石岗滑坡和松林沟、何家沟拉裂松动体及其拉裂松弛变形带。整体不适宜建设。

场平施工阶段，经稳定性专题研究论证，乱石岗滑坡堆积区和拉裂松动区，工程建设将诱发严重次生地质灾害，治理难度和工程量极大。因此，乱石岗滑坡堆积区和拉裂松动区属工程建设不适宜地区，为保证其后缘坡体稳定和建（构）筑物安全，须对其后缘边坡进行专门性治理。后缘拉裂松弛区顺向边坡稳定性和地基条件均较差，属工程建设适宜性差场地，在有效治理保证坡体稳定的条件下，可规划一般工程或次要工程。

萝卜岗规划场地各工程地质分区的建筑场地复杂程度、稳定性与适宜性分级和建议拟建工程类型划分见表2.5.5。

表2.5.5 规划建筑场地复杂程度、稳定性与适宜性分级和建议拟建工程类型简表

规划建筑场地 工程地质分区		面积 /km²	场地复杂 程度等级	场地稳定性	工程建设 适宜性	建议拟建工程类型
东一区		0.67	一级	稳定性差	适宜性差	经有效工程处理后，可建一般工程
东二区		0.71	二级	基本稳定	较适宜	经相应治理后，可建重大工程
东三区		0.43	一级	稳定性差	适宜性差	经有效工程处理后，可建一般工程
东四区		0.74	二级	基本稳定	较适宜	经相应治理后，可建重大工程
中一区		0.59	一级	不稳定	不适宜	经有效工程治理后，可布置城市道路、管网系统和田园、绿化工程
中二区		0.10	二级	不稳定	不适宜	采取工程治理后，可布置城市道路、管网系统和田园、绿化工程
西一区		0.55	二级	基本稳定	较适宜	经相应治理后，可建重大工程
西二区		0.37	一级	稳定性差	适宜性差	经有效工程治理后，可建一般工程
扩大 西区	富塘- 野猪塘区	1.00	一级	稳定性差	适宜性差	经专门研究，对滑坡和拉裂松动体进行专项工程治理后，可建一般工程或次要工程
	乱石岗后缘 松弛区	0.14	一级	稳定性差	适宜性差	经专门研究和专项工程治理后，拉裂松弛区可建一般工程或次要工程
	乱石岗滑坡堆积区和松动区	0.77	一级	不稳定	不适宜	经专门研究和专项工程治理后滑坡堆积区及其拉裂松动区内，仅可布置道路、管网系统和田园、绿化工程

如上所述，汉源新县城萝卜岗场地稳定性级别以稳定性差-基本稳定为主，工程建设适宜性级别以适宜性差-较适宜为主。其中，属基本稳定、工程建设较适宜场地的面积为2.0km²，占规划面积的32.9%，经相应治理后，可建对地基有特殊要求的重大建筑工程（工程等级为一级）；属稳定性差、工程建设适宜性差场地的面积为2.61km²，占规划面积的43.0%，经有效工程处理后，可建一般建筑工程（工程等级为二级）；属不稳定、工程建设不适宜场地（乱石岗滑坡堆积区及其拉裂松动区、煤层采空区）的面积为1.46km²，占规划面积的24.1%，不适宜建筑物布置，城市规划和工程建设宜予以避开，必要时采取工程处理后，可布置道路、管网系统和田园、绿化工程。

6

顺向岩质边坡稳定性研究

6.1 研究思路和技术路线

随着我国能源、水利、铁路、交通、采矿、城市等基础设施建设步伐的加快，在山区工程建设中相当多的场地、建筑物地段都遇到层状顺向岩质边坡的稳定问题。已有工程实践经验表明：层状顺向岩质边坡是失稳最多、危害最大的一类边坡，曾给工程建设和人类生命财产造成了重大的损失。如何勘察评价层状顺向岩质边坡的工程地质特性及其稳定性，并提出合理的有针对性的处理方案措施的建议，对防治边坡变形失稳确保其稳定性是非常必要的。

在工程建设中，层状顺向岩质边坡一方面作为工程建设场地基本地质环境，工程建设场平开挖会在很大程度上打破原有自然边坡的平衡状态，使边坡偏离甚至远离平衡状态，工程控制与管理不当将会带来边坡变形与失稳，形成地质灾害；另一方面，它又构成了工程设施的承载体，工程的荷载效应可能会影响和改变它的承载条件和承载环境，从而影响岩质边坡的稳定性。层状顺向岩质边坡的失稳破坏不仅会直接摧毁工程建设本身，而且也会通过环境灾难对工程和人居环境带来间接的影响和灾害。因此，层状顺向岩质边坡的稳定问题不仅涉及工程本身的安全，同时也涉及地质环境的安全和社会稳定等问题。

在汉源新县城工程规划、选址、建设和运行中，顺向岩质边坡稳定问题已成为制约工程布局、施工进度、投资和安全运行的关键，因此必须开展汉源新县城层状顺向边坡岩体工程地质特性及稳定性和处理设计的深入研究，以确保边坡和城建工程的稳定安全。

6.1.1 研究思路及内容

在了解国内外边坡研究现状和收集前人研究成果的基础上，以汉源新县城萝卜岗场地层状顺向岩质边坡工程作为典型的研究素材，总结出层状顺向边坡岩体工程地质特性及稳定性研究的基本研究思路是：首先，采用多种研究手段和方法，强调地质原型现场调研与地质过程分析，重视自然边坡的形成演化过程和工程边坡的地质基础，充分吸收"地质过程机制分析""系统工程地质学"等学术思想。其次，在系统科学方法论的指导下，将顺向岩质边坡的地质结构、稳定影响因素、稳定性分析与评价，以及工程处理方案研究有机地组成一个研究链。采用原型调研与室内分析相结合、宏观分析与微观分析相结合、工程地质学与岩体力学相结合、模式分析与模拟研究相结合等思路，提出适合于不同变形破坏模式顺向岩质边坡的设计原则、设计方法和工程措施，用于指导设计和施工，切实解决具体工程问题。

根据上述研究思路，可以得出顺向边坡岩体工程地质特性及稳定性研究的主要研究内容有以下几个方面：

（1）对顺向岩质边坡的地质条件、坡体地质结构、河谷与斜坡演化、岩体力学参数等基本问题开展深入研究，通过工程地质分析与判断，把握边坡的结构特征、浅表改造特征和重力改造特征，为工程边坡稳定性评价和处理打下坚实的基础。

（2）在详细了解岩体结构面的成因、结构特征及其力学特性的基础之上，对边坡岩体稳定性的控制因素及变形破坏现状进行分析，并在此基础上对变形体的变形破坏模式和变形破坏机制进行归纳研究。

（3）根据对不同变形体的变形破坏模式的分析，从定性分析和定量分析两个方面对顺向岩质边坡的稳定性进行评价。

（4）进行影响及危害性研究评价。

（5）提出顺向岩质边坡工程处理建议。

6.1.2 研究技术路线

（1）边坡的宏观地质环境研究。通过现场调查及对已有资料的复核、分析、整理，全面系统地认识顺向岩质边坡的地形地貌、地层岩性、地质构造、岩土体物理力学特性、水文地质特征和不良地质现象、河谷斜坡演化等基本地质条件，这是边坡研究的基础。

（2）顺向岩质边坡变形破坏特征及成因机理分析。首先对变形破坏岩体形态和规模，以及变形破坏特征进行分析总结；然后根据边坡的岩体结构特征、结构面特征以及坡体结构分布等情况，分析边坡变形破坏的成因和机理。成因机理分析主要包括变形破坏岩体的形成因素分析和机理分析两部分。

（3）顺向岩质边坡稳定性分析评价。首先，根据已有资料和现场地质调查情况进行分析总结，对该边坡稳定性进行定性分析；然后，采用二维极限平衡分析原理对边坡的稳定性进行量化分析研究，必要时采取有限元、离散元等数值分析方法进行变形稳定分析；最后综合评价其稳定性。

（4）影响及危害性评价、工程处理建议。

根据上述研究思路和研究内容，拟采用的技术路线见图 2.6.1。

6.2 岩体结构及工程地质特性

6.2.1 地层岩性及其组合特征

地层岩性的差异是影响边坡稳定的重要因素之一，不同沉积环境形成的地层和不同岩石类型组合的岩性，具有不同的岩体结构特征及边坡变形破坏形式；各种不同岩石类型及其组合特征又具有各自不同的物理力学特性。层状岩类岩石的矿物成分及胶结情况对边坡稳定性的影响，主要表现在不同的矿物成分及胶结物成分所组成的岩石，其物理性质和力学强度有着显著的差异，如含长石、云母、绿泥石及蒙脱石类黏土矿物较多的泥质岩类，极易风化，而且浸水后易膨胀、崩解，稳定性很差；而含有硅质、铁质胶结的岩石，其强度往往较高，遇水稳定性也较强。

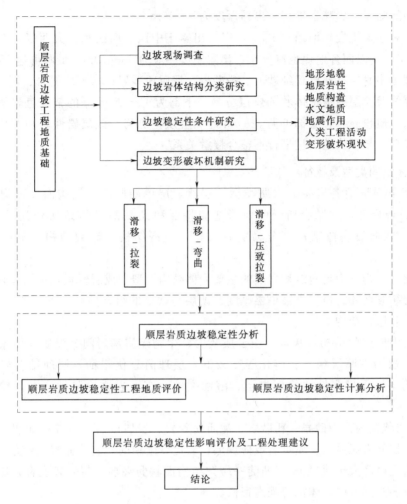

图 2.6.1 研究技术路线图

汉源新县城萝卜岗场地出露的地层岩性主要由一套下二叠统浅海相碳酸盐岩建造和上三叠统内陆湖沼相碎屑岩建造或含煤建造沉积岩组成，上二叠统火山喷出岩建造零星分布。根据其地层层序、岩性岩相特征、各岩类（或岩组）的分布及接触关系，由老至新分述如下：

（1）二叠系下统阳新组（P_{1y}）：主要出露于东区各地块至西二区肖家沟、五条沟一带。该层厚度及岩性变化较大，东区出露较厚，达 $150\sim180m$，其岩性上部为厚 $30\sim50m$ 的厚层状灰色砂粒状白云质灰岩，中部为厚 $20\sim30m$ 的厚层状灰白色含硅团块灰岩夹薄层状硅质条带灰岩，下部为灰-深灰色厚层-块状致密灰岩，厚度约 $100m$；西二区肖家沟、潘家沟、五条沟一带出露较薄，一般为 $20\sim50m$，其岩性以深灰-灰黑色厚-中厚层状含生物碎屑灰岩为主，顶部夹粉砂质泥岩条带。该层与下伏梁山组（P_{11}）黏土岩呈整合接触关系。

（2）二叠系上统峨眉山组（$P_{2\beta}$）：局部分布于场地下方靠流沙河侧高程 $890.00m$ 以下的肖家沟、潘家沟及龙潭沟下游左侧等处。岩性以厚层致密状、杏仁状、斑状玄武岩夹凝灰岩为主，属陆相火山喷发堆积。出露厚度为 0～40m。

（3）三叠系上统白果湾组（T$_{3bg}$）：广泛出露于中区、西区和扩大西区，东区文化大厦-盐业公司一线以西各地块也有分布，出露厚度一般为 50～70m，最厚可达 150m。其岩性中、上部为中厚层夹薄层状细砂岩、粉砂岩、泥质粉砂岩、粉砂质泥岩、泥岩夹炭质页岩，并有煤线及薄层或透镜体状的煤层分布；下部为 10～15m 厚的紫红色岩屑砂岩，黄褐色泥岩、泥质粉砂岩；底部可见 3～5m 厚的硅质角砾岩。该层岩性岩相变化较大，软弱夹层较发育。与下伏地层呈平行不整合接触关系。

6.2.2 岩体结构类型及特征

根据萝卜岗场地各岩类的岩质类型、层状岩层单层厚度、结构面发育程度、岩体完整性及嵌合程度，并结合所处的地形地貌特征和经受的环境地质作用及人类活动的影响，将顺向坡岩体结构划分为层状结构、镶嵌结构、碎裂结构、散体结构 4 种类型。

（1）层状结构。为场地沉积岩层的主要岩体结构类型，成层性强，单层厚 0.1～2.0m 不等，岩层缓倾坡外。根据岩层单层厚度、硬层与软层的组合关系，可大致分为厚-中厚层状结构、互层状结构。

1）厚-中厚层状结构：灰岩、白云质灰岩、生物碎屑灰岩间夹泥质硅质条带，以厚层状为主，次为中厚层状，岩溶化程度较低，层理面起伏粗糙，层间结合较好，以刚性结构面为主，无贯穿性的软弱夹层、溶蚀裂隙分布，岩质较坚硬，岩体较完整，强度较高。

2）互层状结构：细砂岩、粉砂岩、泥质粉砂岩、岩屑砂岩、粉砂质泥岩、泥岩呈不等厚互层，层间夹泥质、炭质页岩或薄煤层，岩层软硬相间，岩体完整性较差。西区和扩大西区砂岩类厚度大于泥岩类，"两陡一缓"结构面软弱夹层（带）较发育，层间结合力不强，沿软弱夹层方向岩体抗剪强度很低。

（2）镶嵌结构。中等风化的玄武岩夹凝灰岩，分布零星。岩体块度小、完整性差，刚性结构面发育、短小，多呈网状分布，结构面多闭合、延展性差，岩块嵌合紧密-较紧密，在有围压条件下可以经受很高的压力，但抗拉应力的性能很低。

（3）碎裂结构。上述层状、镶嵌结构局部受构造作用或次生地质作用的影响而破裂碎化，有的又经相互挤压、错动而变位，产生大量泥质物。这些碎裂（块）岩体包括浅表层强风化的灰岩、玄武岩、细砂岩、粉砂岩、岩屑砂岩，卸荷松弛岩体，破碎溶蚀岩体，裂隙密集带，古风化夹层等。构造裂隙、溶蚀裂隙或风化裂隙发育，裂面多风化锈蚀，岩块间有岩屑和泥质物充填，嵌合较松弛，岩体完整性差。

（4）散体结构。强风化的泥岩、泥质炭质页岩，断层破碎带，层间挤压错动带，岩质滑坡体及其松动岩体，煤层采空塌陷岩体。这类结构的岩体构造变形和次生演化强烈，岩体不仅受到碎裂化的作用，形成碎块体，而且部分产生大量岩屑、岩粉和次生夹泥，软弱结构面发育，嵌合松弛，岩体性状差，有的形成滑移控制面，力学性能低。

萝卜岗场地岩体结构类型及工程地质特征见表 2.6.1。

表 2.6.1　　　　　　　　　　萝卜岗场地顺向坡岩体结构类型及工程地质特征表

类型	亚类	岩 体 结 构 特 征	边坡岩体稳定性
层状结构	厚-中厚层状结构	中等风化-未风化灰岩。岩层单层厚 2.0～0.3m 不等,以厚层状为主,次为中厚层状,层间偶夹泥质硅质条带,岩质较坚硬,强度较高,岩溶化程度较低,岩体较完整,节理裂隙不甚发育,以刚性结构面为主,层理面起伏粗糙,无贯穿性的软弱夹层、溶蚀裂隙分布,层间结合较好	取决于岩层和层理面的性状及抗剪强度,稳定性较好
	互层状结构	中等风化-未风化细砂岩、粉砂岩、泥质粉砂岩、岩屑砂岩、粉砂质泥岩、泥岩间夹泥质炭质页岩。岩层软硬相间,呈不等厚互层状,岩层单层厚度一般为 0.6～0.1m 不等,"两陡一缓"结构面及软弱夹层(带)较发育,层间结合力不强,岩体完整性较差	取决于软弱夹层(带)、层面或顺层结构面的性状及抗剪强度,稳定性较差
镶嵌结构		中等风化玄武岩夹凝灰岩。岩体完整性差、块体小,刚性结构面发育、短小,间距 0.3～0.1m,结构面延展性差、多闭合,岩块嵌合紧密～较紧密。分布零星	取决于岩块嵌合程度,一般稳定性较好
碎裂结构		浅表层强风化灰岩、玄武岩、细砂岩、粉砂岩、岩屑砂岩,卸荷松弛带,裂隙密集带,古风化夹层等。岩体完整性差,层理面、构造裂隙、溶蚀裂隙或风化裂隙等结构面发育,间距一般小于 0.3m,裂面多锈蚀,岩块间有岩屑和泥质物充填,嵌合较松弛	取决于岩块嵌合程度和贯穿性结构面的性状及抗剪强度,稳定性较差-差
散体结构		强风化泥岩、泥质炭质页岩,断层破碎带,层间挤压错动带,岩质滑坡体及其松动岩体,煤层采空塌陷岩体。岩体破碎,岩块夹岩屑或泥,软弱结构面发育,嵌合松弛,性状差,有的形成滑移控制面	取决于控制性软弱结构面的性状和力学强度,稳定性差

6.2.3　岩体物理力学特性

6.2.3.1　岩体(石)物理力学性质试验分析

　　微风化-未风化岩体(石)一般都具有较高的强度、承载能力和抗变形性能,但岩体(石)经后期风化卸荷改造后,它的综合质量和力学强度就会明显降低,对边坡稳定不利。为研究萝卜岗场地不同岩类的工程地质特性,提供顺向边坡稳定性分析所必需的岩体(石)基本物理力学参数,分别在场地详细规划勘察和房屋建筑详细勘察阶段中,根据不同的勘察目的任务采用不同的试验方法,对采集的各岩类原状样开展了相应的岩石物理力学性质室内试验。按相关规范规定进行统计整理后的试验成果详见表 2.6.2～表 2.6.8。由此可见:

　　(1)岩石物理力学性质室内试验成果表明:完整、较坚硬的中等风化-未风化石灰岩、细砂岩和粉砂岩,具有密度较大、吸水率较低和抗压强度、弹性模量、抗剪强度均较高的特点。

　　(2)岩石饱和单轴抗压强度试验成果表明:厚层状中等风化灰岩、细砂岩,属坚硬岩类,具较好的力学特性;中厚层状中等风化粉砂岩,属较硬岩-坚硬岩类;薄层状中等风化泥质粉砂岩、粉砂质泥岩、紫红岩屑砂岩,以及强风化粉砂岩、泥质粉砂岩,属软岩类,力学特性差。

　　(3)岩石抗剪强度试验成果表明:微风化-中等风化灰岩、细砂岩、粉砂岩具有较高的力学强度。

表 2.6.2　　　　　　　微风化-未风化石灰岩物理力学性试验成果

野外编号	烘干密度/(g/cm³)	比重	普通吸水率/%	饱和吸水率%	弹性模量/GPa	泊松比	干抗压强度/MPa	湿抗压强度/MPa	干抗拉强度/MPa	湿抗拉强度/MPa	软化系数
EY04 1号采石场西侧	2.70		0.06	0.08	55.5		195.0	154.0	11.00	9.45	
	2.70	2.72	0.08	0.10	52.0	0.22	170.0	137.0	10.40	8.98	0.78
	2.69		0.10	0.14	49.0		105.0	120.0	8.69	7.10	
EY06 2号采石场后缘西侧	2.70		0.05	0.07	46.6		125.0	91.9	7.45	6.17	
	2.70	2.72	0.06	0.09	44.0	0.23	109.0	88.4	7.00	6.00	0.8
	2.69		0.08	0.15	39.5		97.4	84.9	6.45	5.15	
EY08 1号采石场后缘西侧	2.70		0.05	0.07	54.0		182.0	142.0	9.45	8.16	
	2.70	2.72	0.05	0.07	51.5	0.22	158.0	130.0	9.00	7.45	0.8
	2.70		0.05	0.07	49.0		149.0	118.0	8.14	6.99	
EZK138 6.00～11.30m	2.69		0.09	0.12	52.5		195.0	144.0	7.44	6.56	
	2.69	2.71	0.10	0.14	51.0	0.21	165.0	135.0	7.15	6.00	0.80
	2.68		0.12	0.16	50.4		148.0	127.0	7.00	5.48	
平均值	2.70	2.72	0.06	0.09	49.0	0.22	143.4	118.5	8.62	7.27	0.79
标准差	0.004		0.02	0.03	5.04	0.006	35.74	25.08	1.52	1.41	0.01
变异系数	0.002		0.28	0.33	0.10	0.026	0.25	0.21	0.177	0.19	0.01
统计修正数							0.84	0.87	0.89	0.88	0.98
标准值							121.0	102.77	7.6	6.39	0.78

表 2.6.3　　　　　　　中等风化石灰岩物理力学性试验成果表

野外编号	烘干密度/(g/cm³)	比重	普通吸水率/%	饱和吸水率/%	弹性模量/GPa	泊松比	干抗压强度/MPa	湿抗压强度/MPa	干抗拉强度/MPa	湿抗拉强度/MPa	软化系数
EY01 5号采石场西侧	2.70		0.14	0.17	42.5		105.0	74.9	8.89	7.15	
	2.70	2.72	0.18	0.22	39.5	0.25	87.4	69.5	8.11	6.99	0.78
	2.69		0.19	0.25	37.0		74.9	64.1	7.21	5.31	
EY02 3号采石场东侧	2.69		0.10	0.14	40.9		89.9	72.9	7.56	6.75	
	2.69	2.72	0.17	0.22	39.5	0.25	82.4	66.4	6.65	5.44	0.79
	2.68		0.23	0.27	39.0		79.9	59.9	6.40	5.00	
EY03 8号采石场西侧	2.70		0.08	0.10	41.9		103.0	84.1	8.45	7.25	
	2.69	2.72	0.09	0.12	41.0	0.24	103.0	77.3	8.10	6.95	0.79
	2.69		0.10	0.13	38.0		87.6	70.5	7.44	5.81	
EY05 2号采石场东侧	2.72		0.43	0.47	42.5		113.0	82.4	8.04	7.15	
	2.71	2.75	0.54	0.59	40.0	0.24	100.0	76.2	8.00	7.00	0.76
	2.68		0.89	0.98	37.5		87.7	70.0	7.35	5.99	

野外编号	烘干密度/(g/cm³)	比重	普通吸水率/%	饱和吸水率/%	弹性模量/GPa	泊松比	干抗压强度/MPa	湿抗压强度/MPa	干抗拉强度/MPa	湿抗拉强度/MPa	软化系数
EY07 1号采石场 后缘东侧	2.69	2.72	0.14	0.23	45.5	0.23	120.0	97.4	7.99	6.99	0.79
	2.69		0.18	0.25	43.0		110.0	85.2	7.80	6.15	
	2.68		0.22	0.30	41.5		105.0	79.0	7.40	6.00	
平均值	2.69	2.726	0.245	0.296	40.62	0.24	96.59	75.32	7.69	6.40	0.78
标准差	0.011	0.013	0.22	0.23	2.31	0.008	13.29	9.51	0.65	0.76	0.013
变异系数	0.004	0.005	0.89	0.78	0.057	0.034	0.14	0.13	0.085	0.12	0.017
统计修正系数							0.94	0.94	0.96	0.94	0.98
标准值							90.464	70.94	7.39	6.04	0.77

表 2.6.4　　　　　　中等风化细砂岩物理力学性试验成果表

野外编号	烘干密度/(g/cm³)	比重	普通吸水率/%	饱和吸水率/%	弹性模量/GPa	泊松比	干抗压强度/MPa	湿抗压强度/MPa	干抗拉强度/MPa	湿抗拉强度/MPa	软化系数
KY01 松林沟前 进堰弯	2.53	2.60	1.08	1.10	38.5	0.26	210	147	10.00	7.36	0.72
	2.53		1.10	1.13	38.0		195	135	9.29	6.94	
	2.53		1.13	1.15	37.5		172	132	8.79	5.98	
KY02 松林沟采 石场	2.51	2.59	1.29	1.32	40.0	0.26	240	165	12.60	10.5	0.70
	2.51		1.35	1.39	39.0		200	148	10.00	9.15	
	2.50		2.19	2.43	38.5		195	131	9.87	8.44	
平均值	2.52	2.60	1.36	1.42	38.58	0.26	202	143	10.09	8.06	0.71
标准差	0.013	0.007	0.42	0.51	0.86		22.4	13.07	1.319	1.63	0.014
变异系数	0.005	0.003	0.31	0.36	0.022		0.11	0.09	0.13	0.20	0.02
统计修正系数							0.91	0.9	0.89	0.83	0.95
标准值							183.5	132.2	9.003	6.71	0.68

表 2.6.5　　　　　　中等风化粉砂岩物理力学性试验成果

野外编号	烘干密度/(g/cm³)	比重	普通吸水率%	饱和吸水率%	弹性模量/GPa	泊松比	干抗压强度/MPa	湿抗压强度/MPa	干抗拉强度/MPa	湿抗拉强度/MPa	软化系数
MY01 大沟头沟 公路边	2.64	2.73	1.03	1.19	34.0	0.27	149.0	86.3	9.30	8.15	0.65
	2.64		1.10	1.35	33.0		130.0	84.7	8.45	7.45	
	2.63		1.48	1.65	32.7		112.0	83.1	7.15	6.30	
MY02 大沟头沟 小水塘旁	2.41	2.6	2.97	3.12	30.0	0.28	99.3	63.1	8.14	7.09	0.63
	2.41		3.05	3.20	27.9		89.5	54.9	7.61	6.88	
	2.40		3.06	3.22	26.0		72.6	46.7	7.00	6.15	

野外编号	烘干密度/(g/cm³)	比重	普通吸水率%	饱和吸水率%	弹性模量/GPa	泊松比	干抗压强度/MPa	湿抗压强度/MPa	干抗拉强度/MPa	湿抗拉强度/MPa	软化系数
平均值	2.52	2.66	2.12	2.29	30.6	0.28	108.7	69.8	7.94	7.00	0.64
标准差	0.13	0.09	1.01	0.99	3.18	0.007	27.7	17.16	0.87	0.74	0.01
变异系数	0.05	0.034	0.48	0.43	0.10	0.026	0.26	0.24	0.11	0.11	0.02
统计修正系数							0.79	0.8	0.91	0.91	0.95
标准值							85.82	55.6	7.2	6.4	0.61

表 2.6.6 岩石三轴强度试验成果 （一）

室内编号	野外编号 取样位置	岩性	试件编号	侧压 σ_3/MPa	弹性模量/GPa	峰值强度/MPa
2	KYS01 松林沟前进堰旁	细砂岩	2－5	0	30.0	135
			2－4	0	35.5	160
			2－2	5	39.9	190
			2－1	10	40.1	245
			2－3	15	42.0	270
2#	EYS01 2号采石场后缘东侧	石灰岩	8－3	0	36.5	74.9
			8－1	0	43.4	105
			8－5	5	49.0	160
			8－2	10	54.0	195
			8－4	15	58.5	215
14	MYS01 大沟头沟公路边	粉砂岩	14－5	0	30.0	70
			14－2	0	32.7	100
			14－6	5	35.5	135
			14－1	10	34.8	140
			14－3	15	37.0	155

表 2.6.7 岩石三轴强度试验成果 （二）

室内编号	野外编号 取样位置	岩性	强度极限特征点	应力莫尔圆法强度参数		
				$\varphi/(°)$	$\tan\varphi$	c/MPa
2	KYS01 松林沟前进堰旁	细砂岩	峰值	56	1.48	13
			残余	42	0.90	2
2#	EYS01 2号采石场后缘东侧	石灰岩	峰值	51	1.23	10
			残余	43	0.93	2
14	MYS01 大沟头沟公路边	粉砂岩	峰值	46	1.04	8
			残余	32	0.62	3

表 2.6.8 　　　　　　　　　　**岩石物理力学性质试验成果表**

岩石名称	项目	天然密度/(g/cm³)	天然抗压强度/Mpa	饱和抗压强度/MPa	内摩擦角 φ/(°)		凝聚力 c/MPa	
					天然	饱和	天然	饱和
中等风化泥质粉砂岩	统计频数	7	8	8	8	8	8	8
	范围值	2.30~2.66	4.7~13.9	2.2~9.1	40.51~42.48	38.56~41.46	0.7~1.8	0.4~1.5
	变异系数	0.051	0.364	0.448	0.016	0.032	0.346	0.474
	标准差	0.124	3.587	2.546	0.672	1.292	0.435	0.461
	平均值	2.41	9.85	5.69	41.75	40.37	1.26	0.97
	修正系数 ψ	0.962	0.754	0.698	0.988	0.976	0.744	0.649
	标准值	2.32	7.43	3.97	41.25	39.41	0.935	0.631
中等风化粉砂质泥岩	统计频数	6	6	6				
	范围值	2.43~2.66	5.0~9.2	2.9~5.1				
	变异系数	0.008	0.217	0.230				
	标准差	0.020	1.642	0.877				
	平均值	2.45	7.55	3.82				
	修正系数 ψ	0.993	0.820	0.810				
	标准值	2.43	6.19	3.1				
中等风化岩屑砂岩	统计频数	3	11	11	11	11	11	11
	范围值	2.49~2.56	4.0~10.2	1.4~6.3	40.38~42.03	36.26~40.53	0.6~2.1	0.4~1.8
	变异系数		0.317	0.354	0.023	0.039	0.432	0.564
	标准差		2.09	1.453	0.926	1.512	0.423	0.410
	平均值	2.52	6.59	4.10	40.73	38.97	0.98	0.73
	修正系数 ψ		0.814	0.792	0.987	0.978	0.762	0.688
	标准值		5.36	3.23	39.92	37.80	0.75	0.504
强风化粉砂岩	统计频数	2	2	2	2	2	2	2
	范围值	2.32~2.38	5.8~6.3	2.8~3.7	38.15~40.53	35.37~39.4	0.9~1.1	0.60
	平均值	2.35	6.05	3.25	39.34	37.38	1.00	0.60
强风化泥质粉砂岩	统计频数		3	3	3	3	3	3
	范围值		2.3~11.2	1.2~6.4	36.3~42.1	35.9~40.1	0.4~1.2	0.22~1.00
	平均值		5.30	3.00	39.33	37.62	0.70	0.51

6.2.3.2　岩体（石）物理力学性质参数取值

岩体（石）物理力学参数是岩质边坡稳定性分析评价必不可少的基本指标，在萝卜岗场地前期勘察中，对各岩类开展了相应的岩体（石）物理力学性质室内试验，并对其获得的试验值按照相关规范进行统计整理，再经平均值、标准差、变异系数和修正系数计算后确定标准值。

边坡稳定性分析所需要的岩体（石）主要物理力学参数，尤其是密度、强度参数和变形参数，通常以现场原位试验成果为准按相关规程规范分析研究确定。在萝卜岗场地缺少现场原位试验资料的情况下，岩体（石）物理力学参数的取值方法是：在室内试验成果经整理后确定的标准值基础上，结合顺向边坡的工程地质条件，参照相关规范进行折减选择地质建议值。边坡岩体（石）主要物理力学性参数地质建议值见表2.6.9。

表 2.6.9　　　　　　　　　岩体（石）主要物理力学参数地质建议值

岩体（石）及风化状态	天然密度 $\rho/(\mathrm{g/cm^3})$	变形模量 E_0/GPa	抗剪断强度	
			$f'(\varphi')$	c'/MPa
微-未风化石灰岩	2.65～2.70	10.0～12.0	1.10～1.30（47.72°～52.43°）	1.00～1.20
微-未风化细砂岩、粉砂岩	2.60～2.70	5.0～10.0	0.80～1.20（38.81°～50.19°）	0.70～1.10
微-未风化泥质粉砂岩、岩屑砂岩	2.45～2.50	1.0～2.0	0.55～0.65（28.81°～33.02°）	0.30～0.50
中等风化石灰岩	2.60～2.65	5.0～7.0	0.80～1.10（38.05°～47.72°）	0.70～0.90
中等风化细砂岩、粉砂岩	2.50～2.65	2.0～6.0	0.55～0.90（28.81°～41.98°）	0.30～0.80
中等风化泥质粉砂岩、岩屑砂岩	2.40～2.50	0.5～1.0	0.50～0.55（26.56°～28.81°）	0.20～0.30
中等风化粉砂质泥岩、页岩	2.30～2.35	0.1～0.5	0.40～0.50（21.80°～26.56°）	0.05～0.08
强风化灰岩、细砂岩、粉砂岩	2.40～2.45	0.1～0.5	0.40～0.50（21.80°～26.56°）	0.05～0.08
强风化泥质粉砂岩、岩屑砂岩、粉砂质泥岩、页岩	2.20～2.30	0.05～0.1	0.19～0.25（10.75°～14.03°）	0.01～0.03

6.3　软弱夹层类型及工程地质特性

6.3.1　软弱夹层成因类型及特征

6.3.1.1　软弱夹层成因类型

软弱夹层的形成与发育程度主要受岩性、构造、地下水活动、风化卸荷等因素所控制。勘察研究表明，萝卜岗场地顺向岩质边坡中的软弱夹层，主要发育于三叠系上统白果湾组（T_{3bg}）含煤砂泥岩中，其次二叠系下统阳新组（P_{1y}）上部灰岩夹泥岩也有分布，这些泥质、炭质岩类夹层和顺沿软硬相间的岩层层理面等，它们大多经历后期构造挤压、风化卸荷和地表水与地下水活动等改造，有的仍保持原岩结构，有的原岩遭受构造破坏而显现挤压错动特征，有的原岩已风化蚀变或含大量亲水性黏土矿物呈现泥质或泥夹碎屑结构。从成因类型上可将这些软弱夹层划分为原生型、构造型、次生型和复合型4种类型。

（1）原生型：该类夹层是成岩过程中形成、未经受明显构造错动而存在的软弱夹层，包括层理面、平行不整合面、灰岩中的泥质夹层、砂泥岩中的页岩和泥质、炭质夹层等，它们一般仍保持原有的组织结构，层面较粗糙，原岩黏土矿物总量及黏粒含量较高，但多属泥质胶结，与上下两侧岩石比较其性状相对较软弱。该类夹层在场地各区均有分布，以中、西区和扩大西区砂泥岩中较发育，延伸较长。

（2）构造型：原生型软弱夹层经构造挤压错动而形成顺层发育的挤压破碎带、层间错动带、缓倾角裂隙密集带等，它们原岩组织结构已遭受构造破坏，结构较破碎，颗粒间联结力大为削弱，具有构造岩分带特征，有的构造镜面发育，力学强度较低。该类夹层在场地内虽不甚发育，但一般连续性较好，延伸较长。

（3）次生型：包括原生软弱夹层经风化而形成的风化夹层、古风化夹层（壳）或沉积间断面，以及经地表（下）水将细颗粒物质带入并充填于张开裂隙中而形成的卸荷张开裂隙夹层、夹泥等，物质结构以泥质、泥夹碎屑结构为主，含大量黏土矿物。该类夹层多发育于浅表部的强风化-中等风化砂泥岩、灰岩或卸荷岩体中，分布较普遍，但连续性较差，延伸有限。

（4）复合型：该类夹层是在原生软弱夹层的基础上后期又叠加构造挤压错动、风化卸荷或地表（下）水入渗等综合作用形成的破碎夹层，它们原岩结构多遭受破坏，颗粒重新排列，有的具有光滑面、有的有较厚风化晕、有的有数层夹泥。该类夹层在场区内分布较广、连续性较好。

6.3.1.2 软弱夹层工程性状分类

上述软弱夹层根据物质组成、工程性状等宏观上可大致归并为三大类，即岩屑夹泥（黏土）型、泥（黏土）夹岩屑型和泥型。

（1）岩屑夹泥（黏土）型软弱夹层（简称 B1 型）。以岩屑、角砾、碎石为主，含量占 70%～80%；泥质物（黏土）少量，含量一般小于 10%。岩屑、角砾、碎石成分主要由砂岩、粉砂岩、泥质粉砂岩、粉砂质泥岩等组成，粒径一般为 2～5cm，小者仅 0.2～0.5cm，该类软弱夹层厚度一般为 10～20cm，个别可达 30cm，见图 2.6.2。

图 2.6.2　岩屑夹泥型软弱结构面

（2）泥（黏土）夹岩屑型软弱夹层（简称 B2 型）。以泥质物（黏土）为主，黏粒含量一般为 10%～30%，岩屑含量占 30%～40%，岩屑、角砾成分以砂岩、粉砂岩、泥质粉砂岩为主，粒径一般为 0.2～2cm，区内砂泥岩松弛卸荷变形体内部及底部发育的软弱夹层多为该类软弱夹层，见图 2.6.3。

（3）泥型软弱夹层（简称 B3 型）。黏粒含量一般大于 30%，大者达 50%～70%，甚至达 80%以上。这些软弱夹层在浅表部多呈软塑-可塑状，遇水易软化甚至部分泥化，低

图 2.6.3　泥夹岩屑型软弱结构面

围压状态下抗剪强度急剧降低，工程性状差。

如上所述，通过现场勘察、开挖揭示和分析研究，对区内软弱夹层得出以下基本认识：

1）区内顺向坡岩体的软弱夹层主要顺层发育于砂岩、泥岩内，灰岩少量。这些软弱夹层自成岩过程中形成后，多经后期构造挤压错动、风化卸荷和地表水与地下水活动等改造，有的存在一定程度的挤压错动痕迹，有的原岩已风化蚀变，有的含大量亲水性黏土矿物，呈现泥质或泥夹碎屑结构。从成因类型上可划分为原生型、构造型、次生型和复合型。

2）区内软弱夹层按工程性状分类，宏观上可归并为 3 类，即岩屑夹泥（黏土）型、泥（黏土）夹碎屑型和泥（黏土）型。

3）从软弱夹层的物质组成、结构特性以及强度特性来看，这些软弱夹层的主要特点是：厚度较薄、倾角较缓、结构较破碎、抗变形能力较弱、力学强度较低、工程性状差，与纵、横向陡倾角结构面不利组合时，在某些不利条件（如开挖、地表水体下渗）下，将构成顺向坡岩体失稳滑移的主要控制面。

6.3.2　软弱夹层物理力学特性

顺向岩质边坡失稳破坏主要受软弱夹层所控制。为了获取软弱夹层的物理力学参数，评价场地边坡稳定性，对软弱夹层的物理力学性质开展了试验研究。

6.3.2.1　软弱夹层物理力学性质试验分析

1. 软弱夹层物理力学性质的室内试验分析

（1）在西区妇幼保健院前缘 ZK03、ZK05 和 ZK07 钻孔中，对粉砂岩夹粉砂质泥岩中的泥夹岩屑型、岩屑夹泥型两类软弱夹层共取原状样 3 组，进行室内颗分及物理力学性试验。从试验成果可以看出：

1）泥夹岩屑型软弱夹层：试样（ZK03-1、ZK07-1）干密度为 1.40g/cm³，孔隙比为 0.836；在颗粒组成中，黏、粉粒所占比重较大，含量高达 44.2%～45.4%（其中黏粒含量占 5.2%～20.2%，粉粒占 25.2%～39.0%），砂粒含量仅占 5.7%～10.8%，角砾粒含量占 45.0%～48.9%（颗粒级配曲线见图 2.6.4），按其工程地质性状及黏粒含量分类属泥夹岩屑型夹层（黏粒含量为 10%～30%）。该类软弱夹层试样室内直剪试验，天然快剪强度 $c=16.4kPa$，$\varphi=15.5°$；饱和固结快剪强度 $c=14kPa$，$\varphi=15°$；残余强度 $c=3kPa$，$\varphi=13.7°$（力学性质试验成果见表 2.6.10）。

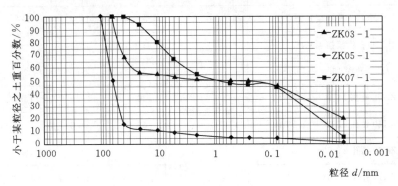

图 2.6.4　软弱夹层颗分曲线

表 2.6.10　　　　　　　　　软弱夹层室内直剪试验成果表（原状样）

试样编号	取样深度/m	软弱夹层类型	天然快剪强度		饱和固结快剪强度		（残余）反复剪强度	
			黏聚力	内摩擦角	黏聚力	内摩擦角	黏聚力	内摩擦角
			c/kPa	φ/(°)	c/kPa	φ/(°)	c/kPa	φ/(°)
ZK03	7.60～7.85	泥夹岩屑型	16.4	15.5	14.0	15.0	3.0	13.7
ZK05	5.20～5.25	岩屑夹泥型	75.0	25.8	12.0	27.8	9.0	26.6

　　2）岩屑夹泥型软弱夹层：试样（ZK05－1）干密度为 $1.89g/cm^3$，孔隙比为 0.392；颗粒组成中碎石含量占 50.0%，角砾粒含量占 42.8%，砂粒含量稀少仅占 2.9%，粉、黏粒含量分别为 2.9%、4.3%，按工程地质性状以及黏粒含量分类属岩屑夹泥型夹层（黏粒含量小于 10%）。该类软弱夹层试样室内直剪试验，天然快剪强度 $c=75.0kPa$，$\varphi=25.8°$；饱和固结快剪强度 $c=12kPa$，$\varphi=27.8°$；残余强度 $c=9kPa$，$\varphi=26.6°$。

　　岩屑夹泥型试样的室内抗剪强度 φ 值较实际的高。其原因在于 φ 值大小与试件的粗粒或巨粒含量有关，试验成果代表该类型的上限值。

　　（2）详细规划阶段勘察中，在萝卜岗隧道北侧进口、电信大楼挡墙基槽和 ZK01 等钻孔内，对场地砂泥岩地层中的泥夹岩屑型、岩屑夹泥型两类软弱夹层共取样 9 组，进行室内力学强度试验（见表 2.6.11）。由此可见，泥夹岩屑型软弱夹层的天然快剪强度 $c=19.2kPa$，$\varphi=15.6°$；饱和固结快剪强度 $c=14.3kPa$，$\varphi=9.9°$；岩屑夹泥型软弱夹层天然快剪强度 $c=18.6～46.5kPa$，$\varphi=17.2°～32.5°$；饱和固结快剪强度 $c=8.4～22.9kPa$，$\varphi=15.1°～23.6°$。其中，岩屑夹泥型的黏聚力、内摩擦角幅度值均较大，与试样的黏粒含量多寡、角砾碎石粒径大小有关。

表 2.6.11 　　　　　　　　　　　　　软弱夹层室内直剪试验成果表

试样编号	取样部位	软弱夹层类型	天然快剪强度		饱和固结快剪强度	
			黏聚力	内摩擦角	黏聚力	内摩擦角
			c/kPa	φ/(°)	c/kPa	φ/(°)
0-1	G108 国道萝卜岗隧道北端洞口东侧	泥夹岩屑型	19.2	15.6	14.3	9.9
0-2	电信大楼挡墙基槽		18.6	17.2	8.4	16.0
0-3	电信大楼挡墙基槽		23.5	18.1	10.2	15.1
1-1	ZK01 孔深 13.8～15.2 m		34.2	27.8	22.9	19.2
2-1	ZK02 孔深 16.07～16.39 m	岩屑夹泥型	36.7	21.5	12.7	15.6
10-1	ZK10 钻孔 21.39～21.59 m		46.5	22.3	22.5	16.1
12-1	ZK12 钻孔 25.79～25.99 m		21.6	32.5	18.1	23.6
14-1	ZK14 孔深 35.31～35.51 m		32.5	18.6	16.8	15.2
23-1	ZK23 孔深 14.87～15.08 m		26.5	26.1	18.2	19.2

（3）在扩大西区 1 号主干道与 2 号主干道下线之间的 M-9-1 地块和石板沟左侧粉砂岩夹粉砂质泥岩层中分别采集了岩屑夹泥（黏土）型软弱夹层和泥（黏土）夹岩屑型软弱夹层各 1 组（每组各 6 块）试样，开展天然状态下和饱水状态下的室内便携式剪切试验。

天然状态下试验所得的剪应力-剪应变 τ-H 曲线见图 2.6.5～图 2.6.14。从试验曲线特征来看，由于受试验条件限制，这些试样在试验过程中绝大多数能够获得抗剪峰值强度和屈服强度，但难以获得残余强度。

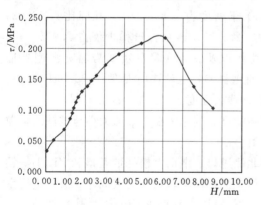

图 2.6.5　天然状态下 2-1 号试样 τ-H 曲线

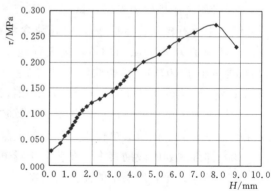

图 2.6.6　天然状态下 2-2 号试样 τ-H 曲线

根据上述各试样在不同正应力条件下的峰值抗剪强度和屈服强度值（表 2.6.12），可以绘制出两组软弱夹层试样天然状态下的 τ-σ 曲线（图 2.6.15 和图 2.6.16），从而可求解出软弱夹层的抗剪强度参数，见表 2.6.13。

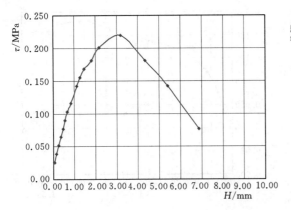

图 2.6.7　天然状态下 2-3 号试样 τ-H 曲线

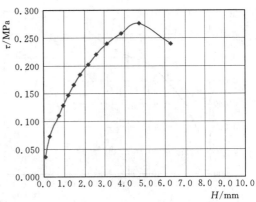

图 2.6.8　天然状态下 2-4 号试样 τ-H 曲线

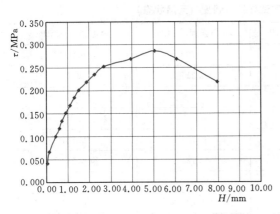

图 2.6.9　天然状态下 2-5 号试样 τ-H 曲线

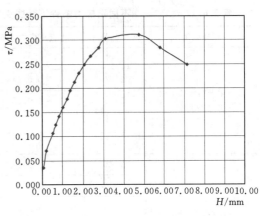

图 2.6.10　天然状态下 2-6 号试样 τ-H 曲线

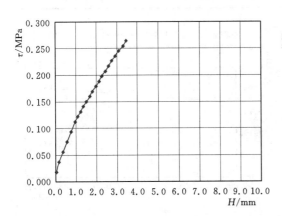

图 2.6.11　天然状态下 3-1 号试样 τ-H 曲线

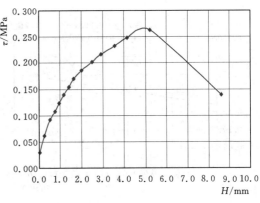

图 2.6.12　天然状态下 3-2 号试样 τ-H 曲线

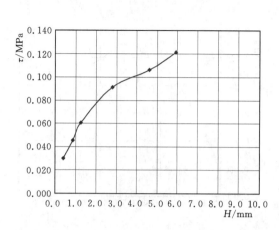

图 2.6.13　天然状态下 3-3 号试样 τ-H 曲线　　图 2.6.14　天然状态下 3-4 号试样 τ-H 曲线

表 2.6.12　　　　　　　不同正应力条件下软弱夹层试样抗剪强度（天然状态）

试样编组	样品号	垂直压应力 σ/MPa	屈服强度 τ/MPa	峰值强度 τ/MPa
第一组试样 （岩屑夹泥型）	2-1	0.0703	0.192	0.218
	2-2	0.0724	0.215	0.274
	2-3	0.0782		0.221
	2-4	0.1298	0.222	0.277
	2-5	0.1355	0.236	0.287
第二组试样 （泥夹岩屑型）	3-2	0.0315	0.187	0.264
	3-3	0.0462		0.122
	3-5	0.0484	0.182	0.201
	3-4	0.0622		0.132
	3-6	0.0688	0.196	0.282

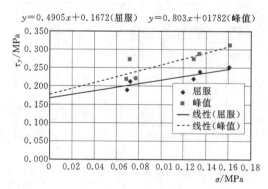

图 2.6.15　第一组软弱夹层天然
状态下 τ-σ 曲线

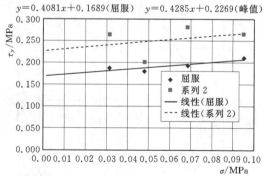

图 2.6.16　第二组软弱夹层天然
状态下 τ-σ 曲线

表 2.6.13　　　　　　　　　　天然状态下软弱夹层抗剪强度参数试验结果

试　　样	峰值抗剪强度		屈服抗剪强度	
	$\varphi/(°)$	c/kPa	$\varphi/(°)$	c/kPa
第一组试样（岩屑夹泥型）	38.8	178.2	26.1	167.2
第二组试样（泥夹岩屑型）	23.2	226.9	22.2	168.9

　　饱水状态下两组软弱夹层试样的试验所得 $\tau-H$ 曲线见图 2.6.17～图 2.6.28。从试验曲线特征来看，受试验条件限制，试验过程中绝大多数试样能够获得抗剪峰值强度和屈服强度，仍难以获得试样的抗剪残余强度。

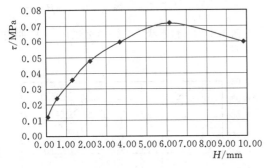

图 2.6.17　饱水状态下 2-1 号试样 $\tau-H$ 曲线

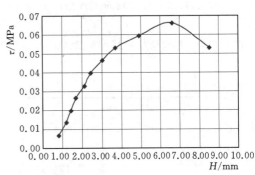

图 2.6.18　饱水状态下 2-2 号试样 $\tau-H$ 曲线

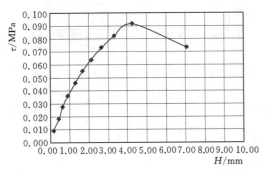

图 2.6.19　饱水状态下 2-3 号试样 $\tau-H$ 曲线

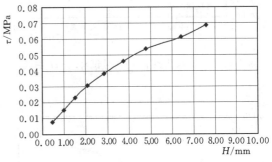

图 2.6.20　饱水状态下 2-4 号试样 $\tau-H$ 曲线

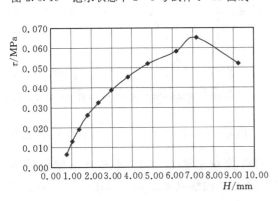

图 2.6.21　饱水状态下 2-5 号试样 $\tau-H$ 曲线

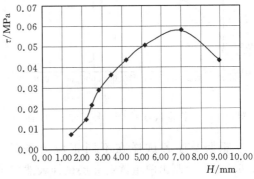

图 2.6.22　饱水状态下 3-1 号试样 $\tau-H$ 曲线

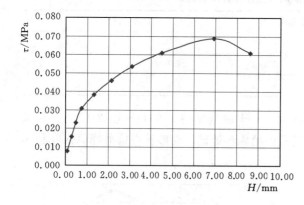

图 2.6.23　饱水状态下 3-2 号试样 τ-H 曲线

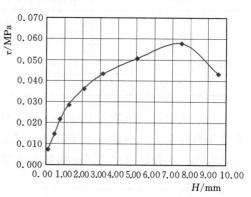

图 2.6.24　饱水状态下 3-3 号试样 τ-H 曲线

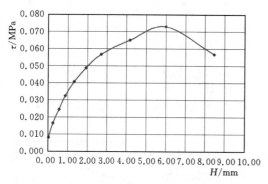

图 2.6.25　饱水状态下 3-4 号试样 τ-H 曲线

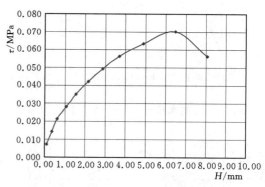

图 2.6.26　饱水状态下 3-5 号试样 τ-H 曲线

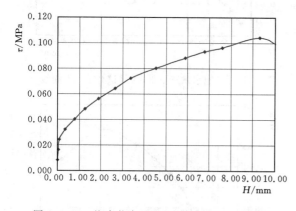

图 2.6.27　饱水状态下 3-6 号试样 τ-H 曲线

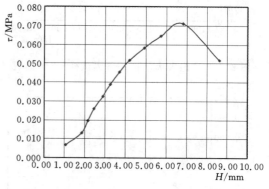

图 2.6.28　饱水状态下 3-7 号试样 τ-H 曲线

　　根据上述各试样在不同正应力条件下的峰值抗剪强度和屈服抗剪强度值（表 2.6.14），绘制出两组软弱夹层试样天然状态下的 τ-σ 曲线（图 2.6.29 和图 2.6.30），从而可求解出软弱夹层的抗剪强度参数，见表 2.6.15。

表 2.6.14　　　　　　　　不同正应力条件下软弱夹层试样抗剪强度（饱水状态）

试样编组	样品号	垂直压应力 σ/MPa	屈服强度 τ/MPa	峰值强度 τ/MPa
第一组试样 （岩屑夹泥型）	B2-1	0.0483	0.059	0.071
	B2-2	0.0334	0.053	0.066
	B2-3	0.0523	0.058	0.065
	B2-4	0.0538	0.061	0.069
第二组试样 （泥夹岩屑型）	B3-1	0.0292	0.049	0.058
	B3-2	0.0385	0.053	0.069
	B3-3	0.0436	0.049	0.058
	B3-4	0.0571	0.057	0.073
	B3-5	0.0565	0.056	0.070
	B3-6	0.0726		0.104

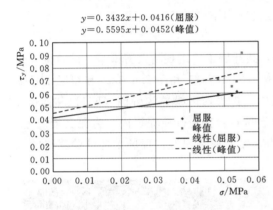

图 2.6.29　第一组软弱夹层饱和
状态下 τ-σ 曲线

图 2.6.30　第二组软弱夹层饱和
状态下 τ-σ 曲线

表 2.6.15　　　　　　　　饱水状态下软弱夹层抗剪强度参数试验结果

试　　样	峰值抗剪强度		屈服抗剪强度	
	φ/(°)	c/kPa	φ/(°)	c/kPa
第一组试样（岩屑夹泥型）	29.2	45.2	18.9	41.6
第二组试样（泥夹岩屑型）	20.65	48.3	14.8	40.9

　　从室内便携式剪切试验结果来看，由于受到试验条件的限制，只能获得软弱层带的峰值强度和屈服强度参数，无法获得软弱层带的残余强度参数。而对于扩大西区发育的软弱夹层而言，由于原生软弱夹层早期受构造作用，存在一定程度的错动迹象，其浅表部后期又受上覆岩体蠕滑变形的影响，也存在一定程度的错动迹象，但这些错动量级一般较小，远小于乱石岗等滑坡体的位移距离，因此对于扩大西区的软弱夹层而言，其真实抗剪强度应小于其屈服强度，而高于其残余强度。另外，由于试样中含有较大的粗

颗粒，而试验仪器的尺寸较小，因而受尺寸效应的影响，试验所得的强度参数可能较其真实强度高。

因此，从抗剪强度携剪试验成果分析，对软弱夹层的强度特性得出以下认识：

1）从试验结果来看，无论是天然状态还是饱水状态，第一组试样（岩屑夹泥型）内摩擦角均大于第二组（泥夹岩屑型），而内聚力小于第二组，这是因为第一组试样的泥（黏土）含量相对少于第二组，代表的是岩屑夹泥（黏土）型软弱结构面，而第二组代表的是泥（黏土）夹岩屑型软弱结构面。

2）两组试样的试验结果表明，软弱夹层的内聚力对水均比较敏感，其峰值强度内聚力从天然状态的 175～220kPa 降低至饱水状态的 45～50kPa，屈服强度内聚力从 168kPa 左右降低至 40kPa 左右。比较而言，第二组试验即泥（黏土）夹岩屑型软弱结构面的内聚力对水更为敏感。

3）两组试样的内摩擦角对水较为敏感，比较而言第一组试样内摩擦角对水的敏感性更高，其峰值摩擦角和屈服摩擦角在饱水状态均较天然状态下降 7°～8°，而第二组试样的峰值内摩擦角和屈服摩擦角在饱水状态均较天然状态下降 3°～5°。

2. 软弱夹层的现场原位大剪试验分析

在新县城萝卜岗场地工程建设前期勘察中，共开展了 5 组现场大剪试验，试验位置分别位于扩大西区松林沟旁、西区 2 号主干道内侧（图 2.6.31 和图 2.6.32）和东区 1 号采石场，以及电信大楼、运管大楼挡墙基槽。其中，扩大西区松林沟旁侧（Kj1）和西区 2 号主干道 2 号探坑（TC2 号）之软弱夹层发育于粉砂岩夹粉砂质泥岩内，为泥夹岩屑型；东区 1 号采石场（Kj2）软弱夹层发育于灰岩中，为岩屑夹泥型。现场大剪试验获得的成果见表 2.6.16。

图 2.6.31　2 号主干道内侧 TC2 探坑软弱夹层现场大剪试验之一

图 2.6.32　2 号主干道内侧 TC2 探坑软弱夹层现场大剪试验之二

表 2.6.16　　　　　　　　　　　　软弱夹层现场原位大剪试验成果

试验编号	试验位置	代表类型	抗剪断强度		抗剪强度		地 质 描 述
			$\varphi'(f')$	c'/MPa	$\varphi(f)$	c/MPa	
Kj1	松林沟	泥夹碎屑型	16.91° (0.304)	0.14	16.49° (0.292)	0.10	黄色泥夹少量碎屑，厚 1～2cm，顺层展布，母岩成分为泥质粉砂岩
TC2 号	2 号主干道 2 号探坑				15.11° (0.27)	0.02	褐黄色泥夹碎屑，层厚 2～5cm，顺层发育于粉砂岩夹砂质泥岩中
Kj2	东区 1 号采石场	岩屑夹泥型	26.10° (0.49)	0.25	26.10° (0.49)	0.14	为灰白-灰黄色碎屑夹泥，厚 1～3cm，顺层展布，母岩成分为石灰岩，层面起伏不平
1 号	电信大楼挡墙基槽壁				22.1° (0.406)	0.0168	软弱夹层顺层发育于粉砂岩夹砂质泥岩中，试件含水状态天然
2 号	运管大楼挡墙基槽壁				20.6° (0.376)	0.0147	软弱夹层顺层发育于长石石英砂岩夹砂质泥岩中，试件含水状态天然

　　根据上述现场试验成果分析认为，由于受试点地质环境条件、试验条件及施工干扰等因素影响，尤其受施工用水所限试样浸水饱和程度不够，每组试件 τ/σ 点较为分散，部分试验点所获得的软弱夹层强度参数较实际的高。加之时间仓促，亦未来得及开展残余强度试验。

6.3.2.2　软弱夹层物理力学性质参数取值

　　软弱夹层的物理力学特性主要体现在夹层的物质组成及其力学强度等方面，上述室内试验和现场试验成果基本反映了萝卜岗场地各类型软弱夹层的物理力学特性。萝卜岗场地软弱夹层抗剪强度取值，以现场原位大剪试验成果为依据，参照室内剪切试验成果并结合相关规范进行相应调整，提出地质建议值见表 2.6.17。

表 2.6.17 软弱夹层主要物理力学参数地质建议值

软弱夹层类型	天然密度 $\rho/(g/cm^3)$	抗 剪 强 度			
		天然状态		饱和状态	
		$\varphi(f)$	c/MPa	$\varphi(f)$	c/MPa
岩屑夹泥型	2.1	$18°\sim22°$ $(0.32\sim0.40)$	$0.04\sim0.05$	$15°\sim18°$ $(0.26\sim0.32)$	$0.03\sim0.04$
泥夹岩屑型	2.0	$15°\sim18°$ $(0.26\sim0.32)$	$0.025\sim0.035$	$13°\sim15°$ $(0.23\sim0.26)$	$0.02\sim0.025$
泥型	1.95	$13°\sim15°$ $(0.23\sim0.26)$	$0.01\sim0.02$	$11°\sim13°$ $(0.19\sim0.23)$	$0.005\sim0.01$

6.4 顺向岩质边坡变形破坏模式及机理研究

6.4.1 顺向岩质边坡变形破坏因素分析

边坡是在复杂的内外地质营力作用或人类工程活动中形成，又在各种因素作用下变化发展的地质体。边坡的变形和破坏是其形成发展过程中的必然现象。"变形"以坡体中未出现贯通性破裂结构面为特点，边坡变形主要表现为松动和蠕动；而"破坏"除已有贯通性破裂结构面外，坡体还具有一定速度和几何尺寸的位移，边坡破坏方式主要分为崩塌和滑坡两种。变形与破坏是边坡变化过程中不同阶段的表现形式，边坡变形发展到一定程度将可能导致失稳破坏。顺向岩质边坡是水利水电、公路、铁路、矿山和山区城市建设等工程中经常遇到而且治理难度较大的一类边坡，其研究的重点是如何保证该类边坡的稳定。所谓稳定，既包括自然状况下的稳定状态，也包括其在人类工程活动中的施工和运营期间，如人工开挖、降雨、地震和水库水位骤降等条件下，边坡抗滑、抗裂、抗风化等抵抗各种变形破坏的稳定状态及其发展趋势。

影响岩质边坡稳定与变形的因素复杂，概括起来有内在因素和外在因素两种。主要内在因素有：岩石的构成及特征，岩体结构特征，岩体中软弱带的分布特征，边坡几何特征，边坡应力状态，地下水状态等。主要的外在因素有：风化作用，地震作用，施工开挖引起的卸荷和应力调整，施工爆破引起的岩体损伤和动力荷载，由于降雨引起的地下水水位变化以及库水位骤降引起的孔隙水压力变化等。研究分析影响岩质边坡稳定的因素，特别是影响顺向岩质边坡变形破坏的主要因素，是稳定性分析评价和边坡防治处理的一项重要任务。

根据调查研究分析，汉源新县城萝卜岗场地顺向岩质边坡失稳（如乱石岗、康家坪和富塘等滑坡）均是沿岩体内软弱结构面失稳下滑形成的。而场地内顺坡向砂泥岩地层中的这类软弱结构面相对较发育，其成因类型、性状和物质组成各异，它们的强度特性和几何尺寸等方面也存在有较大差别，因而并不是任何一条软弱结构面都会构成岩体失稳的底界面。岩质边坡稳定性的影响因素除主要与岩体结构和软弱结构面的特性、力学强度有关外，它还与所处的地质构造环境、坡体的临空面条件、水文地质条件、地震以及人类工程活动等诸多因素有关。总体来讲，影响场地内顺向岩质边坡失稳破坏的主要因素有以下几个方面：

（1）岩体和结构面特性，包括场地内的岩质类型、岩体结构类型与特性，以及抗风化、抗侵（溶）蚀能力；结构面尤其软弱结构面的发育程度、性状、胶结或充填情况、分布规律及其与边坡的关系等。

（2）地质构造环境。如前所述，场地在地质历史时期里曾遭受过多期构造活动的挤压，导致区内不同岩类尤其层状结构的砂泥岩，沿多层岩性相对软弱、力学强度较低的薄层泥质、炭质岩类产生挤压错动，有的又经后期风化或地下水物理化学作用叠加形成软弱层带。

（3）河谷下切、坡体临空。场地内顺向坡一侧，第四纪以来流沙河河谷下切改变了斜坡外形、高度和坡体应力重分布，引起浅表岩体卸荷松弛，为区内岩体沿其软弱层带向河谷方向产生蠕滑变形提供了良好的临空条件，这种蠕滑变形导致区内砂岩内产生横向拉张裂缝，而这种裂缝的存在为地表水的下渗提供了通道。

（4）地表水入渗。当地表水沿坡体拉张裂缝下渗至下伏软弱层带后，导致其水文地质条件变化，使之软弱层带进一步软化、泥化，甚至部分形成泥化夹层，其强度急剧降低，当强度降低到一定程度，在重力作用下上覆岩体就会沿泥化夹层失稳下滑。

（5）人类工程活动。在场地先期采煤（矿）、修建水渠和后期城市规划场地平整、市政工程及房屋建筑包括开挖、填筑、堆载等人类工程活动中，因开挖斜坡坡脚，降低了斜坡的支撑力，改变了斜坡体的应力分布，在坡脚处形成剪应力集中，引起的斜坡滑坡（塌）较多。究其影响因素而言，滑坡的发育与人类工程活动的频度、规模成正比，人类工程活动的作用，改变了边坡的环境条件和原斜坡的结构特征，产生显著的边坡失稳效应。但由于种种原因，在边坡稳定性研究中一直未能对工程因素的影响进行系统研究，以致工程因素的作用未能很好地在现有的边坡稳定性评价方法中体现。相关研究表明，工程因素对边坡稳定性的影响主要表现有：一是临空卸荷效应；二是边坡几何特征效应；三是开挖方式效应；四是综合损伤效应。

（6）地震。场地为 7 度地震烈度设防区，区内的地震活动主要受外围强震及近场区中强震活动的波及影响，促使坡体下滑力增大、岩体强度降低，它是诱发坡体失稳的另一重要因素。

6.4.2 顺向岩质边坡变形破坏模式分析

顺向边坡岩体变形有多种模式，如顺软弱层面的顺层滑移-拉裂、滑移-压致拉裂和滑移-弯曲变形等，这些变形模式都与坡体的岩性、构造、风化卸荷、岩体结构及其结构面与坡体开挖面的组合关系，以及坡顶上外荷载作用等有关，其边坡变形向失稳破坏发展的结果，多为形成滑坡。对于边坡工程而言，首要的、最关键的问题是找到引起边坡失稳的主要原因，然后再对症下药采取有效措施。变形破坏模式是边坡稳定性分析的基本依据，在寻找、分析引起边坡失稳原因的过程中，边坡破坏模式的确定则显得尤为重要。现对新县城萝卜岗场地顺向岩质边坡（如乱石岗、康家坪和富塘等顺向滑坡）的几种变形模式进行如下探讨。

6.4.2.1 滑移-弯曲破坏模式

（1）形成条件。

1）岩层倾向与坡面倾向一致，且岩层倾角陡于边坡坡角。

2）向斜的一翼（"座椅"形产状），上部层面平行于坡面、下部近水平。

3）塑性岩体，存在易于滑动的软弱面，且软弱面峰值摩擦角 φ_r 小于岩层倾角。

（2）力学机制。层状结构岩体在自重作用下沿软弱面向下滑移，下部受阻在顺层压应力作用下发生弯曲变形。滑移控制面的倾角已明显大于该面的峰值摩擦角，上覆岩体具备沿滑移面下滑的条件。但由于滑移面未临空，使下滑受阻，造成坡脚附近顺层板梁受纵向压力，在一定条件下使之发生弯曲变形；此外，虽然临空，但滑移面转缓、阻力增大。弯曲部位产生高度的压应力集中从而使岩体破坏，形成滑坡。

（3）发展演变过程（图 2.6.33）。

1）平直滑移面。

a. 顺层蠕滑-轻微弯曲阶段：上部剪切蠕滑位移与下部弯曲变形同时不断发展，岩体松动，坡面轻微隆起。弯曲部位：坡脚-法向压力与顺向压力差值最大。

b. 强烈弯曲、坡面隆起阶段：弯曲显著、应力积累加剧；弯曲部位出现剖面 X 剪裂隙（发展为滑移控制面），岩体强烈扩容，坡面隆起

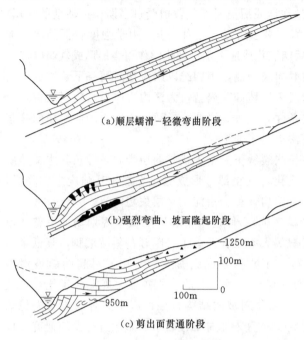

(a)顺层蠕滑-轻微弯曲阶段

(b)强烈弯曲、坡面隆起阶段

(c)剪出面贯通阶段

图 2.6.33　斜坡滑移-弯曲变形过程示意图

明显，岩体松动加剧，前缘局部崩落。

c. 剪出面贯通阶段：沿剖面 X 形裂隙贯通发展为滑坡，具有崩滑特性，见图 2.6.34。

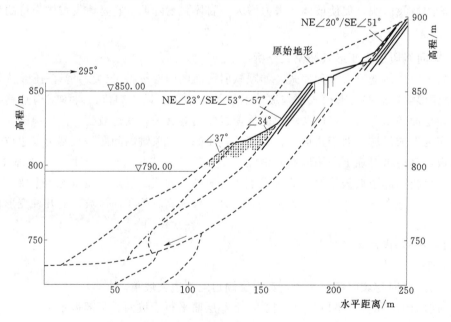

图 2.6.34　斜坡滑移-弯曲变形示意图

2) 上陡下缓"座椅"形滑面。弯曲发生在滑面转折部位；无需形成新的剪出面，沿下滑面剪出。力学模型：中部应力积累（马克斯威尔模型）大于下滑面强度，见图2.6.35。

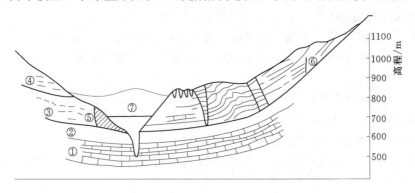

图 2.6.35 斜坡滑移-弯曲变形地质剖面示意图
①—灰岩；②—含水黏土夹层的薄层灰岩（侏罗系）；③—含燧石的厚层灰岩（白垩系）；
④—泥灰质灰岩（白垩系）；⑤—老滑坡；⑥—滑移面；⑦—滑动后地面线

以上两种情况的差别：平直滑移面的发展演化为滑移弯曲-局部剪断（剪断弯曲部位岩体），而上陡下缓"座椅"形滑面的发展演化为滑移弯曲-下部剪切（沿下滑面剪切滑移）。

在高山峡谷区（尤其在高地应力地区），滑移-弯曲这类变形的发育深度可以很深。

6.4.2.2 滑移-拉裂破坏模式

（1）形成条件与演变过程。斜坡岩体沿下伏软弱面向坡外临空方向滑移，并使滑移体拉裂解体。受已有软弱面控制的这种类型，其进程取决于作为滑移面的软弱面的产状与特性。当滑移面向临空方向倾角已足以使上覆岩体的下滑力超过该面的实际抗剪阻力时，则在成坡过程中该面一经被揭露临空，后缘拉裂面一旦出现，岩体即迅速滑落，蠕变过程极为短暂（图2.6.36）。

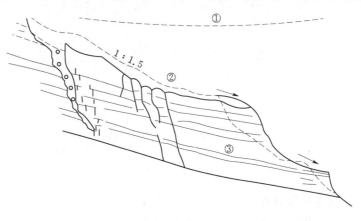

图 2.6.36 斜坡滑移-拉裂变形示意图
①—原地面线；②—变形前，开挖坡面；③—页岩夹层（滑移面）

（2）类型。

1）受单一结构面控制的平面滑移。

a. 当 $c=0$ 时：

（a）β（坡面倾角）$>\theta$（滑面倾角）$>\varphi_s$（滑面摩擦角）：斜坡形成后，立即破坏。

（b）$\beta>\theta<\varphi_s$：天然状态下稳定；若条件发生变化（风化、水软化、地震、孔隙水压），结构面的 φ_s 可降低，易于转为 $\theta>\varphi_s$，失稳。

（c）$\beta<\theta$：此情况较复杂，稳定或不稳定。存在不稳定趋势。

b. 当 $c\neq0$ 时：

（a）$\theta<\varphi_s$：稳定。

（b）$\theta<\beta$：$\tan\theta>c/\sigma+\tan\varphi_s$（下滑力＞抗滑力）：成坡后立即破坏。

（c）$c/\sigma+\tan\varphi_s>\tan\theta>\tan\varphi_s$（摩擦力＋内聚力＞下滑力＞摩擦力）：暂时稳定，累进性破坏。

2）受多个结构面控制的楔形体滑移。沿两滑面交线滑移，滑动机制与平面滑移一致。

（3）变形机制。沿结构面滑移→后缘岩体拉裂。

6.4.2.3　滑移-压致拉裂破坏模式

（1）形成条件。平缓层状结构岩体由缓倾角结构面与中-陡倾角拉张结构面构成的斜坡。

（2）力学机制。坡体沿平缓结构面向坡外临空方向产生缓慢的蠕变性滑移；滑移面的锁固点或错列点附近，拉应力集中生成与滑移面近于垂直的拉张裂隙，向上（个别情况向下）扩展且其方向渐转成与最大主应力方向趋于一致（大体平行坡面），见图 2.6.37。

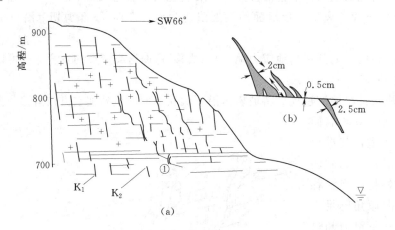

图 2.6.37　滑移-压致拉裂变形现象示意图

（a）剖面图；（b）（a）图中①处细部放大

K_1—缓倾角裂隙；K_2—陡倾角裂隙

这种拉裂面的形成机制与压应力作用下格里菲斯裂纹的形成扩展规律近似，应属压致拉裂。滑移和拉裂变形是由斜坡内软弱结构面处自下而上发展起来的。

（3）发展演变过程。这类变形演变过程可分以下为 3 个阶段（图 2.6.38）：

1）卸荷回弹阶段：在人工开挖边坡中可直接观察到这种位移。

2）压致拉裂面自下而上扩展阶段：斜坡岩体随变形发展而松动；伴有轻微转动，处于稳定破裂阶段。

3）滑移面贯通阶段：变形进入累进性破坏阶段。切角→贯通性滑移面，坡体转动、岩体扩容；破坏具有突发性，失稳后崩滑。

从上述分析可以看出，汉源新县城萝卜岗场地顺向岩质边坡变形破坏（如乱石岗、康家坪和富塘等滑坡），主要是坡体受纵、横两组陡倾角结构面切割前缘临空后，沿顺坡向软弱结构面产生滑移-拉裂失稳下滑形成的。

6.4.3 顺向岩质边坡变形破坏机理研究

萝卜岗场地顺向岩质边坡变形破坏的演变过程及其机理研究，可以通过康家坪滑坡、乱石岗滑坡变形失稳的实例予以如下表述。

调查研究结果表明，萝卜岗顺向坡在长期地质历史时期里，至少曾先后发

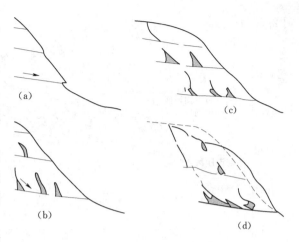

图 2.6.38　滑移-压致拉裂变形演变示意图

生过两次较大规模的基岩边坡失稳下滑事件，它们分别为康家坪滑坡和乱石岗滑坡。随着流沙河河谷下切侵蚀，早期（大致相当于早更新世 Q_1 流沙河"昔格达古槽谷"形成时期）当河谷下切至高程 1120.00m 左右诱发了康家坪滑坡（包括富塘滑坡等）的失稳；后期（大致相当于晚更新世 Q_3 至全新世 Q_4 近代流沙河形成时期）当河谷下切至高程 850.00~800.00m 左右诱发了乱石岗滑坡。由此分析过程对总结区内顺向岩质边坡变形破坏的机制非常有帮助。

（1）早期的萝卜岗地区地形见图 2.6.39。随着流沙河的不断下切侵蚀作用，使得斜坡地形逐渐变陡，下部坡脚的软弱夹层出露于地表，为岩体沿该软弱夹层向河谷方向产生蠕滑变形提供了临空条件，蠕滑变形的结果导致上部砂岩产生一些拉张裂缝，为地表水的下渗提供通道，见图 2.6.40。

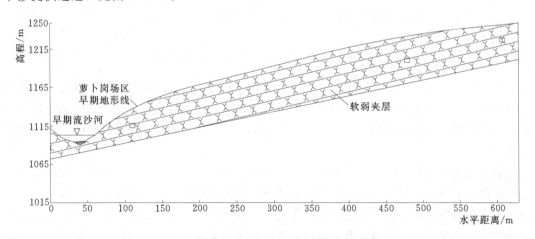

图 2.6.39　顺向岩质边坡原始边坡形态

（2）随着地表水的下渗，使得下伏的软弱夹层进一步软化、泥化，形成泥化夹层，其强度也随之急剧降低，当其强度降低至一定程度时，上覆拉裂岩体在重力作用下沿软弱夹层失稳下滑，下滑过程中局部岩块解体不充分，以相对完整的形态保持下来，见

图 2.6.41。

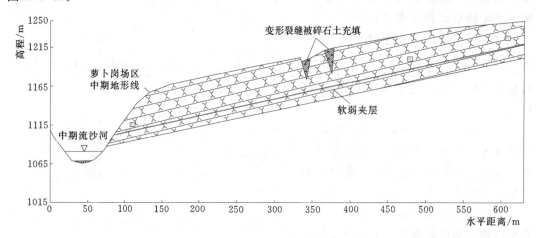

图 2.6.40　顺向岩质边坡变形初期边坡形态

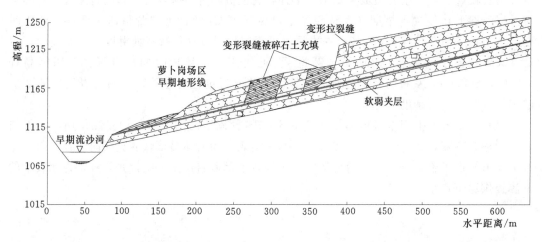

图 2.6.41　顺向岩质边坡变形破坏后边坡形态

（3）由于区内软弱夹层多沿层面发育，其倾角较缓，一般为 $13°\sim16°$，因此顺向岩质边坡的破坏是河谷下切期间，斜坡岩体沿下部软弱夹层长期蠕滑作用的产物。但滑坡期间运移速度较慢，运移距离较短，因而滑体内局部岩体解体不充分，保留有较多的大块完整岩块。

（4）边坡在变形失稳后，一方面使后缘岩体失去了支撑条件，为后缘岩体向临空方向变形提供临空条件；另一方面导致后缘岩体内发育的某些软弱夹层在临空面出露，在伴随地表水下渗过程中，上述软弱夹层也产生进一步软化作用，从而促使上覆岩体沿软弱夹层向临空方向滑移变形，在地表沿岩体内陡倾结构面形成张拉裂缝。此外，在某些因素影响下，滑坡后缘岩体沿两条或两条以上的软弱夹层向临空方向呈"抽屉式"滑移，从而在岩体内不同深度沿陡倾结构面产生张拉裂缝，而其上覆岩体仍保持较完整状态的假象，这类张拉裂缝一般具有不确定性和隐蔽性，见图 2.6.42。

根据以上分析，萝卜岗顺向边坡岩体的变形破坏模式，可以概括为"多层顺层滑移-

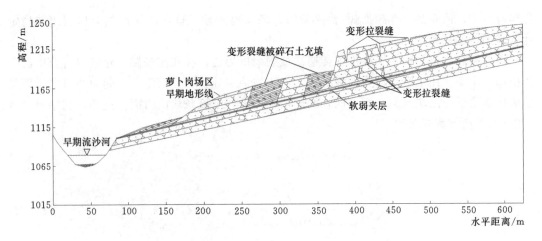

图 2.6.42　顺向岩质边坡破坏逐级发展示意图

拉裂"形式。边坡岩体可能沿两条或两条以上的顺层软弱夹层向临空方向呈"抽屉式"滑移，在岩体内不同深度沿陡倾结构面产生张拉裂缝，而其上覆岩体仍保持较完整状态。岩体失稳后则具有"麻将牌"式的顺层面堆积。

如上所述，本节首先初步总结了影响顺向岩质边坡稳定性的内在因素和外在因素两种主要因素。内在因素主要为地质因素（如地层岩性组合、地形地貌、地质构造、水文地质条件等），外在因素包括工程因素（如人工开挖、爆破等）和自然触发因素（如气象、降雨、地震等）。地质因素是边坡体的基本因素，是既定的不易更改的，对其详细研究可以正确评价既有边坡的稳定性。工程因素则是灵活的可变的，也是可控的，深入研究工程因素对边坡稳定性的影响不仅可以正确预测顺向岩质边坡的病害，而且可以通过合理的工程措施使该类边坡的病害控制在最低程度。本节还总结了顺向岩质边坡的几种变形破坏模式，即滑移-拉裂、滑移-压致拉裂、滑移-弯曲等。其中，滑移-拉裂破坏模式在汉源新县城萝卜岗场地区内比较常见。通过顺向边坡岩体变形破坏模式的总结，以及对场地区常见顺向边坡岩体破坏机制分析，为下一步顺向边坡岩体稳定性定量分析奠定了基础。

6.5　顺向岩质边坡稳定性分析评价

顺向岩质边坡稳定性研究的目的是：通过对边坡稳定性的分析评价，为工程规划、选址和建设提供合理的边坡结构；对可能变形破坏的边坡提出适合于不同变形破坏模式边坡的设计原则、设计方法和工程措施，保证工程安全性和经济合理性。边坡稳定性分析评价方法包括定性分析评价和定量分析评价两类。而定量分析评价方法又分为确定性方法和不确定性方法两种，确定性方法主要包括极限平衡法、数值分析法等，它是边坡稳定性研究的基本方法。下面对边坡稳定性定量分析评价中目前最成熟、最常用的极限平衡法作如下简介。

6.5.1　计算方法选取

目前边坡工程稳定性分析中常用的极限平衡分析方法有传递系数法、瑞典条分法、简化毕肖普法、简布法、摩根斯顿-普莱斯法、萨尔玛法等。萝卜岗场地顺向岩质边坡稳定计算采用传递系数法。

传递系数法也称为不平衡推力传递法或剩余推力法，在我国铁路、建筑等行业中已广泛使用，主要适用于滑动面为平板折线型的边坡稳定计算。其假定了条间力的方向，即某条块传递给下一条块（向坡脚方向）的剩余推力平行于该条块的滑面。这样，利用对块体 i 建立的平衡方程式可得

$$F_i = F_{i-1}\psi + \gamma_t G\sin\alpha_i - G\cos\alpha_i\tan\varphi_i - C_iL_i \qquad (2.6.1)$$

$$K_s = \frac{\sum\limits_i R_i\psi_{i+1}\psi_{i+2}\cdots\psi_n + R_n}{\sum\limits_i T_i\psi_{i+1}\psi_{i+2}\cdots\psi_n + T_n} \quad (i = 1,2,\cdots,n-1) \qquad (2.6.2)$$

$$\psi_i = \cos(\alpha_{i-1} - \alpha_i) - \sin(\alpha_{i-1} - \alpha_i)\tan\varphi_i \qquad (2.6.3)$$

$$R_i = N_i\tan\varphi_i + c_iL_i \qquad (2.6.4)$$

式中：F_i 为第 i 块滑体的剩余下滑力，kN；γ_t 为滑动推力安全系数；G 为第 i 滑体自重，kN；K_s 为稳定性系数；α_i 为第 i 块段滑动面与水平面的夹角，（°）；ψ_i 为第 i 条块界面推力的传递系数；R_i 为作用于第 i 块段的抗滑力，kN/m；N_i 为第 i 条块段滑动面的法向分力，kN/m；φ_i 为第 i 块段土的内摩擦角，（°）；c_i 为第 i 块段土的黏聚力，kPa；L_i 为第 i 块段滑动面长度，m；T_i 为作用于第 i 段滑动面上的滑动分力，kN/m，出现与滑动方向相反的滑动分力时，T_i 应取负值。

6.5.2 顺向岩质边坡稳定性计算分析

6.5.2.1 计算剖面选择

萝卜岗场地区为单斜顺向坡，岩体内泥质、炭质岩类夹层和层间挤压错动带相对较发育，浅表岩体受后期风化卸荷等改造或地表（下）水物理化学作用，局部泥质、炭质夹层及层间错动带已弱化形成软弱夹层；加之受沟谷或人类工程活动的切割，部分边坡已形成影响坡体整体及浅表稳定的临空面，存在顺层滑动的可能性。为此需对边坡整体及浅表部稳定性进行复核计算。分析计算考虑有以下几个方面：

（1）存在临空面的深部中等风化岩体，是否会沿可能存在的软弱夹层产生顺层滑动。

（2）存在临空面的浅表部中等风化岩体，是否会沿可能存在的软弱夹层产生顺层滑动。

（3）存在临空面的浅表部强风化岩体，由于风化、卸荷作用，岩体力学指标降低，是否会产生顺层滑动。

受自然环境因素及工程建设开挖的影响，计算剖面的选取将考虑西区、中区、东区和扩大西区的实际情况，各选取一条代表性剖面进行稳定性计算分析，分别命名为剖面 1-1、剖面 2-2、剖面 3-3、剖面 4-4，计算剖面见图 2.6.43～图 2.6.46 所示，即：在东区二叠系阳新组（P_{1y}）灰岩出露区斜坡不存在影响整体稳定的临空面，但由于

沟谷及采石场的切割存在影响浅表部稳定的临空面，选用代表性剖面1-1进行稳定性计算，见图2.6.43。在中区浅表部三叠系白果湾组（T_{3bg}）中等-强风化砂、泥岩夹煤质页岩坡体，存在4层薄煤层，选用代表性剖面2-2进行稳定性计算，见图2.6.44。在西区浅表部三叠系白果湾组（T_{3bg}）中等-强风化砂岩夹泥岩边坡，由于沟谷的深切，存在影响整体稳定的临空面，选用代表性剖面3-3进行稳定性计算，见图2.6.45。扩大西区浅表部三叠系白果湾组（T_{3bg}）中等-强风化砂岩夹泥岩坡体，软弱夹层较发育，且存在乱石岗等几个古滑坡，其工程地质条件差，选用代表性剖面4-4进行稳定性计算，见图2.6.46。

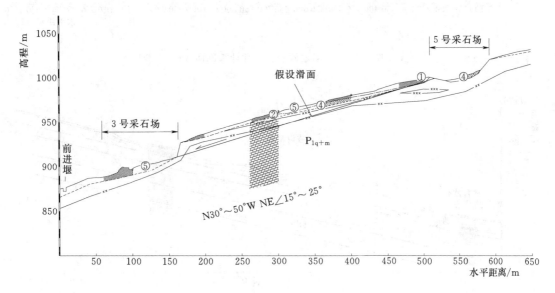

图 2.6.43 场地东区稳定性计算剖面 1-1

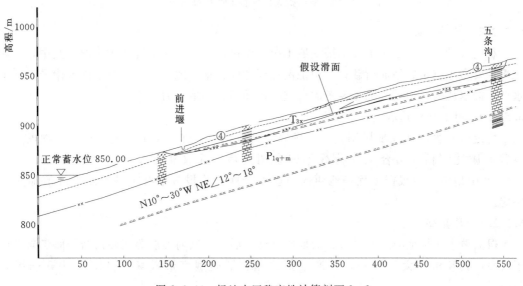

图 2.6.44 场地中区稳定性计算剖面 2-2

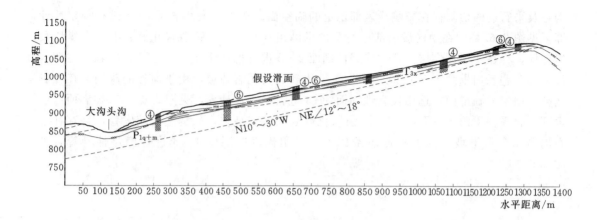

图 2.6.45 场地西区稳定性计算剖面 3-3

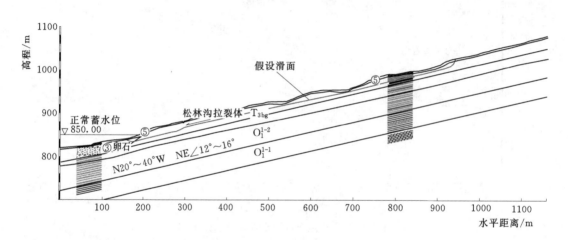

图 2.6.46 场地扩大西区稳定性计算剖面 4-4

6.5.2.2 计算工况

稳定性计算分析工况主要采用一般工况、暴雨工况、地震工况 3 种工况。其中，一般工况主要考虑自重、地面荷载；暴雨工况主要考虑自重、地面荷载、由暴雨入渗导致地下水产生的水压力；地震工况主要考虑自重、地面荷载和地震力。

6.5.2.3 计算参数选取

稳定性计算参数在现场调查和现场原位大剪试验基础上，根据软弱夹层的物理力学参数地质建议值，结合工程荷载等因素调整后，选取其计算参数见表 2.6.18。表 2.6.18 中地震系数根据工程场地两次地震安全性评价报告中有关基岩水平峰值加速度确定。

6.5.2.4 计算公式

根据萝卜岗场地顺向岩质边坡的地质条件，层面、软弱夹层等缓倾角结构面走向平行于坡面，其倾角不大于坡角，易产生折线型、平面型变形破坏，稳定性计算选用式（2.6.2）。

98

表 2.6.18 边坡稳定性计算参数取值

代表性剖面	计算滑面物质	内聚力 c/kPa	内摩擦角 φ/(°)	重度（饱水） γ_{sat}/(kN/m³)	地震系数 α	备 注
西区 1-1	泥夹岩屑软弱夹层	25	15	25	0.146	T_{3bg} 中等风化砂页岩内（下方局部 P_{1y} 中等风化灰岩内）
西区 1-1	岩屑夹泥软弱夹层	40	22	26	0.146	T_{3bg} 中等风化砂页岩内（下方局部 P_{1y} 中等风化灰岩内）
中区 2-2	强风化泥岩、页岩软弱夹层	20	13	24	0.146	T_{3bg} 强风化砂页岩内
东区 3-3	碎屑夹泥软弱夹层	40	22	26	0.146	P_{1y} 中等风化灰岩内
扩大西区 4-4	泥夹碎屑软弱夹层	25	15	25	0.144	T_{3bg} 强风化砂页岩内

6.5.2.5 稳定性计算分析

场地边坡岩体稳定性计算分析采用传递系数法。上述 4 个开挖前剖面的条分图分别见图 2.6.47～图 2.6.50 所示。

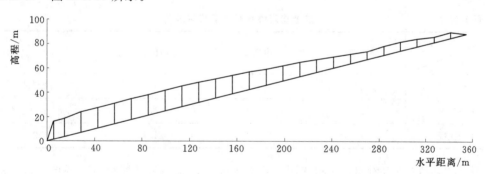

图 2.6.47 东区 1-1 剖面条分图

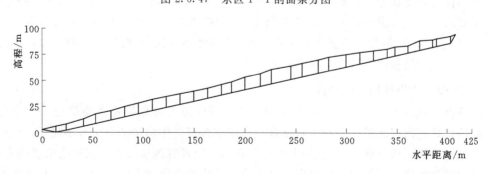

图 2.6.48 中区 2-2 剖面条分图

边坡稳定性系数计算成果见表 2.6.19。

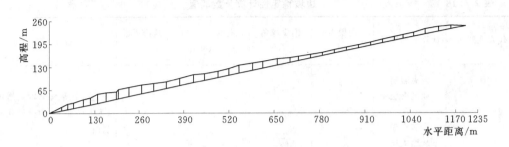

图 2.6.49 西区 3-3 剖面条分图

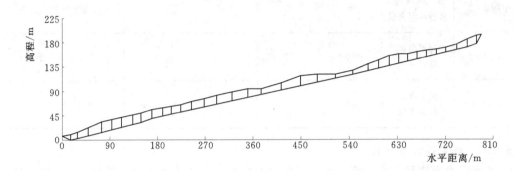

图 2.6.50 扩大西区 4-4 剖面条分图

表 2.6.19　　　　　　　　　　　边坡稳定性系数计算成果表

工况＼剖面	东区 1-1	中区 2-2	西区 3-3	扩大西区 4-4
一般工况	2.94	1.98	1.84	1.76
暴雨工况	2.68	1.74	1.51	1.48
地震工况	2.13	1.34	1.18	1.21

从表 2.6.19 可以看出，一般工况、暴雨工况下，汉源新县城萝卜岗场地各区边坡岩体整体均保持稳定状态，稳定性系数（$K_s = 1.48 \sim 2.94$）均达到二级边坡 1.30 的稳定安全系数要求。地震工况下，西区计算剖面 1-1 和扩大西区计算剖面 4-4 的稳定性系数（$K_s = 1.18 \sim 1.21$）偏低，不能满足工程要求；同时扩大西区滑坡体及影响区边坡岩体整体稳定性的安全储备也偏低，存在失稳的可能。

6.5.3　顺向岩质边坡稳定性评价

汉源新县城萝卜岗场地为缓倾单斜顺向坡，顺向坡岩体稳定性主要受控于软弱结构面。场地区岩体内层间错动带相对较发育，在深部微新岩体内错动带闭合不显现。经长期内外动力地质作用与改造，区内强-中等风化岩体顺层发育的层理面、泥质炭质岩类夹层、层间错动带和风化夹层等软弱结构面，已弱化为结构较破碎、力学强度较低、抗变形能力较差的软弱夹层，乃至泥化夹层，构成岩体稳定性分析的主要控制面，对场地边坡和地基稳定不利。

根据顺向坡岩体稳定性计算分析结果得出以下结论：

（1）一般工况、暴雨工况下，各区边坡岩体均能保持整体稳定状态。

（2）地震工况下，除东区和中区外，各区边坡岩体稳定性系数偏低，处于欠稳定状态。

（3）分析和计算表明新县城萝卜岗场地斜坡深层整体稳定，计算稳定性系数大于二级边坡稳定安全系数 1.30。但西区、扩大西区滑坡体、局部地段斜坡浅表层整体稳定性系数偏低，但天然状态下处于基本稳定。

市政工程开挖后，各区的边坡岩体稳定性系数均会有所降低，尤其是西区和扩大西区将不能满足工程要求。因此，在城市市政工程和房屋建筑规划与建设中，应结合场地工程地质条件进行科学、合理布局，尽量控制和减少边坡开挖高度，需有相应工程措施，并采用适宜的施工方法以及对边坡及时支护处理，同时应防止地表水下渗恶化地基。

6.6 小结

不同沉积环境形成的地层和不同岩石类型组合，具有不同的岩体结构特征及边坡变形破坏形式。根据岩质类型、层状岩层单层厚度、结构面发育程度、岩体完整性及嵌合程度，将萝卜岗场地岩体结构划分为层状结构、镶嵌结构、碎裂结构、散体结构 4 种类型。各种不同岩体结构类型及其岩石组合又具有各自不同的物理力学特性，室内试验表明，各类岩石的力学强度一般均相对较高。因此，顺向岩质边坡的稳定性主要受岩体结构面所控制。

软弱夹层是顺向岩质边坡稳定性的主要控制结构面。从成因类型上可将软弱夹层划分为原生型、构造型、次生型和复合型 4 种类型，从物质组成、工程性状等宏观上可大致归纳为三大类，即碎屑夹泥（黏土）型、泥（黏土）夹碎屑型和泥型。

影响顺向岩质边坡稳定性的主要因素有内在因素和外在因素两种。内在因素主要为地质因素，如地层岩性组合、岩层构造与结构、水文地质条件等；外在因素包括自然触发因素（如风化、气象、暴雨、地震等）和工程因素（如人工开挖切脚、爆破、施工与生活用水入渗等）。地质因素是边坡体的基本因素，是既定的不易更改的，对其详细研究可以正确评价既有边坡的稳定性；自然因素也是不可抗拒的。工程因素则是灵活的可变的，也是可控的，深入研究工程因素对边坡稳定性的影响不仅可以正确预测顺向岩质边坡的病害，而且可以通过合理的工程措施使该类边坡的病害控制在最低程度。

顺向边坡岩体沿软弱夹层（面）的变形破坏模式有滑移-拉裂破坏、滑移-压致拉裂破坏和滑移-弯曲破坏等。萝卜岗场地顺向岩质边坡的变形破坏模式可以概括为"多层顺层滑移-拉裂型"。勘察设计和施工开挖实践表明：场地西区和扩大西区顺向坡岩体大多沿两条或两条以上软弱夹层向临空方向呈"抽屉式"滑移，在岩体深部沿陡倾结构面产生张拉裂缝，而其上覆岩体仍保持较完整状态的假象；岩体失稳后则具有"麻将牌"式的顺层面堆积。乱石岗滑坡及其拉裂松动区岩体就是一个典型实例。

通过对场地顺向岩质边坡稳定性影响因素分析、边坡稳定性的定性分析和边坡稳定性二维极限平衡计算分析认为一般工况、暴雨工况下，各区边坡岩体均能保持整体稳定状态，但地震工况下，西区、扩大西区边坡岩体稳定性系数偏低，处于欠稳定状态；开挖后，各区的边坡岩体稳定性系数均会有所降低，尤其是西区和扩大西区将不能满足工程要求。因此，在城市市政工程和房屋建筑规划与建设中，应结合场地工程地质条件进行科学、合理布局，尽量控制和减少边坡开挖高度，需有相应工程措施，并采用适宜的施工方法以及对边坡及时支护处理，同时应防止地表水下渗恶化地基。

7

高切坡稳定性研究

7.1 研究思路和技术路线

7.1.1 研究思路

汉源新县城地处萝卜岗中低山层状顺向斜坡地带，城市规划建设布局应因地制宜、依山而建，根据斜坡地形走势将场地划分为众多的高程不一、长度不等、宽度变化的平台，在各个平台上布置各类建筑物。为满足山区城市空间布局与功能分区的需要，在城市建设过程中将进行大规模的场平工程，场平工程的大规模开挖，形成了大量的高切坡，新县城的高切坡数量达数百处之多，这些高切坡位于建筑物场地的前、后缘，与建筑物关系密切，其稳定状态关系到新县城能否长久、安全地运行。因此，对高切坡进行稳定性评价及合理的加固，是保证新县城安全运行的重要手段。

在高切坡稳定性研究与对策过程中，从坡脚开挖对单斜地质结构稳定性的影响出发，遵循了"认识→评价→决策"三步法思路。

（1）认识过程：深入现场，通过工程地质勘察获取基础地质资料，分析地质体的成因和历史演变过程，掌握客观存在的实际地质条件。在此基础上，建立能够反映地质体结构特征和清晰边界条件的地质模型。

（2）评价过程：评价过程是高切坡稳定性研究与处理中最重要的过程。在反复实践、认识的基础上，抓住主要矛盾和矛盾的主要方面，综合内、外影响因素分析，对高切坡可能变形破坏机制进行准确的判断，对其稳定性进行工程地质定性分析；同时，根据室内（外）试验、结合工程类比等手段，提出各种稳定性分析方法所需的参数，针对不同破坏模式，确定各种荷载组合，选用相应的稳定性分析计算方法进行定量分析。在此基础上，根据变形破坏模式分析、稳定性定性及定量评价结果，综合评价高切坡稳定性。

（3）决策过程：在已有勘察工作的基础上，根据稳定性的定性分析和各种工况下的定量计算结果及其变化、发展趋势预测，对可能变形破坏的高切坡通过工程治理设计与方案比较，对需要加固治理的高切坡采取可靠的加固措施和监测。

高切坡稳定性研究与治理流程见图2.7.1。

7.1.2 技术路线

（1）地质调查与勘探：主要采用地质调查、勘探、物探、测量及测试等手段，并利用前人调查研究资料进行补充勘察。

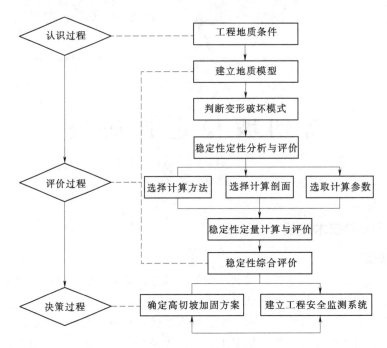

图 2.7.1　高切坡稳定性研究与治理流程图

地质调查采用大比例尺的工程地质测绘，辅以航卫遥感技术，主要调查坡体及影响范围内的地形地貌、岩性、岩土结构、构造、地下和地表水，有条件时建立边坡岩（土）体质量分类体系。

勘探采用以钻孔取芯鉴别为主、探井（槽）为辅的方法，并根据需要在适当部位采集原状试样进行地质鉴别。

物探采用电法、地震法、声波法、综合测井法、探地雷达法和层析成像技术等方法，探测地下隐蔽的地质界线（面）、基岩面、异常点、地下水、溶洞、矿洞及采空区、软弱夹层、滑坡及拉裂松动范围等。

工程测量使用全站仪采集数据，采用西安坐标系、黄海高程系，利用南方 CASS6.1 测量软件成图。测试以取原状样进行室内试验为主、现场原位测试为辅，以获取岩土物理力学参数。

（2）地质模型建立：一般以地质平面图、剖面图和水平切面图表示高切坡及其影响范围内各类地质信息，以及组成物质、结构面与破坏面等分布位置，建立岩质高切坡的岩体结构模型。

（3）破坏模式判断：不同类型的高切坡其破坏模式各异。

岩质高切坡的破坏形式较多，破坏模式较复杂。块状结构和层状结构的岩质高切坡其破坏模式可采用赤平投影法等图解法进行判断，并针对不同破坏模式选取相应的稳定性计算方法；对碎裂结构、散体结构的岩质边坡按土质边坡的分析方法进行判断。

土质类高切坡破坏模式多为滑移式破坏，破坏面可能为土层内部或不同土层接触面，其破坏模式判断根据土层及接触面的性状确定。

（4）计算参数确定：在取样进行室内试验或现场原位试验的基础上，根据试验统计成果以及反分析成果，结合现场实际情况经工程类比综合分析确定。

（5）稳定性分析：高切坡稳定分析包括定性分析、定量分析及综合评价。以自然历史分析法、工程地质类比法和图解法为主的定性分析是高切坡稳定性分析的基础。定量分析方法较多，其中极限平衡分析法是高切坡稳定性定量分析计算的基本方法，适用于滑动破坏类型的高切坡。稳定性综合评价是根据定性分析及定量计算的结果，结合高切坡变形破坏发展趋势的预测，综合评价高切坡整体及局部稳定状态。对特别重要的、地质条件复杂的高切坡，进行专门的应力应变分析或原位监测资料的反分析。

（6）处理加固方案研究：根据稳定性分析结果，按照《建筑边坡工程技术规范》（GB 5033）规定，对一级工程边坡采用挡土墙、挡土墙＋框格（植草）护坡等支护措施，以保证高切坡处于稳定状态。

（7）监测：包括施工期监测和运行期监测，以变形、位移监测为主。采用高精监测仪器、简易设备和地面巡视观察相结合的方法进行定期监测，并建立安全预测、预报和预警系统。为预测高切坡变形发展趋势、优化边坡工程设计提供资料，以确保施工期和运行期边坡的稳定安全。

7.2 高切坡分类及特征

7.2.1 高切坡分类

各种相关规范、规程和专业技术文献对高切坡的界定不一。根据《水电水利工程边坡设计规范》（DL/T 5353）和《三峡库区高切坡防护工程地质勘察与初步设计技术工作要求》（长江水利委员会长江勘测规划设计研究院编，2005年3月）中的相关技术分类标准，结合汉源新县城萝卜岗场地的地形地质条件和工程特点，对高切坡进行分类。

根据高切坡的组成物质及高度，将其分为三大类，即岩质高切坡、土质高切坡、岩土混合高切坡。岩质高切坡是指由基岩组成，且高度不小于15m的切坡；土质高切坡是指由土体、土石混合体，以及滑坡堆积体组成，且高度不小于8m的切坡；岩土混合高切坡是指由基岩和土体、土石混合体或散体碎裂岩体组成，以基岩为基座，且高度不小于10m的切坡。

岩质高切坡按岩体结构类型进一步分为块状结构高切坡、层状结构高切坡、碎裂结构高切坡和散体结构高切坡，详见表2.7.1。土质高切坡按土性进一步分为黏性土高切坡、砂性土高切坡、"昔格达组"高切坡、膨胀土高切坡、碎石土高切坡和岩土混合高切坡，详见表2.7.2。

汉源县城新址萝卜岗场地浅表部，多被第四系不同成因类型的堆积层所覆盖，其厚度一般为5～10m，薄者小于5m，在山帽顶、垭口头-海子坪和龙潭沟上槽-中槽等"古槽谷"分布有厚达20～30m的河湖相"昔格达组"（Q_{1x}）粉砂、粉土层。可见，除"古槽谷"外，在其余地段进行工程切坡，开挖至一定深度后多进入到基岩内，故汉源新县城萝卜岗场地高切坡类型多由"上土下岩"的岩土混合高切坡组成。岩质高切坡以层状结构高切坡为主，碎裂结构、散体结构及块体结构高切坡较少；土质高切坡以碎石土、黏性土高切坡较为常见，由"昔格达组"及其经风化再搬运堆积砂性土组成的高切坡较少。见图2.7.2～图2.7.4。

表 2.7.1 岩质高切坡分类表（按岩体结构类型）

序号	高切坡结构分类		岩石类型	岩体结构特征
1	块状结构高切坡		灰岩	岩体呈厚层状。结构面不发育，多为硬性结构面，软弱结构面较少
2	层状结构高切坡	层状顺向结构高切坡	灰岩、砂岩、页岩、粉砂质泥岩等	边坡与层面同倾向、走向夹角一般小于30°且层面裂隙、软弱夹层发育
		层状横向结构高切坡		边坡与层面走向夹角一般大于60°，层面裂隙、软弱夹层发育
		层状斜向结构高切坡		边坡与层面走向夹角一般大于30°且小于60°，层面裂隙或层面错动带发育，层面裂隙、软弱夹层发育
3	碎裂结构高切坡		一般为断层构造带、劈理带、裂隙密集带、强卸荷岩体、松动岩体	断裂结构面、原生节理或构造裂隙、风化裂隙发育，岩体较破碎
4	散体结构高切坡		一般为未胶结的断层破碎带、全强风化带、松动岩体	由岩块、岩屑或泥质物夹岩块组成，嵌合松弛

表 2.7.2 土质高切坡分类表（按土性）

序号	高切坡类型	基 本 特 征
1	黏性土高切坡	以细粒土为主，包括塑性指数 $I_p \geqslant 10$ 的黏性土和 $3 < I_p < 10$ 的少黏性土。昔称黏土、粉质黏土、壤土、粉质壤土，具有颗粒较细、孔隙较小、透水性较弱、强度较低的特点，一般干时坚硬、开裂，遇水膨胀、崩解，干湿效应明显，土层中黏土矿物成分、节理裂隙发育状况和水的作用对该类高切坡稳定性影响较大
2	砂性土高切坡	以砂性土为主，包括"昔格达组"经风化再搬运堆积的粉细砂层，结构较疏松，凝聚力低为其特点，透水性较大。砂土颗粒成分及均匀程度、密实程度和含水情况对该类高切坡稳定性影响较大
3	"昔格达组"高切坡	以粉细砂、粉土为主，半成岩状，结构不均一、局部富含黏土矿物，沉积纹理清晰，层内夹薄层钙质结核，底部为角砾岩。原始天然状态的承载力高、压缩性低；遇水（浸水）后强度急剧降低，软化现象显著
4	膨胀土高切坡	由风化残积型黏土组成，具有特殊物理力学特性，因富含蒙脱石等易膨胀矿物，内摩擦角很小，线膨胀率不小于40%，干湿效应明显。土体干湿变化和水的作用对该类高切坡稳定性影响较大
5	碎石土高切坡	由坚硬岩石碎块和砂土颗粒或砾石质土组成的高切坡，可分为堆积、残积混合结构和多元结构。土层中黏土颗粒含量及分布特征、坡体含水量、与下伏基岩接触面产状对高切坡稳定性影响较大
6	岩土混合高切坡	由上部为土层下部为岩石组成的高切坡，具有"二元结构"。土层与岩石接触面的产状、水对土层的浸泡以及水渗入土体对该类高切坡稳定影响较大

图 2.7.2　岩土混合高切坡

图 2.7.3　土质高切坡（2 号主干道延长线）

（a）层状同向结构

（b）层状斜（横）向结构

图 2.7.4　岩质高切坡（龙潭沟）

7.2.2　高切坡特征

7.2.2.1　形态特征多样

汉源新县城 2.99km² 规划场地内分布有数百处高切坡，其开挖坡度一般为 40°～60°，局部地段达 80°。高切坡具有范围大、数量多、坡型复杂、坡度陡等特点。坡型有 4 种，即直线型、上缓下陡折线型、上陡下缓折线型和台阶型，见图 2.7.5。

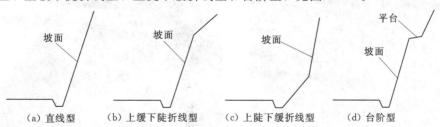

图 2.7.5　几种高切坡坡型示意图

（1）直线型：多在岩质坡和土层较薄的岩土混合坡中采用。

（2）上缓下陡坡折线型：多在土质坡和土层较厚的岩土混合坡中采用。

（3）上陡下缓折线型：虽消除了坡脚剪应力集中效应，但因坡顶可能产生拉应力集中，对边坡坡体稳定不利，需对坡顶进行加固。

（4）台阶型坡：多在土层较厚的岩土混合高切坡和土质高切坡中采用。

7.2.2.2 地质结构特征复杂

（1）土质坡结构特征。土质高切坡主要有黏性土高切坡、砂性土高切坡、"昔格达组"高切坡、膨胀土高切坡、碎石土高切坡和岩土混合高切坡 6 类。其成因类型组成物质复杂，厚度一般为 5～10m，最厚达 20～30m，分布广泛。其中，"昔格达组"开挖暴露后极易崩解软化，遇水泥化严重；膨胀土开挖后遇水易膨胀；强度明显降低。

（2）岩质坡结构特征。场地岩质坡结构主要有块状结构、层状结构、碎裂结构和散体结构 4 种，岩体中层间错动带、软弱夹层发育。

层间错动带与软弱夹层：在长期地质历史时期里，层状岩体中岩性较软弱、厚度较薄的夹层或层理面，在构造应力和自重应力双重作用下，经挤压错动常形成层间错动带。其后期大多叠加风化、卸荷改造以及物理化学作用，已发育成工程性状较差的软弱夹层，因此场地岩体内软弱夹层较发育（图 2.7.6～图 2.7.8）。

图 2.7.6　岩屑夹泥型软弱夹层（B1 型）

图 2.7.7　泥夹岩屑型（B2 型）　　　　图 2.7.8　泥型软弱夹层（B3 型）

场地内软弱夹层按成因有原生型、构造型、次生型 3 类，按物质组成大致分为 B1 型、B2 型和 B3 型 3 类。其中，B1 型为以碎石、角砾、岩屑为主的岩屑夹泥（黏性土）型软弱夹层，其黏粒含量一般小于 10％；B2 型为以细粒土为主的泥夹岩屑型软弱夹层，黏粒含量为 10％～30％，B3 型为以细粒土为主的泥型软弱夹层，包括泥、泥化夹层，黏粒含量大于 30％。软弱夹层厚度一般为 5～20cm，薄者 1～2cm。其发育、分布与岩性、构造和岩体结构相关，在三叠系白果湾组（T_{3bg}）砂泥岩区分布较广，二叠系下统阳新组（P_{1y}）灰岩区次之。场地内软弱夹层的发育程度、延伸长度和发育深度与岩性、岩体结构密切相关，以白果湾组（T_{3bg}）砂泥岩层中相对较发育，延伸较长，垂直发育深度最深达几十米，其物理力学性质差，且有的软弱夹层尤其是 B2 型泥夹岩屑型和 B3 型泥型，因富含黏土矿物，遇水后易崩解、软化，甚至泥化，软弱夹层在不利组合下易形成滑移控制面，对坡体稳定产生不利影响。

7.2.2.3 坡面抗侵蚀能力较差

土质高切坡、碎裂结构和散体结构岩质高切坡，在坡面开挖后植被和原有表层土体被破坏，表层土体与植被之间关系失衡，坡面抗蚀能力减弱，暴雨和风蚀作用下水土极易流失；加之，场地高切坡多为迎风坡，降雨直接作用于坡面，击溅力大，加速坡面土体的侵蚀。

7.2.2.4 应力集中区明显

数值模拟试验表明，不同坡型，各自的应力状态不同，但应力集中区明显。

（1）直线型高切坡：应力集中区在坡脚处，见图 2.7.9。

（2）上缓下陡折线型高切坡：有两个重点应力区，即坡脚和变坡点。坡脚是应力集中区，变坡点是拉张区，见图 2.7.10。

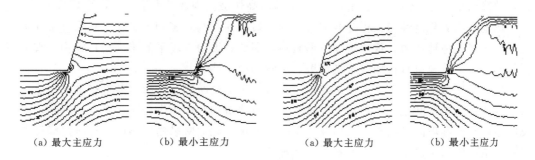

（a）最大主应力	（b）最小主应力		（a）最大主应力	（b）最小主应力

图 2.7.9　直线型高切坡主应力等值线图　　　图 2.7.10　上缓下陡型高切坡主应力等值线图

（3）上陡下缓折线型高切坡：应力集中区在变坡点，见图 2.7.11。

（4）台阶型高切坡：应力状态表现为台阶上下坡脚的集中应力和平台坡顶的拉张，虽然平台的设置降低并分散了应力在坡脚的集中，改善了边坡力学特征，但是在平台处，由于平台后缘的剪切和平台前缘的拉张相互交叉，使该处的应力分布十分复杂，容易产生破坏。因此，平台一般设置有一定宽度，见图 2.7.12。

7.2.2.5 坡体稳定性受水和工程荷载影响显著，失稳危害程度严重

新县城依山而建，工程场地岩质高切坡多为层状顺向结构高切坡，以层面和软弱夹层为主控结构面，加之陡倾角的纵横向结构面切割，场平开挖前沿临空，在降雨等不利

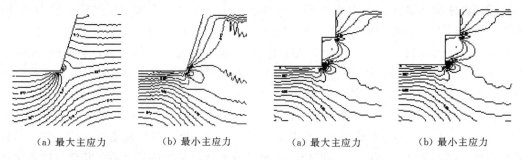

| （a）最大主应力 | （b）最小主应力 | （a）最大主应力 | （b）最小主应力 |

图 2.7.11　上陡下缓高切坡主应力等值线图　　　图 2.7.12　台阶型高切坡主应力等值线图

因素作用下易产生崩塌坠落，或滑动破坏。土质高切坡组成物质多富含黏土矿物，不同土层接触面与岩层倾向基本一致，在切坡开挖削弱支撑力后，坡体稳定性降低；在降雨等不利因素作用下，土体工程性质恶化、抗剪强度降低、自重增加、孔隙水压力增大，使坡体稳定性进一步恶化，发生失稳破坏，局部坍塌或浅层滑移变形，甚至形成土质滑坡。

地表水或地下水作用于高切坡，将使坡体性状和稳定条件发生显著变化。主要表现在增加岩土体自重、增大坡体渗透水压力、恶化岩土体工程性质、降低抗剪强度等方面，高切坡稳定状态也相应恶化。由于场地高切坡组成物质富含黏土矿物，如由红黏土、粉质黏土、粉土等组成的土质高切坡，以及软弱夹层（尤以泥型或泥夹岩屑型）较发育的岩质高切坡，水对场地高切坡稳定性影响更显著。因此，在高切坡稳定性分析及加固措施设计时，应分析地表水、地下水对高切坡稳定性的影响。气象资料表明，汉源地区降雨主要集中在 6—9 月，其间降水量占全年总降水量的 70.6%，由于雨水集中，屡有暴雨等强降雨发生，如 2010 年雨季的两次强降雨（7 月 15—17 日累计降雨量达 146mm，7 月 23—25 日累计降雨量达 163mm），因此 6—9 月场地内高切坡出现数处变形、失稳破坏现象。

场地高切坡稳定性与工程荷载关系密切。坡顶建（构）筑物等工程荷载将直接加载于坡体，增加坡体剪力，致使坡体变形破坏。因此，坡顶上场平的建（构）筑物等宜采用深基础，避免其荷载直接加载于高切坡，影响其稳定性。

场地高切坡坡脚与下场平建筑物一般只有几米宽的距离，其稳定性直接关系到上、下场平内建筑物地基的稳定，一旦失稳将直接危及建筑物和居民生命财产安全。因此，根据坡体地质条件和坡高等因素，高切坡失稳的防治理措施通常采用以挡墙或抗滑挡墙等支挡工程为主、框格＋植草护坡为辅的支护处理。

7.3　高切坡变形破坏模式

高切坡在开挖形成过程中，由于应力状态变化，坡体将发生不同方式、不同规模和不同程度的变形，并在一定条件下发展为失稳破坏。高切坡变形是指在贯通性破坏面形成之前，坡体岩（土）体的变形与局部破裂；高切坡破坏是指坡体岩（土）体已形成贯通性破坏面时的整体破坏。

7.3.1　土质高切坡

7.3.1.1　稳定性影响因素

土质高切坡的稳定性影响因素很多，可分为内在因素和外部因素两大类。内在因素有土体性质、土体结构等，外部因素有坡形、水作用、地震和人类活动等。

（1）内在因素。

1）土体性质：不同类别的土体，其矿物成分、颗粒组成、密实程度等相差甚大，各自又具有不同的物理力学特性。土体性质的差异，决定于坡体的抵抗变形破坏能力的大小，对高切坡稳定起决定作用，是影响土质高切坡稳定性的主要内在因素之一。

2）土体结构：土体中不同土层的沉积接触界面，各类夹层、腐殖层、松散层与密实层分界面，以及岩土接触面等软弱面，是土质边坡变性破坏的主要控制性结构面，影响坡体稳定性，也是影响土质高切坡稳定性的主要内在因素之一。

（2）外部因素。

1）水作用：水作用包括地表水、地下水作用，水作用于高切坡，会弱化甚至破坏土体结构，降低土体力学性质，增大容重，并产生水压力，致使坡体应力平衡关系破坏，影响坡体稳定性，水还可以冲刷、冲蚀坡体，直接破坏坡体；加之场地内土质高切坡主要物质组成多富含强亲水性黏土矿物，遇水后易软化、抗剪强度大大降低，因此，水作用对场地土质高切坡的稳定性影响十分显著，是影响土质高切坡稳定性的主要外部因素之一。

2）坡形：不同坡形的高切坡，其坡高、坡度不同，影响坡体应力分布、临空条件等，直接影响坡体稳定性。

3）地震：地震会引起坡体应力瞬间变化，影响坡体的稳定性。

4）人类活动：不合理的坡体开挖、加载和大量生产生活用水入渗坡体等都会造成坡体变形破坏，影响坡体稳定性。

7.3.1.2　变形破坏模式及机制

1. 变形破坏模式

根据场地内已变形破坏的土质高切坡调查结果，结合前人研究成果分析，场地内土质高切坡主要变形破坏形式为蠕动、滑动、坍塌。

（1）蠕动：斜坡土体在工程开挖和暴雨触发下，沿软弱面（带）向前缘临空方向发生剪切蠕动位移，后缘及侧缘断续出现拉张裂缝或微张开下错现象，多发生于土质高切坡坡体变形破坏初期阶段，软弱面（带）尚未形成连续的剪切面，坡体处于潜在不稳定状态。

（2）滑动：斜坡土体在工程开挖和水、自重或其他外动力作用下，沿坡体贯通性软弱面发生整体滑移破坏的现象，滑动破坏面多呈圆弧型，以沿不同土层接触面（或岩土接触面）破坏为主要特征。滑动破坏是场地各类土质高切坡的主要变形破坏形式，因其危害程度严重，并易诱发其他环境地质问题，是土质高切坡失稳的主要防治对象，见图 2.7.13。

（3）坍塌：是一种由于坡面冲刷或人工开挖，致使实际坡度大于其自身强度能保持的坡度，或下部形成反坡，在水、自重作用下，产生坍塌的破坏现象。多发生于坡陡、支护不及时的由黏性土、"昔格达组"粉砂及粉土和碎石土组成的土质高切坡中，见图 2.7.14。

2. 机制分析

（1）蠕动变形：土体在外力作用和暴雨触发下，坡体沿软弱面向前缘临空方向发生剪

（a）T2 地块 2 号挡墙 　　　　　　　　（b）M1 地块复合 4 号组

图 2.7.13　土质滑动破坏现象

（a）净水厂后缘 　　　　　　　　　（b）T1 地块 1 号挡墙

图 2.7.14　土体坍塌破坏现象

切蠕动位移，后缘及侧缘断续出现一些拉张裂缝或微张开下错现象，多发生于土质高切坡坡体变形破坏初期阶段，破裂面不连续，如污水处理厂、3 号次干道前缘场平切坡过程中发生蠕动变形现象。

（2）滑动破坏模式：土质高切坡天然应力场主要为自重应力。在斜坡开挖前，自重应力以垂直方向为主；斜坡开挖后，坡体支撑力削弱，应力重新调整，形成应力集中区，使坡体在局部地段剪应力大于土体的抗剪强度而产生塑性变形（蠕变），同时牵引后部土体失稳，形成拉张裂缝，即蠕滑-拉裂变形破坏机制。拉张裂缝的形成和场地分布的强透水土层（人工填土层、松散碎石土等）有利于地表（下）水入渗，水体入渗后，将改变土体结构、降低土体抗剪强度、增加土体自重，并在下伏弱透水层（如黏性土、"昔格达组"粉砂及粉土层等）中聚积，并抬高其地下水位，增加土体孔隙水压力，降低坡体有效应力，致使坡体应力平衡关系被破坏，产生滑动破坏。因此，场地土质高切坡滑动破坏多发生在雨季。

（3）坍塌破坏模式：土质高切坡遭遇降雨时，由于雨水触发作用，形成地表径流冲刷坡面，致使切坡坡度变陡，并在坡脚汇集成集中水流，冲蚀坡脚，坡体进一步变陡，甚至形成反坡。其破坏过程是土质斜坡开挖后，雨水入渗降低土体抗剪强度，使坡度大于土体自身强度，形成坍塌破坏；一旦坡面下部形成陡坡、反坡时，下部坡脚应力集中增大，支撑力进一步削弱，将加速坡体坍塌破坏。该类破坏机制多发生于支护不及时、暴露时间过长的土质高切坡中，如净水厂后缘土质高切坡，于 2009 年开挖形成后，一直未采取加固措施，于 2010 年 7 月因强降雨而坍塌破坏。另外，高切坡形成时，因开挖坡度过陡或施工工艺不合理，在自重应力作用下，坡体也易产生坍塌破坏，该类破坏机制多发生在施工过程中，如 T1 地块 1 号挡墙，因开挖坡度过陡，坡体开挖过程中产生坍塌破坏，见图 2.7.14。

7.3.2 岩质高切坡

7.3.2.1 稳定性影响因素

影响岩质高切坡稳定性的内在因素主要有岩性、岩体结构与结构面性状等，外部因素主要有坡形、水作用、风化作用和地震、人类活动等。

（1）内在因素。

1）岩性：不同沉积环境和不同时代成生的岩体，其物质成分、结构构造和物理力学性质不同，因而其组成的高切坡的稳定性也有差异。场地内灰岩、长石石英砂岩等硬质岩组成的岩质高切坡，岩体自身抗变形破坏能力较强，坡体稳定条件较好；由泥岩、泥质粉砂岩以及各类全强风化岩体等软质岩组成的岩质高切坡，岩体自身抗变形破坏能力弱，坡体稳定条件差。

2）岩体结构：岩体结构类型、结构面性状与产状以及结构面组合关系等对岩质高切坡稳定性起着关键性的作用。对于层状顺向结构的高切坡，层面或软弱面为主控结构面，层面或软弱面倾角（β）与坡角（α）的关系、软弱面的发育程度及其抗剪强度决定坡体稳定性，一般地当层面或软弱面倾角小于坡角（$\beta < \alpha$）时，层面在坡面出露，坡体易沿软弱层向临空方向发生滑移变形破坏，坡体不稳定，见图 2.7.15。对于层状横（斜）向结构高切坡，坡体稳定性主要受坡面与层面走向的夹角、层面与坡角的关系所控制。岩体中存在的各种结构面的不利组合，常形成不稳定楔形块体，影响坡体稳定。

（2）外部因素。

1）坡形：不同坡形、坡高、坡角及其与主控结构面关系对高切坡的稳定性影响显著不同。就层状顺向结构高切坡而言，坡度较缓、坡高较低则稳定性相对较好；下缓上陡高切坡稳定性一般较好于下陡上缓高切坡。

2）水作用：水对岩质高切坡的作用，一方面增加岩体容重，增大下滑力；另一方面岩体因被水软化而抗剪强度降低，并形成孔隙水压力而影响坡体稳定性，尤其层间层内软弱结构面发育、岩性较软（泥岩、粉砂质泥岩等）地段，影响更显著。

3）风化作用：会促使岩体内裂纹增多、扩大，透水性及其孔隙水压力增强，抗剪强度降低，影响坡体稳定性。

4）其他因素：如地震、人类工程活动（不合理坡体开挖、坡顶堆载、施工与生活用水入渗等）对坡体稳定性影响较大，甚至引起失稳破坏。

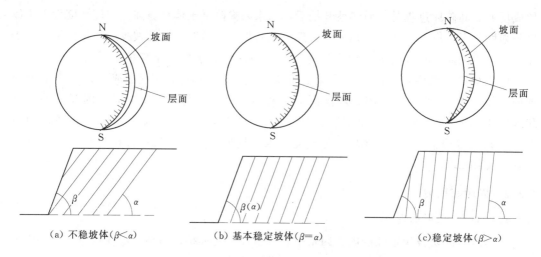

（a）不稳坡体（$\beta < \alpha$）　　　（b）基本稳定坡体（$\beta = \alpha$）　　　（c）稳定坡体（$\beta > \alpha$）

图 2.7.15　层面或软弱面倾角（β）与坡角（α）关系示意图

7.3.2.2　变形破坏模式及机制

1. 变形模式及机制

场地内岩质高切坡主要变形模式有卸荷松弛、表层变形和蠕变。

（1）卸荷松弛：坡体因自然侵蚀剥蚀或工程开挖，侧向应力削弱，岩体向临空面产生回弹膨胀，使原有结构面张开、松弛的变形。这种变形现象具有迅速、短时间内很快发展的特点，见图 2.7.16。

（a）质监局后缘　　　　　　　　　　　　（b）龙潭沟

图 2.7.16　岩体卸荷松弛变形现象

（2）表层变形：是表层岩体出现自然破裂解体而剥落的一种变形现象，影响范围不深，一般在几十厘米范围内。在场区多表现在泥岩、粉砂质泥岩、泥质粉砂岩等软岩的表层，将表层剥落物质消除后，剥落又继续向深部逐层发展，见图 2.7.17。

（3）蠕变：包括拉裂、倾倒、溃屈等变形类型，是层状结构的岩质高切坡，沿软弱面（带）、层面在以自重应力为主的应力长期作用下，发生的一种向临空方向缓慢而持续的变

图 2.7.17　表层变形现象（质监局后缘）

形现象。这种变形包含坡体局部的蠕滑（滑移）-拉裂、滑移-弯曲、弯曲-拉裂等基本破裂形式，并产生一些新的表生破裂面，坡体随蠕变的发展而不断松弛形成变形带。高切坡发生滑动、崩落破坏之前，都可能经历这种蠕变过程。

2. 破坏模式及机制

（1）滑动破坏模式：场地岩体破坏以剪切-滑移破坏为主。对于层状顺向结构高切坡，以层面或软弱面为其滑动的主要控制结构面；两组陡倾结构面仅起切割岩体作用，即控制坡体的破坏边界。在坡体开挖临空或削弱支撑力、降雨等不利因素作用下，软化岩体及软弱夹层，降低其抗剪强度，使坡体沿层面或贯穿性软弱面滑动破坏，滑面一般呈平面型。对于散体结构、碎裂结构的岩质高切坡，岩体抗剪强度较低，其破坏模式为沿圆弧型滑动面滑动破坏，见图 2.7.18。

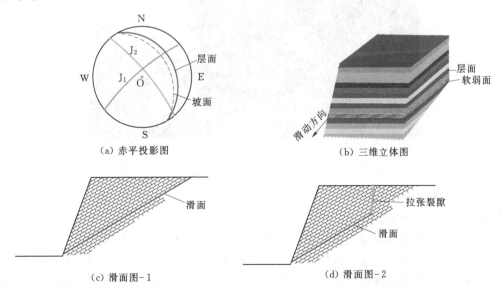

（a）赤平投影图

（b）三维立体图

（c）滑面图-1

（d）滑面图-2

图 2.7.18　层状同向结构岩质高切坡平面滑动破坏模式示意图

（2）崩落破坏模式：岩质高切坡坡体受层面或贯穿性缓倾角结构面与两组及两组以上陡倾角结构面切割呈不稳定块体，在切坡开挖过程中致使岩体内积存的弹性应变能释放，岩体向临空面方向回弹膨胀，结构面结合程度变差，浅表岩体产生卸荷松弛，原有结构面张开。在雨水入渗、振动等作用下，或增加孔隙水压力，或增大振幅，使原有结构面进一步拉裂、抗剪强度进一步降低，局部岩体松动脱落向临空面发生崩塌（落），见图2.7.19。在陡峻边坡地带，当岩体结合力小于重力时，也因松动、脱落而发生局部崩塌或自由坠落，见图2.7.20。

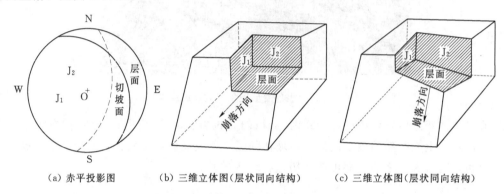

（a）赤平投影图　　　　（b）三维立体图（层状同向结构）　　　　（c）三维立体图（层状同向结构）

图 2.7.19　岩质高切坡崩落（塌）破坏模式示意图

图 2.7.20　陡峻岩质边坡岩块崩（坠）落现象（龙潭沟）

7.3.3　岩土混合高切坡

7.3.3.1　稳定性影响因素

影响岩土混合高切坡稳定性的主要因素包括上部土体和下部岩体两个方面。上部土体稳定性的影响因素主要有土体性质、土体结构等内在因素和坡形、水作用、地震和人类活动等外部因素。下部岩体稳定性的影响因素主要有岩性、岩体结构等内在因素和水作用、坡形、地震、风化作用、人类活动等外部因素。其稳定性影响因素分别参见7.3.1节和7.3.2节。此外，岩土接触面是岩土混合高切坡软弱面之一，其形状、性状对高切坡稳定性影响也显著。岩土接触面与坡向相同且接触面平直、圆顺、坡度大的坡体稳定条件较差，岩土接触面凹凸不平、坡度小的坡体稳定条件较好。岩土接触面性状决定其抗剪能力，对岩土质高切坡稳定性影响也较大。

7.3.3.2 变形破坏模式及机制

土体变形破坏形式主要为蠕动、滑动、坍塌。其中，滑动破坏以沿岩土界面滑动为其特征，滑面多呈圆弧状、折线状；岩体变形破坏形式主要为卸荷松弛、表层变形、蠕变、崩落和滑动。其变形破坏模式分别参见 7.3.1 节和 7.3.2 节。

7.4 高切坡稳定性评价及工程处理建议

高切坡稳定性分析评价方法分为定性分析评价和定量分析评价，可根据高切坡的岩土性质、结构特征、变形破坏类型等选择合适的稳定性分析评价方法。

7.4.1 稳定性定性分析评价

定性分析评价是高切坡稳定性分析评价的基础、定量分析计算的前提。定性分析评价方法是根据所获取的工程地质勘察资料和监测资料，在充分掌握可能或已经出现变形破坏迹象的基础上，结合工程建筑物布置，采用自然历史分析法、工程地质类比法、图解分析法（如赤平投影法、矢量分析法）、坡率法或边坡岩体质量（CSMR）分类法等方法，分析其可能的变形破坏模式及发展趋势，宏观评判其稳定状态。

（1）自然历史分析法：根据高切坡勘察成果资料，结合掌握的高切坡变形破坏基本规律，追溯高切坡变形破坏演变过程，从而对其进行稳定性状态评价和发展趋势预测。

（2）工程地质类比法：根据与坡体结构、岩（土）体性质等地质条件基本相同和形成机理相似的高切坡的调查统计资料，采用坡高和斜坡面投影长度建立线性回归方程，求得在某一高程范围内的边坡稳定角度，对其稳定性进行定性分析评价。

（3）赤平投影法：岩质边坡稳定性图解分析法的主要方法之一，它既可以确定边坡上结构面和结构面组合交线与边坡临空面的空间组合关系，也可以确定边坡上可能不稳定楔形结构体的几何形态、规模大小、空间位置、可能变形失稳位移方向，直观地定性评价其稳定性状态。

（4）边坡岩体质量（CSMR）分类法：CSMR 分类法即根据边坡的岩体质量和影响边坡的各种因素进行综合测评，然后对其稳定性进行分类和定性评价。它克服了 RMR-SMR 分类体系所存在的缺陷，增加了边坡影响因素的修正（包括坡高修正系数、结构面方位修正系数、结构面条件系数及边坡开挖方法系数）。该体系分类因素基本上分为两部分：一部分是岩体基本质量（RMR）；另一部分是各种边坡影响因素的修正，采用积差评分模型，其表达式为

$$CSMR = \xi RMR - \lambda F_1 F_2 F_3 + F_4 \qquad (2.7.1)$$

其中
$$\xi = 0.57 + 0.43/\zeta$$

$$\zeta = H/H_0$$

式中：F_1 为与边坡和结构面走向间平行度有关的系数；F_2 为与结构面倾角有关的系数；F_3 为与边坡坡角和结构面倾角间有关的系数；F_4 为取决于开挖方法调整因子；RMR 为岩体基本质量，根据比尼威斯基的 RMR 分类体系确定；ξ 为坡高修正系数；H 为边坡高

度；H_0 为标准高度，建议取 80m。

F_1、F_2、F_3、F_4 和 ξ，由相应表中查得。

通过上述的边坡岩体基本质量 RMR 评分和各项边坡工程因素的修正后，所求得 CSMR 总分可根据表 2.7.3 确定边坡岩体类别，定性或半定量地分析岩体质量和稳定性，预测可能的破坏模式及处理方法。

表 2.7.3　　　　　　　　　边坡岩体质量分类——CSMR 体系

类别	I	II	III	IV	V
CSMR 分值	81～100	61～80	41～60	21～40	0～20
岩体质量	很好	好	中等	差	很差
稳定性	很稳定	稳定	基本稳定	不稳定	很不稳定
破坏模式	无	掉块	小规模的平面滑动或楔体滑动，浅层倾倒	大规模的平面滑动或楔体滑动，严重倾倒	大规模的平面滑动或圆弧滑动，类似土质滑坡
加固方式	无	局部加固与排水	小规模减载、加固与排水	大规模减载、加固与排水	开挖、抗滑桩与排水

7.4.2　稳定性定量分析评价

7.4.2.1　计算方法

高切坡稳定性定量分析计算的方法较多，适用于可能滑动变形破坏类型，其中极限平衡分析法是较为成熟的、公认的方法。根据可能失稳的高切坡的物质组成、边界条件、变形破坏模式、滑面及潜在滑面的形态特征、岩土体及结构面物理力学参数等，分别采用圆弧型滑面滑动分析法、平面型滑面滑动分析法、折线型滑面滑动分析法、楔形体滑动分析法和倾倒破坏分析法等方法，计算其在不同工况及荷载组合下的稳定性。必要时，进行有限元数值分析。下面的 3 种方法是汉源新县城工程场地高切坡稳定性分析中常用的计算方法。

（1）圆弧型滑面滑动分析法。对于土质高切坡或由全强风化岩体、极为破碎的岩体组成的岩质高切坡，可能产生旋转滑动破坏，滑面呈圆弧型者，稳定性计算可采用圆弧滑动法。圆弧滑动法计算公式为

$$K_s = \frac{\sum R_i}{\sum T_i} \tag{2.7.2}$$

$$N_i = (G_i + G_{bi})\cos\theta_i + P_{ui}\sin(\alpha_i - \theta_i) \tag{2.7.3}$$

$$T_i = (G_i + G_{bi})\sin\theta_i + P_{ui}\cos(\alpha_i - \theta_i) \tag{2.7.4}$$

$$R_i = N_i\tan\varphi_i + c_i l_i \tag{2.7.5}$$

$$P_{ui} = \gamma_w V_i \sin\frac{1}{2}(\alpha_i + \theta_i) \tag{2.7.6}$$

式中：K_s 为高切坡稳定性系数；c_i 为第 i 计算条块破坏面上岩土体的黏聚力，kPa；φ_i 为第 i 计算条块破坏面上岩土体的内摩擦角，(°)；l_i 为第 i 计算条块破坏面长度，m；θ_i、α_i 分别为第 i 计算条块底面倾角和地下水位面倾角，(°)；G_i 为第 i 计算条块单位宽度岩土体的自重，kN/m；G_{bi} 为第 i 计算条块滑体地表建筑物的单位宽度的自重，kN/m；P_{ui} 为

第 i 计算条块单位宽度的动水压力，kN/m；N_i 为第 i 计算条块滑体在破坏面法线上的反力，kN/m；T_i 为第 i 计算条块滑体在破坏面切线上的反力，kN/m；R_i 为第 i 计算条块滑体在破坏面切线上的抗滑力，kN/m。

（2）平面型滑面滑动分析法。当岩质高切坡的主要控制性滑面平行于坡面、其倾角小于坡角且大于内摩擦角时，易产生平面滑动破坏。稳定性计算可采用平面滑动法。平面滑动法计算公式为

$$K_s = \frac{\gamma V \cos\theta \tan\varphi + Ac}{\gamma V \sin\theta} \tag{2.7.7}$$

当边坡存在拉张裂隙时，在暴雨工况下，裂隙会临时充水至一定高度，沿裂隙和滑动面产生静水压力，其稳定性按下式计算：

$$K_s = \frac{(\gamma V \cos\theta - \mu - \nu \sin\theta)\tan\varphi + Ac}{\gamma V \sin\alpha + V \cos\theta} \tag{2.7.8}$$

$$A = (H - Z)\csc\theta \quad （单位长度） \tag{2.7.9}$$

$$\mu = \frac{1}{2}\gamma_w z_w (H - Z)\csc\theta \quad （单位长度） \tag{2.7.10}$$

$$\nu = \frac{1}{2}\gamma_w z_w^2 \tag{2.7.11}$$

式中：γ 为岩土体的重度（kN/m³）；γ_w 为水的重度，kN/m³；Z 为坡顶至滑面深度，m；z_w 为裂隙水充水高度，m；H 为坡面滑面出露点至坡顶高度，m；c 为结构面的黏聚力，kPa；φ 为结构面的内摩擦角，(°)；A 为单位长度结构面的面积，m²；V 为岩土体的体积，m³；θ 为结构面的倾角，(°)；α 为坡角，(°)；ν 为后缘陡倾裂隙面上的单位宽度总水压力，kN/m。

（3）折线型滑面滑动分析法。对于岩质高切坡由不同结构面组合的滑动面为折线型滑面时，可能产生折线滑动破坏者，其稳定性计算可采用折线滑动法。折线滑动法计算公式为

$$K_s = \frac{\sum\limits_{i=1}^{n-1}\left(R_i \prod\limits_{j=i}^{n-1}\psi_j\right) + R_n}{\sum\limits_{i=1}^{n-1}\left(T_i \prod\limits_{j=i}^{n-1}\psi_j\right) + T_n} \tag{2.7.12}$$

$$\psi_i = \cos(\theta_i - \theta_{i+1}) - \sin(\theta_i - \theta_{i+1})\tan\varphi_{i+1} \tag{2.7.13}$$

$$\prod\limits_{j=i}^{n-1}\psi_i = \psi_i\psi_{i+1}\cdots\psi_{n-1} \tag{2.7.14}$$

式中：ψ_i 为第 i 块段的剩余下滑力传递至 $i+1$ 块段的传递系数（$i=j$）；其他符号意义同前。

7.4.2.2 计算参数

汉源新县城萝卜岗场地内的高切坡稳定性计算参数，在大量勘察、岩土试验基础上，根据地质建议值及反分析计算成果，结合场地实际情况和坡体荷载作用情况，经综合分析

确定，见表 2.7.4。

表 2.7.4   **计 算 参 数 取 值 表**

岩土层名称	天然重度 /(kN/m³)	饱和重度 /(kN/m³)	抗 剪 强 度			
			天然状态		饱和状态	
			黏聚力 c/kPa	内摩擦角 φ/(°)	黏聚力 c/kPa	内摩擦角 φ/(°)
填土	17.5	19.0	8	6	6	5
黏性土	19.0	19.5	20	12	16	10
粉土（粉砂）	18.9	19.8	20	14	16	12
碎石土	21.0	21.5	—	26	—	21
强风化灰岩	25.0	25.5	80	27	55	25
中等风化灰岩	26.5	26.8	400	42	350	36
强风化细砂岩	25.5	26.0	60	26	45	23
中等风化细砂岩	26.3	26.5	350	36	300	30
强风化粉砂岩	24.0	24.5	55	25	40	22
中等风化粉砂岩	24.0	25.0	300	32	240	28
强风化泥质粉砂岩	23.5	24.0	50	23	35	21
中等风化泥质粉砂岩	24.0	24.5	200	30	140	25
强风化粉砂质泥岩	23.0	23.5	45	20	30	16
中等风化粉砂质泥岩	23.6	24.0	100	25	70	20
B1 型软弱夹层	21.0	21.5	40	18	30	15
B2 型软弱夹层	20.0	21.0	25	15	20	13
B3 型软弱夹层	19.5	20.0	10	13	5	11

7.4.2.3 稳定性定量评价标准

高切坡采用极限平衡法中的平面滑动法、折线滑动法、圆弧滑动法进行定量计算时，根据《建筑边坡工程技术规范》（GB 50330）有关规定，其稳定性系数计算值若小于表 2.7.5 中的稳定安全系数，则表明在计算工况下高切坡稳定安全度不满足要求，反之亦然。

表 2.7.5   **高切坡稳定安全系数**

计算方法 ＼ 安全等级	一级	二级	三级
平面滑动法	1.35	1.30	1.25
折线滑动法			
圆弧滑动法	1.30	1.25	1.20

注　1. 对地质条件复杂或稳定分析中不确定因素较多的或稳定性分析或失稳破坏后果严重的高切坡，其安全系数宜适当提高。
     2. 对坡高大于 30m 的岩质高切坡和坡高大于 15m 的土质高切坡，其安全系数在表中数值基础上增加 0.05～0.1。
     3. 此表引自《建筑边坡工程技术规范》（GB 50330—2002）。

根据相关规范规定，结合汉源新县城场地高切坡所处位置与重要性、高切坡结构类型与高度、可能失稳破坏模式及其危害程度，按表 2.7.6 中的规定划分高切坡安全等级。

表 2.7.6　　　　　　　　　　高切坡安全等级划分表

高切坡类型	结构类型	可能破坏模式	边坡高度/m	高切坡失稳危害程度	安全等级
岩质高切坡	块状结构、层状反向结构、层状平叠结构	滑移、崩塌、倾倒，局部掉块、塌落	≥30	很严重	一级
				严重、较严重、不严重	二级
			15～30	很严重	二级
				严重、较严重、不严重	三级
	层状同向结构、层状横向结构、层状斜向结构	滑移、溃屈、拉裂、崩塌（崩落）	≥30	很严重、严重	一级
				较严重、不严重	二级
			15～30	很严重	一级
				严重	二级
				较严重、不严重	三级
岩土混合高切坡	上部为土体、下部为岩体结构或上部为岩体、下部为土体（全风化岩）结构	上部土层可能局部变形或沿土层接触面或沿基岩界面滑动	≥15	很严重、严重	一级
				较严重、不严重	二级
			10～15	很严重	一级
				严重	二级
				较严重、不严重	三级
土质高切坡	黏性土、砂性土、软土、膨胀土、角砾土、碎石土结构	滑坡、坍塌、局部变形	≥15	很严重、严重	一级
				较严重、不严重	二级
			8～15	很严重	一级
				严重	二级
				较严重、不严重	三级

注　1. 同一个坡高切坡的各段，可根据实际情况采用不同的安全等级。
　　2. 对失稳后危害性严重、环境和地质条件复杂的高切坡，其安全等级应根据工程运行情况适当提高；反之，高切坡失稳仅对建筑物正常运行有影响而不危害建筑物安全和人身安全的，经论证，其安全等级可降低一级。

　　高切坡失稳后的危害程度，根据其失稳破坏后危及人的生命、造成经济财产损失和产生社会不良影响的严重性，按表 2.7.7 划分为很严重、严重、较严重和不严重 4 级。

表 2.7.7　　　　　　　　汉源新县城高切坡失稳危害程度划分表

危害程度	划　分　标　准
很严重	直接威胁居民生命安全300人以上，或直接经济损失在1000万元以上
严重	直接威胁居民生命安全100人以上、300人以下，或直接经济损失在500万元以上、1000万元以下
较严重	直接威胁居民生命安全100人以下，或直接经济损失在200万元以上、500万元以下
不严重	直接经济损失在200万元以下

7.4.3　稳定性综合评价

　　根据高切坡稳定性状态的定性分析、定量计算结果及其变形破坏发展趋势的预测，综合评价其整体及局部稳定性，并对可能变形破坏的高切坡，建议采取相应的加固处理及安全监测措施。

7.4.4 处理措施建议

对于可能变形破坏且不满足边坡稳定安全要求的高切坡，应采取工程措施进行坡体加固，其本质在于改善高切坡应力平衡条件，使其处于稳定安全状态。为此，根据场地条件和坡体下滑力，宜采用以抗滑挡墙、抗滑桩、锚喷支护为主，截（排）水、框格护坡和坡面绿化等为辅的加固措施。对于在各种工况下整体稳定，仅局部坡面可能变形破坏的高切坡，宜采用混凝土喷锚支护、框格护坡和坡面绿化等措施进行坡面防护，并做好排（截）水措施。

（1）抗滑挡墙。挡墙具有形式简单、取材容易、施工难度小、稳定坡体收效快、适用范围广等特点；加之，挡墙能收缩坡脚以减少占地，从而增加场地的使用面积，且场地大部分高切坡是因场平开挖形成，加固措施可以利用场平挡墙实施。因此，场地高切坡加固措施多采用抗滑挡墙形式。

挡墙结构形式以衡重式、重力式为主。衡重式抗滑挡墙，利用自重和衡重台上部填土使墙心后移来平衡坡体应力；重力式抗滑挡墙，则依靠墙身自重平衡坡体应力。因此，挡墙断面尺寸均较大，墙身较重，对地基承载力要求高。为此，对基岩埋藏浅段，选用能满足承载力要求的稳定岩层作基础持力层，且基底做逆坡，其坡度不宜大于 0.2∶1，以增加挡墙的抗倾覆能力；基础嵌入稳定岩层中，嵌入深度应不小于 0.3m，以均匀分布基底应力，防止挡墙基础剪切破坏。对基岩埋藏较深段，选用满足承载力要求的上覆土层作基础持力层，基础埋深不小于 0.5～0.8m，基底逆坡坡度不宜大于 0.1∶1；当基岩埋藏较深，且上覆土层不能满足承载力要求时，可以考虑扩大基础，以增加承压面积，减少基底应力，降低承载力要求；若扩大基础后还不能满足承载力要求，则考虑深基础。

（2）抗滑桩。在高切坡失稳后下滑力大的地段，若采用抗滑挡墙，或墙体过大、经济性差，或场地不足，或施工困难等而受限制，因此，采用抗滑桩加固，可以在场地分散布置、分级支挡，不受场地限制，且具有滑体破坏小、施工快速安全等优点。抗滑桩应设置在下滑力小、滑体薄的地段，且应伸入滑面以下稳定地层中，嵌入深度应为桩长的 1/3～2/5。

（3）喷锚支护。在岩质高切坡或上部土层薄的岩土混合高切坡中采用，并对局部不稳定块体应进行加强支护措施。根据高切坡岩体完整程度、结构面结合程度、结构面产状及自稳能力，选择混凝土喷锚支护，或钢筋混凝土喷锚支护。

（4）框格护坡。在土质高切坡中采用，以减少地表水对坡面的冲刷，减少水土流失，从而达到护坡和保护环境的目的。

（5）排水措施。由于汉源新县城萝卜岗场地地下水匮乏，因此，高切坡排水措施以地表排水为主，以减少地表水入渗坡体，影响坡体稳定性，应在潜在失稳坡体后缘设置。

（6）坡面绿化。在土质高切坡中采用，即在坡面上栽种树木、植被、草皮等植物，通过植物根系发育，起到固土，防止水土流失的一种防护措施。

7.5 实例分析

7.5.1 西区 M－2 复合安置 1 号 B 地块土质高切坡

7.5.1.1 基本地质条件

该高切坡因 M2 地块 1 号 B 复合安置区 1 号挡墙 k0＋000～k0＋100 段基槽开挖形成。坡脚高程 1103.40m，坡顶高程 1116.62m，坡高 13.22m，为上陡下缓折线型坡，下段缓坡段坡度为 24°，上段陡坡段坡度为 40°。

场地内土层较厚、基岩面埋藏较深。坡体组成物质自上而下为人工填土、粉质黏土、"昔格达组"粉砂及粉土。人工填土层属近期人工堆积土（Q_4^{ml}），层厚 0～2.4m，褐红色，结构松散，由粉质黏土夹碎石组成；粉质黏土层为第四系全新统坡残积层（Q_4^{el+dl}），层厚 5.3～10.0m，黄褐色，稍湿，可塑状，干时易开裂，是该土质高切坡的主要组成物质；"昔格达组"（Q_{1x}）粉砂、粉土层为第四纪早更新世时期发育的河湖相沉积层，半成岩状，水平层理发育，具弱透水性，其上部受后期风化剥蚀及再搬运改造呈残积土产出，结构疏松，力学性状差，遇水易软化、浸水易崩解。

7.5.1.2 变形破坏模式及机制分析

1. 变形破坏模式

该土质高切坡变形破坏模式为整体滑动，在坡体施工开挖过程中切脚即发生破坏。滑面呈圆弧状，剪出口清晰可见，见图 2.7.21 和图 2.7.22。

图 2.7.21 滑动破坏现象（滑面剪出口）

图 2.7.22 滑动破坏现象（全景）

2. 机制分析

场地内分布的"昔格达组"（Q_{1x}）粉砂、粉土层属"易滑地层"，其上部经后期风化搬运改造，土体结构和工程特性已弱化。在高切坡开挖过程中，坡体前缘支撑力逐渐被削弱，并随着坡高、坡度增加，主应力值增加、拉应力集中区范围扩大、在变坡点出现应力集中区，坡体局部形成剪切力大于土体自身抗剪强度而产生蠕变，蠕变使失稳土体与稳定土体破裂而形成拉张裂缝；同时高切坡后缘8号次干道上重型施工车辆来往频繁，产生荷载和振动作用，进一步破坏坡体应力平衡关系，加速了坡体滑动破坏，坡体后缘产生明显错落台阶（图2.7.23），并在坡体下部高程1104.80m处滑面剪出（图2.7.21）。

图2.7.23　坡体后缘错落台阶

7.5.1.3　稳定性评价

1. 定性评价

目前高切坡后缘已形成错落台阶，坡面剪出口明显，两侧裂缝已贯通，且出现了侧壁，表明高切坡处于滑动破坏阶段、不稳定状态。另外，拉张裂缝的存在，为地表水入渗提供了条件，在暴雨工况下，地表水入渗会增加土体容重、破坏土体结构、降低土体抗剪强度，并在弱透水层"昔格达组"顶面积聚，产生水压力，增加坡体下滑力，坡体应力平衡关系会进一步恶化，因此，坡体滑动破坏会进一步加剧。

2. 定量评价

稳定性定量计算采用式（2.7.2）～式（2.7.6）。计算参数见表2.7.4。

计算工况：一般工况和暴雨工况。各工况均不考虑上场平建筑物的加载。

计算结果：一般工况 $K_s=0.850$，暴雨工况 $K_s=0.717$。

该高切坡的稳定状态状态直接关系到上下场平6栋建筑物和8号次干道的安全，根据表2.7.5～表2.7.7的相关标准，其失稳危害程度属严重，安全等级为二级，稳定安全系数取值为1.25。计算结果表明：该高切坡在一般工况下，$K_s=0.850<1.25$，处于不稳定状态，将产生滑动破坏，与实际情况吻合；在暴雨工况下 $K_s=0.717<1.25$，也处于不稳定状态。

3. 稳定性综合评价

根据工程地质勘察资料和稳定性定性、定量评价结果表明，该高切坡在一般工况和暴雨工况下均处于不稳定状态，目前已产生滑动破坏，因此，需对该高切坡进行相应加固处理。

7.5.1.4 处理措施及效果

鉴于该土质高切坡已发生滑动破坏，剪出口位置低，上部荷载大，上下场平均有建筑物布置，将 M2 地块 1 号挡墙（k0＋000～k0＋100

图 2.7.24 加固措施（抗滑桩＋挡墙）

段）变更为抗滑挡墙对高切坡进行加固，见图 2.7.24。

加固处理后，根据多年的安全巡视和监测成果表明，挡墙无变形迹象，监测抗滑桩倾斜变形基本稳定，无不利或异常变化迹象。

7.5.2 扩大西区 N–2 内部道路西侧岩质高切坡

7.5.2.1 工程概况

该高切坡位于扩大西区 N1 地块复合安置 3 号东北侧 34 栋楼东侧斜坡下，地处"富塘滑坡"影响区附近（图 2.7.25）。

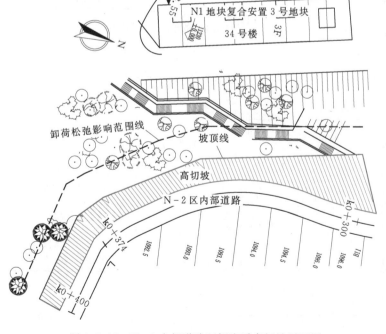

图 2.7.25 N–2 内部道路西侧岩质高切坡平面图

该坡体在其下方修建 N-2 区内部道路 k0+300～k0+400 段之时已开挖形成，切坡坡度达 80°，坡顶高程 1107.87～1113.15m，坡脚高程 1091.03～1093.67m，坡高 16.84～19.48m，属层状顺向结构岩质高切坡。坡体上段因切坡开挖、卸荷，岩体明显松弛，影响深度为 6.0～7.4m，水平影响范围为 7.3～8.4m。

N-2 区内部道路 k0+300～k0+374 段坡体后缘上方，在富塘滑坡治理中，曾设置有一排抗滑桩，至坡顶水平距离为 6.0～10.0m。

7.5.2.2 基本地质条件

坡体地层岩性及物质组成自上而下为第四系全新统（Q_4^{ml}）人工填土、三叠系上统白果湾组砂岩。其中，人工填土（Q_4^{ml}）为黄褐色、红褐色，结构松散，为建筑场平弃土、弃渣，主要由碎块石和黏性土组成，碎块石含量为 70%～90%，块石最大粒径为 100cm。粉砂岩（T_{3bg}）为浅灰、深灰色，薄-中厚层状，中等风化状态。其上部风化裂隙发育，裂面粗糙，结合差，岩体较破碎；下部岩体完整性差-较完整，岩层产状为 N30°W/NE∠18°～20°，见图 2.7.26 和图 2.7.27。

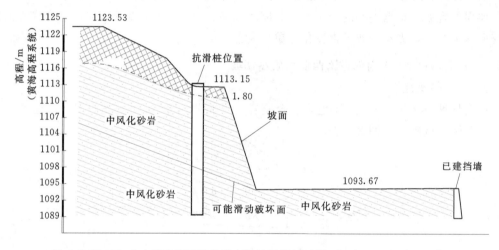

图 2.7.26　N-2 内部道路西侧岩质高切坡地质剖面图（k0+300～k0+374 段）

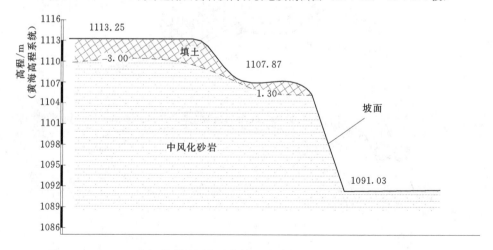

图 2.7.27　N-2 内部道路西侧岩质高切坡地质剖面图（k0+374～k0+400 段）

该岩质高切坡坡体地质构造以层间错动带和节理裂隙系统为主。

（1）层间错动带。主要有2条，经后期风化卸荷改造和地表（下）水作用，多已形成岩屑夹泥型软弱夹层（带），厚约3cm，断续延伸长达80~100m。

（2）节理裂隙。主要有3组，即"两陡一缓"：①卸荷裂隙，产状为N30°W⊥，结合很差，间距0.5~2m；②卸荷裂隙，产状为N50°E/NW∠80°，结合差，间距3~5m；③层面裂隙，产状为N30°W/NE∠18°~20°，延伸较长，结合程度一般。

7.5.2.3 变形破坏模式分析

k0+300~k0+374段，坡面产状为N40°W/NE∠80°~90°，坡面延伸方向与岩层走向（N30°W）夹角为10°~30°，坡向与层面倾向相同，为层状顺向结构坡体［图2.7.28（a）］，层面及软弱结构面为主控结构面，两组纵、横向陡倾结构面控制坡体的破坏边界。由于层面倾角小于坡角，层面及软弱夹层在坡面出露，在开挖切坡削弱支撑力、降雨等不利因素作用下，坡体可能沿软弱夹层产生滑动破坏。鉴于高切坡后缘附近已设置了抗滑桩，上方建筑场地整体稳定，即使抗滑桩至高切坡后缘之间发生局部滑动破坏，其规模也不大。坡体受两组陡倾结构面切割，不利组合形成块体，在降雨、地震等作用下可能局部产生崩落。

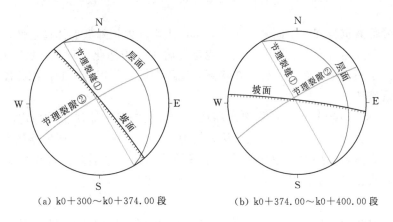

(a) k0+300~k0+374.00段　　　　(b) k0+374.00~k0+400.00段

图2.7.28　赤平投影图

k0+374~k0+400段，坡面产状为N83°W/NE∠80°~90°，坡面与层面同倾向、与岩层走向（N30°W）夹角为53°（即大于30°且小于60°），为层状斜向结构坡体［图2.7.28（b）和图2.7.29］，坡体整体稳定。但坡面受卸荷松弛作用和两组陡倾结构面对岩体切割，形成潜在不稳定块体，加之切坡开挖、施工爆破影响，局部岩体松弛变形严重（影响深度达6.0~7.4m，水平影响范围为7.3~8.4m），结构面结合差，因此，块体可能会产生崩落，须有相应喷锚措施。

7.5.2.4 稳定评价

1. 定性评价

工程地质测绘表明，k0+300~k0+374段地处富塘滑坡影响区附近，岩体较松弛，两组陡倾角结构面及缓倾坡外的软弱结构面较发育，但天然状态下未发现坡体变形破坏迹象，即坡体在天然工况下处于基本稳定状态。但在降雨工况下，地表水入渗软弱夹层软

图 2.7.29　层状斜向结构坡体（k0＋374～k0＋400 段，加固前）

化、泥化，降低其抗剪强度，同时因裂隙充水产生水压力，降低坡体稳定性，存在滑动破坏的可能，若叠加地震等不利因素，坡体稳定性将进一步恶化，可见，坡体在降雨工况、地震工况下处于不稳定状态。另外，在暴雨、地震等因素作用下，卸荷松弛段块状岩体将产生局部崩落破坏。

　　k0＋374～k0＋400 段，为层状斜向高切坡，天然工况下坡体整体稳定。但在暴雨工况下，裂隙充水将增大水压力、降低结构面抗剪强度，对块状岩体产生浮托力、降低不稳定块体和稳定岩体间摩擦力，致使卸荷松弛段块状岩体大量崩落；若叠加地震等不利因素，则崩落规模会进一步扩大。

　　2. 定量评价

　　如前所述，k0＋374～k0＋400 段岩层为层状斜向结构，坡体整体稳定，仅局部存在崩落可能，因此，定量计算主要考虑 k0＋300～k0＋374 段坡体沿软弱层（B1 型）平面滑动破坏。

　　稳定性计算采用式（2.7.2）～式（2.7.6）。计算参数见表 2.7.4。

　　计算工况：一般工况、暴雨工况和地震工况。各工况均不考虑坡体上部建筑物的加载。

　　计算结果：一般工况 K_s＝1.25，暴雨工况 K_s＝1.02，地震工况 K_s＝1.09。

　　k0＋300～k0＋374 段高切坡失稳破坏直接关系到坡顶附近复合安置 3 号地块 34 栋楼和坡下 N－2 区内部道 k0＋300～k0＋374 段的安全，根据表 2.7.5～表 2.7.7 的相关标准，其失稳危害程度属较严重，安全等级为三级，稳定安全系数取值为 1.25。

　　计算结果表明，该段高切坡在一般工况下 K_s＝1.25＝1.25，处于基本稳定状态，在暴雨工况下 K_s＝1.02＜1.25，处于不稳定状态，在地震工况下 K_s＝1.09＜1.25，处于不稳定状态。

3. 稳定性综合评价

根据该高切坡变形破坏模式、稳定性定性及定量评价表明，k0＋340.00～k0＋374.00段坡体，在天然状态下处于基本稳定状态；但在降雨、地震作用时，处于不稳定状态，整体可能产生滑坡破坏，卸荷松弛段块状岩体可能会崩落破坏，需采取相应加固措施。k0＋374.00～k0＋400.00段坡体，整体稳定，但卸荷松弛段块状岩体在降雨、地震作用时，可能产生崩落破坏，直接影响N-2区内部道路过往车辆和行人的安全，需采取相应加固措施。

7.5.2.5 处理措施及效果

在暴雨工况、地震工况下，该高切坡除 k0＋300～k0＋374 段可能整体滑动破坏外，其余地段以局部小型崩落破坏为主，而 k0＋300～k0＋374 段高切坡坡顶附近已设置了抗滑桩，其间可能产生滑移破坏段的规模较小，下滑力不大，因此，该高切坡采用喷锚支护措施。加固后的高切坡见图 2.7.30。

加固处理后，根据多年的边坡安全巡视，边坡无变形迹象。

图 2.7.30 N-2 内部道路 k0＋300～k0＋400 段
西侧高切坡喷锚支护

7.5.3 西区 9 号次干道西侧岩土混合高切坡

7.5.3.1 工程概况

该高切坡位于 9 号次干道西侧、城镇居民 V 地块梯道南侧，因 M2 地块 2 号挡墙 k0＋240～k0＋320 段基槽及 9 号次干道路基开挖形成（图 2.7.31）。坡顶高程为 1102.80～1103.20m，坡脚高程为 1084.50～1088.00m，坡高为 14.8～18.7m，坡度为 75°，为岩土混合高切坡。

7.5.3.2 基本地质条件

坡体岩性及物质组成自上而下为第四系全新统坡残积层（Q_4^{el+dl}）粉质黏土，三叠系上统白果湾组（T_{3bg}）强风化粉砂岩、中等风化粉砂岩。其中，粉质黏土为棕红色，稍湿，可塑状，干时易开裂，局部含钙质结核，底部偶夹角砾，层厚 0.6～5.4m；强风化砂岩为黄褐色，中厚层状，裂隙较发育，岩体较破碎，矿物多已风化蚀变，敲击易碎；中等风化砂岩为青灰色，中厚层状，岩体较完整，矿物稍有蚀变，沿节理面有次生矿物。岩层

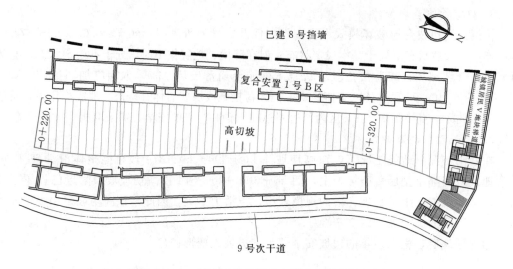

图 2.7.31 9 号次干道西侧岩土混合高切坡平面图

产状为 N20°W/NE∠12°~18°。

该岩土混合高切坡之中、下部白果湾组砂岩层间错动带和节理裂隙较发育。

（1）层间错动带。主要有 3 条，系粉砂质泥岩夹层经后期挤压错动改造而成，多已形成泥夹碎屑型软弱夹层（带），厚 1~3cm，呈断续延伸。

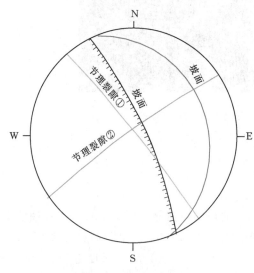

图 2.7.32 赤平投影图

（2）节理裂隙。主要有 3 组，即"两陡一缓"：①卸荷裂隙，产状为 N40°W/NE∠85°，结合较差，间距 0.5~2m；②卸荷裂隙，产状为 N55°E/NW∠83°，结合差，间距 3~5m；③层面裂隙，产状为 N20°W/NE∠12°~18°，延伸较长，结合一般。

7.5.3.3 变形破坏模式分析

上部土质边坡，开挖坡率为 1:0.26，坡度过陡，在天然状态下将会坍塌。在降雨、地震等不利因素作用下，土体工程性质改变，坡体剪切力增加、抗滑力减小，将沿覆盖层/基岩界面产生滑动破坏，滑面呈圆弧状。

下部岩质边坡，坡面走向 N25°W，坡角 75°，与层面同倾向 NE，其坡面与层面走向（N20°W）夹角为 5°~30°，为层状同向结构坡体（图 2.7.32 和图 2.7.33）。由于层面倾角小于坡角，层内发育有软弱夹层，且层面在坡面出露，在坡体开挖削弱支撑力、降雨、地震等不利因素作用下，将可能沿软弱夹层产生滑动破坏，滑面呈直线型。另外，两组陡倾结构面切割成的块状岩体，因坡体开挖、卸荷而松弛，结构面结合程度变差，在重力作用下可能产生局部掉块。

图 2.7.33　9号次干道西侧岩土混合高切坡开挖后岩体结构（加固前）

7.5.3.4　稳定评价

1. 定性评价

（1）上部土质边坡。工程地质测绘中发现，粉质黏土层在天然状态下局部坍塌，未见整体滑动破坏迹象。在暴雨工况下，地表水沿粉质黏土干裂缝入渗，增加土体自重，并在砂岩层顶面积聚，产生水压力，降低土体抗剪强度，致使坡体应力平衡关系破坏而滑动。可见在暴雨或地震工况下坡体处于不稳定状态。

（2）下部岩质边坡。工程地质测绘表明，在天然状态下，除浅表较破碎强风化岩体有局部崩落外，坡面未见破坏迹象，整体稳定。在暴雨工况下，地表水沿粉质黏土干裂缝和岩体陡倾结构面入渗坡体，改变其工程地质性质，软化软弱夹层，降低岩土体及软弱夹层抗剪强度，将导致坡体沿软弱夹层发生滑动破坏。可见在暴雨或地震工况下坡体处于不稳定状态。

2. 定量评价

（1）上部土质边坡。可能滑动破坏面呈圆弧型，定量计算采用式（2.7.2）～式（2.7.6）。计算参数见表 2.7.4。

计算工况：一般工况、暴雨工况和地震工况。各工况均不考虑坡体上部建筑物的加载。

计算结果见表 2.7.8。

表 2.7.8　　　　　　　　稳定性系数计算结果表（土质边坡部分）

计算剖面	计算工况	计算结果	稳定性评价标准	稳定状态
1-1′	一般工况	1.416	根据表 2.7.5～表 2.7.7 中的相关标准，该段坡体失稳危害程度较严重，安全等级为三级，稳定安全系数取 1.20	稳定
	暴雨工况	1.112		不稳定
	地震工况	1.327		稳定
2-2′	一般工况	1.707	根据表 2.7.5～表 2.7.7 中的相关标准，该段坡体失稳危害程度较严重，稳定安全等级为二级，稳定安全系数取 1.25	稳定
	暴雨工况	1.029		不稳定
	地震工况	1.595		稳定

（2）下部岩质边坡。可能滑动破坏面呈直线型，定量计算采用式（2.7.7）～式（2.7.11）。计算参数见表2.7.4。

计算工况：一般工况、暴雨工况和地震工况。各工况均考虑上部土体的自重及坡体上部建筑物的加载。

计算结果见表2.7.9。

表2.7.9 稳定性系数计算结果表（岩质边坡部分）

计算剖面	计算工况	计算结果	稳定性评价标准	稳定状态
1-1'	一般工况	1.580	根据表2.7.5～表2.7.7中的相关标准，该段坡体失稳危害程度较严重，稳定安全等级为三级，稳定安全系数取1.25	稳定
	暴雨工况	1.199		不稳定
	地震工况	1.431		稳定
2-2'	一般工况	1.511	根据表2.7.5～表2.7.7中的相关标准，该段坡体失稳危害程度较严重，稳定安全等级为二级，稳定安全系数取1.30	稳定
	暴雨工况	1.153		不稳定
	地震工况	1.368		稳定

3. 稳定性综合评价

根据该高切坡的变形破坏模式分析和稳定性定性及定量评价结果表明：

（1）上部土质边坡：在一般工况、地震工况下，整体稳定，但存在局部坍塌的可能；在暴雨工况下，整体处于不稳定状态，将会沿覆盖层/基岩界面产生滑动破坏；若叠加地震作用，坡体破坏进一步加剧，需采取加固措施。

（2）下部岩质边坡：在一般工况、地震工况下，整体稳定，仅坡面浅表强风化碎裂状岩体发生局部崩落；在暴雨工况下，整体处于不稳定状态，坡体会使沿软弱夹层产生整体滑动破坏；若叠加地震作用，坡体破坏会进一步加剧，需采取加固措施。

7.5.3.5 加固措施及效果

根据该高切坡变形破坏模式及各种工况下的稳定状态，结合边坡地质条件分析，建议对其下部岩质边坡采用抗滑挡墙加固措施；对上部土质边坡采用削坡减载（坡率1：1.5）＋格构加固措施，并使下部抗滑挡墙墙顶高出土体的可能破坏面，以增加土体抗滑力。加固后的高切坡见图2.7.34。

7.5.4 东区T4地块1号挡墙南段高切坡

7.5.4.1 基本条件

东区T4地块1号挡墙南段（k0＋000～k0＋080）高切坡，系该地块场平开挖形成的人工边坡。坡顶高程为958.50m，坡脚高程为948.00m，坡高为10.50m，上段缓坡段坡度为30°，下段陡坡段坡度为73°，坡型为上缓下陡型，属岩土混合高切坡（图2.7.35）。

坡体岩性及物质组成自上而下为人工填土层（Q_4^{ml}）、残坡积层（Q_4^{el+dl}）粉质黏土层和二叠系下统阳新组（P_{1y}）灰岩。人工填土层属近期人工堆积土，黄褐色，结构松散，由粉质黏土夹碎石组成；粉质黏土层为红褐色，稍湿，可塑状，失水易开裂；灰岩为中厚层状，中等风化状态，岩体较完整，层面粗糙，略有起伏，层间结合紧密，可见溶蚀现象，多已被充填。岩层产状为N15°W/NE∠15°。层间未见软弱夹层发育，构造形式以节

图 2.7.34　9 号次干道西侧岩土混合高切坡加固处理措施
（上部削坡＋混凝土格构，下部抗滑挡墙）

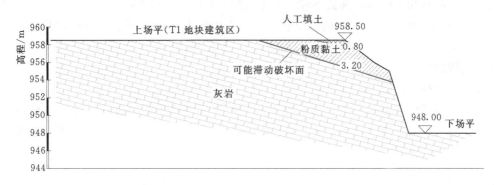

图 2.7.35　东区 T4 地块 1 号挡墙高切坡地质剖面图

理裂隙为主。

7.5.4.2　变形破坏模式及机制分析

（1）上部土质边坡。坡率 1：1.72，坡度较缓，在天然状态下处于稳定状态。但降雨时地表水沿松散人工填土和粉质黏土干裂缝入渗，改变其土体工程性质，并在弱透水性灰岩层顶面积聚，增加坡体水压力，降低土体抗剪强度。在重力作用下，可能沿基岩与覆盖层界面产生滑动变形，潜在滑面呈直线型。加之变坡点为应力拉张区，易在其坡面形成拉张裂缝，有利于地表水入渗。

（2）下部岩质边坡。坡面走向 N20°W，坡角 73°，向 NE 倾斜，灰岩层面产状为 N15°W/NE∠15°，坡面与层面走向夹角仅为 5°，可见，边坡结构为层状同向结构，层面为控制结构面，且层面倾角小于坡角，层理面在坡面有出露，根据 7.3 节分析，坡体存在沿层面产生滑移拉裂变形或滑动破坏可能，但岩体呈中等风化状态，层内未见软弱夹层，层面粗糙且结合紧密，岩体及层面强度较高，加之降雨入渗对层面抗剪强度影响小，因此，坡体沿层面整体滑动破坏可能性较小，但坡面浅表岩体因陡倾结构面切割呈块体，坡体开挖卸荷松弛，存在掉块或产生局部崩塌破坏可能。

7.5.4.3 稳定性分析

1. 稳定性分析计算

（1）上部土质边坡。稳定性计算采用式（2.7.2）～式（2.7.6）。计算参数见表2.7.4。

计算工况：一般工况和暴雨工况。各工况均不考虑上场平建筑物的加载。

计算结果：一般工况 $K_s=1.446>1.35$，暴雨工况 $K_s=1.048<1.35$。

（2）下部岩质边坡。稳定性计算采用式（2.7.7）～式（2.7.11）。计算参数见表2.7.4。

计算工况：一般工况和暴雨工况。各工况均不考虑上场平建筑物的加载。

计算结果（最小安全系数）：一般工况 $K_s=1.373>1.35$，暴雨工况 $K_s=1.72>1.35$。

2. 稳定性综合评价

通过变形破坏模式及机制分析表明，该高切坡坡体存在沿基岩与盖层界面滑移的可能，失稳破坏直接关系东区T4地块建（构）筑物及移民生命财产的安全。根据表2.7.5～表2.7.7所列相关标准，其失稳危害程度为严重，安全等级为一级，稳定安全系数取值为1.35。根据分析计算结果，该高切坡上部土质边坡在一般工况下处于稳定状态，在暴雨工况下处于不稳定状态，将产生滑动破坏；下部岩质边坡部分在一般工况、暴雨工况下均处于整体稳定状态。

7.5.4.4 处理措施及效果

由于该高切坡仅上部土体在暴雨等不利因素下可能产生滑动破坏，但土体分布范围小，体积不大，其下滑力较小，且下部岩体稳定。因此，建议利用T4地块场平工程1号挡墙对土体进行支挡。

7.6 小结

为满足新县城建筑物布置的需求，地处层状顺向斜坡地带的萝卜岗场地，开展了大规模的场平工程，相应地也形成了大量的高切坡。这些高切坡具有坡陡、坡型复杂、数量多、分布范围广、坡面抗冲蚀能力差、应力集中区明显、边坡结构多样、坡体易于变形失稳等特点。

萝卜岗场地高切坡按组成物质可分为3类，即土质高切坡、岩质高切坡和岩土混合高切坡。高切坡稳定性影响因素较多，如岩土体性质、岩土体结构、构造等内在因素及水作用、地震作用、人类活动等外部因素。不同类型的高切坡，其稳定性主要影响因素不同，因此，其变形破坏模式也各不相同。土质高切坡稳定性主要取决于土体性质和水作用，其变形破坏模式以坍塌、整体滑动为主；岩质高切坡稳定性主要取决于岩性、岩体结构、构造和水作用，其变形破坏模式包括表层变形、卸荷松弛变形、蠕变变形、崩塌（落）破坏和滑动破坏；岩土混合高切坡，其上部土体稳定性主要取决于土体结构面或岩土接触面的性状和水作用，下部岩体稳定性主要取决于岩性、岩体结构和水作用，上部土体的变形破坏模式与土质高切坡相同，下部岩体的变形破坏模式与岩质高切坡相同。

对于可能滑动破坏的高切坡，在变形破坏模式及其机制分析和稳定性定性评价的基础上，按其可能破坏模式，选用合适的计算方法（如圆弧滑动法、平面滑动法和折线滑动法）进行稳定性定量评价，并根据其破坏模式分析、稳定性定性和定量评价结果对高切坡整体和局部进行稳定性综合评价。

对于各种工况下整体稳定，仅局部坡面可能变形破坏的高切坡，建议采用混凝土格构护坡、喷锚支护、坡面绿化和排（截）水等措施进行坡面防护；对于整体可能变形破坏的高切坡，需进行综合治理。为此，根据场地条件和坡体下滑力，建议采用抗滑桩、抗滑挡墙、系统锚喷等措施进行加固，并辅以混凝土格构护坡、排（截）水和绿化等措施，以改变可能失稳破坏的高切坡应力平衡条件，使其处于稳定状态。其中，挡墙（抗滑挡墙）因能很好地利用场平工程对高切坡进行加固，且自身具有一定的经济、技术合理性，在场地内被广泛采用，为场地高切坡的主要加固措施。

8

滑 坡 稳 定 性 研 究

8.1 研究思路和技术路线

8.1.1 研究思路

滑坡是山地、丘陵斜坡地带最常见的地质灾害之一，它常常危及人民的生命财产和各项建设事业的安全。研究滑坡形成的地质环境，分析其发展变化趋势，评价其对建筑场地稳定性的影响，提出综合防治措施、科学开发利用与合理规避风险的建议，是山区城市建设必不可少的基础性工作。

汉源县城新址萝卜岗场地为一单斜顺向坡，出露地层主要为三叠系上统白果湾组（T_{3bg}）砂泥岩和二叠系下统阳新组（P_{1y}）灰岩，场地无大型褶曲和活动断裂分布，地层产状较平缓，地质构造较简单，构造形式以次级舒缓褶皱、小断层、层间错动带和节理裂隙为其特征。场地上覆有成因类型不同、岩性结构不均一且厚度不等的第四系堆积层。建设用地及其周围局部存在滑坡等不良地质灾害，影响局部场地或地基的稳定性。随着新县城建设速度的加快，大量的场平工程在顺向坡上开挖切坡、堆载填筑和地表水入渗等人类活动，改变了原有的地形地质条件，导致部分滑坡的复活，同时也诱发了一些新滑坡。滑坡不仅影响场地的稳定性，也威胁着建（构）筑物的安全，制约着新县城的建设步伐。因此，开展滑坡稳定性研究，确定滑坡治理方案尤为重要。滑坡勘察研究的思路是通过工程地质测绘、物探、钻探、井探、坑探、槽探和岩土试验，查明滑坡的分布范围、规模、特征，分析滑坡的发生机理，进行滑坡的稳定性和危害性评价，提出有效的治理措施和监测的建议。

滑坡稳定性研究与治理流程见图 2.8.1。

8.1.2 技术路线

（1）工程地质调查测绘。对滑坡区及其外围进行工程地质调查与测绘，查明其地形地貌、地层岩性、地质构造、水文地质条件和各类岩土层的分布、界线、岩层产状；查明滑坡的分布范围、成因类型、发生及诱发条件、变形破坏历史及现状；并对滑坡成因、性质和稳定性作出判断。

（2）钻探。钻探孔位的布置应在工程地质调查或测绘的基础上，沿确定的纵向或横向勘探线布置，针对要查明的滑坡地质结构或问题确定具体孔位。钻探施工严格执行相关规范规程，钻探工作全孔取芯，按设计深度施工，严格控制回次进尺钻进；钻探采用双管单动 SD 钻具 SM 植物胶护壁，全断面取芯钻进。采用上述钻探工艺和方法，保证岩芯采取

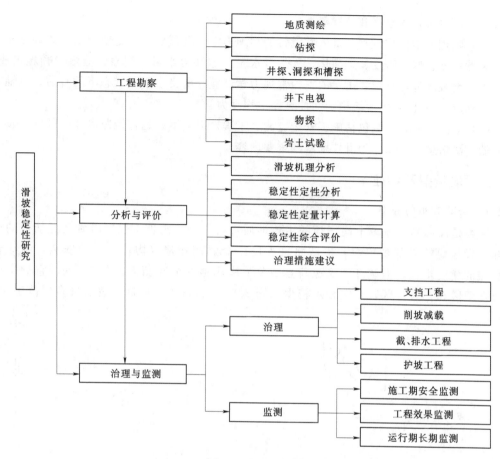

图 2.8.1　滑坡稳定性研究与治理流程图

率和岩芯质量，为查明岩土结构特征，软弱结构面和滑动面（带）的深度、厚度及性状，完整、稳定基岩埋藏条件等提供可靠依据。

（3）井探、坑探和槽探。井探、坑探和槽探在中型、大型滑坡勘察中是与钻探相结合的最直观的勘探手段，也是岩土测试与试验取样的重要手段，在开挖施工前应编制专门的设计书以指导挖掘施工。井探、坑探和槽探施工严格执行相关规范规程和设计书的要求，及时进行井壁支护。井探、坑探和槽探比钻探能更加直观反映实际岩土结构特征，尤其是裂缝、滑带、出水点、水量、顶底板变形情况（底鼓、片帮、下沉等）。

（4）地球物理勘探。地球物理勘探可作为辅助勘察手段，但不宜单独以物探解译成果直接作为防治工程设计依据，需要与钻孔、井探、坑探和槽探相结合，合理推断勘探点之间的地质界线及异常。主要采用电法、地震法及地质雷达等物探方法。地球物理勘探线的布置应与滑坡主要勘探线相结合。地球物理勘探方法主要用于探测滑坡的范围、结构、形态变化和滑面深度；判断介质异常体的存在，提供地球物理参数，并进行物理力学参数经验分析。

（5）钻孔全景图像。孔壁图像的采集，尤其在干孔和清水孔条件下，能实时获得非常清晰的孔壁彩色图像，可用于孔中地层岩性结构的划分、分辨断裂破碎发育带、确定软弱夹层滑动面（带）的厚度和位置等。

（6）物理力学性质试验。滑体和滑带的物理力学性质试验项目主要包括：矿物化学成分、天然密度、饱和密度、孔隙比、天然含水量、饱和含水量、塑限、液限、颗粒组成；同时还对滑坡体进行不同岩土层的室内常规力学试验，滑带土不同状态下的直剪、三轴剪试验，确定 c、φ 值，为滑坡稳定性计算提供物理力学参数。

（7）监测。滑坡监测包括施工安全监测、工程效果监测、运行期监测 3 个部分。及时获取的监测信息，可以作为滑坡勘察的重要内容。

8.2 滑坡类型及特征

8.2.1 滑坡分布与分类

滑坡是汉源新县城萝卜岗场地的主要地质灾害之一。滑坡不仅影响到迁建场地的选择和建设场地的局部稳定性，也威胁着人民生命财产和建（构）筑物的安全，制约着新县城的建设步伐。据统计，汉源新县城萝卜岗场地共分布新老滑坡 24 处。它们主要分布在西区和扩大西区，东区相对较少（图 2.8.2）。总的特点是滑坡数量多、范围小、

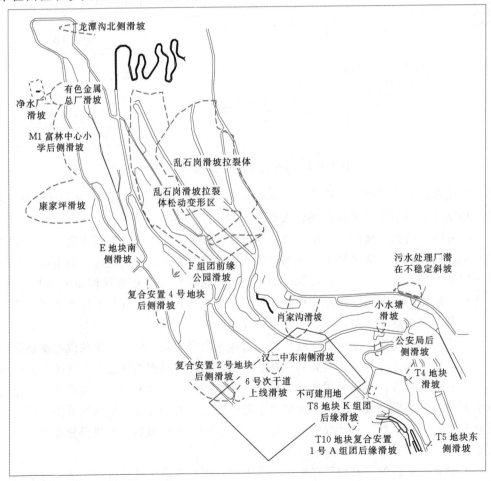

图 2.8.2　汉源新县城滑坡地质灾害分布示意图

深度浅、个体规模不大、以土质滑坡为主、多为工程活动而形成或触发老滑坡的复活所致。

根据表 2.8.1 滑坡按成因类型、滑坡规模、滑坡厚度、（滑动前坡体）物质组成、滑动面特征、滑动机制、滑动速度的分类标准，以及表 2.8.2 滑坡危害对象确定及等级划分的规定，对汉源新县城萝卜岗场地滑坡进行了实录统计和分类（表 2.8.3）。由此可知：

表 2.8.1 　　　　　　　　　　　　　**滑 坡 分 类 表**

分类依据	分类名称	特 征 概 述
成因类型	自然滑坡	自然因素如河流冲淘、降雨、地震等导致的滑坡
	工程滑坡	人类工程活动如开挖、用水排放、建筑物加载等导致的滑坡
滑体规模	小型滑坡	体积为小于 10 万 m³
	中型滑坡	体积为 10 万 ～100 万 m³
	大型滑坡	体积为 100 万～1000 万 m³
	特大型滑坡	体积为 1000 万～10000 万 m³
	巨型滑坡	体积大于 10000 万 m³
滑体厚度	浅层滑坡	滑体厚度小于 10m
	中层滑坡	滑体厚度为 10～25m
	深层滑坡	滑体厚度大于 25m
整体稳定状态	活滑坡	正在活动或季节性活动的滑坡；老滑坡因自然或工程活动而复活的滑坡
	新滑坡	因自然或工程活动现今正在滑动的滑坡
	老滑坡	自然条件下存在失稳条件但暂不滑动的滑坡
	古滑坡	自然状态下已丧失失稳条件的滑坡，或称为死滑坡
（滑动前坡体）物质组成	土质滑坡	滑动面在土层内或与基岩接触面上
	岩质滑坡	滑动面在岩体内
滑动面特征	顺层滑坡	沿岩层层面滑动
	切层滑坡	滑动面切过岩层层面滑动，或沿破裂结构面发生滑动
	复合型滑坡	不同类型的层面、结构面复合形成滑动面
	溃屈滑坡	后缘顺层前缘膨胀、溃屈，沿折断面形成的破碎带滑动
	倾倒体滑坡	沿倾倒体底部岩层折断面滑动，常形成破碎滑动带
滑动机制	牵引式滑坡	下部先滑动，牵引上部失稳，多为解体式滑动，滑速较慢
	推移式滑坡	主动力在上部，推挤下部失稳，多为整体式滑动，滑速较快
滑动速度	快速滑坡	突然发生的滑坡，易造成突发性的灾害
	蠕动滑坡	坡体沿滑动面缓慢断续滑动

表 2.8.2 　　　　　　　　　　　　**滑坡危害对象等级划分表**

危害等级	一 级	二 级	三 级
潜在经济损失	直接经济损失大于 1000 万元或潜在经济损失大于 10000 万元	直接经济损失为 1000 万～500 万元或潜在经济损失为 5000 万～10000 万元	直接经济损失小于 500 万元或潜在经济损失小于 5000 万元

危害等级	一　级	二　级	三　级
危害对象 城镇	威胁人数大于 1000 人	威胁人数为 1000～500 人	威胁人数小于 500 人
交通道路	一级、二级铁路，高速公路	三级铁路，一级、二级公路	铁路支线，三级以下公路
大江大河	大型以上水库、重大水利水电工程	中型水库、省级重要水利水电工程	小型水库、县级水利水电工程
矿山	能源矿山，如煤矿	非金属矿山，如建筑材料	金属矿山，稀有、稀土等

注　本表引自《滑坡防治工程勘查规范》(DZ/T 0218—2006)。

表 2.8.3　　　　　　　　　汉源新县城建设场地滑坡统计表

编号	滑坡名称	危害等级	滑体厚度	滑坡规模/万 m³	整体稳定状态	滑动机制 推移式	牵引式	(滑动前坡体)物质组成 岩质滑坡	土质滑坡	自然滑坡	成因类型 工程滑坡 新滑坡	复活老滑坡
1	乱石岗滑坡	一级	中层	大型（500）	古滑坡		√	√		√		
2	康家坪滑坡	一级	中层	大型（280）	古滑坡		√	√		√		
3	富塘滑坡	二级	浅层	中型（11.5）	古滑坡		√	√		√		
4	肖家沟滑坡	一级	中层	中型（13.0）	老滑坡		√		√			√
5	B 组团、C 组团滑坡	二级	中层	小型（8.5）	老滑坡		√		√			√
6	汉源二中体育场后侧滑坡	二级	中层	小型（4.7）	老滑坡		√	√		√		√
7	净水厂前缘滑坡	一级	中层	中型（30.0）	老滑坡		√	√				√
8	N1 地块富林中心小学后侧滑坡	二级	中层	中型（42.6）	老滑坡		√		√			√
9	有色金属总厂滑坡	二级	浅层	中型（23.0）	老滑坡		√	√				√
10	自谋职业 4 号地块后侧滑坡	二级	中层	小型（9.9）	新滑坡		√		√		√	
11	复合安置 4 号地块后侧滑坡	二级	中层	中型（10.92）	新滑坡		√		√		√	
12	复合安置 2 号地块后侧滑坡	二级	浅层	中型（14.66）	新滑坡		√		√		√	
13	F 组团前缘公园滑坡	三级	浅层	小型（2.5）	新滑坡	√			√		√	
14	F 组团前缘公园滑坡	三级	浅层	小型（4.8）	新滑坡		√		√		√	
15	公安局后侧滑坡	二级	浅层	小型	老滑坡		√		√			√
16	工商银行后缘滑坡	三级	浅层	小型（0.9）	新滑坡		√		√		√	
17	汉源二中东南侧滑坡	二级	中层	中型	老滑坡		√		√			√
18	T4 地块滑坡	二级	中层	小型	新滑坡		√		√		√	
19	T5 地块东侧滑坡	三级	浅层	小型（0.68）	新滑坡		√		√		√	

编号	滑坡名称	危害等级	滑体厚度	滑坡规模/万 m³	整体稳定状态	滑动机制		（滑动前坡体）物质组成			成因类型	
											工程滑坡	
						推移式	牵引式	岩质滑坡	土质滑坡	自然滑坡	新滑坡	复活老滑坡
20	T8 地块 K 组团后缘滑坡	二级	中层	中型（16.8）	老滑坡		√		√			√
21	T10 地块 1 号 A 组团后缘滑坡	二级	中层	中型（14.8）	老滑坡		√		√			√
22	龙潭沟 1 号、2 号大桥北侧滑坡	二级	中层	小型（8.5）	老滑坡		√		√			√
23	M2 地块南侧（1 号挡墙 k0+000～k0+150 段）滑坡	三级	浅层	小型（1.0）	新滑坡		√		√		√	
24	污水处理厂滑坡	一级	中层	中型（76.9）	老滑坡		√		√			√

（1）从滑坡分布区域看，滑坡主要发育在西区和扩大西区的砂、泥岩地区，约 19 处，占总数的 79％；而东区灰岩分布区仅 5 处，占总数的 21％。东区场地稳定性与适宜性相对好于西区和扩大西区。

（2）从滑坡成因类型分析，因工程不合理的开挖切坡、堆载填筑和施工（生活）用水而导致的工程（新）滑坡，以及因工程而复活的老滑坡占绝大多数，达 21 处，占总数的 87.5％；自然滑坡仅 3 处。说明人类工程活动是萝卜岗场地岩土体滑移的主要诱发因素之一。

（3）依滑坡体规模而论，滑坡体以中、小型为主，体积小于 100 万 m³ 达 22 处，占总数的 92％；体积不小于 100 万 m³ 仅有乱石岗滑坡、康家坪滑坡 2 处，占 8％，但对场地选择和场地稳定性影响大，危害也大，尤其乱石岗滑坡不适宜建筑物布置，应予避开。

（4）依滑坡体（带）物质组成而言，由人工填土、弱膨胀粉质黏土、"昔格达组"粉砂及粉土层、块碎石土等组成的土质滑坡达 18 处，占总数的 75％；岩质（或岩土混合）滑坡有 6 处，但岩质滑坡个体规模较大，造成的地质灾害也较大。

8.2.2 滑坡发育特征

通过对萝卜岗场地滑坡勘察研究与工程实践表明：滑坡的发生和发展是受多种环境因素及其相互长期作用的结果。岩土性质、软弱层（带）是滑坡孕育的物质基础，斜坡地形地貌、顺向斜坡结构、节理裂隙及层间错动带等为滑坡提供了边界条件，人类工程活动、降雨入渗、地震作用是滑坡形成的主要诱发因素。

（1）岩土性质。萝卜岗场地分布的土层主要有人工填土，坡残积粉质黏土、块碎石土，"昔格达组"及其后期经风化搬运再堆积的粉砂、粉土层，下伏基岩为白果湾组砂泥岩和阳新组灰岩。其中，块碎石土呈松散-稍密状，具中等-强透水性，利于地表水入渗；粉质黏土的颗粒组成以黏粉粒为主，化学成分以 SiO_2 为主、Al_2O_3 次之，含亲水黏土矿物蒙脱石、伊利石较高，具有干时易开裂，遇水易软化、膨胀、崩解、抗剪强度显著降低等特点，加之具有相对隔水性能，易形成滑面；"昔格达组"及其后期经风化搬运再堆积的粉砂、粉土层富含伊利石、蒙脱石等黏土矿物，可溶盐含量较高，具有遇水易软化、泥化、崩解和强度急剧降低的性质，是著名的"易滑层"。下伏基岩白果湾组砂泥岩层间错动带、软弱夹层较发育，它们有的经后期风化、卸荷和地表下水作用，虽原有结构基本保持，但其亲水性黏土矿物和铝酸盐新生矿物总量及其黏粒含量随之增高，尤其泥型、泥夹岩屑型软弱夹层工程性状差，透水性弱，抗剪强度低，易形成滑移控制面；此外，表层人工填土或耕植土层结构松散，强度低，具有中等-强透水性，地表水易于入渗，也有利于滑坡的发育、复活。可见场地内分布的粉质黏土、粉土、粉砂土层和软弱夹层，以及各土层之间或其与下伏基岩接触面黏土夹层等，为滑坡形成或复活提供了物质基础。

（2）岩体结构。萝卜岗场地地处单斜顺向坡，地质构造较简单，岩层倾向与斜坡坡向基本一致，倾角一般为10°～15°，倾角略小于坡角，为基岩（岩土混合）顺层滑移提供了有效的临空条件；基岩阳新组灰岩以厚-中厚层状结构为主，场地西区和扩大西区的白果湾组砂泥岩多具有互层状-薄层状结构，后者岩体"两陡一缓"结构面较发育，且缓倾角结构面多形成软弱面（带）、两陡倾角结构面，分别与坡向近乎平行或垂直，它们分别构成滑坡或潜在不稳定体滑移的滑移面、侧（纵）向切割面或临空面的边界条件，在河谷下切或暴雨、地震、工程活动等因素触发下，向临空方向产生顺层滑坡。场地内的基岩滑坡几乎都是这一滑移变形机制。

（3）水作用。地表水入渗与地下水活动诱发斜坡变形破坏是显而易见的。水饱和软化岩土结构不仅增大岩土体的静（动）水压力和孔隙（裂隙）水压力，也促使岩土体的抗剪强度大大降低，斜坡稳定性变差，如粉质黏土在饱水条件下 φ 值可降低到 8°～10°，c 值降低到 15kPa。

暴雨是斜坡变形发生滑坡或滑坡复活的重要诱发因素。暴雨强度越大、持续时间越长，越易出现滑坡。汉源新县城萝卜岗场地于 2010 年 7 月 15—17 日和 23—25 日遭遇两次特大暴雨，累计降雨量分别达 146mm 和 163mm，诱发了多处土质滑坡的发生或滑坡复活，如 T8、T10 地块后缘滑坡，T5 地块东南侧滑坡，N1 地块后侧滑坡等。

（4）工程活动。工程不合理的开挖切坡、堆载填筑和施工（生活）用水入渗等是萝卜岗场地新滑坡发生或老滑坡复活的主要触发因素之一，并具有下列特征：

1）工程新滑坡。土层开挖形成边坡后，坡体支撑力削弱、内部应力重分布，在局部出现应力集中带，使其剪应力大于土体的抗剪强度而产生塑性变形（蠕变），同时牵引后部土体失稳，出现拉张裂缝，有利于地表水的入渗。地表水入渗后在下伏弱透水层（如黏性土、"昔格达组"或基岩面）中聚集，恶化易滑土层的岩土工程性质、降低其抗剪强度；并提高地下水位，增加上部土体孔隙水压力，降低其有效应力，在重力作用下，使土体沿"易滑层"（黏性土层、粉土层或基岩顶面）滑动变形，形成工程新滑坡。

该类滑坡均为牵引式土质滑坡，工程治理前处于不稳定状态。前缘开挖切坡段有明显剪出口或滑坡舌，滑体以水平位移变形为主；后缘段滑坡壁小错落带、裂隙密集带等特征也较齐全，滑体以垂直位移变形为主；滑面多位于土层中或与基岩接触面上，滑面多呈弧形、光滑镜面状，可见擦痕；滑体物质以坡残积层为主，人工填土、"昔格达组"粉砂及粉土层为次。该类滑坡多为浅层滑坡，规模不大。如工商银行后缘滑坡体积为 0.9 万 m^3，

M2 地块南侧（1 号挡墙 k0＋000～k0＋150 段）滑坡体积为 1.0 万 m³。

2）工程复活老滑坡。场地内老滑坡在工程建设前均处于稳定状态。但在场平工程中，老滑坡的抗滑段被开挖后，支撑力被削弱，改变了滑坡应力平衡，在老滑坡中、下部产生应力集中，致使滑坡逐渐蠕动变形，滑坡区地表出现拉张裂缝，大量地表水入渗土体，滑面抗剪强度降低，并增加土体孔隙水压力，降低其有效应力，使老滑坡的下滑力大于抗滑力，形成工程复活老滑坡；另外在老滑坡体上堆载，增加老滑坡下滑力，加之降雨等自然因素作用，也会形成工程复活老滑坡，如 T10 地块复合安置 1 号 A 组团后缘滑坡因建筑弃土堆载致使滑坡二次复活即是例证。

该类滑坡后缘壁明显，但多已变缓，局部可见基岩出露。滑体以坡残积堆积层为主，昔格达层次之；前缘段以水平位移变形为主，在地表多以放射状裂缝、鼓丘等形式表现，后缘段以垂直位移变形为主，在地表以陷落洼地或反坡平台、裂隙密集带等形式表现。该类滑坡多利用老滑坡的滑面而复活，产生的新滑面呈曲面，由弧形滑面和折线形滑面组合而成，也属老滑坡体内的次级滑坡，影响范围有限。老滑坡复活后其范围、规模均增大，多发展为中浅层中型滑坡。如山帽顶 1 号老滑坡复活形成 T8 地块 K 组团后缘滑坡后，其体积增至 16.8 万 m³；山帽顶 2 号老滑坡复活形成 T10 地块复合安置 1 号 A 组团后缘滑坡后，其体积达 14.8 万 m³。

8.3　乱石岗滑坡及影响区

8.3.1　概述

乱石岗滑坡及影响区位于无名沟与龙潭沟之间，包括西区 M-3、M-5、M-6、M-9-1、M-9-3、N-4、N-5 地块及其外侧一带，分布高程为 860.00～1120.00m。其中，滑坡体最宽为 800～1000m，最长约 1000m，厚度为 8～20m，体积约 500 万 m³。滑坡体地形坡度为 10°～15°，地貌上具有"圈椅"状特征，前缘一带地形较缓，中部高程 930.00m 处（原规划 2 号主干道附近）为一宽约 60m 的缓坡台地，后缘形成陡壁。该滑坡体属古滑坡残留体，发育于三叠系上统白果湾组（T_{3bg}）薄-中厚层状细砂岩夹泥质粉砂岩及粉砂质泥岩中，滑床岩层产状为 N30°～38°W／NE∠13°～16°，滑带为相对软弱的粉砂质泥岩夹层等经后期构造、风化和地下水等综合作用而形成的软弱层带。滑坡全貌见图 2.8.3。

该滑坡为岩质顺层滑坡。在滑坡后缘高程 1120.00～998.00m 及滑坡体两侧一定范围影响区内，受滑坡扰动影响，岩体普遍存在显著的拉裂松动变形或强烈卸荷松弛现象。据此，在总体规划勘察阶段将该滑坡分为滑坡堆积区和滑坡影响区。稳定性分析表明，该滑坡规模大，环境工程地质条件复杂，一般状态下整体基本稳定，蓄水或地震工况下有复活失稳的可能，工程治理难度和工程量均大。城市规划建设初期，在详细规划阶段大量岩土工程勘察的基础上，为评价滑坡稳定性及影响区地基经工程处理后的可利用性，将乱石岗滑坡及影响区细分为滑坡堆积区、强拉裂松动区、弱拉裂松动区和拉裂松弛区，并进一步开展了稳定性专题研究论证。稳定性专题研究论证表明：①暴雨工况下滑坡堆积区及拉裂松动区岩体，稳定性系数低，达不到工程安全要求；地震工况下滑坡堆积区及拉裂松动区岩体，处于极限平衡状态，存在失稳的可能，属不稳定场地，场地工程建设不适宜；②受滑坡扰动影响，后缘拉裂松弛区属稳定性差场地，场地工程建设适宜性差，当作为次要房

图 2.8.3 乱石岗滑坡全貌

屋建筑地基时，必须采取工程措施保证坡体稳定，同时还需对地基进行相应处理；③保证坡体稳定的工程处理主要是在滑坡堆积区及拉裂松动区的后缘，即拉裂松弛区前缘采取抗滑处理措施。因此，在城市建设过程中对滑坡后缘影响区也采取了有效工程治理。

8.3.2　滑坡基本特征

8.3.2.1　形态特征及分布范围

　　根据滑坡及周围不同部位岩土体的结构特征及变形特征，将乱石岗滑坡及影响区划分为两个大区，即滑坡区和滑坡影响区，其中滑坡影响区根据拉裂变形程度及岩土结构特征又进一步划分为强拉裂松动变形区、弱拉裂松动变形区和拉裂松弛变形区。

　　滑坡及影响区的分区特征见表 2.8.4，各区分布范围见图 2.8.4 和图 2.8.5。

表 2.8.4　　　　　　　　　　　乱石岗滑坡及影响区分区特征表

分区	岩土体结构特征	拉裂缝特征		滑动面特点	位移距离	分布范围
		宽度	长度			
滑坡堆积区	岩（土）体完全解体，部分岩块在滑移过程中隆起翻转			底部已形成连续贯通，并具有一定厚度的滑带，滑带挤压错动迹象强烈，已完全丧失原岩组织结构，滑带物质以泥（黏、粉粒）为主，滑面有渗水或浸水	在数十米以上，一般可达数百米	分布高程为 860.00～998.00m
强拉裂松动变形区	岩体基本解体，块体之间的连接基本丧失，但块体岩层产状与下伏基岩产状基本一致	宽度一般在 2m 以上，局部可达数十米	延伸长度可达数十米以上	尚未形成统一的滑动面，滑动面原岩结构已基本丧失，挤压错动明显，滑动面物质以泥（黏、粉粒）为主，滑面局部有渗水或浸水	一般在数米至数十米之间	主要分布于滑坡区后缘，高程为 998.00～1040.00m

144

分区	岩土体结构特征	拉裂缝特征		滑动面特点	位移距离	分布范围
		宽度	长度			
弱拉裂松动变形区	岩体部分解体，岩块岩层产状与下伏原岩岩层产状基本一致	宽度一般在数厘米至数米之间	延伸长度一般在数米至数十米之间	尚未形成统一的滑动面，滑动面原岩结构有一定扰动，有挤压错动迹象，滑面物质以泥夹岩屑为主，滑面局部有渗水或浸水	一般在数十厘米至数米之间	分布于强拉裂松动变形区的后缘，高程为1040.00～1080.00m，以及滑坡区两侧，高程为 870.00～1030.00m
拉裂松弛变形区	岩体基本保持原岩结构，岩块产状与原岩岩层产状一致	宽度一般在数厘米至数十厘米之间	延伸长度一般在数米	岩体内未形成滑动面，软弱层带基本保持原岩结构	无错动迹象	分布于弱拉裂松动变形区后缘，高为1080.00～1120.00m

8.3.2.2 滑坡堆积区岩土体结构特征

该区面积约 518581m²，分布高程为 860.00～998.00m。主要有以下特点：

（1）前缘：自然坡度为 10°～15°，原岩岩体已完全解体，呈碎块石土状，结构松散。局部仍保持较完整的岩块，但已发生变形或翻转，其产状凌乱，与原岩层面产状存在明显差别，倾角明显变陡或反倾。滑坡前缘总体上以溃屈为其特征。

（2）中部：原岩岩体大部分已经解体，多呈碎块状结构，拉裂变形现象普遍，拉张裂隙一般宽 10～40cm，无充填，宽数十米的拉陷槽较发育，多充填岩块或土体。与滑坡前缘相比，其解体程度略小，部分大岩块的产状与原岩层面基本一致，表现出沿层面方向滑移-解体的特点（图 2.8.6 和图 2.8.7）。

（3）后缘：多由大岩块组成，拉裂缝发育普遍，岩块总体产状与原岩层面基本一致，见图 2.8.8 中的岩块①、岩块②。但由于滑坡运动速率不均一，因此后缘同时存在数十米的拉陷槽，拉陷槽内充填黏土夹碎石③及下部大岩块④。滑坡后缘多分布横向拉张裂缝，并形成后缘陡坎（图 2.8.9）。

8.3.2.3 滑坡影响区岩体变形特征

（1）强拉裂松动变形区。该区面积约 91954m²，分布高程为 998.00～1040.00m。区内岩体普遍存在纵向和横向的拉裂缝隙，并有向临空方向的蠕滑迹象。蠕滑变形产生的横向拉裂缝宽度一般为数米左右，局部可达 10 余 m，拉裂缝内多充填黏土和碎石。区内发育的软弱夹层厚度一般为 10～50cm，由黏土夹碎石组成，多具有较明显错动迹象。图 2.8.10 是滑坡后缘强拉裂松动变形区松林沟右侧岩体拉裂现象，高程约 1040.00m，其拉裂缝宽度一般为 1～3m。图 2.8.11 是该区中部岩体拉裂变形特征，图中编号①为薄-中厚层砂岩岩体（块）破碎，其层面产状为 N50°W/NE∠19°，岩体（块）内发育陡倾坡内节理，节理面较平直，节理产状为 N12°W/SW∠88°，张开 2～5cm，充填少量泥、岩屑；编号②为拉裂缝填充的红褐、黄褐色黏土夹碎石，碎石含量占 20%，一般粒径为 10～20cm；编号③为拉裂缝填充的红褐色黏土夹碎石，碎石含量占 30%，一般粒径为 10～15cm，表面植被较发育；编号④为中厚层砂岩体（块），岩体（块）破碎，发育陡倾坡内节理，节理面波状起伏，节理产状为 N14°W/SW∠85°，张开，充填 5cm 厚泥；编号⑤为

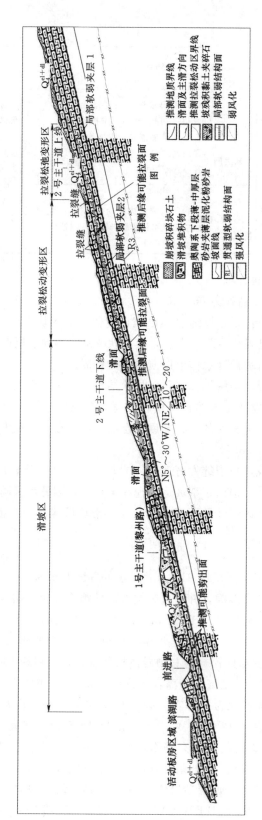

图 2.8.4 乱石岗滑坡典型工程地质剖面图

146

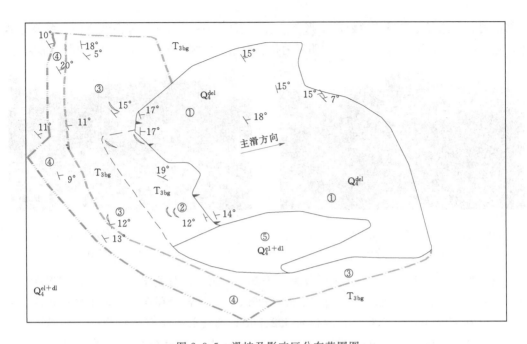

图 2.8.5　滑坡及影响区分布范围图

①—滑坡堆积区；②—强拉裂松动变形区；③—弱拉裂松动变形区；④—拉裂松弛变形区；⑤—残坡积覆盖层堆积区

图 2.8.6　滑坡堆积区中部岩体结构及变形特征

图 2.8.7　滑坡堆积区中部拉张裂缝

图 2.8.8　滑坡后缘岩体结构及变形现象

图 2.8.9　滑坡区后缘陡坎

下部砂岩。由此可见在强拉裂松动变形区，岩体不仅存在横向（沿等高线方向）的拉裂现象，在纵向（垂直于等高线）也存在明显的拉裂现象。本区变形特征以拉裂-蠕滑变形为主。

图 2.8.10　强拉裂松动变形区松林沟　　　　　图 2.8.11　强拉裂松动变形区
右侧拉裂缝特征　　　　　　　　　　　　中部岩体变形特征

（2）弱拉裂松动变形区。该区可分为 3 个部分：第一部分位于强拉裂松动变形区的后缘，高程为 1040.00～1080.00m，面积约 66929m²；第二部分位于乱石岗滑坡堆积区的右侧，高程为 870.00～1030.00m，面积约 59217m²；第三部分位于强拉裂松动变形区的左侧 N-4、N-5 地块，面积约 129932m²。区内岩体也普遍存在纵向和横向的拉裂现象（图 2.8.12），并有向临空方向的蠕滑迹象，拉裂缝宽度一般约数十厘米，充填物质较少。软弱夹层一般较薄，厚度一般为 1～5cm，其上、下部岩体较完整，裂缝部位的岩体沿薄层的软弱夹层向临空方向呈抽屉状滑移变形。该区仍表现为拉裂-蠕滑变形，其拉裂程度和蠕滑位移比强拉裂松动变形区均较弱。

图 2.8.12　弱拉裂松动变形区横向拉裂缝隙

（3）残坡积覆盖层分布区岩土体结构特征及变形迹象。该区主要分布于乱石岗滑坡松动区右侧的 M-5、M-6 地块，由厚度达数米至十余米的残坡积碎石土组成。该区面积约 109281m²。

据勘探资料，覆盖层厚度一般为 8～10m，局部位置可达 15m 以上，由于覆盖层结构松散，其前缘开挖挡墙基槽后，形成较陡的临空面，受此影响覆盖层出现了较明显的失稳滑塌现象（图 2.8.13），覆盖层外侧修筑的挡墙均出现了不同程度的变形开裂现象。

图 2.8.13　M地块覆盖层失稳现象

（4）拉裂松弛变形区。主要分布于弱拉裂松动变形区后缘，高程为 1040.00～1100.00m 范围内，面积约 141327m²。该区岩体拉裂变形程度较拉裂松动变形区小，但比该区正常岩体卸荷程度强，拉裂缝主要以横向为主，宽度一般为 5～20cm，最大可达20～30cm，延伸长度一般为 2～3m（图 2.8.14）。该区主要表现为向临空面拉裂-松弛现象。

图 2.8.14　拉裂松弛变形区拉裂缝

8.3.2.4　滑带和软弱层带特征

（1）滑坡区滑带（面）特征。受河谷切割和工程开挖影响，滑坡区内多处出露滑带，主要由青灰色、灰白色泥（黏土）或泥（黏土）夹角砾组成，黏土含量可达 20％～35％，角砾含量为 50％～60％，延伸长度可达数十米，厚度为 20～50cm（图 2.8.15）。滑带埋深一般为 8～20m，其产状与下伏基岩光面产状基本一致，前缘有较明显的切层反翘现象。滑带物质强度较低，对地下水较为敏感，遇水后呈软塑状，其强度显著降低。

（2）影响区软弱层带特征。如前所述，据现场调查和钻孔揭露，滑坡及影响区内岩体软弱层带多沿岩体内薄层泥岩顺层发育，其厚度一般为 5～20cm，个别最厚可达 30cm，最薄为 1～2cm。从软弱夹层成因类型上可将其划分为原生型、构造型、次生型和复合型 4 种类型；按其物质组成和工程性状可大致分为岩屑夹泥（黏土）型、泥（黏土）夹岩屑型和泥型三大类。

图 2.8.15　滑坡中部滑带特征

这些软弱层带大多具有一定程度的挤压错动迹象，表明它们先期多受到区内构造活动的影响，后期又经风化、卸荷和地下（表）水物理化学作用，并伴随河谷下切，两侧岩体存在一定程度的蠕滑迹象。由于影响区内软弱层带仍保留一定程度的原岩结构，两侧岩体发育的拉裂缝宽度较小，且延伸长度较小，因此岩体沿软弱层带的滑移距离较小。在不利条件下（如开挖切脚使坡体前缘临空、地表水体入渗），部分软弱层带将可能构成区内岩体失稳的底界面。

8.3.3　滑坡形成机理分析

根据上述调查分析，乱石岗滑坡及影响区内顺坡向发育的基岩滑坡，是沿岩体内软弱结构面失稳下滑形成的。这类软弱结构面在砂泥岩互层状结构中发育有多条，其倾角略大于坡角，由于它们在强度特性等方面存在较大差别，因而并不是任何一条软弱结构面都会构成岩体失稳的底界面，岩体失稳不仅与岩体及结构面的性状、地质构造环境有关，还与河谷侵蚀下切深度、坡体临空条件、暴雨、地表（下）水入渗、地震、人类活动等诸多因素有关。

调查研究表明，随着流沙河的河谷下切，区内岩体可能发生过两次较大规模的基岩失稳下滑，早期当河谷下切至高程 1120.00m 左右时诱发了康家坪滑坡的失稳，后期河谷下切至高程 800.00～850.00m 时诱发了乱石岗滑坡。

乱石岗滑坡失稳下滑的过程及机制可表述如下：

（1）伴随早期流沙河谷的侵蚀下切，顺向斜坡下伏的软弱结构面虽未出露于地表，但其前缘埋藏较浅，滑移的结果导致部分岩体鼓胀、溃屈、剪破滑出，为中部和后部岩体沿该软弱结构面向河谷方向产生蠕滑变形提供了临空条件，并使坡体上部岩体产生拉张裂缝，为地表水的下渗提供了通道，见图 2.8.16。

（2）当流沙河下切至高程 800.00～850.00m 时，随着地表水的下渗，使得下伏的软弱夹层进一步软化、泥化，甚至部分形成泥化夹层，其强度也随之急剧降低，当强度降低至一定程度时，上覆拉裂岩体在重力作用下沿软弱夹层失稳下滑，下滑过程中局部岩块解体不完整，以相对完整的形态保持下来，见图 2.8.17。

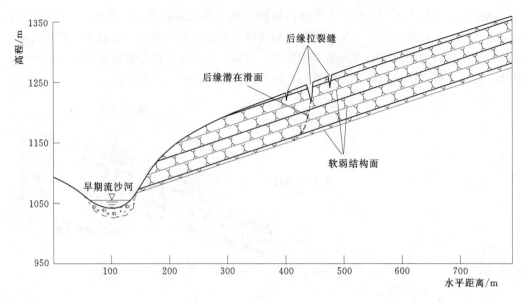

图 2.8.16 滑坡形成前斜坡形态

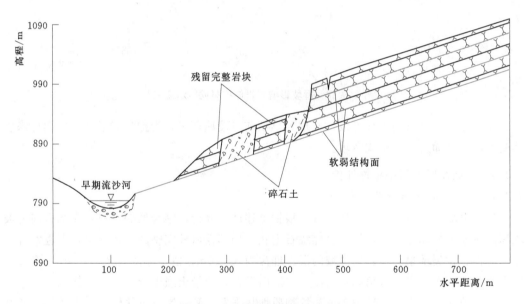

图 2.8.17 滑坡失稳后斜坡形态

（3）由于区内软弱结构多顺坡向沿层面发育，其倾角较缓，一般为 13°～16°，因此乱石岗滑坡的形成，是河谷下切期间斜坡岩体沿下伏软弱层面长期蠕滑作用的产物。滑坡过程中其运移速度较慢，运移距离较短，因而滑体内局部岩体解体不完全，保留有较多的大块完整岩块。

（4）滑坡失稳后，一方面使后缘岩体失去了支撑条件，为后缘岩体向临空方向变形提供临空条件；另一方面导致后缘岩体内发育的某些软弱结构面在临空面出露，这样伴随地表水下渗过程中，上述软弱结构面也产生进一步软化作用，从而促使上覆岩体沿软弱结构

151

面向临空方向滑移变形，在地表沿岩体内陡倾结构面形成拉张裂缝，见图 2.8.18 的地表拉裂缝。另一个特殊情况是在某些因素（如滑移变形速率的差异等）影响下，滑坡后缘岩体沿两条软弱结构面向临空方向呈"抽屉式"滑移，从而在岩体深部沿陡倾结构面产生拉裂缝，而其上覆岩体仍保持较完整状态，这类拉张裂缝具有一定的隐蔽性。

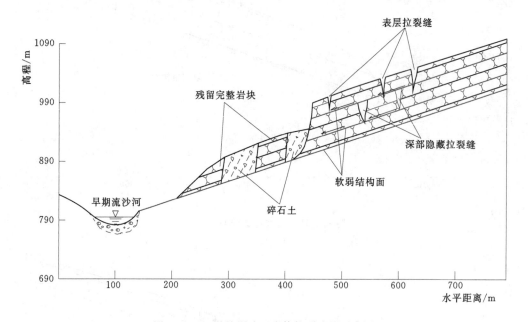

图 2.8.18　滑坡影响区岩体拉裂成因示意图

总体而言，乱石岗滑坡形成的机理为早期前缘溃屈剪出，为推移式滑坡，后期后缘岩体受滑坡扰动而发生牵引式滑坡。

8.3.4　滑坡及影响区稳定性评价

8.3.4.1　稳定性定性评价

（1）滑坡堆积体稳定性定性评价。根据上述调查分析，结合勘探资料，在乱石岗滑坡堆积区，原岩岩体已基本解体，呈碎块石土状，局部保留较完整的岩体（块）内也发育明显的滑移、拉裂现象。乱石岗滑坡的滑面埋深为 8～20m，滑带厚度为 20～40cm，滑带物质主要由泥或泥夹岩屑（角砾）组成，顺层面发育，滑带土强度低，遇水易软化。

从滑坡体结构特征、拉裂缝内充填物质性状来看，乱石岗滑坡属较大型古滑坡，滑坡形成后至今已经历多次强降雨等不利因素的扰动，未产生再次较大规模失稳迹象，且滑坡区地形较缓，坡度为 10°～15°，天然状态下滑坡现状整体基本稳定。若不对滑坡体进行工程开挖等人为扰动，滑坡体出现失稳的可能性较小。但由于汉源新县城公路交通建设的需要，将不可避免地对滑坡体进行一定程度的开挖等人为扰动，加上后期工程加载、地表水下渗等因素的影响，存在诱发滑坡局部失稳的可能。

（2）强拉裂松动变形岩体稳定性定性评价。该区属乱石岗滑坡的强烈影响区，变形体的厚度达 15～20m，岩体拉裂松动现象明显，并发育多条软弱夹层，岩体沿软弱夹层向临空方向的变形显著，一般错动位移可达数米，局部可达数十米。

从现场调查情况来看，目前该区岩体整体稳定，但在区内个别开挖挡墙基槽边坡内也发现局部滑塌或块体失稳的现象。

在工程开挖、地表水体下渗等不利因素影响下，区内岩体可能沿下伏软弱夹层向临空方向滑移失稳。

（3）弱拉裂松动变形岩体稳定性定性评价。该区总体上向临空方向的滑移变形量较小，一般约数十厘米至1m，岩体内发育的软弱夹层厚度一般较薄，为1～5cm，多呈碎屑或角砾状，少见夹泥。因此，该区面临的工程地质问题主要是局部岩体稳定性问题和建筑地基稳定性问题。

目前该区整体处于稳定状态，但在区内个别开挖挡墙基槽内侧边坡，仍发现一些小规模块体的失稳现象。因而可以预见在工程开挖、地表水体下渗以及工程加载等不利条件下可能诱发局部岩体失稳。

（4）残坡积覆盖层分布区稳定性定性评价。区内残坡积覆盖层一般厚8～10m，局部可达15余m，但由于覆盖层结构松散，其前缘开挖挡墙基槽后，形成较陡的临空面，受此影响覆盖层出现了较明显的失稳滑塌现象，覆盖层外侧修筑的挡墙均出现了不同程度的变形开裂现象。预测在工程开挖、地下水下渗等不利条件下将导致覆盖层失稳下滑的可能。

（5）拉裂松弛变形岩体稳定性定性评价。该区下伏的软弱层带仍保持有一定强度和原有结构，其上部岩体卸荷拉裂而松弛。目前该区岩体整体稳定性较好，但是对于表层风化程度和卸荷程度较高的岩体，在工程开挖、地表水下渗等不利条件下可能产生局部失稳。

8.3.4.2 稳定性刚体极限平衡计算分析

（1）计算剖面选取。根据乱石岗滑坡堆积体及影响区的特点，选取区内1-1、2-2、3-3、4-4、5-5主剖面作为稳定性定量评价的计算剖面。下面以3-3剖面为例进行分析。

（2）计算参数选取。根据试验成果，结合现场调查实际情况经工程地质类比，稳定性计算参数选取见表2.8.5。

表2.8.5　　　　　稳定性计算岩土体物理力学参数

岩土体名称	天然状态			饱和状态		
	容重 /(kN/m³)	内摩擦角 /(°)	内聚力 /kPa	容重 /(kN/m³)	内摩擦角 /(°)	内聚力 /kPa
滑带（面)/泥型软弱结构面	21.2	13	24	21.4	11	20
泥夹岩屑型软弱结构面	21.2	15	45	21.4	13	35
岩屑夹泥型软弱结构面	21.6	18	63	21.8	15	42
影响区风化岩体	25.2	25	120	25.6	18	80
滑坡区堆积体	23.2	26	—	23.6	22	—

（3）计算工况。根据场区实际情况和工程建设特点，该次稳定性评价过程考虑以下3种工况：

工况1：一般工况，该工况考虑的荷载主要有岩土体自重。

工况2：暴雨工况，该工况除考虑工况1的荷载外，还包括因降雨引起的岩土体强度降低，暴雨工况中考虑滑体 1/4 饱水。

工况 3：地震工况，该工况除考虑工况 1 的荷载外，还包括地震引起的水平推力。

计算过程中水平地震力计算公式为

$$Q=C_i C_z K_h W \tag{2.8.1}$$

式中：C_i 为重要性系数，对于该滑坡而言，取 1.7；C_z 为综合影响系数，取 0.25；K_h 为地震峰值加速度，根据该区地震安全性评价报告，基岩水平峰值加速度取值为 0.144g（g 为重力加速度，9.8m/s^2）；W 为滑块重力。

（4）计算方法。该次稳定性分析计算采用刚体极限平衡分析方法，包括传递系数法、瑞典条分法和毕肖普法等。

（5）计算底滑面的确定。根据前期勘察和工程开挖揭露，区内岩体内除滑坡堆积区发现沿软弱层带发育的滑动面（带）外，在其影响区（如强、弱拉裂松动区和拉裂松弛区部位）也发育有多条软弱结构面，这些结构面在某些条件下可能将构成区内岩体失稳的底界面。因而，稳定性计算过程中计算底滑面的确定，主要根据勘探资料和工程开挖揭露的软弱层带或滑动面（带）在各条剖面上的展布特征，并结合稳定性专题研究对滑坡、岩体结构特征及变形破坏特征的现场调查结果，经反复对比综合分析求得。在计算过程中通过其底滑面与贯穿性的纵、横向陡倾角切割面的相互组合，采用分段、分层计算，最终计算出在各种工况组合下的滑坡区整体稳定性和局部稳定性。因此，计算过程中的计算底滑面可能是已经存在的滑面或滑带，也可能是岩体中某条软弱夹层。

（6）滑坡整体稳定性计算结果分析。根据《滑坡防治工程勘查规范》（DZ/T 0218—2006）进行滑坡稳定状态分析，滑坡稳定状态划分标准见表 2.8.6。

表 2.8.6　　　　　　　　　　　滑坡稳定状态划分标准

滑坡稳定系数	$F<1.0$	$1.0 \leqslant F<1.05$	$1.05 \leqslant F<1.15$	$F \geqslant 1.15$
滑坡稳定状态	不稳定	欠稳定	基本稳定	稳定

注　F 为滑坡稳定系数。

以 3-3 剖面为例，对乱石岗滑坡稳定性计算结果分析如下：

根据 3-3 剖面中发育的软弱层带或滑动面（带）在各条剖面上的展布特征，对计算底滑面进行相互组合，并结合现场对滑坡及变形岩体结构特征、变形特征的调查结果，共组合得到 8 条计算底滑面，各计算底滑面的条分图见图 2.8.19～图 2.8.26。

3-3 剖面各计算底滑面在各工况条件下的稳定性计算结果见表 2.8.7。由此可知：

1）计算成果表明，一般工况下该滑坡整体稳定，稳定性系数均大于 1.15；暴雨工况下该滑坡整体基本稳定，稳定性系数均大于 1.05；地震工况下该滑坡整体欠稳定，稳定性系数均大于 1.0。

2）从计算结果来看，工程建设期间对滑坡体及变形岩体的"切脚"开挖是影响滑坡体及变形岩体稳定性的一个重要因素，如计算底滑面④，由于 2 号主干道的开挖，导致内侧软弱结构面出露地表，并且在前缘形成良好临空条件，从而导致该滑面的稳定性系数降低。

3）稳定性计算结果还表明，滑坡体及变形岩体稳定性受水和 7 度地震的影响较为敏感，饱水条件下将导致稳定性系数降低 0.20 左右，地震将导致稳定性系数降低 0.25 左右。

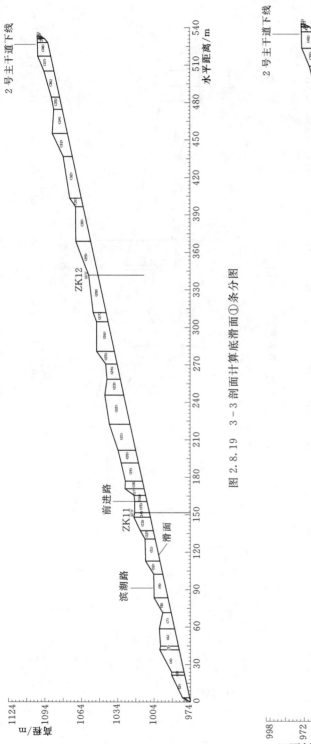

图 2.8.19　3－3 剖面计算滑底滑面①条分图

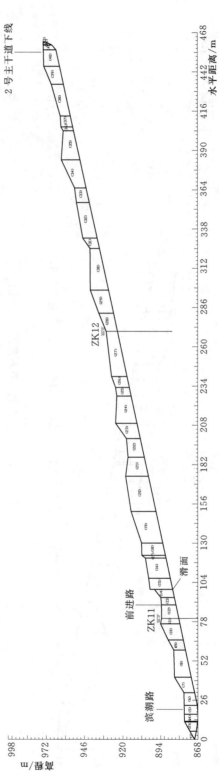

图 2.8.20　3－3 剖面计算滑底滑面②条分图

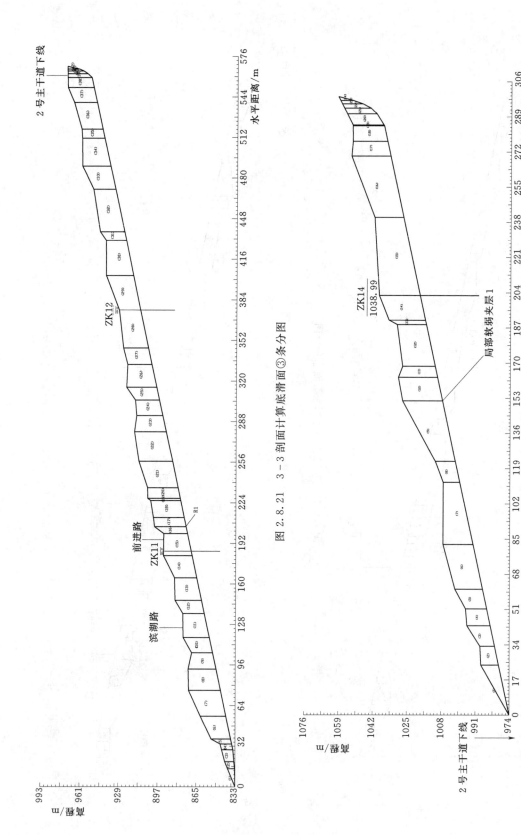

图 2.8.21 3-3 剖面计算底滑面③条分图

图 2.8.22 3-3 剖面计算底滑面④条分图

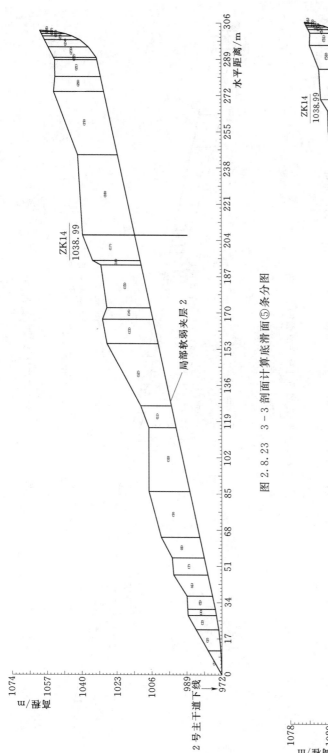

图 2.8.23　3-3 剖面计算滑底面⑤条分图

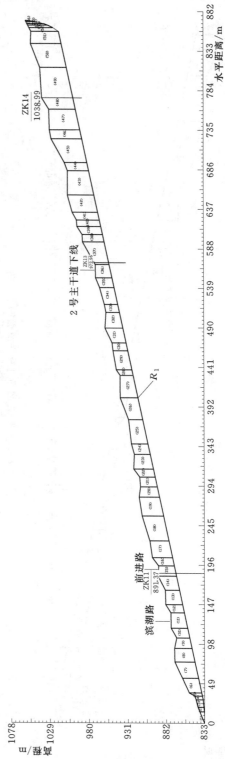

图 2.8.24　3-3 剖面计算滑底面⑥条分图

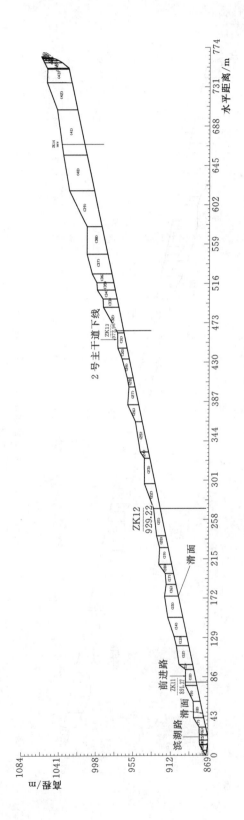

图 2.8.25　3－3 剖面计算滑底滑面⑦条分图

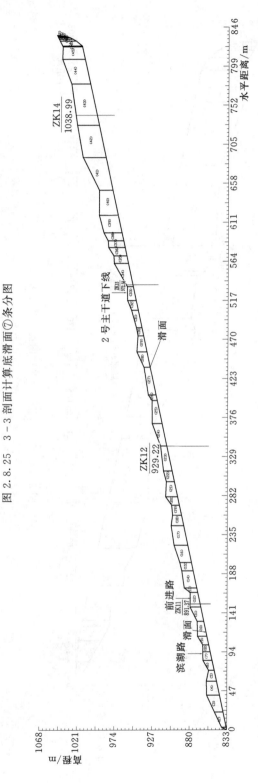

图 2.8.26　3－3 剖面计算底滑面⑧条分图

计算底滑面	计算方法	一般工况	暴雨工况	地震工况
计算底滑面①（计算滑体整体稳定性，计算底滑面沿滑带，在前进堰剪出）	瑞典条分法	1.444	1.212	1.146
	毕肖普法	1.441	1.209	1.145
	传递系数法	1.441	1.215	1.148
	推力/(kN/m)	—	—	—
计算底滑面②（计算滑体整体稳定性，计算底滑面沿滑带，在滨湖路剪出）	瑞典条分法	1.503	1.262	1.184
	毕肖普法	1.500	1.259	1.184
	传递系数法	1.504	1.270	1.191
	推力/(kN/m)	—	—	—
计算底滑面③（计算滑体整体＋R1软弱结构面以上岩体稳定性，计算底滑面贯通型软弱结构面 R1）	瑞典条分法	1.57	1.267	1.248
	毕肖普法	1.557	1.255	1.243
	传递系数法	1.580	1.277	1.255
	推力/(kN/m)	—	—	—
计算底滑面④（计算松动岩体稳定性，计算底滑面沿剖面局部软弱夹层 1）	瑞典条分法	1.285	1.084	1.035
	毕肖普法	1.254	1.057	1.019
	传递系数法	1.306	1.100	1.048
	推力/(kN/m)	1051.4	2398.5	1561.8
计算底滑面⑤（计算松动岩体稳定性，计算底滑面沿剖面局部软弱夹层 2）	瑞典条分法	1.536	1.233	1.235
	毕肖普法	1.522	1.216	1.232
	传递系数法	1.566	1.256	1.252
	推力/(kN/m)	—	—	—
计算底滑面⑥（计算滑体＋松动岩体稳定性，计算底滑面沿计算底滑面贯通型软弱夹层 R1）	瑞典条分法	1.451	1.179	1.159
	毕肖普法	1.412	1.146	1.139
	传递系数法	1.482	1.203	1.178
	推力/(kN/m)	—	—	—
计算底滑面⑦（计算滑体＋松动岩体稳定性，计算底滑面沿滑带，在滨湖路剪出）	瑞典条分法	1.283	1.180	1.024
	毕肖普法	1.255	1.155	1.010
	传递系数法	1.314	1.192	1.043
	推力/(kN/m)	2246.9	2600.0	4147.8
计算底滑面⑧（计算滑体＋松动岩体稳定性，计算底滑面滑带，在前进路剪出）	瑞典条分法	1.278	1.073	1.021
	毕肖普法	1.257	1.056	1.011
	传递系数法	1.301	1.092	1.036
	推力/(kN/m)	3586.4	7752.1	5783.0

（7）滑坡影响区分区稳定性计算分析。为配合乱石岗滑坡及影响区岩体的工程治理设计并提供地质依据，除对滑坡及影响区整体稳定性进行计算分析外，还需对滑坡堆积区后缘的影响区，即松动岩体区和松弛岩体区进行分区稳定性计算。根据勘探和开挖揭示，松

动区计算底滑面的强度参数取泥夹岩（碎）屑型软弱结构面的强度参数，而松弛区计算底滑面的强度参数取岩（碎）屑夹泥型软弱结构面的强度参数。

计算结果见表2.8.8，计算条分图见图2.8.27～图2.8.36。

表2.8.8　　　　　　　　乱石岗滑坡影响区岩体稳定性分区计算结果

剖面	分区	计算方法	一般工况	暴雨工况	地震工况
1-1	拉裂松动区	瑞典条分法	1.228	1.032	0.991
		毕肖普法	1.190	0.999	0.972
		传递系数法	1.263	1.059	1.013
		推力/(kN/m)	1368.8	2212.8	1704.4
	拉裂松弛区	瑞典条分法	1.612	1.345	1.299
		毕肖普法	1.559	1.300	1.274
		传递系数法	1.662	1.386	1.327
		推力/(kN/m)			
2-2	拉裂松动区	瑞典条分法	1.400	1.234	1.118
		毕肖普法	1.389	1.222	1.115
		传递系数法	1.416	1.248	1.127
		推力/(kN/m)			
	拉裂松弛区	瑞典条分法	1.829	1.513	1.483
		毕肖普法	1.814	1.499	1.481
		传递系数法	1.854	1.514	1.493
		推力/(kN/m)			
3-3	拉裂松动区	瑞典条分法	1.204	1.100	1.052
		毕肖普法	1.184	1.098	1.042
		传递系数法	1.2129	1.1022	1.070
		推力/(kN/m)	2850.3	2719.2	2434.6
	拉裂松弛区	瑞典条分法	1.399	1.180	1.128
		毕肖普法	1.357	1.142	1.108
		传递系数法	1.439	1.212	1.151
		推力/(kN/m)			
4-4	拉裂松动区	瑞典条分法	1.260	1.059	1.009
		毕肖普法	1.246	1.046	1.004
		传递系数法	1.273	1.069	1.016
		推力/(kN/m)	1578.6	2660.0	2126.5
	拉裂松弛区	瑞典条分法	1.349	1.126	1.121
		毕肖普法	1.252	1.143	1.065
		传递系数法	1.417	1.225	1.200
		推力/(kN/m)			

剖面	分区	计算方法	一般工况	暴雨工况	地震工况
5-5	拉裂松动区	瑞典条分法	1.222	1.037	0.989
		毕肖普法	1.185	1.006	0.969
		传递系数法	1.259	1.066	1.012
		推力/(kN/m)	3337.5	4891.4	3932.9
	拉裂松弛区	瑞典条分法	1.356	1.139	1.109
		毕肖普法	1.294	1.085	1.094
		传递系数法	1.425	1.194	1.151
		推力/(kN/m)		120.9	

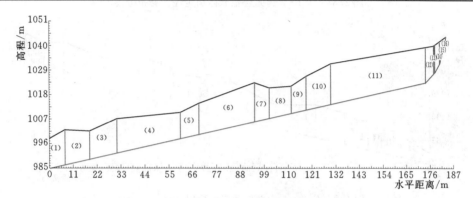

图 2.8.27 1-1 剖面松动岩体稳定性计算条分图

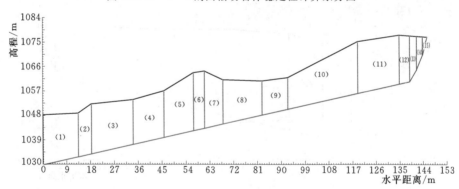

图 2.8.28 1-1 剖面松弛岩体稳定性计算条分图

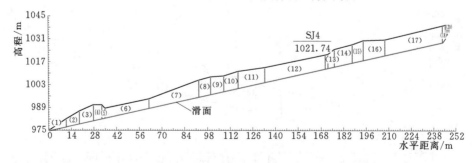

图 2.8.29 2-2 剖面松动岩体稳定性计算条分图

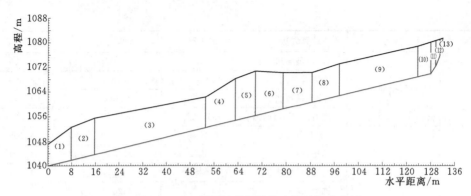

图 2.8.30　2-2 剖面松弛岩体稳定性计算条分图

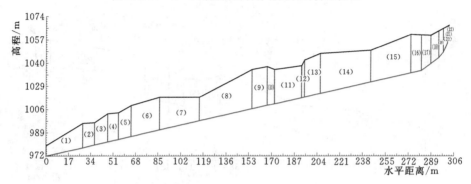

图 2.8.31　3-3 剖面松动岩体稳定性计算条分图

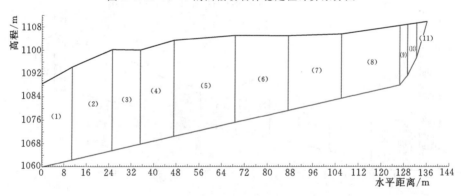

图 2.8.32　3-3 剖面松弛岩体稳定性计算条分图

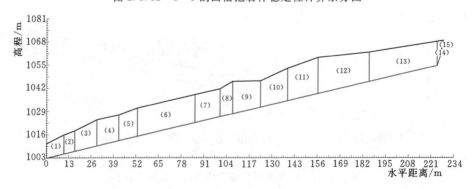

图 2.8.33　4-4 剖面松动岩体稳定性计算条分图

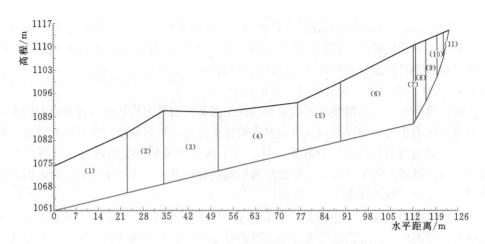

图 2.8.34 4-4 剖面松弛岩体稳定性计算条分图

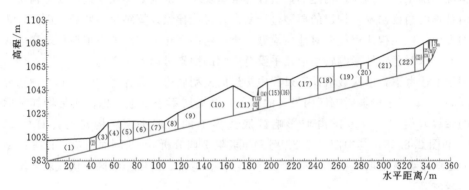

图 2.8.35 5-5 剖面松动岩体稳定性计算条分图

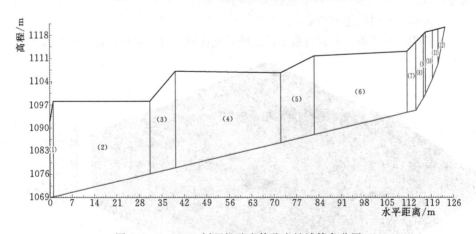

图 2.8.36 5-5 剖面松弛岩体稳定性计算条分图

计算结果表明：

1）松动岩体。一般工况下，稳定较好，稳定性系数均大于 1.15；暴雨工况下大多处于基本稳定状态，稳定性系数在 1.0～1.15；地震工况下大多处于欠稳定-不稳定状态，稳定性系数为 1.0～1.05 或小于 1.0。

2）松弛岩体。一般工况下处于稳定状态，稳定性系数均大于1.15；暴雨工况或地震工况下处于基本稳定状态，稳定性系数多为1.05～1.20，但并不能排除前部松动岩体失稳后或工程局部开挖后对松弛岩体稳定性的不利影响。

8.3.4.3　基于变形理论的滑坡稳定性数值分析

为更好地分析乱石岗滑坡及影响区在各种工况条件的稳定性状况，各种影响因素会在多大程度上影响边坡的稳定性，其影响方式是什么样的，根据滑坡的变形破坏特点，采用FLAC-3D数值分析的方法，对其在各种工况下的变形破坏发展趋势进行数值分析。在此基础上也对滑坡在各工况条件下的变形破坏机制进行更为合理、正确的把握，为滑坡区的治理设计提供可靠的技术支持和依据。

（1）计算模型的建立。针对滑坡区采用了FLAC-3D应力应变数值模拟分析。为尽可能准确、真实地分析滑坡区边坡在各工况的应力场、变形场的变化情况，进而对其变形稳定情况作出正确的判断，构建的数值计算模型要尽可能地真实反映边坡实际情况，但是从数值计算的角度出发，构建的模型过于复杂，可能导致计算结果不收敛。因此，为数值计算的方便，模型构建过程中对地质模型作出一定的简化，重点考虑滑坡稳定影响较大的因素，而那些对稳定性影响较小或几乎没有影响的因素可以不予考虑。

基于上述考虑，该次数值计算过程中构建的模型底边界高程为700.00m，顶边界高程为1200.00m。对于滑坡影响区内发育的多条软弱夹层不予单独考虑，而是将其考虑在岩土体的参数取值中，但考虑滑坡影响区底边界上的软弱夹层。构建的计算模型见图2.8.37和图2.8.38，其中图2.8.38剖面与极限平衡分析3-3剖面对应。计算模型中涉及的岩土体主要有滑坡堆积体、滑坡影响区岩体、滑带、滑坡影响区下伏软弱夹层、稳定区新鲜岩体等。

构建的计算模型主要采用四节点四面体网格单元，整个计算模型共划分了326613个网格单元，60363个网格单元节点。

（2）计算参数的选取。计算过程中涉及的岩土体物理力学参数见表2.8.9和表2.8.10。

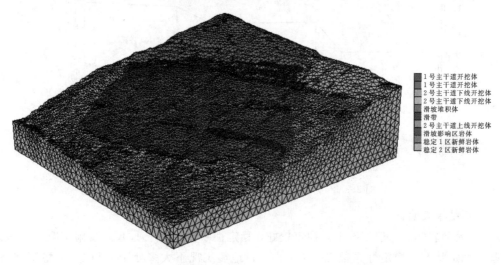

图 2.8.37　萝卜岗边坡 FLAC-3D 数值模拟计算模型

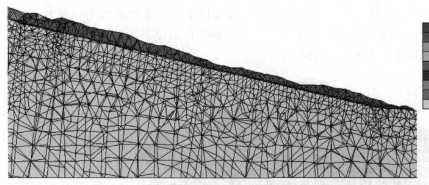

图 2.8.38　萝卜岗边坡 FLAC-3D 数值模拟计算模型 3-3 典型剖面
（与极限平衡法 3-3 剖面对应）

表 2.8.9　一般工况下 FLAC-3D 数值模拟计算模型中岩土体物理力学参数取值表

岩 土 体 名 称	弹性模量 /kPa	泊松比	内聚力 /kPa	摩擦角 /(°)	容重 /(kN/m³)	剪切模量 /Pa	体积模量 /Pa
滑带（泥型软弱夹层）	2.50×10^4	0.35	24	13	21.2	9.3×10^6	2.8×10^7
滑坡影响区底界（泥夹岩屑型）软弱夹层	5.00×10^4	0.35	45	15	21.2	1.9×10^7	5.6×10^7
稳定 1 区下伏（岩屑夹泥型）软弱夹层	1.00×10^5	0.35	100	22	22.2	3.7×10^7	1.1×10^8
滑坡堆积体	4.00×10^5	0.34	70	14	23.2	1.5×10^8	4.2×10^8
滑坡影响区岩体	1.20×10^6	0.33	120	25	25.2	4.5×10^8	1.2×10^9
稳定 1 区新鲜岩体	2.00×10^7	0.23	1000	45	27.4	8.1×10^9	1.2×10^{10}
稳定 2 区新鲜岩体	3.00×10^7	0.23	2000	50	27.4	1.2×10^{10}	1.9×10^{10}

表 2.8.10　暴雨工况下 FLAC-3D 数值模拟计算模型中岩土体物理力学参数取值表

岩土体名称	弹性模量 /kPa	泊松比	内聚力 /kPa	摩擦角 /(°)	容重 /(kN/m³)	剪切模量 /Pa	体积模量 /Pa
滑带（泥型软弱夹层）	2.00×10^4	0.36	20	11	21.4	7.4×10^6	2.4×10^7
滑坡影响区底界（泥夹岩屑型）软弱夹层	2.50×10^4	0.36	35	13	21.4	9.2×10^6	3.0×10^7
稳定 1 区下伏（岩屑夹泥型）软弱夹层	9.00×10^4	0.36	90	20	22.4	3.3×10^7	1.1×10^8
滑坡堆积体	3.00×10^5	0.35	50	12	23.6	1.1×10^8	3.3×10^8
滑坡影响区岩体	8.00×10^5	0.34	80	18	25.6	3.0×10^8	8.3×10^8
稳定 1 区新鲜岩体	1.80×10^7	0.22	800	40	27.4	7.4×10^9	1.1×10^{10}
稳定 2 区新鲜岩体	2.70×10^7	0.22	1600	45	27.4	$1.1E \times 10^{10}$	1.6×10^{10}

（3）计算工况。为了与极限平衡法计算分析结果进行比较与相互验证，有利于滑坡体及影响区的变形机理分析和加固设计，该次数值模拟分析的计算工况与极限平衡法中相同，并考虑 1 号主干道、2 号主干道下线与 2 号主干道上线的开挖。但由于计算模型中研究区平面范围较大（约 1km²），计算模型中开挖所引起的岩土体应力、应变变化相对较小，因此，开挖计算工况考虑一般工况、暴雨工况和地震工况。

（4）一般工况下稳定性分析。一般工况下边坡的稳定性主要从应力场方面分析，图 2.8.39～图 2.8.43 是计算得到的一般工况下研究区各部位的应力场特征，从中可以对研究区天然状态应力场得出以下基本认识：

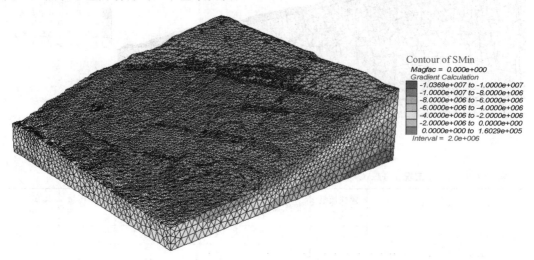

图 2.8.39　一般工况下研究区整体最大主应力分布特征

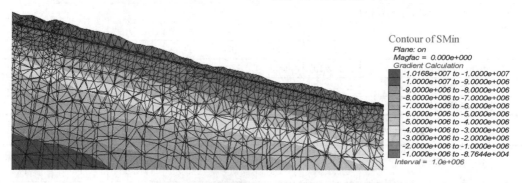

图 2.8.40　一般工况下研究区 3-3 剖面最大主应力分布特征

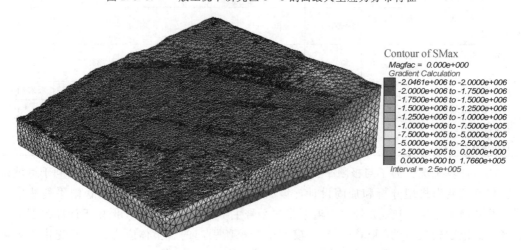

图 2.8.41　一般工况下研究区整体最小主应力分布特征

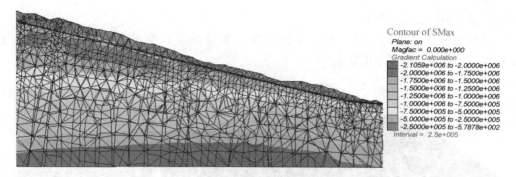

图 2.8.42 　一般工况下研究区 3-3 剖面最小主应力分布特征

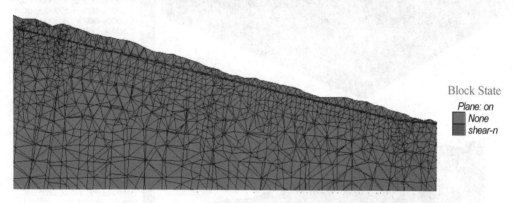

图 2.8.43 　一般工况下研究区 3-3 剖面塑性区分布特征

1）图 2.8.39～图 2.8.43 表明，一般工况下，研究区的应力场整体上具有以下特点：

a. 最大主应力方向在计算模型内部呈近竖直向，渐趋近于河谷坡面，最大主应力方向产生明显偏转，逐渐转至与坡面近于平行。

b. 最小主应力在计算模型内部整体上呈近水平向，渐趋近于河谷坡面，最小主应力方向也产生明显偏转，逐渐转至与坡面近于垂直，应力量值也由内向外逐渐降低，近坡面位置逐渐趋于零，局部甚至呈拉应力。

c. 从图 2.8.42 可以看出，受滑带与软弱夹层影响，滑坡堆积体中后缘与滑坡影响区范围内，最小主应力发生了一定的变化，具体表现为沿滑带、软弱夹层两侧最小主应力值有压应力转变为拉应力的趋势。

2）从塑性区分布特征来看，天然状态下只有滑带的极个别地方出现了塑性破坏，其他部位均未有塑性破坏的现象。

3）通过上述分析，对乱石岗滑坡及影响区边坡在一般工况下的应力场特征和稳定性状况，作出以下判断：

a. 整体上来看，一般工况下边坡的应力场与一般河谷谷坡应力场的特点较为相似。区内滑带、软弱夹层对最小主应力存在一定的影响，具体表现为：滑坡堆积体中后缘与滑坡影响区范围内，沿滑带、软弱夹层两侧最小主应力值有压应力转变为拉应力的趋势。

b. 由于乱石岗滑坡及影响区的边坡坡度较缓，在一般工况下，边坡除滑带极个别地方出现塑性破坏外，其余区域均未发现塑性破坏现象，因此，可以认为一般工况下乱石岗滑坡体及影响区边坡整体稳定。

（5）暴雨工况下稳定性分析。暴雨工况下数值模拟计算的结果见图 2.8.44～图 2.8.49，可以得出以下基本认识。

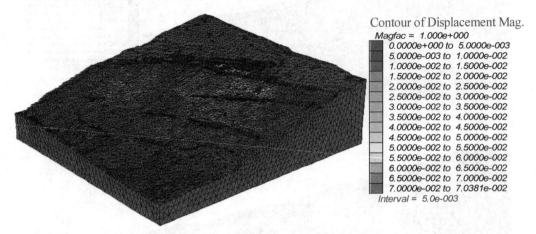

图 2.8.44　暴雨工况下研究区整体变形特征

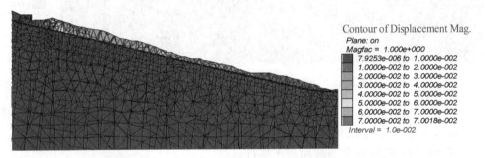

图 2.8.45　暴雨工况下研究区 3-3 剖面变形特征

图 2.8.46　暴雨工况下研究区 3-3 剖面变形位移矢量图

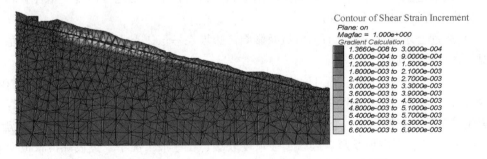

图 2.8.47　暴雨工况下研究区 3-3 剖面剪切应变增量特征

168

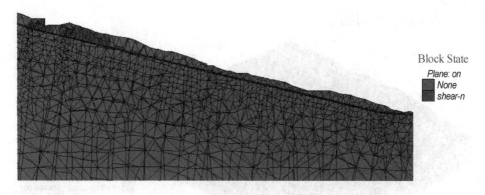

图 2.8.48　暴雨工况下研究区 3-3 剖面塑性区分布特征

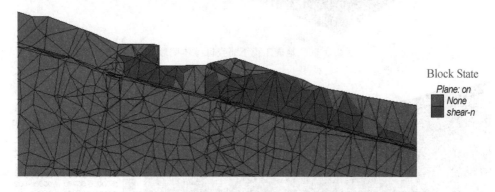

图 2.8.49　暴雨工况下研究区 3-3 剖面滑坡影响区范围内塑性区分布特征

1）暴雨工况下边坡出现了显著变形。整个变形区域以滑坡堆积区后缘的变形最为显著（最大变形可达 7.04cm），滑坡堆积区前缘与滑坡影响区变形则相对较小，一般在 1～3cm，见图 2.8.44 和图 2.8.45。从边坡的变形方向特征来看（图 2.8.45），边坡整体上朝坡脚方向变形，存在明显的朝坡脚方向的蠕滑-滑移的趋势，边坡的稳定性比一般工况下明显下降。

2）边坡体内剪应变增量特征表明，在暴雨工况各种因素的共同作用及影响下，滑坡堆积体内将会形成一条连续贯通的剪应变增量增高带，该剪应变增量增高带在滑坡影响区范围内也有一定的延伸，据此可以认为此时已经在滑坡堆积体内部形成了一条连续贯通的潜在滑动带（面），显然这进一步说明了边坡稳定性处于较差的阶段。另外，从图 2.8.47 可知，滑坡堆积区内，由于 1 号主干道与 2 号主干道下线的开挖，公路底部将靠近滑带，这使得公路边坡侧存在明显的剪应变增量增高，说明在暴雨工况下，滑体有沿该处剪出的趋势，公路的开挖将会降低滑坡堆积区的局部稳定性。

3）从 3-3 典型剖面的塑性区分布特征来看，受降雨影响，滑坡堆积体内部已经形成了一个连续贯通的塑性破坏区，而在滑坡影响区范围内，局部也形成了连续贯通的塑性破坏区，显然这将对滑坡堆积区与滑坡影响区的稳定性构成严重威胁。

如上所述，可以认为暴雨工况下，乱石岗滑坡及影响区边坡的稳定性显著下降，其中边坡前缘滑坡堆积区的变形破坏将进一步强烈，其稳定性状况比影响区更差。

（6）地震工况下稳定性分析。根据地震工况下数值模拟计算的结果（图 2.8.50～图

2.8.55），得出以下基本认识：

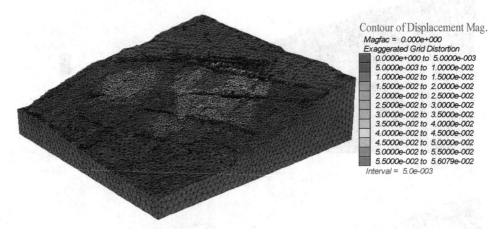

图 2.8.50　地震工况下研究区整体变形特征

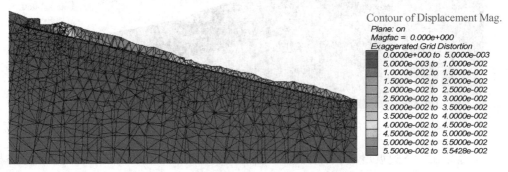

图 2.8.51　地震工况下研究区 3-3 剖面变形特征

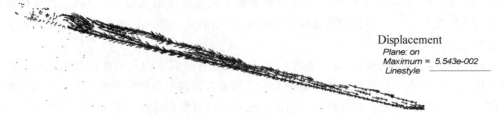

图 2.8.52　地震工况下研究区 3-3 剖面变形位移矢量图

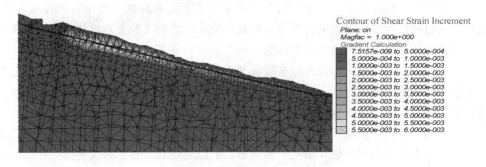

图 2.8.53　地震工况下研究区 3-3 剖面剪切应变增量特征

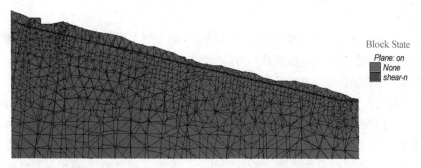

图 2.8.54　地震工况下研究区 3-3 剖面塑性区分布特征

1）地震工况下和暴雨工况下边坡的变形破坏特征较为相近，这说明水和 7 度地震对边坡稳定性的影响较为敏感，这和极限平衡法的分析也较为吻合。

2）地震工况下边坡出现了较为明显的变形。整个变形区域以滑坡堆积区后缘的变形最为显著（最大变形可达 5.6cm），滑坡堆积区前缘与滑坡影响区变形则相对较小，一般在 0.5～2cm，见图 2.8.50 和图 2.8.51。从边坡的变形方向特征来看（图 2.8.52），边坡整体上朝坡脚方向变形，存在明显的朝坡脚方向的蠕滑-滑移的趋势，边坡的稳定性比一般工况下明显下降。

3）边坡体内剪应变增量特征表明，在地震的影响下，滑坡堆积体内将会形成一条连续贯通的剪应变增量增高带，该剪应变增量增高带在滑坡影响区范围内也有一定的延伸，据此可以认为此时已经在滑坡堆积体内部形成了一条连续贯通的潜在滑动带（面），显然这进一步说明了边坡稳定性处于较差的阶段。另外，从图 2.8.55 可知，滑坡堆积区内，由于 1 号主干道与 2 号主干道下线的开挖，公路底部将靠近滑带，这使得公路边坡侧存在明显的剪应变增量增高，说明在地震工况下，滑体有沿该处剪出的趋势，公路的开挖将会降低滑坡堆积区的局部稳定性。

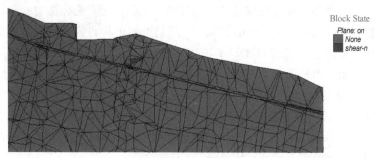

图 2.8.55　地震工况下研究区 3-3 剖面滑坡影响区范围内塑性区分布特征

4）从塑性区分布特征来看，滑坡堆积体内部已经形成一个连续贯通的塑性破坏区，而在滑坡影响区范围内则尚未形成连续贯通的塑性破坏区，这说明滑坡堆积区和影响区的稳定性在地震工况下受到严重的威胁，而滑坡影响区则受影响较小。

如上所述，可以认为地震工况下，乱石岗滑坡及影响区的边坡稳定性显著下降，其中边坡中前缘滑坡堆积区的变形破坏将进一步强烈，其稳定性状况比滑坡影响区更差。

8.3.4.4　乱石岗滑坡及影响区变形岩体稳定性综合评价

通过对乱石岗滑坡形成机理分析和滑坡及影响区变形岩体稳定性评价，可以得出以下几点基本认识：

（1）工程开挖是影响滑坡及影响区变形体稳定性的一个重要因素。工程开挖"切脚"导致其支撑力削弱或软弱结构面（包括滑带）出露于坡脚，并在坡脚形成较好临空条件，在降雨等地表水体下渗、坡面加载等因素诱发下可能导致滑坡及变形体局部失稳。工程建设期间，多处挡墙在基槽开挖过程中出现局部岩土体失稳现象，这些失稳现象大多属此类情况。据此认为，在场区后续大量挡墙基槽开挖过程中，若处理不当，诱发局部岩土体失稳的可能较大。

（2）水是影响滑坡及影响区变形体稳定性的另一个重要因素。计算结果表明，暴雨工况条件下，滑坡及变形稳定性系数一般可降低 0.2 左右。因此施工期和后期县城居民生活期间，应注意防止地表水体的大量下渗，加强截水排水。

（3）从乱石岗滑坡及影响区边坡各部分稳定性状况来看，一般工况下，滑坡堆积区及影响区边坡整体稳定，出现较大规模失稳的可能性较小，但不排除局部松散岩土体在不利因素影响下出现小规模失稳的可能性。暴雨工况下，滑坡堆积区及影响区基本稳定-欠稳定，局部处于极限状态，难以达到工程建设要求，存在失稳的可能。地震工况下，滑坡堆积区及影响区边坡处于欠稳定-不稳定状态。因此，应对其进行相应的工程治理，以保证后缘边坡岩体的稳定和建筑物的安全。

8.3.5 滑坡及影响区变形岩体治理措施建议

乱石岗滑坡为一大型岩质滑坡，该滑坡分为滑坡堆积区和滑坡影响区，其中滑坡影响区又进一步分为强拉裂松动区、弱拉裂松动区和拉裂松弛区。滑坡堆积区及拉裂松动区岩体，在暴雨工况或地震工况条件下稳定性系数偏低，处于欠稳定-不稳定状态，存在局部失稳的可能，属不稳定场地，工程建设适宜性为不适宜。因此建议：①新县城城市规划的建设用地应避开滑坡堆积区及拉裂松动区；②为保证拉裂松弛区及后侧坡体建设用地的稳定和建（构）筑物安全，对拉裂松动区后缘及拉裂松弛区边坡，采取以抗滑桩为主体的支挡工程等综合治理措施，并加强预警预报监测。边坡防治工程稳定安全标准为：建设用地边坡主要依据《建筑边坡工程技术规范》（GB 50330）Ⅰ级边坡要求；非建设用地边坡主要依据《滑坡防治工程设计与施工技术规范》（DZ/T 0219）Ⅱ级防治边坡要求。在拉裂松动区后缘至拉裂松弛区前缘设置第一道抗滑桩，深度一般穿过拉裂松弛岩体；在拉裂松弛区后缘设置第二道抗滑桩，深度穿过拉裂松弛岩体；必要时在后侧坡体增设部分抗滑桩。

通过对拉裂松动区后缘及拉裂松弛区边坡以及康家坪、富塘滑坡区，采取抗滑桩＋锚索、抗滑桩或锚索等多排分级支挡治理，并经长期监测表明，滑坡综合治理效果良好、安全可靠，边坡整体稳定。

8.4 汉源二中体育场后侧滑坡

8.4.1 概述

该滑坡位于汉源二中体育场后侧 6 号次干道与 8 号次干道交汇处，又称为 6 号次干道上线路堤滑坡，地处中一区煤层采空塌陷区北西侧边缘。场地原始地形坡度为 $10°\sim20°$，上部由碎石土、块石土和粉质黏土组成，下伏基岩为白果湾组（T_{3bg}）含煤砂泥岩，总体呈一向北东倾斜的单斜岩层，岩层倾角为 $14°$。该滑坡原为一小型浅层土质滑坡，2008 年前，场平工程初期曾对其进行混凝土骨架护坡治理，后遭受连续降雨和重型车辆等动荷载的影响，致使护坡失效，坡体坍塌；2009年，结合汉源二中体育场扩建对该滑坡和6号次干道进行专门勘察治理设计，提出全挖除为主的处理方案。后因场地前缘施工开挖切坡，导致老滑坡沿土层与基岩接触面和下伏煤质页岩发生再次复活滑动，进而由土质滑坡转化为岩质滑坡，其分布范围和体积均有所扩大，因而最终修改为抗滑桩治理方案。

8.4.2 滑坡基本特征

8.4.2.1 地形地貌

滑坡区前临胡树叶沟上游，后靠萝卜岗山脊，右倚大坪头，平面上略呈向南西内凹负地形，原始地形坡度为10°～20°。新县城建设改变了原始地形地貌，滑坡前缘形成3～5m高的陡坎，后缘为正在复建的6号次干道和坡顶，北侧由于工程建设已开挖成高约10m的陡坎，东南侧为一缓斜坡。滑坡全貌见图2.8.56。

图2.8.56　汉源二中体育场后侧滑坡全貌（2009年前）

8.4.2.2 滑坡形态特征

滑坡边界形态清晰。总体外形近似矩形，前缘位于场地的北东侧，以基岩陡坎为界，分布高程为1038.00～1045.00m；后缘位于场地的南西侧，以6号次干道北侧为界，分布高程为1061.00～1067.00m；右侧位于场地的南东面，以胡树叶沟沟源为界与大坪头相连；左侧位于场地的北西面，以前期施工开挖形成的陡坎为界与汉源二中体育场后坡相邻，见图2.8.57。

滑体厚度不大，规模较小。滑坡在平面上，纵向最长90m，最短80m，平均长度为82m；下部宽度为85m，中部最宽为95m，上部宽为90m，平均宽度为89m，面积为7300m²，钻孔揭露滑坡体厚度为3.0～9.0m，平均厚度为6.4m，体积为4.7万m³，属小型浅层滑坡。

滑坡后缘发育一条横向拉张裂缝（图2.8.58），长度约30m，裂缝宽度为10～30cm，局部已形成错落陡坎，坎高10～40cm，陡坎为人工填土。

滑坡为牵引式滑坡，滑体横向、纵向裂缝发育。滑体中部发育有多条裂缝，裂缝宽度一般为5～30cm，裂缝长数米至数十米不等，局部形成错落陡坎，陡坎高度一般为20～40cm，个别区域还形成反倾地形，且滑体中部原网格护坡构筑物受到严重破坏，表明该滑坡体2008年6月前曾发生过再次滑动。滑坡前缘裂缝极发育。裂缝长一般为10～30m，最长可达 75m 左右，宽度多为 10～40cm。由于前缘为陡坎，滑动破坏现象明显，陡坎下滑坡体物质堆积凌乱。滑坡体左右两侧缘均发育有纵向拉裂缝，长度为 30～45m，裂缝宽度为 5～20cm，局部形成错落陡坎（图 2.8.59）。滑坡后缘发育由数条横向裂缝组成的贯

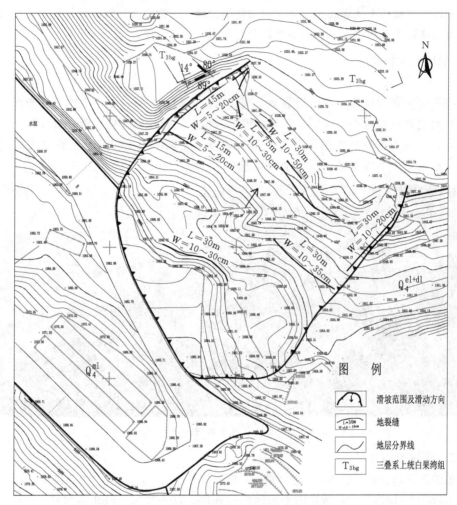

图 2.8.57　汉源二中体育场后缘（6 号次干道上线路堤）滑坡平面图

图 2.8.58　滑坡体后缘的拉张裂缝

图 2.8.59　滑坡东北侧前缘的错落

通性拉张裂缝带，单条裂缝宽度为 10～30cm，长度约 30m，局部已形成错落陡坎，坎高 10～40m，陡坎为人工填土。

滑坡堆积体物质主要由块碎石土、粉质黏土夹煤质页岩碎块组成，结构松散。

滑坡堆积体与下伏基岩的接触面及煤质页岩为滑动带（面），滑面形态为折线型，见图 2.8.60。据钻探揭露有两层滑带，滑带物质组成分别为：①土体与基岩接触面的含炭质黏土；②下伏基岩的碳（煤）质页岩（图 2.8.61），天然状态湿-稍湿，厚度一般为 10～30cm。勘察期间滑动面于前缘剪出（图 2.8.62），可见其滑面较平整、光滑，擦痕明显，滑面倾角为 12°～14°。滑床为三叠系上统白果湾组（T_{3bg}）强风化-中等风化粉砂质泥岩、泥质粉砂岩、细砂岩夹薄煤层、煤线，岩层产状为 N20°W/NE∠14°。

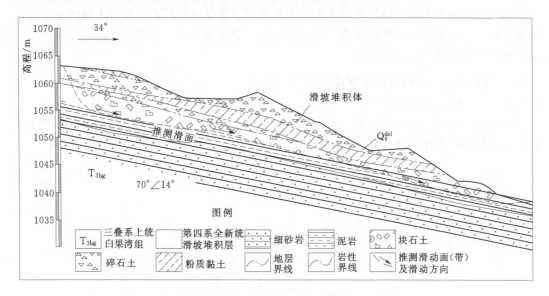

图 2.8.60　汉源县新县城 6 号次干道上线路堤滑坡滑体纵剖面示意图

图 2.8.61　基岩顶面的含碳质粉质黏土

图 2.8.62　滑坡体西北侧的滑动面

8.4.3　滑坡形成机理分析

滑坡体前缘由于二次施工开挖形成陡坎，切穿了含碳质黏土和薄煤层两层滑带（面），破坏了原始斜坡的坡型和结构，改变了其应力状态，为滑坡的形成提供了足够的临空面。滑坡区前后缘高差约30m，较厚的松散堆积物为滑坡的形成提供了丰富的物质基础和下滑力。基岩顶面含碳质粉质黏土和下伏薄层炭（煤）质页岩等相对软弱层，为滑动面的形成提供了物质基础。由此可见，软弱滑面和临空面条件是形成滑坡的主控因素。其次，大气降水入渗使得上部土体饱和，增加了土体重量；同时降水入渗进入基岩裂隙，在软弱夹层形成饱水软弱带，使得坡体沿饱水软弱带发生滑动，形成滑坡。加之，滑坡区为一单斜构造的顺向斜坡，岩层倾角为14°，岩层中"两陡一缓"结构面较发育，该两组陡倾裂隙与缓倾角层面组合切割，进而发展形成了以滑移拉裂为机制的岩体破坏形式。

由上述分析可知，滑坡体前缘开挖、岩性及构造作用为滑坡的形成提供了临空面和物质基础；滑坡体下部的含碳质粉质黏土及含泥质煤层等相对软弱层，控制了滑体主应力及主滑方向；水对滑带土的软化作用是形成滑坡的主要诱发因素。滑坡破坏形式为牵引式，滑坡类型为基岩顺层牵引式滑坡。

8.4.4 滑坡稳定性评价及治理建议

8.4.4.1 滑坡稳定性定量评价

根据滑坡可能遭遇的最不利情况，选取一般工况、暴雨工况和地震工况3种工况计算。选择典型代表性剖面1-1′为计算剖面（图2.8.63）。计算参数见表2.8.11。

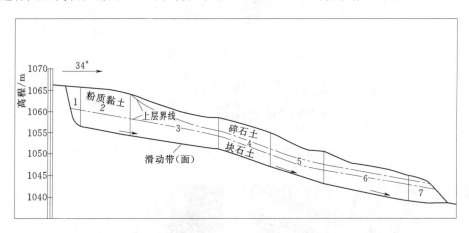

图2.8.63 1-1′计算剖面示意图

表2.8.11 计算参数 c、φ 值选取值表

项目	指标		天然状态				饱和状态			
			c/kPa		φ/(°)		c/kPa		φ/(°)	
			峰值	残余值	峰值	残余值	峰值	残余值	峰值	残余值
粉质黏土	室内试验	平均值	28.3	16.8	14.0	8.8	26.2	14.8	9.7	6.8
		范围值	25~32	14~18	12~17	8~10	23~35	13~17	8~12	6~7
滑带（面）综合取值	1-1′剖面		17		9		15		7	

注 该滑坡为老滑坡复活，表中滑带（面）综合取值按残余剪考虑。

由滑坡 1-1′剖面计算得出的稳定性结果见表 2.8.12。

表 2.8.12 稳定性计算成果表

计算剖面	一般工况	暴雨工况	地震工况
1-1′	1.15	0.94	0.89

根据《滑坡防治工程勘查规范》（DZ/T 0218—2006）进行滑坡稳定状态分析，滑坡稳定状态划分标准见表 2.8.13。

表 2.8.13 滑坡稳定状态划分标准

滑坡稳定系数	$F<1.0$	$1.0≤F<1.05$	$1.05≤F<1.15$	$F≥1.15$
滑坡稳定状态	不稳定	欠稳定	基本稳定	稳定

注 F 为滑坡稳定系数。

通过对滑坡 1-1′剖面计算分析，可以得出：一般工况下滑坡稳定系数为 1.18，处于稳定状态，但接近于基本稳定状态；暴雨工况和地震工况下，滑坡稳定系数分别为 0.94 和 0.89，处于不稳定状态。

通过滑坡整体稳定性计算分析表明，其结果与滑坡实际情况基本吻合。因此，需对该滑坡采取相应的工程处理措施。

8.4.4.2 滑坡治理建议

该滑坡原为小型土质滑坡，建议对该滑坡进行整体清除处理。由于前缘施工开挖切坡，切穿坡体下部煤质页岩，滑带（面）临空，导致产生新的基岩滑坡。因此，结合扩建汉源二中体育场修改治理设计方案，最终采取滑坡下部抗滑桩板墙及抗滑桩＋锚索墙加固、上部框架植草护坡治理措施（图 2.8.64）。

图 2.8.64 汉源二中体育场后侧滑坡治理工程措施

8.5 肖家沟滑坡

8.5.1 概述

肖家沟滑坡位于汉源县人民医院北东侧肖家沟一带。1987年雨季因持续降雨，致使坡体失稳形成肖家沟1号滑坡；2007年工程建设初期，因滑坡前缘下场平工程施工开挖、后缘弃土堆载和地表水入渗等因素的影响，诱发滑坡局部复活；2008年12月，受前缘下场平工程再次施工开挖切坡的影响，滑坡前缘临空加剧，使滑坡稳定性进一步降低，滑坡整体复活，发生大面积滑动破坏，并危及四周已建和在建的建（构）筑物安全，因此，结合建筑物布置提出抗滑桩＋挡土墙治理方案。

8.5.2 滑坡基本特征

8.5.2.1 地形地貌

滑坡区原始地貌为一后缘向南西内凹、前缘向北东倾斜的"圈椅"状斜坡地形，冲沟发育，南东侧为大沟头沟，北西侧为潘家沟，中部为主沟肖家沟。北西侧和南东侧地势相对较陡，坡度达30°，中部地势相对平缓，坡度一般为12°～20°。滑坡区受弃土堆载及滑坡破坏影响，原始地貌改变较大，具体表现在：滑坡区整体地形坡度变为15°左右，局部较陡达50°，南东侧已建挡墙及北西侧的小山脊略向北东侧凸出，与滑坡组成一向内凹的"圈椅"状负地形。滑坡区中部呈台阶状，中部靠北西侧因工程弃土堆积形成高约4m的土质平台；滑坡区后缘因滑坡位移形成明显陡坎，坎高2～5m，坡度约40°，前缘滑体物质因工程开挖形成陡坡。

8.5.2.2 地质结构

滑坡区地质结构自上而下为第四系全新统人工堆积层（Q_4^{ml}）、滑坡堆积层（Q_4^{del}）、第四系全新统坡残积层（Q_4^{el+dl}）、三叠系白果湾组（T_{3bg}）砂质泥岩和二叠系下统阳新组（P_{1y}）灰岩夹泥岩。

8.5.2.3 滑坡形态特征

滑坡在平面上呈长舌形。分布高程为880.00m～930.00m，纵向长度约200m，横向宽65～90m，面积约1.8万m²，滑体厚度为5.0～13.4m，滑坡体积约13.0万m³。主滑方向为N32°E。

图2.8.65　滑坡后缘拉张裂缝

滑坡边界及变形特征明显。后缘以1号主干道路肩挡墙下部位置为界，其变形特征表现为后缘因滑坡拉裂下错形成陡坎，坎高2～4m，并发育有拉张裂缝（图2.8.65）；前缘以电力公司场平开挖位置为界（环湖路以南约70m）；右侧以原右侧山脊为界，因滑坡错落形成陡坎，坎高3～5m（图2.8.66）；左侧的中前部以左侧潘家沟为界、中后部以左侧小山脊为界，在左侧边界外的潘家沟内见明显滑坡堆积物，其土体结构支离破碎，整体上的负地形已经形成（图 2.8.67）。

图 2.8.66　滑坡右边界及变形特征　　　　　图 2.8.67　滑坡左边界变形特征

　　该滑坡为牵引式滑坡，滑坡区地表发育大量以横向为主的拉张裂缝带。后缘拉张裂缝带，带内裂缝走向为 N50°W，延伸最大长度约 50m，最大张开度约 2m，可见最大深度约 1.2m。滑体中后部拉张裂缝带，带内裂缝走向约 N66°W，与滑坡主滑方向近于垂直，延伸最大长度约 45m，最大张开度约 1.5m，可见最大深度约 0.8m；滑体中部左侧因拉张、挤压形成的裂缝，一般走向约 N10°W，延伸最大长度约 25m，最大张开度约 30cm，可见最大深度约 0.7m；滑体中部因拉张、挤压形成的裂缝，走向以 N55°W 为主，N45°E 次之，最大长度约 15m，最大张开度约 35cm，可见最大延深约 0.6m；滑体中部右侧因拉张、挤压形成的裂缝，一般走向为 N80°W，最大长度约 20m，最大张开度约 50cm，可见最大延深约 0.4m；滑体中前部左侧因挤压形成裂缝，一般走向为 N55°W，最大长度约 8m，最大张开度约 30cm，可见最大延深约 0.4m。

　　该滑坡为土质滑坡，滑面（带）为土层与基岩之接触面。滑面呈曲线形，由多个弧形滑面组成，滑带土为粉质黏土，含有约 5% 的角砾，其粒径为 0.3～1.0cm，褐色，含水率较其上部滑体高，几近饱和，呈软塑-可塑状态，探井揭示，滑面擦痕清晰，并伴有搓揉痕迹，见图 2.8.68。

　　滑体物质为新近堆积的人工填土层和滑坡堆积层，其物质组成为粉质黏土夹碎石，结构松散。

图 2.8.68　探井揭示的滑面及擦痕

　　滑床为三叠系上统白果湾组（T_{3bg}）下部紫红、褐黄色砂质泥岩、泥质粉砂岩、岩屑砂岩和二叠系下统阳新组（P_{1y}）上部厚-中厚层状灰岩夹紫红色泥岩，岩层产状为 N46°W/NE∠18°，二者呈平行不整合接触关系。

8.5.3　滑坡形成机理分析

　　（1）岩土性质：滑坡上部土层主要为新近的人工杂填土和坡残积粉质黏土夹碎石土层，其本身结构松散，工程性质较差，遇水、饱水后更甚，抗剪强度迅速降低，易沿土层与下伏基岩接触面产生滑移。

（2）人类工程活动：滑坡区为建筑物布置密集区，场平工程初期工程弃渣堆积在坡体上。由于大量弃土无序堆载填筑，增大了滑坡自重力；加之场地前缘建（构）筑物及场平施工开挖切脚，临空面进一步加剧，老滑坡抗滑段的支撑力被削弱，致使滑坡复活发生再次滑动失稳。

（3）水作用：滑坡区地处肖家沟、潘家沟和大沟头沟 3 条冲沟之间，是地表（下）水汇集的场所。新近填土和残坡积土结构较松散，干时易开裂，有利于地表水入渗；下伏砂质泥岩具有相对隔水性能，地表（下）水入渗后易在岩土界面处富集，从而导致岩土界面上岩（土）体性状变差。水作用为滑坡发生滑动变形的重要条件。

（4）地形地貌：滑坡区为一"圈椅"状汇水地形，岩层和岩土界面的倾向与坡向基本一致，由于沟谷切割和软弱面（带）裸露，其倾角小于坡角，加之原始地形被人为破坏，其地形地貌为滑坡形成提供了有利条件。

8.5.4 滑坡稳定性评价及治理建议

8.5.4.1 滑坡稳定性定量分析

根据场地区实际情况，滑坡稳定性计算考虑了一般工况、暴雨工况、地震工况 3 种工况，详见表 2.8.14。

表 2.8.14　　　　　　　　　　滑坡稳定性计算工况及荷载组合

工　况	荷　载　组　合	工　况	荷　载　组　合
一般工况	自重＋地表荷载＋地下水	地震工况	自重＋地表荷载＋地震＋地下水
暴雨工况	自重＋地表荷载＋暴雨		

滑坡稳定性计算选用主滑剖面 1－1′计算（图 2.8.69）。

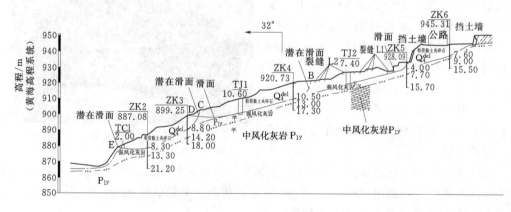

图 2.8.69　1－1′剖面

滑坡稳定性计算参数，采取以现场及室内试验成果为基础，结合类似工程经验及滑带土反演等多种手段综合确定，详见表 2.8.15。

表 2.8.15　　　　　　　　　　　计 算 参 数 取 值 表

岩 土 名 称	容重/(kN/m³)		抗 剪 强 度				单轴饱和抗压强度标准值 R_b/MPa
			天然		饱和		
	天然	饱和	c/kPa	φ/(°)	c/kPa	φ/(°)	
滑体土（粉质黏土夹碎石）	19.5	19.7	22.0	12.0	18.0	11.0	—
滑带土（粉质黏土）	19.3	19.5	11.50	9.2	10.0	8.5	—
强风化砂质泥岩	24.5	—		35.0	—	—	3.0
中风化灰岩	25.0	—		60.0	—	—	42.8

滑坡稳定性计算结果见表 2.8.16。

表 2.8.16　　　　　　　　　　滑坡稳定性计算成果表

剖面 工况	A‑D（滑坡体）	A‑E（潜在滑体）	B‑D（滑坡体）	C‑E（潜在滑体）
一般工况	1.199	1.299	1.149	1.265
暴雨工况	1.029	1.018	0.987	1.071
地震工况	1.008	1.122	0.968	1.126

根据《滑坡防治工程勘查规范》（DZ/T 0218—2006）进行滑坡稳定状态分析，滑坡稳定状态划分标准见表 2.8.17。

表 2.8.17　　　　　　　　　　滑 坡 稳 定 状 态 划 分 标 准

滑坡稳定系数	$F<1.0$	$1.0≤F<1.05$	$1.05≤F<1.15$	$F≥1.15$
滑坡稳定状态	不稳定	欠稳定	基本稳定	稳定

注　F 为滑坡稳定系数。

上述计算结果表明，该滑坡在一般工况下仅最敏感的 B‑D 滑面处于基本稳定，其余滑面处于稳定状态，在暴雨工况、地震工况下 B‑D 滑面不稳定，其余滑面处于基本稳定‑欠稳定状态。考虑到所处位置的重要性，失稳将危及整个场地建筑物安全，因此需采有效的综合工程治理措施。

8.5.4.2　滑坡治理建议

因滑坡区场平施工后形成的台阶状高平台上需要布置房屋建筑物，故滑坡治理标准按《建筑边坡工程技术规范》（GB 50330）Ⅰ级边坡稳定安全要求，为保证滑坡治理工程与场平工程的合理结合，在场平高平台的前缘设置了结构性支挡措施，形成四级支挡。结构性支挡采用抗滑桩＋桩间挡土板＋挡土墙的方案（图 2.8.70），其顶高程与相应平台的场平标高一致；其中抗滑桩分四级设置，桩长以桩底嵌入滑面以下一定深度控制；桩间挡土板采用钢筋混凝土结构，以防止桩间土体的挤出；挡土墙多在穿越滑坡体的道路两侧设置，采用重力式、衡重式两种形式。另外，滑坡后缘与 1 号主干道之间的斜坡按 1∶2 的坡比放坡，并在坡面上进行绿化植草护坡。

滑坡排水措施与滑坡区建（构）筑物的排水设施结合。

图 2.8.70　肖家沟滑坡抗滑桩板墙之一角

8.6　西区 8 号次干道滑坡群

8.6.1　概述

西区 8 号次干道滑坡群，位于西区和扩大西区 8 号次干道后缘，顺沿新县城后缘规划红线分布，滑坡群全长约 3km，由数个次级中小型滑坡组成。滑坡区整体处于顺向斜坡上部高高程地带，地形坡度为 10°～20°，岩层倾向、倾角与斜坡坡度基本一致。2008—2010 年间，由于新县城工程建设场地平整过程中，施工开挖切坡形成高差 4～8m 的陡坎，其前缘临空失去支撑，在暴雨等触发下相继滑坡。该滑坡群由多个单独的滑坡断续相连形成一呈带状滑坡体。从北往南依次为净水厂滑坡、有色金属总厂后缘滑坡（k1＋700～k2＋060 段）、N1 地块富林中心小学后侧滑坡、8 号次干道沿线 k2＋857.829～k4＋320 段复合安置 4 号地块后侧滑坡和复合安置 2 号地块后侧滑坡等 5 个滑坡，总体积为 136.08 万 m³。

8.6.2　滑坡群基本特征

滑坡群整体处于龙潭沟-松林沟-垭口头-云盘上-红岩洞一线的顺向斜坡地带上部，大致沿萝卜岗后缘山脊分布，地形坡度为 10°～20°，场地区高程为 1067.00～1240.00m，相对高差 73m，场地区前缘因新县城建设的场平开挖而形成高差 4～8m 的陡坎。

8 号次干道滑坡群组成及基本特征见表 2.8.18。

8.6.3　滑坡形成机理分析

8 号次干道滑坡群形成机理见表 2.8.19。

表 2.8.18　　　　　　　　　8 号次干道滑坡群滑坡组成及基本特征

滑坡名称及滑坡分区		滑坡体构成及规模	滑床及滑动面（带）特征
净水厂滑坡		滑体物质由素填土、黏土和基岩构成。横向宽度约180m，纵向长度约250m，面积约4.5万m²，总方量约30万m³。属中型基岩滑坡	滑床基岩岩性为三叠系上统白果湾组细砂岩夹泥质粉砂岩。岩层产状为86°∠16°～20°。滑动带（泥化夹层、很湿-饱水）埋深为6～9m，平面呈直线型，与岩层层面基本一致，厚度一般在10～50cm
有色金属总厂滑坡		滑体物质主要由素填土、黏土和基岩组成构成。滑坡横向宽度约230m，纵向长度约210m，面积4.8万m²，总方量约23万m³。属中型基岩滑坡	滑床基岩岩性为三叠系上统白果湾组细砂岩夹泥质粉砂岩。岩层产状为86°∠16°～20°。滑动带（泥化夹层、很湿-饱水）埋深为6～9m，平面呈直线型，与岩层层面基本一致，厚度一般在10～50cm
N1 地块富林中心小学后侧滑坡		滑体物质主要由块石土、碎石土、粉质黏土等组成。滑坡主滑方向为78°，纵向长180m，横向宽412m，滑坡面积为8.2万m²，滑体平均厚度为5.2m，体积约42.6万m³。属中型滑坡［在该滑坡南侧为一基岩滑坡，滑带（面）为基岩中的软弱夹层］	滑床主要为三叠系上统白果湾组砂岩。滑带土为粉质黏土，呈褐黄色，连续性较好，从而形成一含水量高、抗剪强度（c、φ值）低的软弱面（滑面）
8 号次干道沿线 k2＋857.829～k4＋320 段滑坡	复合安置 4 号地块 6 号、7 号楼后侧滑坡（Ⅰ区）	滑体物质组成主要为褐灰、褐红色粉质黏土及褐红色松散状碎石土。滑坡主滑方向为北东78°，纵向长57.5m，横向宽223.6m，滑坡面积为1.29万m²，滑体平均厚度为6.4m，体积约8.23万m³。属小型土质滑坡	滑床主要为三叠系上统白果湾组砂岩。滑带土为沿基覆界面分布的粉质黏土，滑带土呈褐红色，稍湿-湿，连续性较好，从而形成一含水量高、抗剪强度（c、φ值）低的软弱面（滑面）
	复合安置 4 号地块 5 号楼后侧滑坡（Ⅲ区）	滑体物质组成主要为褐灰、褐红色粉质黏土及褐红色松散状角砾土。滑坡主滑方向为北东75°，纵向长85m，横向宽115m，滑坡面积为9775m²，滑体平均厚度为6.6m，体积6.45万m³。属小型土质滑坡	滑床主要为三叠系上统白果湾组砂岩。滑带土为沿基覆界面分布的富含高岭土的粉质黏土，呈灰褐色，稍湿-湿，面光滑，连续性好，从而形成一含水量高、抗剪强度（c、φ值）低的软弱面（滑面）
	复合安置 4 号地块 3 号、4 号楼后侧滑坡（Ⅳ区）	滑体物质组成主要为棕红、棕色及褐黄、灰黄色粉质黏土，浅黄色"昔格达组"粉砂、粉土。斜坡总体坡向为北东55°，斜坡坡度为40°～51°，平均纵向长12m，横向宽129.5m，面积为1554m²。以场平坡脚为界，平均厚度约8m，体积约1.24万m³，属小型土质滑坡	沿"昔格达组"粉砂、粉土内部剪出，呈圆弧滑动
	自谋职业 4 号地块后侧滑坡（Ⅵ区）	滑体物质组成主要为褐灰、褐红色粉质黏土及褐红色松散状碎石土。滑坡主滑方向为北东43°，纵向长约70m，横向宽约224m，滑坡面积为1.57万m²，滑体平均厚度为6.3m，体积约9.9万m³。属小型土质滑坡	滑床为三叠系上统白果湾组（T_{3bg}）细砂岩。滑带土为沿覆盖层与基岩接触界面分布的粉质黏土，滑带土呈褐红色，稍湿-湿，连续性较好，从而形成一含水量高、抗剪强度（c、φ值）低的软弱面（滑面）

滑坡名称及滑坡分区		滑坡体构成及规模	滑床及滑动面（带）特征
复合安置2号地块后侧滑坡	A区滑坡	滑坡体物质组成主要为棕红、棕色，褐黄、灰黄色粉质黏土。斜坡总体坡向为北东48°，斜坡坡度为10°～18°，平均坡度为12°，局部较陡。整体表现为两侧陡，中部缓。斜坡平面形态为半圆形，平均纵坡长100m，最大相对高差31m，平均宽260m，面积为2.6×10⁴m²。根据钻孔揭露不稳定斜坡表层第四系残坡积厚度为1.8～4.8m，平均厚度为3.1m，体积为8.06万m³，属小型土质滑坡	潜在滑床为三叠系上统白果湾组（T_{3bg}）粉砂质泥岩。斜坡体覆盖层与基岩接触面的粉质黏土为滑动带（面），粉质黏土，湿-稍湿，可塑-硬塑，具弱膨胀性
	B区滑坡	滑坡体物质组成主要为褐黄、灰黄色粉质黏土和基岩滑动后形成的堆积体，滑坡立体上呈中上部缓的"圈椅"状（左侧由于施工开挖形状有较大变化），总体滑动方向为北东41°，滑坡体坡度为15°～30°，平均坡度为22°，后缘由于滑动形成错坎，高1.5～3.0m，相对较陡。滑坡平面形态为不规则长条形，平均纵坡长55m，最大相对高差26m，平均横宽200m，面积为1.1万m²，体积为6.6万m³，属小型岩质滑坡	滑床为三叠系上统白果湾组（T_{3bg}）粉砂质泥岩夹薄煤层。滑动带（面）为基覆界或易风化且饱水软化的薄层粉煤层或炭质泥岩层

表 2.8.19   **8号次干道滑坡群形成机理**

滑坡名称及分区	滑坡形成机理
净水厂滑坡	三叠系白果湾组砂泥岩风化卸荷松弛岩体结构是滑坡形成的物质基础。层状顺坡向发育的软弱夹层、层面和薄层泥岩夹层等，遇水易软化、泥化，抗剪强度迅速降低，易形成滑移面，是滑坡产生滑动的必要条件。下渗的地表水不但降低岩土体的抗剪强度还提高滑体重量，因此降水和生产、生活用水等地表水是影响滑坡稳定性的重要因素。施工边坡开挖切脚、坡度过高过陡以及支护的相对滞后是滑坡产生的主要触发因素
有色金属总厂滑坡	三叠系白果湾组砂泥岩风化卸荷岩体结构是滑坡产生的物质基础。层状顺坡向发育的软弱夹层、层面和薄层泥岩夹层等，遇水易软化、泥化，抗剪强度迅速降低，易形成滑移面，是滑坡产生滑动的必要条件。降雨、生产（活）用水等地表水入渗是滑坡发生的重要诱发因素。而新县城建设中边坡开挖切脚、坡度过高过陡以及支护的相对滞后是滑坡产生的主要人为因素
N1地块富林中心小学后侧滑坡	（1）物质结构。坡体上堆积了较厚的残坡积层松散堆积体以及顺向坡卸荷松弛砂泥岩体，为滑坡的形成提供了物质基础；土层中的粉质黏土、粉土、粉砂和碎石土中的黏土、粉土夹层和岩土层接触面以及砂泥岩层软弱夹层软弱面，是滑坡形成的主导因素。 （2）临空面条件。新县城建设8号次干道施工开挖切坡，为滑坡形成创造了临空面条件。 （3）水作用。暴雨使土体饱水增加了滑体的重量，暴雨入渗使滑带土饱水软化，降低了抗剪强度，从而诱发了滑坡的发生

滑坡名称及分区		滑坡形成机理
8号次干道沿线 k2+857.829～k4+320段滑坡	复合安置4号地块6号、7号楼后侧滑坡（Ⅰ区）	（1）受风化、流水、重力等外动力地质作用，在坡体上堆积了较厚的残坡积层松散堆积体，为滑坡的形成提供了物质基础；土层中的粉质黏土、粉土、粉砂和碎石土的中黏土、粉土夹层以及岩土层接触面等软弱面，是滑坡形成的主导因素。 （2）场平开挖切脚，形成陡坎，软弱面露出，为滑坡创造了临空面条件。 （3）降雨使土体饱水增加了滑体的重量，降雨入渗使滑带土饱水软化，其抗剪强度降低，导致滑坡的发生
	复合安置4号地块5号楼后侧滑坡（Ⅲ区）	（1）物质结构。受风化、流水、重力等外动力地质作用，在坡体上堆积了较厚的松散堆体，为滑坡的形成提供了大量松散的物质基础。 （2）临空面条件。场平开挖使滑面或潜在滑面露出临空，使上部岩土体沿剪出口产生滑移。 （3）降雨入渗，软弱面抗剪强度降低，诱发岩土层滑坡
	复合安置4号地块3号、4号楼后侧滑坡（Ⅳ区）	（1）物质组成。滑坡物质组成为"昔格达组"粉砂、粉土，该层富含蒙脱石、伊利石等黏土矿物，具有遇水软化、失水干裂的特点，是著名的易滑地层。 （2）失水干裂收缩形成干裂缝，为降雨入渗提供了有利条件，使得土体易吸水饱和，增加了土体重量；吸水软化土颗粒联结力减弱促使土体向前缘临空面方向移动。在该层高强度的集中降水入渗后，土体的抗剪指标严重降低。 （3）滑坡为开挖边坡，坡度较陡，为40°～51°，当前缘开挖切脚形成临空面时，沿粉土层内形成小型滑坡
	自谋职业4号地块后侧滑坡（Ⅵ区）	（1）物质组成。受风化、流水、重力等外动力地质作用，在坡体上堆积了较厚的残坡积松散堆积体，为滑坡的形成提供了大量松散的物质基础。 （2）临空面条件。8号次干道修建施工开挖切坡致使岩土接触面露出，为潜在滑面形成直接剪出口。 （3）水作用。降雨使土体饱水，增加了滑体的重量，更重要的是降雨的入渗，使滑带土饱水软化诱发滑坡
复合安置2号地块后侧滑坡	A区土质滑坡	该区地处萝卜岗西一区后侧斜坡，自然坡度较缓，平均坡度为12°，表层由残坡积粉质黏土及含碎石粉质黏土组成，下伏基岩为互层-薄层状砂泥岩，岩土接触面与坡向一致。表层粉质黏土具有弱膨胀性（室内试验其自由膨胀率平均为46.5%）以及吸水软化抗剪强度降低的特点是斜坡土体滑动的内在因素；该土层结构松散，失水易干裂收缩形成干裂缝，为降雨入渗提供了有利条件，因此降雨等地表水的入渗是斜坡变形滑动的主要诱发因素。前缘场平开挖边坡变陡，致使土层或岩土接触面临空，为斜坡变形滑动提供了有力的地形条件
	B区基岩滑坡	滑坡所在斜坡位于A区滑坡南东侧，自然坡度平均约22°，为单斜顺向坡，基岩为泥质粉砂岩、粉砂质泥岩夹薄煤层，岩层倾角约13°。基岩中具有相对软弱的粉煤层及炭质泥岩层，以及岩层中的两组陡倾裂隙与外倾缓倾角软弱层面不利组合，为滑坡提供了必要条件；岩层浅表部陡倾角裂隙较发育，当强降雨沿其入渗至缓倾角软弱夹层时，软化、泥化使之抗剪强度降低，进而诱发产生滑移-拉裂型滑移。此外，坡体前缘施工开挖切脚并形成临空面，以及未及时支护，是该滑坡发生的重要因素

8.6.4 典型滑坡稳定性评价及治理建议

8.6.4.1 稳定性定量评价

复合安置2号地块后侧斜坡滑坡区，在西区8号干道滑坡群具有代表性，以此为例按《滑坡防治工程勘查规范》（DZ/T 0218）有关要求进行稳定性定量评价。

复合安置 2 号地块后侧斜坡滑坡区位于萝卜岗条形山脊云盘上-红岩洞附近斜坡上，斜坡下方为 8 号次干道及规划建设区（包括复合安置 2 号地块）。斜坡走向 N40°W，向北东倾斜，地形坡度为 10°～20°，局部由于场平开挖形成陡坎，场地区高程为 1060.00～1130.00m，为南西高，北东低的单斜坡地形。

根据该滑坡的分布位置和类型特点将其分为两个区，即 A 区土质滑坡和 B 区基岩滑坡。

（1）A 区土质滑坡。该滑坡位于复合安置 2 号地块的北西侧，后靠红岩洞条形山脊。其后侧分水岭处最高海拔约 1132m，坡脚处高程约 1086.00m，相对高差 46m（图2.8.71）。斜坡总体坡向为 N48°E，坡度为 10°～18°，平均坡度为 12°，下伏砂泥岩（T_{3bg}）岩层产状为 N20°W/NE∠13°。斜坡为顺向坡，局部较陡，前缘由于场平施工开挖形成高 2～7m 的二级陡坎，近于直立。2008—2009 年间，复合安置 2 号地块场平工程大规模开挖，在前缘形成陡立临空面，由于未进行及时有效的边坡支护，导致前缘表层土体沿基岩面产生滑坡。

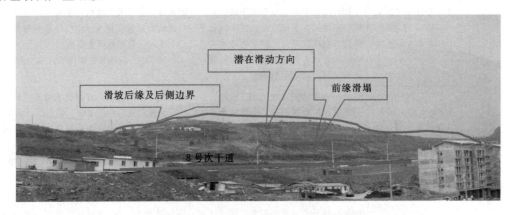

图 2.8.71　A 区土质滑坡地形地貌

该滑坡平面范围前缘以坡脚处开挖的二级陡坎为界，高程约 1086.00m，后缘以斜坡高程 1117.00m 为界，最大相对高差 31m；左（北西）侧以垂直 8 号次干道里程桩 500m 处为界，右（南东）侧以垂直 8 号次干道里程桩 200m 处为界。

该滑坡主要变形类型为中部前缘局部滑塌。滑塌地段见较多的横向剪切裂缝，裂缝宽0.05～0.2m，延伸 10～20m 不等，错坎高 0.1～1.2m（图 2.8.72 和图 2.8.73）；该滑坡体横向宽约 86m，纵长约 23m，平均厚度约 1.6m，体积约 0.32 万 m³。潜在剪出口为表层土与基岩面的接触带，高程约 1087.00m。该滑塌体在暴雨的触发作用下有进一步变形破坏的可能，因此需对其进行稳定性分析评价。

选择主滑剖面 Ⅱ-Ⅱ′进行计算分析（图 2.8.74）。

稳定性计算时选择一般工况、暴雨工况和地震工况 3 种计算工况。

稳定性计算抗剪参数 c、φ 值以室内试验平均值为基础，经工程经验类比综合求得，即由室内试验得出滑带土在天然、饱和条件下的抗剪强度峰值与残余值 c、φ 指标（表2.8.20），再结合场地地质条件与经验进行类比调整，并考虑变形特征、滑面贯通情况等经反算综合求得。由于斜坡目前已出现局部滑塌变形，抗剪参数 c、φ 取残余值。因此，滑带土综合取值为：天然状态下滑带（面）粉质黏土 c 值取 13.2kPa，φ 值取 5.9°；饱和状态下 c 值取 10.1kPa，φ 值取 4.5°。

图 2.8.72　滑坡体横向张拉裂缝及错坎

图 2.8.73　滑塌体后缘圆弧形错落陡坎

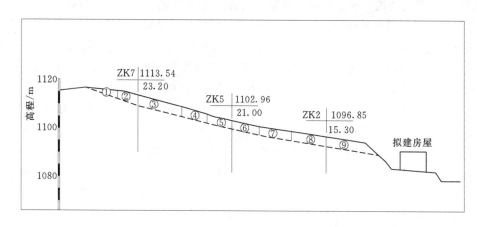

图 2.8.74　剖面Ⅱ-Ⅱ′示意图

表 2.8.20　　　　　　　　　　　稳定性计算 c、φ 值选值表

指标 项目	天然状态				饱和状态			
	c/kPa		φ/(°)		c/kPa		φ/(°)	
	峰值	残余值	峰值	残余值	峰值	残余值	峰值	残余值
粉质黏土	30	12.6	13.2	5.5	15.5	9.8	8.25	4.1
滑带土综合取值	13.2		5.9		10.1		4.5	

注　粉质黏土抗剪强度为室内试验平均值。

斜坡稳定性计算结果见表 2.8.21。

根据《滑坡防治工程勘查规范》（DZ/T 0218—2006）进行滑坡稳定状态分析，滑坡稳定状态划分标准见表 2.8.22。

表 2.8.21 稳定性计算成果表

计 算 剖 面	稳定系数		
	一般工况	暴雨工况	地震工况
Ⅱ-Ⅱ'	1.42	1.04	1.03

表 2.8.22 滑坡稳定状态划分标准

滑坡稳定系数	$F<1.0$	$1.0{\leqslant}F<1.05$	$1.05{\leqslant}F<1.15$	$F{\geqslant}1.15$
滑坡稳定状态	不稳定	欠稳定	基本稳定	稳定

注 F 为滑坡稳定系数。

通过斜坡整体稳定性计算分析，可得出以下结论。

一般工况：稳定性系数 $F=1.42$，处于稳定状态。

暴雨工况：稳定性系数 $F=1.04$，处于欠稳定状态。

地震工况：稳定性系数 $F=1.03$，处于欠稳定状态。

由此表明，A 区滑坡在一般工况下处于稳定状态，在暴雨工况和地震工况下处于欠稳定状态。考虑到所处位置的重要性和失稳的危害严重性，建议采取相应工程治理措施。

（2）B 区基岩滑坡。B 区滑坡位于复合安置 2 号地块的南东侧，8 号次干道与 6 号次干道交汇处附近的后侧斜坡地带，部分处于中一区煤层采空塌陷区内。

场地后侧分水岭高程为 1093.00m，坡脚处高程约 1067.00m，相对高差 26m。总体坡向为 N41°E，右侧斜坡坡度为 15°～30°，平均坡度为 22°，前后侧较陡，特别是后侧由于滑动形成错落陡坎，坎高 1.5～3.0m，坡度大于 60°，中部相对较缓；左侧斜坡坡度约 30°，场平开挖局部形成陡坎，高 3～12m。整个斜坡平均坡长 55m，平均横宽 200m。该区覆盖层浅薄，大多基岩裸露。基岩由白果湾组（T_{3bg}）泥质粉砂岩、粉砂质泥岩夹 3 层薄煤层组成。其中：①上部一层煤为粉煤层，且夹较多的炭质泥岩，距离地面较近，仅 4.1～7.9m，由于上部粉砂质泥岩裂隙发育，开采该层煤的安全性较差；②下部两层煤相隔较近，仅 0.8～1.2m，为可采煤层，钻进中未出现掉钻的现象，说明滑坡区内煤层未被开采，滑坡的形成不是由于煤层开挖空洞塌陷形成，而是场平施工开挖前缘切坡，浅表岩土层沿着上部煤层中的炭质泥岩滑动。岩层产状为 N20°W/NE70°∠13°。

2008 年以前在新县城建设初期，由于前缘修筑 8 号次干道施工开挖坡脚，造成应力的重新分布，斜坡岩体沿基岩软弱层面发生了滑坡（图 2.8.75）。

图 2.8.75 复合安置 2 号地块 B 区滑坡区地形地貌

滑坡范围前缘以坡脚8号次干道为界，高程约1067.00m，后缘以斜坡分水岭红岩洞为界，最高高程为1093.00m，最大相对高差26m；左（NW）侧以垂直8号次干道里程约200m处为界（左侧次级滑坡的左边界），右（SE）侧以垂直8号次干道拐弯起始处向南东延伸约20m处为界。滑坡厚度为4.1～7.9m，平均厚度为6.0m，体积为6.6万m³，属小型基岩滑坡。

滑带及潜在滑带为薄层粉煤层或炭质泥岩层（图2.8.76），工程性状差，易风化，饱水易软化、泥化，该次滑坡即是沿该层软弱层面而滑动的（图2.8.77）。

图2.8.76　滑床擦痕

图2.8.77　软弱夹层

滑坡变形破坏主要表现为后缘出现错落陡坎，高1.5～5.0m，并在坡体上见多级错落及横向拉张裂缝（图2.8.78和图2.8.79），裂缝宽5～15cm，延伸5～30m不等。前缘剪出口为斜坡坡脚与公路相交处，高程为1068.00m左右。

图2.8.78　滑体内拉张裂缝

图2.8.79　滑体内错落陡坎

根据滑坡变形特征及变形的影响因素分析，该滑坡在自重状态下现今处于稳定状态；在暴雨、地震状态下存在失稳的可能。稳定性计算分析评价选择一般工况、暴雨工况和地震工况3种计算工况。

该次对滑坡的稳定性计算中，选择主滑剖面Ⅶ-Ⅶ′进行计算（图2.8.80）。

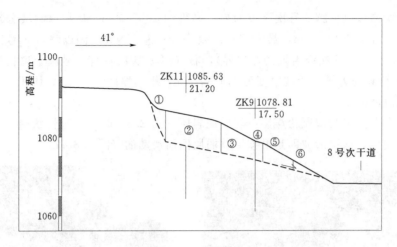

图 2.8.80　主滑剖面Ⅶ-Ⅶ′示意图

　　抗剪参数 c、φ 值由室内试验、工程经验类比和反算值综合求得，即先根据室内试验得出滑带土抗剪强度天然、饱和状态时峰值和残余值，按相应规程规范取其标准值或算数平均值；再结合地质条件和工程经验进行相应调整，并考虑坡体变形特征、滑面贯通情况等经反算后综合取值（表 2.8.23）。

表 2.8.23　　　　　　　　　　稳定性计算 c、φ 值选值表

指标 项目	天然状态				饱和状态			
	c/kPa		$\varphi/(°)$		c/kPa		$\varphi/(°)$	
	峰值	残余值	峰值	残余值	峰值	残余值	峰值	残余值
粉质黏土	35	12.0	15	9.5	19	10.0	12	8.0
滑带土综合取值	12.5	9.7	10.3	8.5				

　　注　粉质黏土抗剪强度为室内试验平均值。

　　滑坡稳定性计算结果见表 2.8.24。

表 2.8.24　　　　　　　　　稳 定 性 计 算 成 果 表

计算剖面	各计算工况下的稳定系数		
	一般工况	暴雨工况	地震工况
Ⅶ-Ⅶ′	1.14	0.97	0.87

　　根据《滑坡防治工程勘查规范》（DZ/T 0218—2006）进行滑坡稳定状态分析，滑坡稳定状态划分标准见表 2.8.25。

表 2.8.25　　　　　　　　　滑坡稳定状态划分标准

滑坡稳定系数	$F<1.0$	$1.0 \leqslant F<1.05$	$1.05 \leqslant F<1.15$	$F \geqslant 1.15$
滑坡稳定状态	不稳定	欠稳定	基本稳定	稳定

　　注　F 为滑坡稳定系数。

　　通过对滑坡整体稳定性计算分析，可得出以下结论。

一般工况：稳定性系数 $K=1.14$，处于基本稳定状态。

暴雨工况：稳定性系数 $K=0.97$，处于不稳定状态。

地震工况：稳定性系数 $K=0.87$，处于不稳定状态。

由此可知，B区滑坡在一般工况下处于基本稳定状态，在暴雨工况和地震工况下均处于不稳定状态。因此，需进行相应工程处理。

8.6.4.2 治理措施建议

根据滑坡体目前变形特征、稳定性影响因素分析和稳定性计算，建议A、B两处结合具体情况，按《滑坡防治工程设计与施工技术规范》（DZ/T 0219）有关滑坡防治工程设计边坡稳定安全标准进行工程治理，分别采取以混凝土挡墙及抗滑桩板墙等支挡工程为主的综合治理措施。

（1）挡土墙及抗滑桩板墙。由于粉砂质泥岩层易风化，裂隙发育，且浅表软弱夹层较发育，前缘边坡开挖切坡形成临空面，在暴雨等触发下，将产生再次滑动的可能。因此，需对其进行综合治理，即在A区和B区滑坡体的前缘及场平陡坎处设置挡墙支挡。

（2）截、排水沟。地表（下）渗透水流对斜坡土体稳定性影响较大，因此在不稳定体及滑坡体后缘分别修建截、排水沟，防止地表（下）水活动对斜坡稳定性的不利影响。

（3）其他措施。斜坡上部削坡减载、植草护坡，做好水土保持，改善环境。

8号次干道复合安置2号地块B区滑坡支挡处理措施见图2.8.81。

图2.8.81　复合安置2号地块后缘滑坡抗滑桩板墙支挡结构

8.7　污水处理厂潜在不稳定斜坡

8.7.1　概述

潜在不稳定斜坡是指在自然状态下已有一定的变形破裂迹象或在结构上具有有利于斜坡失稳的结构组合，但斜坡在自然状态下整体处于基本稳定状态，在今后一定时期内受各种作用影响（包括人类工程活动、水库蓄水、暴雨、地震）下有可能发生失稳破坏的斜坡体。

汉源污水处理厂位于新县城滨湖大道三段下方流沙河支库右岸斜坡地带，前临流沙河支库，左右两侧分别是任家沟与小水塘沟，场地南西高，而北西、北东、南东3个方向均低。污水处理厂最高高程为876.75m，最低高程为853.42m。水库正常蓄水位850.00m时，场地三面环水，呈一向北东凸出的半岛。勘察研究和计算分析表明，该潜在不稳定斜坡一般工况下整体基本稳定，水库蓄水运行期在地震作用下处于不稳定状态，需采取有效工程处理。

8.7.2　潜在不稳定斜坡

8.7.2.1　地形地貌

斜坡原始地貌较复杂。坡体表面呈环形阶梯状，北西、南西、南东侧局部为"圈椅"状，而北东侧前端呈明显的舌状凸起。斜坡前、后缘高程分别为826.00m、874.00m，相对高差48m。斜坡地面总体坡度约11°，局部大于25°。原始地貌见图2.8.82。

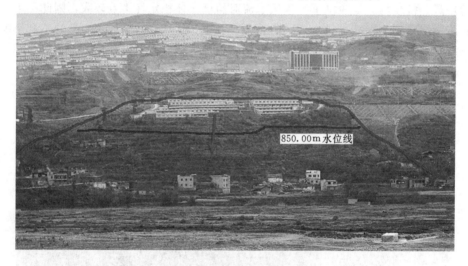

图2.8.82　污水处理厂原始地貌全景

8.7.2.2　基本特征

潜在不稳定斜坡前缘以高程826.00～830.00m为界，后缘以滨湖大道外侧高程874.00m为界，左、右两侧分别以小水塘沟、任家沟为界，纵向上平均长210m，最长249m，横向上前侧宽238m，中部宽292m，后侧宽208m，平均宽295m，面积为6.2万m²，钻孔揭露其厚度为8.75～18.7m，平均厚度为12.4m，体积为76.9万m³，属中型潜在不稳定斜坡。

潜在不稳定斜坡体由坡残积为主混有冲积成因的覆盖层组成，在覆盖层底部碎石土及砂卵石土中夹数层粉质黏土、含碎石粉质黏土及粉土层。碎石土、块碎石土结构较松散，粉质黏土或含角砾粉质黏土呈可塑状。钻孔揭露，粉质黏土、含碎石黏土和粉土见岩芯错动光面较平整，擦痕较明显，其倾角为12°～14°，构成潜在滑动面（图2.8.83和图2.8.84）。场地场平开挖过程中，在土体与基岩接触面上断续可见滑面露出（图2.8.85）。

192

图 2.8.83　ZK40 孔泥化夹层中的擦痕　　　　图 2.8.84　ZK42 孔揭露的错动擦痕

图 2.8.85　斜坡开挖出露滑移面

该潜在不稳定斜坡下伏基岩由三叠系上统白果湾组（T_{3bg}）中等风化粉砂岩、岩屑砂岩与泥岩组成，岩层倾角为 12°～14°。

8.7.3　潜在不稳定斜坡变形机制

根据前期勘察和施工开挖揭示分析，早期流沙河的下切侵蚀，为潜在不稳定斜坡的形成提供了临空面，后期河流继续下切，使得坡体前沿坡度变陡，增大了斜坡临空面空间；较厚松散堆积物为其形成提供了丰富的物质基础；岩土层接触面（带）等软弱层抗剪强度低，且倾向坡外，为潜在滑动面的形成提供了必要条件。可见，土体性质、顺向坡岩土层接触面和临空条件是潜在不稳定斜坡演变发展的主控因素。

水库蓄水后，850.00m 库水位将包围着大部分场地，犹如一个三面临水的半岛，地下水水位上升，浸润线抬高，库水浸泡将降低有效应力，位于岩土层接触面之软弱带在地下水的作用下也将进一步软化、泥化，其抗剪强度逐步降低。

若不进行治理，在水库蓄水后该潜在不稳定斜坡可能的演变破坏形式为：由前缘局部坍滑失稳到整体的牵引式破坏，即开始将是前缘局部滑塌，当前缘不断变形甚至滑走时，不稳定坡体进一步临空而逐渐失去支撑，坡体出现蠕动位移、下沉错台、拉裂缝等变形破坏。因此，该类型潜在不稳定斜坡的变形演变是缓慢的渐进式的蠕滑变形过程，当其应力应变累积到一定程度时，即发生滑动破坏。在场平施工中，前缘切脚开挖，覆盖层与基岩接触带出现局部剪出迹象。

8.7.4　潜在不稳定斜坡稳定性评价及治理建议

8.7.4.1　场地分区及稳定性定性分析

根据潜在不稳定斜坡不同部位微地貌差异、现状及历史变形特征，对潜在不稳定斜坡分为 A、B、C 3 个亚区（图 2.8.86）。

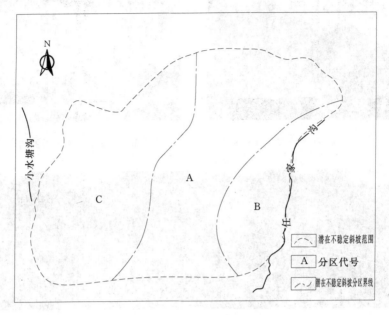

图 2.8.86　潜在不稳定斜坡分区

A 区：位于潜在不稳定斜坡的中部，呈近北东-南西向展布，坡向与基岩倾向基本一致。该区段前部地形坡度约 12°，为阶梯状斜坡地形，浅表以粉质黏土为主，局部阶梯陡坎高差较大，地表变形主要为局部陡坎的蠕滑，整体基本稳定；中部为缓坡地形，斜坡坡度约 11°，无变形迹象；后部为平缓的台地，地形坡度约 5°，也无变形迹象。该区除前部局部浅表蠕滑变形外，天然状态下整体基本稳定。

B 区：位于潜在不稳定斜坡南东任家沟侧，整体呈"圈椅"状地形。据地面调查，地表可见阶梯状陡坎呈弧形延展，任家沟侧基覆界面可见滑动迹象，滑痕指向沟内略偏下游，据此判断向沟内临空方向存在滑移趋势。

C 区：位于潜在不稳定斜坡南西小水塘沟侧。前缘坡度为 25°～30°，局部陡坎坡度为 70°以上，斜坡呈阶梯状。其中，北侧呈"圈椅"状，"圈椅"地形呈弧形延伸。据地面调查访问，该部位的梯田常出现开裂等变形迹象。中部总体呈约 11°的斜坡，斜坡坡面为多级高差达 25m 的陡坎。后部为坡度 5°左右的缓倾平台。根据地形特征及变形趋势分析，该区天然条件下虽然处于整体基本稳定-欠稳定状态，水库运行期在库水浸泡、暴雨和地震工况下存在失稳的可能。

8.7.4.2　稳定性计算分析

（1）计算工况选择。根据场地地形地质条件和变形破坏模式分析，潜在不稳定斜坡的稳定性计算考虑以下工况：

1）现状稳定性计算工况：一般工况、暴雨工况和地震工况。

2）水库运行期（水库正常蓄水位 850.00m）稳定性计算工况：一般工况、暴雨工况和地震工况。

该次对潜在不稳定斜坡的稳定性计算中，选择 2-2′剖面进行计算（图 2.8.87）。

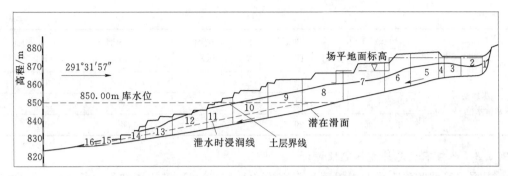

图 2.8.87　2 - 2′剖面计算示意图

（2）抗剪强度指标的选取。滑带土的试验样品取自南东侧任家沟右侧滑带土，其试验成果见表 2.8.26。

表 2.8.26　　　　　　　　　　抗剪强度 c、φ 值实验成果表

土　名	天然状态				饱和状态	
	c/kPa		φ/(°)		c/kPa	φ/(°)
	快剪	残余值	快剪	残余值		
任家沟滑带土（粉质黏土）	32	21	10	8.4		

以试验指标为基础，综合各区地质条件和现今稳定程度，各分区抗剪参数选取见表 2.8.27。

表 2.8.27　　　　　　　　　各分区抗剪参数 c、φ 值计算选取表

岩土接触面	A 区				B 区				C 区			
	天然		饱和		天然		饱和		天然		饱和	
	c/kPa	φ/(°)	c/kPa	φ/(°)	c/kPa	φ/(°)	c/kPa	φ/(°)	c/kPa	φ/(°)	c/kPa	φ/(°)
碎块石与黏性土接触面	17	14	14	10	26	11	23	8	17	14	15	8
黏性土内部接触面	10	10	9	8	11	10	8	7	17	14	14	8
碎块石与基岩接触面	40	34	39	32					40	34	39	32

（3）稳定性计算。计算结果见表 2.8.28。

表 2.8.28　　　　　　　　　　稳定性计算成果表

工况	稳定性系数	2 - 2′剖面（C 区）	5 - 5′剖面（A 区）	8 - 8′剖面（A 区）	10 - 10′剖面（B 区）
场平前	一般工况	1.65	1.59	1.77	1.43
	暴雨工况	1.12	1.21	1.31	1.15
	地震工况	1.16	1.07	1.14	1.05
场平后	一般工况	1.70	1.69	1.76	1.36
	暴雨工况	1.15	1.26	1.30	1.08
	地震工况	1.20	1.14	1.17	0.98

工况	稳定性系数	2-2'剖面 （C区）	5-5'剖面 （A区）	8-8'剖面 （A区）	10-10'剖面 （B区）
水库运行 （正常蓄水位850.00m）	一般工况	1.41	1.48	1.49	1.17
	暴雨工况	1.21	1.30	1.30	1.08
	地震工况	0.99	0.99	0.99	0.85

8.7.4.3　潜在不稳定斜坡稳定性评价

根据《滑坡防治工程勘查规范》（DZ/T 0218—2006）进行滑坡稳定状态分析，滑坡稳定状态划分标准见表 2.8.29。

表 2.8.29　　　　　　　　　　滑 坡 稳 定 状 态 划 分 标 准

滑坡稳定系数	$F<1.0$	$1.0{\leqslant}F<1.05$	$1.05{\leqslant}F<1.15$	$F{\geqslant}1.15$
滑坡稳定状态	不稳定	欠稳定	基本稳定	稳定

注　F 为滑坡稳定系数。

（1）工程场平前稳定性评价。

一般工况：稳定性系数 $K>1.15$，整体处于稳定状态。

暴雨工况：A 区稳定性系数 $K>1.15$，处于稳定状态；B 区稳定性系数 $K=1.15$，处于稳定状态，但其值接近基本稳定状态；C 区稳定性系数 $K=1.12$，处于基本稳定状态。

地震工况：A 区稳定性系数 $1.05{\leqslant}K<1.15$，处于基本稳定状态；B 区稳定性系数 $K=1.05$，处于基本稳定状态，但其值接近欠稳定状态；C 区稳定性系数 $K=1.16$，处于稳定状态。

（2）工程场平后稳定性评价。

一般工况：稳定性系数 $K>1.15$，处于整体稳定状态。

暴雨工况：A 区稳定性系数 $K>1.15$，处于稳定状态；B 区稳定性系数 $K=1.08$，处于基本稳定状态；C 区稳定系数 $K=1.15$，处于稳定状态，但其值接近基本稳定状态。

地震工况：A 区处于稳定-基本稳定状态；B 区稳定性系数 $K<1.0$，处于不稳定状态；C 区稳定性系数 $K>1.15$，处于稳定状态。

（3）水库运行期（正常蓄水位 850.00m）稳定性评价。

一般工况：稳定性系数 $K>1.15$，处于稳定状态。

暴雨工况：A 区和 C 区稳定性系数 $K>1.15$，处于稳定状态；B 区稳定性系数 $K=1.08$，处于基本稳定状态。

地震工况：稳定性系数 $K<1.0$，处于不稳定状态。

由上述分析可知，污水处理厂所在的潜在不稳定斜坡，工程场平后，B 区在地震工况下处于不稳定状态；水库运行期（水库正常蓄水位 850.00m），在地震工况下 A、B、C 3 个区均处于不稳定状态。一旦失稳，将对场地稳定性和水库环境造成重大影响，需采取有效工程措施。

8.7.4.4　治理措施建议

根据潜在不稳定斜坡特征、成因机制及库区正常蓄水后场地的稳定性分析评价，该潜在不稳定斜坡水库运行期，在地震工况下 A、B、C 3 个区均处于不稳定状态，需采取有效工程处理。根据潜在不稳定斜坡体厚度较大等特点，工程处理进行以下方案比较：

（1）方案一。

支挡措施：对整个潜在不稳定斜坡布置一条抗滑桩支挡线，稳固库岸和潜在不稳定斜坡前缘，防止因为潜在不稳定斜坡前缘减载而逐渐形成牵引式滑动。支挡处高程为 860.00m。

辅助措施：主要为监测预警，除拟建的污水处理厂建设外，禁止在斜坡体上有加载效应的其他工程建设活动，并对位于 850.00m 水位线以下（库水位变幅带）的潜在不稳定斜坡部分进行护坡。

（2）方案二。

支挡措施：在 B 区和 C 区布置抗滑桩进行支挡，A 区采用挡土墙进行防护。

辅助措施：监测预警；结合污水处理厂建设，在不稳定斜坡体中后部进行削方减载；结合场地地形的特点，在不稳定斜坡中部修建排水沟，把坡体上的水引向左右两侧的小水塘沟和任家沟内。

经比较，采用方案二对该潜在不稳定斜坡进行治理。

污水处理厂潜在不稳定斜坡 C 区支挡处理见图 2.8.88。

图 2.8.88 污水处理厂潜在不稳定斜坡抗滑桩板墙一角（C 区）

8.8 小结

滑坡是汉源新县城萝卜岗场地的主要地质灾害之一。滑坡不仅影响到迁建场地的选择和建设场地的稳定性，也威胁着人民生命财产和建（构）筑物的安全，制约着新县城的建设步伐。

汉源新县城规划建设场地范围内共分布新老滑坡 24 处，这些滑坡总的特点是数量多，范围小，深度浅，个体规模不大，以土质滑坡为主，多为工程活动而形成或触发老滑坡的复活所致。从滑坡分布区域看，滑坡主要发育在西区和扩大西区的砂、泥岩分布地区；而东区灰岩分布区相对较少。从滑坡成因类型分析，因不合理的工程开挖切坡、堆载填筑和施工（生活）用水而导致的工程（新）滑坡，以及因工程而复活的老滑坡占绝大多数，说明人类工程活动是新县城萝卜岗场地岩土体滑移的主要诱发因素。依滑坡体（带）物质组成而言，由人工填土、弱膨胀粉质黏土、"昔格达组"粉砂及粉土层、块碎石土等组成的土质滑坡占大多数；岩质（或岩土混合）滑坡较少。依滑坡规模而论，滑坡体积小于100万 m³ 的中、小型为主；体积大于 100 万 m³ 的大型滑坡仅有乱石岗、康家坪两处，但其对场地选择和场地稳定性影响大，造成地质灾害也较大，尤其乱石岗滑坡堆积区和拉裂松动区不适宜建筑物布置，应予避开。

滑坡的发生和发展是多种环境因素相互长期作用的结果。其中：①岩土性质，包括弱膨胀粉质黏土、"昔格达组"及其后期搬运堆积的粉砂、粉土层，含亲水黏土矿物蒙脱石、伊利石较高，遇水易软化、泥化、抗剪强度显著降低，易形成滑面，是著名的"易滑层"；下伏基岩砂、泥岩，层间错动带、软弱夹层较发育，尤其泥型、泥夹岩屑型软弱夹层工程性状差，透水性弱，抗剪强度低，易形成滑移控制面，它们为滑坡形成或复活提供了物质基础。②单斜顺向坡、岩土体结构、节理裂隙及层间错动带等，尤其具有互层状-薄层状结构砂泥岩中的"两陡一缓"结构面，分别构成了滑坡或潜在不稳定体滑移的侧（纵）向切割面、横向切割面或临空面和滑移面，它们为滑坡的形成提供了边界条件，在河谷下切或暴雨、地震、工程活动等因素触发下极易向临空方向产生滑动，场地内的基岩滑坡几乎均为滑移-拉裂、滑移-弯曲、滑移-弯曲转化为滑移-溃屈变形破坏机制。③水作用，地表水入渗和地下水补给激发斜坡变形破坏是显而易见的，暴雨是斜坡变形发生滑坡或滑坡复活的重要诱发因素，暴雨强度越大、持续时间越长，越易出现滑坡，2010 年 7 月 15—17日和 23—25 日萝卜岗场地曾遭遇两次特大暴雨，累计降雨量分别达 146mm 和 163mm，诱发了多处滑坡的发生或滑坡复活，如 T8、T10 地块后缘滑坡，T5 地块东南侧滑坡，N1 地块后侧滑坡等。④人类工程活动包括工程不合理的开挖切坡、堆载填筑和施工（生活）用水入渗等，是萝卜岗场地新滑坡发生或老滑坡复活的主要触发因素之一，该类滑坡多为牵引式浅层滑坡，规模不大，工程治理前处于临界状态或不稳定状态。

通过对滑坡稳定性的定性分析和一般工况、暴雨工况、地震工况下的定量计算分析表明：这些滑坡在一般工况下多处于基本稳定状态；暴雨工况、地震工况下处于不稳定或欠稳定状态，不能满足工程要求，其分析结果与滑坡实际情况基本吻合。考虑到滑坡所处位置的重要性，一旦失稳将危及整个场地建筑物安全，因此需采取有效的综合工程治理措施。

根据滑坡稳定性分析结合其个性实际情况，在新县城城市规划布局和建设实施过程中，对于危及场地稳定、较难治理的大型滑坡体，以避开为主；影响建设场地稳定的中、小型滑坡体均需采取工程治理措施。滑坡防治工程稳定安全标准为：建设用地边坡主要依据《建筑边坡工程技术规范》（GB 50330）Ⅰ级边坡要求；非建设用地边坡主要依据《滑坡防治工程设计与施工技术规范》（DZ/T 0219）Ⅱ级防治边坡要求。滑坡治理措施以抗滑桩或其他支挡设施为主体的支挡工程，辅以削坡减载、地表截（排）水和护坡工程等相结合的综合治理措施，并加强监测预警。

（1）结构性支挡。支挡措施分别有抗滑桩、锚索、抗滑桩＋锚索、抗滑桩＋桩间挡土板、抗滑桩＋桩间挡土板＋锚索、抗滑桩＋挡土墙、挡土墙＋锚索等。其中，抗滑桩桩长以桩底嵌入滑面以下的深度1/3或2/5桩长为控制；对于布置建设场地的乱石岗松弛区，为防止下方滑坡松动区变形牵引影响，设置了两道以抗滑桩为主的支挡结构，桩的深度穿过松弛岩体进入稳定岩体；桩间挡土板采用钢筋混凝土结构，以防止桩间土体的挤出；挡土墙多在穿越滑坡体的道路两侧设置，采用重力式、衡重式两种形式。

（2）截、排水沟。在滑坡体后缘和滑坡体上分别修建截、排水沟，并在挡土墙（板）设置排水孔。

（3）辅助措施。斜坡上部削坡减载、植草（网格）护坡，做好水土保持，改善环境。

（4）监测预警。主要有施工期临时监测预警和运行期长期监测。

通过对萝卜岗场地滑坡工程治理和监测实践表明：经有效工程处理后，目前这些滑坡均处于受控稳定状态，未发现持续变形速率（或变形量）呈趋势性递增现象，总体运行良好。

9

采空区稳定性研究

9.1 研究思路和技术路线

9.1.1 研究思路

采空区是指地下矿层（体）被开采后而形成的空间。地下矿层的不合理或过度地采掘而形成的采空区，将改变和破坏其上覆岩层与地表的自然平衡，进而产生塌陷、开裂等地质灾害，影响工程建设场地的可利用性或适宜性。因此，准确评价采空区现状稳定并预测其变形发展趋势，有利于工程场地的科学规划和建设用地的合理利用。

针对新县城萝卜岗场地煤层分布与开采状况及其引起的地表塌陷、开裂等变形破坏特征，以及城市规划建设布局等特点，场地采空区勘察研究思路是：通过资料搜集、调查访问、钻探和物探工作，对采空区及周边一定范围内坡体的变形破坏现象及地质灾害进行调查，对其稳定性进行分区评价；在此基础上，对工程建设诱发和加剧采空地质灾害的可能性做出预测评估，进而对采空区场地工程建设适宜性作出评价，判定其作为建设场地的适宜性和对建（构）筑物的危害程度，为城市规划设计和不良地基处理提供科学依据。

采空区稳定性研究流程见图 2.9.1。

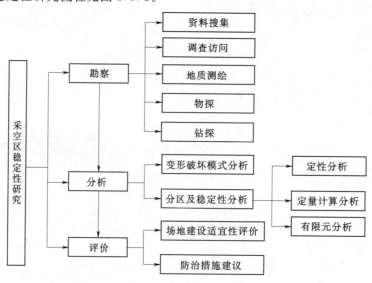

图 2.9.1 采空区稳定性研究流程图

9.1.2 技术路线

根据采空区特点及评价的要求，采取的技术手段主要有搜集资料、调查访问、地质测绘、物探、钻探。具体步骤如下：

（1）收集和调查采空区地表塌陷、开裂的分布及类型，采空区的地质条件以及采空区底部坑道分布及交汇状况。

（2）绘制采空区坑道分布图及各坑道的交汇位置，调查坑道及其交汇处的变形破坏形式、规模。

（3）建立采空区坑道顶板的变形破坏地质模型，根据该模型对坑道顶板的承载力、抗剪强度、沉降变形幅度进行计算。

（4）根据采空区坑道顶板变形趋势及破坏模式，建立地质力学模型，对顶板应力应变进行数值模拟分析。

（5）运用工程地质与工程力学相结合的手段，确定采空区地表的荷载极限、变形破坏形式及成因。

（6）针对采空区提出场地适宜性评价和防治措施建议。

9.2 含煤地层分布与开采状况

9.2.1 含煤地层分布

为查明采空区煤层的埋藏情况和分布范围，在工程地质测绘的基础上共布置了 15 个钻孔，其中 7 个控制性钻孔均揭穿白果湾组（T_{3bg}）煤系地层，进入下伏阳新组（P_{1y}）灰岩深度 10.38～22.95m 不等，最深达 54.55m。据测绘及钻探揭示，在萝卜岗场地中一区和中二区的胡树叶沟、石厂沟、转盘沟、大湾沟、大坪头、毛狗洞沟、黄家沟、大沟头沟和肖家沟（上游）等地高程为 900.00～1090.00m 一带，三叠系上统白果湾组（T_{3bg}）砂泥岩夹页岩地层中，共揭示 4 个产煤层位，自下而上称为底层位煤，中、下层位煤，上层位煤和顶层位煤（图 2.9.2、表 2.9.1 和表 2.9.2）。

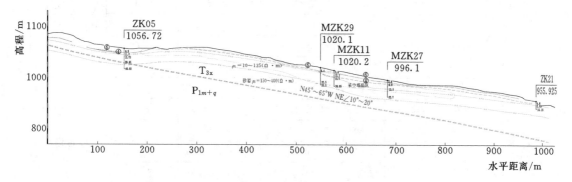

图 2.9.2 煤层及采空塌陷区地质剖面图

（1）底层位煤：分布于白果湾组（T_{3bg}）底面以上 0～3.75m，厚度很不稳定，连续性差，多呈透镜状产出，仅在 ZK04 孔孔深 41.70～43.40m（高程为 956.36～958.06m）和 ZK05 孔孔深 25.90～29.65m（高程为 1027.07～1030.82m）揭示到该层位，分别厚 1.70m、3.75m，煤质差，不具有开采价值。

表 2.9.1　　　　场地中区白果湾组（T_{3bg}）地层部分钻孔揭示的煤层分布情况

钻孔编号	孔口高程/m	钻孔深度/m	T_{3bg}厚度/m	P_{1y}顶面高程/m	覆盖层厚度/m	底层煤	中、下层煤	上层煤	顶层煤
						\multicolumn{4}{}{煤层分布（至P_{1y}灰岩顶面距离）/m}			
ZK01	1068.72	100.00	30.27	1023.27	15.18	—	17.15～14.1	28.55～24.9 22.3～20.15	
ZK02	985.90	80.13	53.1	926.4	6.40		14.83～12.4	33.83～31.93 29.3～23.97	39.1～38.9
ZK03	1080.08	65.8	26.05	1037.23	16.80	—	18.25～14.85	—	
ZK04	999.76	54.08	22.25	956.36	21.15	1.7～0	19.7～18.0 12.95～10.17		
ZK05	1056.72	40.03	17.95	1027.07	11.70	3.75～0	—	—	
ZK06	958.68	59.46	39.36	917.12	2.20	—	19.86～16.96 14.66～11.95	32.61～29.86 28.3～27.76 25.41～25.31	
ZK07	1087.95	50.06	20.64	1051.15	16.16	—	—	—	

表 2.9.2　　　　　　　　煤层分布及评价简表

煤层层位	钻孔编号	孔口高程/m	厚度/m	顶/底板埋深/m	顶/底板高程/m	上覆岩体厚度/m	评价
顶层位煤	ZK02	985.90	0.20	20.40／20.60	965.50/965.30	14.0	不具开采价值
上层位煤	ZK01	1068.72	3.65	16.90/20.55	1051.82/1048.17	1.10	分布局限，厚度较薄，煤质较差，为次要开采层
			2.15	23.15/25.30	1045.57/1043.32	7.35	
	ZK02	985.90	1.90	25.67/27.57	960.23/958.33	19.20	
			5.33	30.20/35.53	955.70/950.37	23.80	
	ZK06	958.68	2.75	8.95/11.70	949.73/946.98	6.75	
			0.54	13.26/13.80	945.42/944.88	11.06	
			0.10	16.15/16.25	942.53/942.43	13.95	
中、下层位煤	ZK01	1068.72	3.05	28.30./31.45	1040.42/1037.37	12.50	分布较稳定，为主要开采煤层
	ZK02	985.90	2.63	44.67/47.10	941.23/938.80	38.27	
	ZK03	1080.08	3.60	24.60/28.20	1055.48/1051.88	7.80	
	ZK04	999.76	1.70	23.70/25.40	976.06/974.36	2.20	
			2.78	30.45/33.23	969.31/966.53	8.95	
	ZK06	958.68	2.90	21.70/24.60	936.98/934.08	19.50	
			2.71	26.90/29.61	931.78/929.07	24.70	
底层位煤	ZK04	999.76	1.70	41.70/43.40	956.16/958.06	20.20	不具有开采价值
	ZK05	1056.72	1.75	25.90/29.65	1030.82/1027.07	14.20	

注　表内上覆岩体厚度＝煤层顶板埋深－覆盖层厚度。

（2）中、下层位煤：分布于白果湾组（T_{3bg}）底面以上 10.17～19.86m，除 ZK05 孔和 ZK07 孔外，其余钻孔均揭示到该层位煤。其分布位置分别为：ZK01 孔在孔深28.30～31.35m（高程为 1037.37～1040.42m）、ZK02 孔在孔深 44.67～47.10m（高程为 938.80～941.23m）、ZK03 孔在孔深 24.60～28.20m（高程为 1051.88～1055.48m）、ZK04 孔（中层煤在孔深 23.70～25.40m，高程为 974.36～976.06m；下层煤在孔深 30.45～33.23m，高程为 966.53～969.31m）和 ZK06 孔（中层煤在孔深 21.7～24.6m，高程为 934.08～936.98m；下层煤在孔深 26.90～29.61m，高程为 92.07～931.78m）均揭示到该层位。该层位分布较稳定，厚度为 2.63～5.61m，可细分两个薄煤层，即当地居民所称的"下层煤"（层厚 2.71～2.78m）和"中层煤"（层厚 1.7～3.4m），为区内主要采煤层位。

（3）上层位煤：分布于白果湾组（T_{3bg}）底面以上 20.15～33.83m，分布范围不大，连续性相对较差，主要分布于 ZK01 孔（孔深分别为 16.90～20.55m 和 23.15～25.30m，高程分别为 1048.17～1051.82m 和 1043.42～1045.57m）、ZK02 孔（孔深分别为 25.67～27.57m 和 30.20～36.53m，高程分别为 958.33～960.23m 和 950.37～955.70m）、ZK06 孔（孔深分别为 8.95～11.7m 和 13.26～13.80m 及 16.15～16.25m，高程分别为 946.98～949.73m 和 944.88～945.42m 及 942.43～942.53m）等处，厚度为 1.9～3.65m，局部厚者达 5.33m，薄者仅 0.1～0.54m，该层位可采煤即当地居民所称的"上层煤"，其厚度较中、下层位煤为薄，且分布局限，煤质也较差。

（4）顶层位煤：分布于白果湾组（T_{3bg}）底面以上 38.9～39.1m 范围内，大部分已经被风化剥蚀掉，仅局部残留（ZK02 孔深 20.4～20.6m，高程为 965.30～965.30m），厚 0.2m，不具有开采价值。

上述这些煤层总的特点是：①煤层薄，单层厚度变化较大，空间连续性较差，常有缺失现象，多呈薄层状、透镜状或煤线产出，钻孔揭示厚度一般为 1.7～3.65m，薄者仅 0.1～0.2m，局部厚者可达 5.33m；小煤窑开采揭示的可采煤一般厚仅 0.3～0.5m，最厚达 0.7m；②分布范围小，仅局限于大沟头沟、肖家沟（上游）、毛狗洞沟、胡树叶沟、石厂坡、大湾塘、大坪头、转盘头一带，面积仅 0.69km²；③煤质差，煤矸石多，仅具备手工作业开采价值者以"中、下层位煤"为主，"上层位煤"的可采煤量少，"底层煤"和"顶层煤"基本无开采价值；④煤层塑性变形大，力学强度低，工程性状差，部分地段煤层无序开采导致巷道垮塌、地面开裂、塌陷，严重影响建设场地规划布局及建（构）筑物地基稳定。

9.2.2　煤层开采状况

据调查访问和不完全统计，区内自1984 年 M15 煤洞开始采煤以来，尤其经历1987—2002 年间大规模的无序开采，当地多家私人承包者在不同高程、不同地段共挖掘有 37 个煤洞（图 2.9.3、表 2.9.3），导致地下采空、地表塌陷、部分房屋受损，地质环境受到严重破坏。

从煤洞分布情况看，这些煤洞主要集中分布于汉源二中-县医院南东侧斜坡地段（原胡树叶沟-毛狗洞沟-毛狗洞沟-黄家沟一带）。大致以毛狗洞沟为界，该沟南东侧（毛狗洞沟-黄家沟一带）的 12 个煤洞主要开采"上层煤"，北西侧（毛狗洞沟-胡树叶沟沿线）的

25 个煤洞主要开采"中、下层煤"。

从煤层开采情况看，毛狗洞沟东南侧的"上层煤"，煤质差，煤层薄，大多数煤洞仅挖几个月后，因未采到煤而被迫停工，煤洞巷道规模短小、单一，未扩挖，向两侧叉洞少，煤洞巷道断面一般高 0.85～1.1m，宽 0.9～1.2m，一般长 30～50m，调查最长近 150m；而毛狗洞沟北西侧胡树叶沟沿线主要开采层位为"中、下层煤"，煤洞巷道多而集

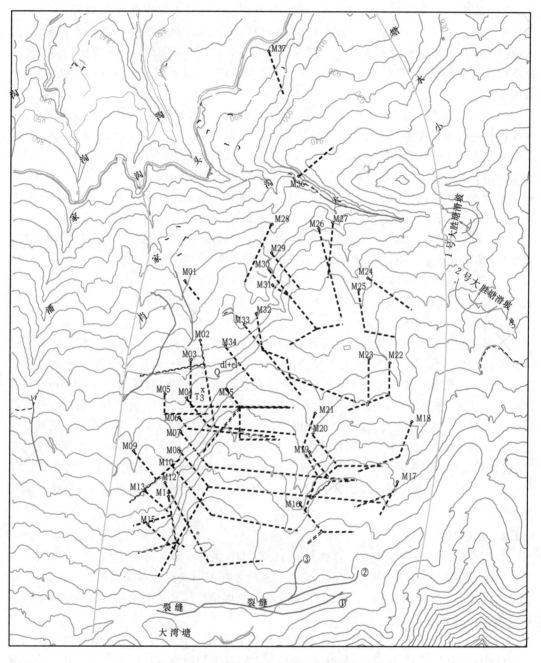

图 2.9.3　煤洞及采空塌陷区分布示意图

表 2.9.3

煤洞分布及采煤情况调查表

编号	洞口				采空区			开采年份	废弃情况	调查访问实录
	高程/m	高度/m	宽度/m	洞口走向	宽度/m	深度/m	面积/m²			
M03	970.00	1.2	1.0	N40°E	左30~40，右100	300	35000	1989—2002		开采下、中层煤，2002年调查访问时正在回采。保安煤柱也被掏空。采用木支撑
M05	987.00	1.25	0.9	N55°E	45~50	100	4560	1998—2002		开采中层煤，煤质差，厚度为30cm
M22	992.00	0.85	1.7	N35°E	两侧各40	160+80	6400	1996—2002		开采上层煤，厚度约70cm，保安煤柱直径为3~4m，间距20m，现正在回采，部分保安煤柱也被挖掉，平均每天5~6t
M26	950.00	1.3	1.2	N40°E		100			废洞	基本采空，现仍在回采（ZK02孔的中层煤）
M30	942.00	1.1	0.9	N10°E	10~20	200	3000	1988，2002		下层煤已被采完。现开采上层煤，煤质差，煤层厚50cm，保安煤柱直径为3~4m，柱间距1m，预计1年内上煤层将被采空
M33	960.00	1.4	0.9	N20°E	两侧各50	400	1000	1995，2002		下层煤已采完。现采中层煤，厚约30~40cm，现正回采中层煤，保安煤柱也被采完。边各挖了50m宽，平均每天出煤2~3t，最高每天4~5t；预计2002年内可采完
M06-08、M10-12、M14-15	1000.00~1040.00	1.2~1.7	0.95		纵向长近400，横向宽近320		60000~90000	M15于1984开采采煤，1987年大规模采煤		共10个煤洞。从1984年M15开始开采，1987年后大规模采煤。这10个煤洞的下层煤已经采完；现正在开采中层煤，中层煤厚约30cm。这10个煤洞都互相连通
M01	938.00	1.2	1.0			30		1996		未挖到煤，未向两侧扩挖；自动停工
M02	962.00	1.2	1.1			70		1996	废洞	煤质太差，未向两侧扩挖
M04	990.00	1.4~1.0	1.1			120		1998		挖到别家洞子后作废。下层煤已经采完

编号	洞 口			采 空 区				开采年份	废弃情况	调 查 访 问 实 录
	高程/m	高度/m	宽度/m	洞口走向	宽度/m	深度/m	面积/m²			
M09	1050.00	1.1	0.9			30~40				未向两侧扩挖
M13	1020.00	1.1	0.9			30~40				未向两侧扩挖
M16	1038.00	1.4	1.1					1993—1997		位于毛狗洞沟东侧山坡。片区内已采空
M17	1038.00	1.3	1.2			120		1994—1996		未向两侧扩挖
M18	1018.00	1.2	1.0							只有几十米深
M19	1020.00	1.1	0.9					1999—2001		未向两侧扩挖
M20	1011.00	1.4	1.2				1500	1992—2001		将毛狗洞沟东侧山坡采空
M21	1005.00	1.3	1.2					1984—1999		毛狗洞沟西侧
M23	990.00	1.5	1.2			<30				规模小、未向两侧扩挖
M24	965.00	1.3	1.0			上百米			废洞	规模小、未向两侧扩挖
M25	965.00	1.2	0.9			约150				未采到煤、未向两侧扩挖
M27	940.00	1.2	0.9			<100				未向两侧开采
M28	930.00	1.4	1.3			100				煤质较差、向两侧开采宽度不大
M29	938.00	1.2	1.1			30		1988—1999		开采上层煤、煤质差、未向两侧开采
M31	956.00	1.3	1.2			百十米		1992		3个人花了2000元试探
M32	958.00	1.2	1.2			40~50		1991—1992		仅打了几个月、未挖到煤、未向两侧开采
M34	970.00	1.3	1.2			十几米		1990		未挖到煤、因资金不足停工
M35	1000.00	1.1	0.9			50				竖井、试探洞
M36	920.00	1.1	0.9			100多米		2001		耗时约2个月、未挖到煤而停工
M37	880.00	1.1	0.95					1998		耗时3~4个月、未挖到煤而停工

中，巷道断面一般高1.2～1.5m，宽0.9～1.2m，一般100～400m不等，最长者500m以上，煤洞巷道断面一般高1.2～1.5m，宽0.9～1.2m，且煤洞巷道向两侧叉洞较多，纵横交错、相互连通，采煤时间较长，部分安全煤柱也被挖掉，至2002年调查访问时该层煤部分处于破坏性回采阶段。

这些采煤巷道在整个采煤过程中，均为手工作业，开采无序，多数无支撑或支撑稀疏，且煤柱多被破坏，基本无回填，巷道方向凌乱，上下叠置，顶板任其自由塌落，致使巷道上覆岩层和地面多处位移、塌陷乃至房屋开裂受损（图2.9.4～图2.9.7），形成采空塌陷区。

图2.9.4 胡树叶沟小煤窑开采
及地表塌陷情况之一

图2.9.5 小煤窑采空区后缘大湾塘
一带地表塌陷情况

图2.9.6 小煤窑采空区后缘地表开裂
及房屋毁坏情况之一

图2.9.7 小煤窑采空区后缘地表开裂
及房屋毁坏情况之二

9.3 采空区的变形破坏特征

根据地质调查、访问、钻探和高密度电法成像色谱图等分析，在胡树叶沟、大湾塘至大沟头沟面积达0.69km² 范围内，由于地下煤层开采方式为多家私人手工作业小窑开采，开采深浅不一，巷道分布凌乱，上下叠置交错，大多无支撑或支撑稀疏，洞顶任其自由垮塌且上覆岩体厚度较薄，致使部分地表变形剧烈，形成较大的拉张裂缝、错台和塌陷。

根据地下煤层采空状况、巷道分布及其对地面的影响程度，将采空区划分为采空塌陷区和地下采空区两个亚区。

（1）采空塌陷区（即中一区）：集中分布于汉源二中-县医院东南侧（原胡树叶沟-毛狗洞沟-黄家沟一带），面积约 0.59km²，高程为 960.00～1090.00m，地形较平缓，总体坡度为 10°～15°。地表发育有胡树叶沟、毛狗洞沟和黄家沟 3 条小冲沟，沟内多基岩裸露。地表覆盖层一般厚 3～7m，主要为粉质黏土，仅在山脊大湾塘一带分布有"昔格达组"（Q_{1x}）粉砂、粉土，最大厚度可达 17.5m。下伏基岩为白果湾组（T_{3bg}）泥质粉砂岩、粉砂质泥岩、页岩夹碳质页岩及煤层煤线。该区为主要采煤区，废旧煤洞集中呈密集交叉分布，地表破坏严重致使发生拉裂、塌陷，在山顶大湾塘一带多处房屋基础及墙体出现拉裂变形现象。

（2）地下采空区（即中二区）：主要包括县医院东南侧的肖家沟-大沟头沟和大沟头沟-黄家沟狭长地带，面积约 0.1km²，高程为 870.00～960.00m，受大沟头沟切割影响，地形起伏较大，坡度为 15°～30°。地表覆盖层以粉质黏土为主，碎石土次之，一般厚 4～8m。下伏基岩为白果湾组（T_{3bg}）粉砂岩、粉砂质泥岩夹炭质页岩。该区域因煤层薄、煤质差，采煤时间不长，废旧煤洞分布较稀疏且巷道较短，地表变形破坏不甚严重。

上述采空塌陷区，在胡树叶沟、转盘沟、大湾沟、毛狗洞沟一带，由于多年的大量无序开采，煤层几乎挖尽，1997 年以来各煤洞在靠近大湾塘山顶一带的地下开始集中回采，乃至安保煤柱也被掏空，导致山脊附近地面沉陷、拉裂，出现 3 条规模较大的拉张裂缝，此后拉裂缝每年都有扩张，进而致使多家房屋基础及墙体拉裂、错开下陷，处于岌岌可危状态。各拉裂缝的特征如下：

拉裂缝①：总体呈 NW－SE 向延伸，长约 470m。其 SE 段始于张家老房子附近，该处拉裂缝于 1997 年张开仅 5～10cm，此后逐年活动至 2002 年张开达 20～40cm，并将张家老房子房屋墙体拉裂，拉裂缝显示东侧（沿斜坡靠流沙河侧）地面沉陷下错，错距为 10～15cm。该拉裂缝从张家沿 NW 方向延伸至穆家，导致其地面破坏，房屋开裂、损坏（图 2.9.8），此处拉裂缝 1997 年张开约 10cm，东侧下陷约 15cm，2002 年张开达 60cm，东侧下陷约 50cm，北东侧拉裂沉陷影响范围宽度约 3m。据房主介绍，该处裂缝每年雨季（6—9 月）活动最为明显，停止采煤后裂缝活动明显减弱。拉裂缝经穆家房基后，再沿山脊线继续向 NW 方向延伸，直至大湾塘附近。在 NW 段的大湾塘一转盘头老坟处，可见拉裂缝张开宽达 93cm，深度约 1.5m，北东侧陷落距离达到 1.5m 左右（图 2.9.9）。纵观该拉裂缝 NW 段的北东侧为一平缓山脊，其下部煤洞巷道纵横交错，开采"中、下层煤"，开采深度、强度均较大，于 2001 年终因殆尽而回采结束；SE 段的东侧为一平缓的洼地，其下部煤洞巷道短小而稀疏，仅开采"上层煤"，开采深度、强度相对较小，于 2001 年左右回采结束。从整个裂缝活动情况看，拉裂缝的出现始于东侧地下煤层破坏性开采，并在整个破坏性回采过程中，拉裂缝及地面沉陷持续活动频繁，而回采结束时其活动明显减弱，这与相应段的地下采煤深度、强度尤其是破坏性回采具有较好的对应关系。

图 2.9.8　穆家房屋开裂，地面破坏　　　　　图 2.9.9　大湾塘一老坟处的拉裂缝

　　拉裂缝②：总体为 NW-SE 向延伸，长 250m 左右。其 SE 段始于张家老房子东南侧约 100m 附近，走向 N75°E，局部可见最大张开度约 40cm，深度约 1.3m，东侧陷落不明显。该处北东侧洼地于 1997 年因"下煤层"回采时出现裂缝，以后逐年增加，但 2005 年的活动不明显。主拉裂缝向 NW 延伸经谢家房前院子内，可见其北东侧地面下陷约 40cm，最大张开约 40cm，可见深度达 1m，裂缝方向转为 N80°W；同时主裂缝附近的多条次级裂缝，导致谢家房屋墙体相应出现多条拉裂缝，单条裂缝张开度达到"厘米"级；更严重的是谢家邻居的房屋墙体出现的 3 条裂缝张开度达 22cm 以上，北东侧地面下陷位移约 7cm，房屋处于倒塌危险状态。拉裂缝②继续向 NWW 方向延伸并与拉裂缝①相交。总体来看，该拉裂缝北东侧地面位移、陷落，其中段较 SE、NW 两段明显；裂缝的水平张开总体较垂向位移大；拉裂缝雨季活动明显强于旱季。

　　拉裂缝③：SE 段始于李家东南侧 40～50m 处，穿切过李家 NW 侧屋角，向谢家延伸后与拉裂缝②相交，延长约 90m，总体走向近 EW。其东侧拉开和陷落均不明显，至李家东侧山墙，墙面拉裂的趋势是上大下小，其中一条拉裂缝的拉开情况为：山墙离地面 2m 高处，裂缝张开约 12cm，近地面处，裂缝张开仅 2cm，东侧陷落不明显。地面上多条拉裂缝的累计张开度在 4～5cm，拉裂缝自李家屋后向西延伸，屋后处裂缝张开度仅仅 2cm 左右，无明显陷落现象。该裂缝活动的总体特点是水平张开位移较垂向位移大。

　　如上所述，拉裂缝是采空塌陷区地表剧烈变形、破坏的表现形式之一，它可大致指示采空区的破坏范围和开采强度。一般地，拉裂缝沿采空巷道方向展布，随着开采工作面的推进，拉裂缝也不断地向前发展成相互平行的裂缝，裂缝上宽下窄，其两侧高差较显著。从 3 条拉裂缝的空间分布特征看，该组主拉裂缝由 NW 段的 1 条向 SE 方向延伸撒开为 3 条，显示 NW 段北东侧拉开和陷落的宽度、强度均较大；而 SE 段则相对较弱，拉裂缝①

和拉裂缝②的活动强度明显大于拉裂缝③。总体上，拉裂缝表现为东侧采空区地面的拉开、陷落破坏，但其 NW 段是垂向位移大于水平张开，SE 段则是水平张开位移大于垂向位移。从时间上看，1997—2001 年为拉裂缝北东侧地下煤层破坏性回采阶段，回采的总体方向为向坡下，回采期间拉裂缝活动明显增强，回采结束后活动强度减小。究其原因，这种变形破坏的差异在于：

SE 段地下回采"上层煤"，其煤层薄，煤质差，连续性较差，采空区的埋深较浅且不连续，采空高度也不大。据访问，采空高度一般在 0.6～0.9m 之间，实际开采范围占总体的 40%～60%，采空区总体倾向坡外（与煤层倾向、坡向基本一致）。地下采空区的这一分布特征，决定了煤层破坏性回采后，上覆岩体的垂向沉降变形不大，且不均匀，而以水平朝外的变形和填补局部较大采空区的变形为主；由于上覆岩体厚度不大，这种变形的不均匀性在岩体内得不到充分调整，因此坡顶部位在较大范围内出现多条拉裂缝，且拉裂缝的变形总体以水平张开为主，采空区边界附近的拉裂缝①和拉裂缝②垂向错动也较强烈些。

NW 段地下回采"中、下层煤"，其煤层稍厚，埋藏较深，煤质略好，较连续，其回采的采空率较上层煤大。据访问，中、下层煤单层采空高一般为 0.7～1.0m，最高达 1.5～1.8m，实际开采范围占总体的 60%～80%。由于采空高度较大，采空区连续性较好，上覆岩体垂向总体变形较大，且垂向变形的不均匀性也会因岩体较厚而得到较充分调整，具体表现为 NW 段拉裂缝收缩为 1 条，且垂向位移大于水平张开。此外，雨季拉裂缝的活动明显强于旱季，表明地表水渗入采空区及其影响区造成地下水活动加强、水的软化效应及动水压力增大，使得倾向坡外的采空区上覆岩体向下沉陷、向外位移。

2004 年在新县城萝卜岗场地详细规划勘察时，为进一步查明采空区的范围和上覆岩体厚度，在工程地质测绘和钻探的基础上，对采空区又进行了高密度电法勘探，共布置了 4 条横剖面（H1～H4）和 7 条纵剖面（Z1～Z7），并对采空区边坡稳定性采用 Sarma 法计算和 Ansys 有限元分析。由于采空塌陷区与完整基岩存在明显的电性差异，以及采空塌陷区在色谱图上具有明显晕团反应，故电阻率剖面色谱图中基岩与采空塌陷区界限较清晰，其分辨率较高，能明确界定采空区范围及上覆岩体厚（深）度。采空区塌陷程度的高密度电法成像色谱分析成果见表 2.9.4。

表 2.9.4　　　　　　　采空区塌陷程度的高密度电法成像色谱分析成果表

剖面	采空范围 /m	塌陷影响垂直深度 /m	完整基岩埋深高程 /m	备　　注
H1	540	35～40	995.00～1040.00	
H2	300	28～40	1010.00～1040.00	
H3	240	38～50	970.00～1030.00	
H4	400	30～45	950.00～980.00	（1）采空层以上为耕植土、风化砂页岩及煤层，其电阻率值为 10～150Ω·m。 （2）采空层以下基岩的电阻率值为 150～400Ω·m
Z1	170	20～30	970.00～1050.00	
Z2	640	20～30	955.00～1050.00	
Z3	750	20～45	930.00～1070.00	
Z4	730	30～50	930.00～1070.00	
Z5	640	25～50	940.00～1040.00	
Z6	520	35～40	950.00～1020.00	
Z7	200	30～40	980.00～1050.00	

从表 2.9.4 各条剖面的整体情况可以看出，整个采空塌陷影响垂直深度（包括洞顶上覆塌陷的破碎基岩和覆盖层厚度）基本在 20～50m 以内，电阻率值为 10～150Ω·m；采空层底板以下完整基岩的埋深高程在 930.00～1070.00m 以下，电阻率值为 150～400Ω·m。这与调查访问和钻探揭示结果基本吻合。

9.4　采空区稳定性分析与评价

汉源新县城萝卜岗场地中一区采空塌陷区和中二区地下采空区均为小窑采空区，煤层开挖均为手工作业，以巷道采掘为主，并向两侧挖掘分支巷道，大多无支撑或有少量临时木支撑，巷道任其自由垮塌。中一区采空塌陷区为主要采煤区，煤洞密集、分支多、上下叠置，大多无支撑，地表变形破坏较强烈，中二区地下采空塌陷区煤层薄，采煤时间不长，煤洞较稀疏、巷道较短，地表变形破坏相对较弱，但两区对场地稳定性和建（构）筑物布置影响均较大。在采空区稳定性评价中，采用以调查统计定性分析为主，并辅以地基稳定性验算、边坡稳定性 Sarma 法计算、边坡稳定性 Ansys 有限元分析等半定量、定量分析等方法进行评价。

9.4.1　采空区稳定性定性分析

在汉源二中-县医院南东侧与县行政和事业中心大楼-武装部北西侧之间（原大沟头沟、黄家沟、毛狗洞沟、石厂坡、大坪头、大湾塘、转盘头和胡树叶沟一带），三叠系白果湾组（T_{3bg}）地层中夹有 4 层薄层状或透镜状煤层、煤线，其中具有可采价值的仅有 2 层，即"上层位煤"和"中、下层位煤"，勘探揭示一般厚度分别为 1.9～3.65m 和 1.7～3.6m，小窑开采揭露厚度仅 0.3～0.7m，其煤质差、厚度薄，分布面积约 0.69km²。据不完全统计，1984—2002 年间，当地多家私人承包商在这一带无序开采煤层，挖掘巷道 37 条，巷道高度一般为 1.0～1.4m，宽度一般为 0.9～1.25m，延伸长度一般为 100～400m，短者仅 30～50m，最长大于 500m，巷道顶板埋深（上覆土层＋岩体厚度）一般为 20～45m，但其顶板上覆岩体厚度为 7～23m，薄者 1m 左右，最厚达 38m。经估算，煤层采深采厚比以顶板埋深计为 20～30m，以顶板上覆岩体厚度计为 7～17m，均小于 30m，需进行稳定性分析和适宜性评价。

根据小煤窑分布、开采状况和采空区变形破坏程度，将场地细分为中一区煤层采空塌陷区和中二区煤层地下采空区。其中：①中一区煤层采空塌陷区，分布面积约 0.59km²，小窑密集，采煤巷道纵横交错、上下叠置，加之后期大量破坏性回采，导致地面严重下陷、拉裂，形成了较大面积的采空塌陷区及影响区，并在坡体后缘山脊出现了 3 条较大拉裂缝、地面下错和民房损坏现象，前缘也出现塌陷、拉裂和局部滑移现象；雨季地表水入渗将加剧拉裂缝的进一步发展。因此，根据相关勘察设计规范有关采空场地稳定性评价定性分析，该区域处于不稳定状态，不适宜作为建筑地基，属工程建设不适宜场地，城市规划建设应予避开。②中二区煤层地下采空区，分布面积约 0.1km²，煤层薄、煤质差、采煤巷道少而短小，地质环境受到一定破坏，由于废旧煤洞的探测带有一定的不确定性，且受中一区煤层采空塌陷变形的影响，中二区地下采空区场地地质环境存在进一步恶化的可能，处于潜在不稳定状态，按不适宜建设场地考虑，建筑物布置亦应予避开。

9.4.2 采空区稳定性验算及评价

9.4.2.1 采空区地基稳定性验算

采煤巷道多为手工作业，埋藏较浅，巷道及采空高度一般为 1.0～1.4m（最大高度达 1.7m），宽度一般为 0.9～1.25m，部分地表已出现塌陷、开裂等变形破坏现象。在建筑物荷载和自重作用下，其变形破坏范围有进一步扩大的可能。

当采空区作为建（构）筑物布置场地时，可按式（2.9.1）和式（2.9.2）验算地基的稳定性。设建筑物基底单位压力为 P_0，则作用在采空段顶板上的压力 Q 为

$$Q = G + BP_0 - 2f = \gamma H[B - H\tan\varphi\tan^2(45° - \varphi/2)] + BP_0 \qquad (2.9.1)$$

其中
$$G = \gamma BH$$

式中：G 为巷道单位长度顶板岩层所受的总重力，kN/m；B 为巷道宽度，m；f 为巷道单位长度侧壁的摩阻力，kN/m；H 为巷道顶板的埋藏深度，m；φ 为巷道顶板以上岩层的内摩擦角（°）；γ 为巷道顶板以上岩层的重度，kN/m³。

当 H 增大到某一深度，使巷道顶板岩层恰好保持自然平衡，即 $Q = 0$ 时，巷道顶板埋深 H 即称为临界深度 H_0，则

$$H_0 = \frac{B\gamma + \sqrt{B^2\gamma^2 + 4B\gamma P_0 \tan\varphi\tan^2\left(45° - \frac{\varphi}{2}\right)}}{2\gamma\tan\varphi\tan^2\left(45° - \frac{\varphi}{2}\right)} \qquad (2.9.2)$$

评价标准：当 $H < H_0$ 时，地基不稳定；当 $H_0 < H \leqslant 1.5H_0$ 时，地基稳定性差；$H > 1.5H_0$ 时，地基稳定。

根据建筑基础荷载和采空区地质条件，P_0 取 300kPa，φ 按综合内摩擦角取 35°，岩土重度 γ 取 23.5kN/m³，巷道宽度 B 取 0.9m，计算求得采空区代表性采煤巷道顶板上覆岩体临界深度 $H_0 = 34.8m \approx 35m$。

以采煤巷道上覆岩土体最大铅直厚度概略地作为采煤巷道顶板埋深 H，与临界深度 H_0 相比较评价其稳定性。各代表性采煤巷道上覆地基稳定性验算结果见表 2.9.5。

表 2.9.5　　　　　　　采空区代表性采煤巷道上覆地基稳定性验算简表

洞 口 位 置	代表性采煤巷道	顶板上覆岩土层厚度 H/m	巷道埋深 H 与临界深度 H_0 比较	稳定性评价	备　　注
汉源二中南侧胡树叶沟上游，高程为 1000.00～1025.00m（中一区）	M06 - 08	23～27	$H < H_0$	地基不稳定	地面开裂、塌陷，民房拉裂、损毁严重
	M10 - 12	13～15	$H < H_0$	地基不稳定	
	M14 - 15	18～26	$H < H_0$	地基不稳定	
县医院西南侧胡树叶沟中游，高程为 960.00～970.00m（中一区）	M01	28	$H < H_0$	地基不稳定	已出现地面塌陷、开裂现象
	M02	23	$H < H_0$	地基不稳定	
	M03	25	$H < H_0$	地基不稳定	
1 号、2 号主干道交汇处胡树叶沟下游，高程为 938.00～960.00m（中一区、中二区）	M29	23	$H < H_0$	地基不稳定	地面沉陷、位移现象工程建设期仍未停止
	M30	12	$H < H_0$	地基不稳定	
	M32 - 33	15～16	$H < H_0$	地基不稳定	

洞口位置	代表性采煤巷道	顶板上覆岩土层厚度 H/m	巷道埋深 H 与临界深度 H_0 比较	稳定性评价	备 注
毛狗洞沟上游，高程为 1005.00～1038.00m（中一区）	M16	12	$H<H_0$	地基不稳定	已出现地面开裂、塌陷、民房拉裂现象
	M19－21	9～14	$H<H_0$	地基不稳定	
毛狗洞沟下游，高程为 945.00～990.00m（中一区、中二区）	M22－23	8～10	$H<H_0$	地基不稳定	
	M26－27	22～26	$H<H_0$	地基不稳定	
	M28	23	$H<H_0$	地基不稳定	

从表 2.9.5 可大致看出，经估算，中一区采空塌陷区代表性煤洞顶板上覆岩土厚度 H 为 8～28m 不等，均小于上覆岩层临界厚度 $H_0=35$m，表明采空场地叠加有荷载条件下地基处于不稳定状态，不适宜建筑物布置。

9.4.2.2 采空区边坡稳定性 Sarma 法计算

采空区边坡稳定性采用 Sarma 法计算时，未计入作用在条块上的外加荷载，只考虑岩体自重。计算中沿 10 条代表性剖面分别划分 13 条块，计算结果见表 2.9.6。

表 2.9.6   采空区边坡稳定性 Sarma 法计算结果

剖面编号	C1	C2	C3	C4	C5	C6	C7	C8	C9	C10
k1	0.890	1.040	1.002	0.756	1.184	1.317	2.839	0.917	0.946	0.993
k2	0.916	1.014	0.994	0.788	1.087	1.211	2.528	0.829	0.862	0.913
k3	0.947	0.921	0.891	0.944	1.077	1.200	1.597	0.944	0.741	0.788
k4	1.076	0.847	0.809	1.121	1.197	1.541	3.654	1.133	0.732	0.793
k5	1.120	0.908	0.855	1.190	1.078	1.557	5.654	1.188	0.851	0.927
k6	1.410	0.977	0.801	1.194	1.201	1.581	3.876	1.190	0.983	1.075
k7	1.141	1.066	0.804	1.195	1.197	1.584	0.865	1.069	1.177	1.182
k8	1.167	1.093	0.943	1.192	1.191	1.212	0.761	1.066	1.193	1.328
k9	1.147	1.559	0.999	1.186	1.187	1.204	0.875	1.060	1.182	1.321
k10	1.134	1.590	1.547	1.186	1.061		1.625	1.179	1.173	1.316
k11			1.558		1.178					1.315
k12					1.183					1.168
k13										1.168
AVG	1.095	1.102	1.018	1.075	1.152	1.379	2.427	1.058	0.984	1.191
Sarma 计算 k 值	1.104	1.122	1.088	1.133	1.135	1.405	1.736	1.100	1.045	1.105

注 k_1、k_2、k_3、…、k_n 表示第 1 块、第 2 块、第 3 块、…、第 n 块的 k 值。

由表 2.9.6 可以看出，采空区边坡稳定性采用 Sarma 法计算时，除 C6、C7 剖面安全性系数 $K=1.405～1.736>1.35$（按建筑边坡坡高 15～30m、安全等级一级取稳定性安全系数 $K_s=1.35$）外，其余安全性系数 C1～C5、C8～C10 剖面安全性系数 $K=1.045～1.135<1.35$，不满足《建筑边坡工程技术规范》（GB 5033）规定的稳定安全要求，场地

建筑物布置应予避开。

9.4.2.3 采空区边坡稳定性 Ansys 有限元分析

煤层开采造成地基及边坡岩土体在一定范围内的松弛、拉裂变形、坍塌和洞内积水，易导致地基及边坡局部失稳，是边坡稳定的一大隐患。煤层被采空后形成的采空区，如果不加任何支护，在顶板及周围岩体应力的长期作用下，巷道周边及底板岩层向洞内变形，直至巷道洞顶及洞壁坍塌，当坍塌到一定高度时，巷道趋于一定稳定状态。通过 Ansys 数值模拟分析大致圈定采空区形成后边坡变形破坏范围，是研究其边坡工程效应的重要途径之一。

萝卜岗场地采空区边坡 Ansys 有限元分析，分为自然条件下边坡应力应变分析、工程措施前（自然状态）加载条件下边坡应力应变分析、工程措施后加载条件下边坡应力应变分析 3 种情况；包括控制性剖面各 10 条，应力应变分析图 299 幅。各种工况下应力应变分析见图 2.9.10～图 2.9.16（以 C3 剖面为例的 x 向应力应变图），各种工况下应力应变计算结果见表 2.9.7～表 2.9.9。

（1）自然条件下边坡 Ansys 有限元应力应变分析及计算结果分别见图 2.9.10～图 2.9.13 和表 2.9.7。

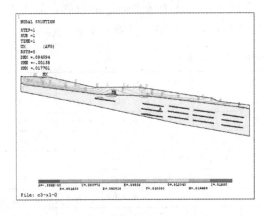

图 2.9.10　自然状态 C3 剖面上部 x
向变形图（无荷载）

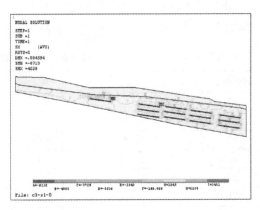

图 2.9.11　自然状态 C3 剖面上部 x
向应力图（无荷载）

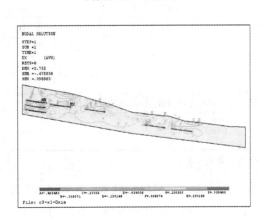

图 2.9.12　自然状态 C3 剖面下部 x
向变形图（无荷载）

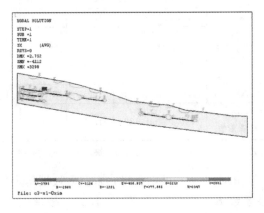

图 2.9.13　自然状态 C3 剖面下部 x
向应力图（无荷载）

表 2.9.7　　　　　　　　　自然条件下边坡 Ansys 有限元应力应变计算结果

剖面编号		S_x		S_y		S_{xy}		U_x		U_y
C1-1	DMX	0.073895	DMX	0.073895	DMX	0.073895	DMX	0.073895	DMX	0.073895
	SMN	−2501	SMN	−1140	SMN	−1140	SMN	−0.016350	SMN	−0.07234
	SMX	1830	SMX	936.665	SMX	936.665	SMX	0.000990		
C1-2	DMX	0.06175	DMX	0.06175	DMX	0.06175	DMX	0.06175	DMX	0.06175
	SMN	−1819	SMN	−3204	SMN	−846.939	SMN	−0.016115	SMN	−0.059913
	SMX	1175	SMX	218.744	SMX	757.93	SMX	0.000352		
C2-1	DMX	0.037262	DMX	0.037262	DMX	0.037262	DMX	0.037262	DMX	0.037262
	SMN	−5475	SMN	−15461	SMN	−2954	SMN	−0.011114	SMN	−0.036003
	SMX	4795	SMX	897.98	SMX	4593	SMX	0.000889		
C2-2	DMX	0.010418	DMX	0.010418	DMX	0.010418	DMX	0.010418	DMX	0.010418
	SMN	−293.668	SMN	−1162	SMN	−62.696	SMN	−0.002496	SMN	0.010136
	SMX	40	SMX	−2.151	SMX	56.66	SMX	$0.627*10^{-5}$		
C3-1	DMX	0.094594	DMX	0.094594	DMX	0.094594	DMX	0.094594	DMX	0.094594
	SMN	−6713	SMN	−11415	SMN	−2141	SMN	−0.001580	SMN	−0.093331
	SMX	4028	SMX	653.833	SMX	2636	SMX	0.017701		
C3-2	DMX	2.752	DMX	2.752	DMX	2.752	DMX	2.752	DMX	2.752
	SMN	−4212	SMN	−9551	SMN	−1969	SMN	−0.475000	SMN	−2.752
	SMX	3298	SMX	520.612	SMX	1862	SMX	0.398960		
C4-1	DMX	0.051718	DMX	0.051718	DMX	0.051718	DMX	0.051718	DMX	0.051718
	SMN	−4875	SMN	−10855	SMN	−2193	SMN	−0.012750	SMN	−0.050958
	SMX	4049	SMX	761	SMX	2042	SMX	$0.8*10^{-3}$		
C4-2	DMX	0.020456	DMX	0.020456	DMX	0.020456	DMX	0.020456	DMX	0.020456
	SMN	−3451	SMN	−5420	SMN	−1404	SMN	−0.003023	SMN	−0.020289
	SMX	3487	SMX	346.211	SMX	1411	SMX	$0.77*10^{-3}$		
C5-1	DMX	0.056044	DMX	0.056044	DMX	0.056044	DMX	0.056044	DMX	0.056044
	SMN	5022	SMN	−7091	SMN	−1776	SMN	−0.002050	SMN	−0.055338
	SMX	3294	SMX	435.18	SMX	1945	SMX	0.009832		
C5-2	DMX	0.051253	DMX	0.051253	DMX	0.051253	DMX	0.051253	DMX	0.051253
	SMN	−3878	SMN	−5657	SMN	−1616	SMN	$0.745*10^{-3}$	SMN	−0.04963
	SMX	2275	SMX	355.146	SMX	1335	SMX	0.013545		
C6-1	DMX	0.053861	DMX	0.053861	DMX	0.053861	DMX	0.053861	DMX	0.053861
	SMN	−6650	SMN	−13534	SMN	−2847	SMN	−0.006909	SMN	−0.053613
	SMX	4297	SMX	844.329	SMX	3490	SMX	0.001685		
C6-2	DMX	0.090214	DMX	0.090214	DMX	0.090214	DMX	0.090214	DMX	0.090214
	SMN	−3423	SMN	−5789	SMN	−1559	SMN	−0.013416	SMN	−0.090041
	SMX	1862	SMX	395.471	SMX	1198	SMX	$0.682*10^{-3}$		

剖面编号		S_x		S_y		S_{xy}		U_x		U_y
C7-1	DMX	0.021388	DMX	0.021388	DMX	0.021388	DMX	0.021388	DMX	0.021388
	SMN	−290.901	SMN	−1069	SMN	−55.429	SMN	0.004891	SMN	−0.021217
	SMX	8.164	SMX	−1.099	SMX	45.475	SMX	0.005874		
C7-2	DMX	0.044932	DMX	0.044932	DMX	0.044932	DMX	0.044932	DMX	0.044932
	SMN	−1588	SMN	−2519	SMN	−740.402	SMN	−0.005868	SMN	−0.044891
	SMX	361.282	SMX	59.287	SMX	46.113	SMX	0.007732		
C8-1	DMX	0.030558	DMX	0.030558	DMX	0.030558	DMX	0.030558	DMX	0.030558
	SMN	−2985	SMN	−7988	SMN	−1385	SMN	−0.009528	SMN	−0.029723
	SMX	2186	SMX	427.958	SMX	1453	SMX	0.002608		
C8-2	DMX	0.023367	DMX	0.023367	DMX	0.023367	DMX	0.023367	DMX	0.023367
	SMN	−2514	SMN	−5666	SMN	−969.294	SMN	−0.003941	SMN	−0.023367
	SMX	1052	SMX	376.923	SMX	1199	SMX	$0.228 * 10^{-3}$		
C9-1	DMX	0.074513	DMX	0.074513	DMX	0.074513	DMX	0.074513	DMX	0.074513
	SMN	−10204	SMN	−16532	SMN	−4589	SMN	−0.003069	SMN	−0.073212
	SMX	9127	SMX	1456	SMX	4221	SMX	0.018392		
C9-2	DMX	0.043342	DMX	0.043342	DMX	0.043342	DMX	0.043342	DMX	0.043342
	SMN	−7160	SMN	−8734	SMN	−2997	SMN	−0.003487	SMN	−0.043342
	SMX	7663	SMX	532.155	SMX	2768	SMX	0.007643		
C10-1	DMX	0.033413	DMX	0.033413	DMX	0.033413	DMX	0.033413	DMX	0.033413
	SMN	−3931	SMN	−9028	SMN	−1781	SMN	−0.000844	SMN	−0.033276
	SMX	2893	SMX	521.432	SMX	1895	SMX	0.005316		
C10-2	DMX	0.046257	DMX	0.046257	DMX	0.046257	DMX	0.046257	DMX	0.046257
	SMN	−2810	SMN	−5793	SMN	−1237	SMN	−0.000458	SMN	−0.046257
	SMX	2414	SMX	388.151	SMX	1228	SMX	0.011490		
HC1	DMX	0.08079	DMX	0.08079	DMX	0.08079	DMX	0.080790	DMX	0.08079
	SMN	−286.847	SMN	−1038	SMN	−30.372	SMN	−0.005460	SMN	0.80693
	SMX	9.076	SMX	−1.629	SMX	29.389	SMX	0.001193		
HC2	DMX	0.04634	DMX	0.04634	DMX	0.04634	DMX	0.046340	DMX	0.04634
	SMN	−4634	SMN	−7518	SMN	−1689	SMN	−0.004807	SMN	−0.04534
	SMX	4784	SMX	510.369	SMX	1310	SMX	0.010473		
HC3	DMX	0.052095	DMX	0.052095	DMX	0.052095	DMX	0.052095	DMX	0.052095
	SMN	−6145	SMN	−17757	SMN	−3705	SMN	−0.006924	SMN	0.052095
	SMX	5894	SMX	978.355	SMX	5063	SMX	0.006188		

剖面编号		S_x		S_y		S_{xy}		U_x		U_y
HC4	DMX	0.058387	DMX	0.058387	DMX	0.058387	DMX	0.058387	DMX	0.058387
	SMN	-5000	SMN	-5926	SMN	-1873	SMN	-0.007678	SMN	-0.058264
	SMX	2903	SMX	395.244	SMX	1479	SMX	0.003219		
HC5	DMX	0.031801	DMX	0.031801	DMX	0.031801	DMX	0.031801	DMX	0.031801
	SMN	-6605	SMN	-12839	SMN	-2212	SMN	0.006427	SMN	-0.031748
	SMX	7469	SMX	659.894	SMX	2253	SMX	0.002017		
HC6	DMX	0.056226	DMX	0.056226	DMX	0.056226	DMX	0.056226	DMX	0.056226
	SMN	-2182	SMN	-4298	SMN	-1107	SMN	-0.011345	SMN	-0.056055
	SMX	1097	SMX	303.252	SMX	1039	SMX	0.001885		
HC7	DMX	0.071561	DMX	0.071561	DMX	0.071561	DMX	0.071561	DMX	0.071561
	SMN	-3160	SMN	-5261	SMN	-1261	SMN	-0.023788	SMN	-0.068218
	SMX	14211	SMX	277.274	SMX	1102	SMX	0.005560		
HC8	DMX	0.031544	DMX	0.031544	DMX	0.031544	DMX	0.031544	DMX	0.031544
	SMN	-4507	SMN	-7581	SMN	-1756	SMN	-0.004519	SMN	-0.031521
	SMX	2120	SMX	322.836	SMX	1545	SMX	0.001719		
HC9	DMX	0.028977	DMX	0.028977	DMX	0.028977	DMX	0.028977	DMX	0.028977
	SMN	-1458	SMN	-2748	SMN	-536.486	SMN	-0.007252	SMN	-0.02839
	SMX	801.385	SMX	104.166	SMX	525.8	SMX	0.001567		
HC10	DMX	0.032373	DMX	0.032373	DMX	0.032373	DMX	0.032373	DMX	0.032373
	SMN	-1671	SMN	-3335	SMN	-971.166	SMN	-0.005494	SMN	-0.032279
	SMX	791.435	SMX	282.954	SMX	662.43	SMX	0.004531		

（2）工程措施前（自然状态）在表层均布荷载为 300kPa 加载条件下，边坡 Ansys 有限元应力应变分析及计算结果分别见图 2.9.14～图 2.9.17 和表 2.9.8。

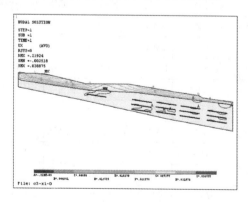

图 2.9.14　自然状态 C3 剖面上部 x
向变形图（有荷载）

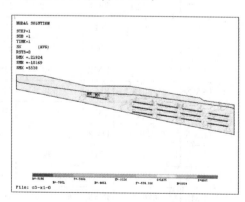

图 2.9.15　自然状态 C3 剖面上部 x
向应力图（有荷载）

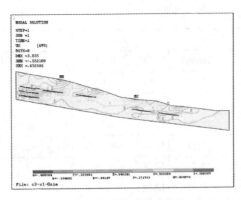

图 2.9.16 自然状态 C3 剖面下部 x
向变形图（有荷载）

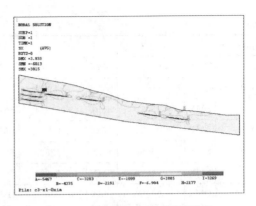

图 2.9.17 自然状态 C3 剖面下部 x
向应力图（有荷载）

表 2.9.8 工程措施前（自然状态）加载条件下边坡应力应变计算结果

剖面编号		S_x		S_y		S_{xy}		U_x		U_y
C1-1	DMX	0.184607	DMX	0.184607	DMX	0.184607	DMX	0.184607	DMX	0.184607
	SMN	−4086	SMN	−6582	SMN	−1866	SMN	0.040517	SMN	−0.180145
	SMX	2982	SMX	456.605	SMX	1536	SMX	0.012130		
C1-2	DMX	0.176908	DMX	0.176908	DMX	0.176908	DMX	0.176908	DMX	0.176908
	SMN	−3059	SMN	−5401	SMN	−1426	SMN	−0.047806	SMN	−0.175734
	SMX	1976	SMX	358.947	SMX	1269	SMX	0.000576		
C2-1	DMX	0.125589	DMX	0.125589	DMX	0.125589	DMX	0.125589	DMX	0.125589
	SMN	−8379	SMN	−20716	SMN	−4558	SMN	−0.039469	SMN	−0.119226
	SMX	6120	SMX	1208	SMX	6154	SMX	0.003020		
C2-2	DMX	0.051316	DMX	0.051316	DMX	0.051316	DMX	0.051316	DMX	0.051316
	SMN	−254.897	SMN	−1543	SMN	−443.937	SMN	−0.016372	SMN	0.049466
	SMX	223.98	SMX	−281.212	SMX	50.807	SMX	0.000149		
C3-1	DMX	0.21924	DMX	0.21924	DMX	0.21924	DMX	0.219240	DMX	0.21924
	SMN	−10169	SMN	−14349	SMN	−3322	SMN	−0.002518	SMN	−0.215768
	SMX	5538	SMX	942.067	SMX	3984	SMX	0.038875		
C3-2	DMX	3.835	DMX	3.835	DMX	3.835	DMX	3.835	DMX	3.835
	SMN	−6013	SMN	−13573	SMN	−2392	SMN	−0.552109	SMN	−3.835
	SMX	3815	SMX	684.156	SMX	2668	SMX	0.632392		
C4-1	DMX	0.13935	DMX	0.13935	DMX	0.13935	DMX	0.139350	DMX	0.13935
	SMN	−7053	SMN	−14204	SMN	−3174	SMN	−0.036455	SMN	−0.137138
	SMX	4827	SMX	993.016	SMX	2755	SMX	0.002572		
C4-2	DMX	0.076177	DMX	0.076177	DMX	0.076177	DMX	0.076177	DMX	0.076177
	SMN	−5439	SMN	−8253	SMN	−2345	SMN	−0.012797	SMN	−0.075307
	SMX	3698	SMX	526.277	SMX	1974	SMX	0.001253		

剖面编号		S_x		S_y		S_{xy}		U_x		U_y	
C5 - 1	DMX	0.149373	DMX	0.149373	DMX	0.149373	DMX	0.149373	DMX	0.149373
	SMN	−7725	SMN	−9389	SMN	−2614	SMN	−0.015726	SMN	−0.147828
	SMX	4034	SMX	622.993	SMX	2932	SMX	0.027199		
C5 - 2	DMX	0.143644	DMX	0.143644	DMX	0.143644	DMX	0.143644	DMX	0.143644
	SMN	−5691	SMN	−7665	SMN	−2390	SMN	−0.001132	SMN	−0.138754
	SMX	2835	SMX	539.299	SMX	2046	SMX	0.037448		
C6 - 1	DMX	0.148166	DMX	0.148166	DMX	0.148166	DMX	0.148166	DMX	0.148166
	SMN	−9570	SMN	−19463	SMN	−4138	SMN	−0.023137	SMN	−0.147182
	SMX	5823	SMX	862.515	SMX	5009	SMX	0.005377		
C6 - 2	DMX	0.208556	DMX	0.208556	DMX	0.208556	DMX	0.208556	DMX	0.208556
	SMN	−5070	SMN	−8514	SMN	−2304	SMN	−0.02673	SMN	−0.207953
	SMX	2769	SMX	548.62	SMX	1799	SMX	0.001021		
C7 - 1	DMX	0.084191	DMX	0.084191	DMX	0.084191	DMX	0.084191	DMX	0.084191
	SMN	−371.421	SMN	−1365	SMN	−69.031	SMN	−0.021566	SMN	−0.081382
	SMX	−1.906	SMX	−291.142	SMX	82.237	SMX	0.025821		
C7 - 2	DMX	0.137522	DMX	0.137522	DMX	0.137522	DMX	0.137522	DMX	0.137522
	SMN	−2576	SMN	−4078	SMN	1200	SMN	−0.022426	SMN	−0.136302
	SMX	588.347	SMX	89742	SMX	93.888	SMX	0.02352		
C8 - 1	DMX	0.100932	DMX	0.100932	DMX	0.100932	DMX	0.100932	DMX	0.100932
	SMN	−4702	SMN	−10887	SMN	−2030	SMN	−0.034565	SMN	−0.097562
	SMX	2812	SMX	562.706	SMX	1928	SMX	0.010221		
C8 - 2	DMX	1.265	DMX	1.265	DMX	1.265	DMX	1.265	DMX	1.265
	SMN	−722.719	SMN	−1839	SMN	−109.76	SMN	−0.27571	SMN	−1.241
	SMX	154.307	SMX	−304.39	SMX	63.277	SMX	0.0004		
C9 - 1	DMX	0.18266	DMX	0.18266	DMX	0.18266	DMX	0.18266	DMX	0.18266
	SMN	−15158	SMN	−23288	SMN	−6293	SMN	−0.004527	SMN	−0.178447
	SMX	9520	SMX	1165	SMX	6270	SMX	0.042362		
C9 - 2	DMX	0.143293	DMX	0.143293	DMX	0.143293	DMX	0.143293	DMX	0.143293
	SMN	−10350	SMN	−12829	SMN	−4303	SMN	−0.003014	SMN	−0.14393
	SMX	8006	SMX	709.21	SMX	4010	SMX	0.24		
C10 - 1	DMX	0.106195	DMX	0.106195	DMX	0.106195	DMX	0.106195	DMX	0.106195
	SMN	−5410	SMN	−11510	SMN	−2324	SMN	−0.001385	SMN	−0.105754
	SMX	3424	SMX	677.987	SMX	2494	SMX	0.017614		
C10 - 2	DMX	0.116868	DMX	0.116868	DMX	0.116868	DMX	0.116868	DMX	0.116868
	SMN	−3650	SMN	−6601	SMN	−1505	SMN	−0.00056	SMN	−0.116868
	SMX	2512	SMX	428.672	SMX	1502	SMX	0.024864		

（3）工程措施后在表层均布荷载为 300kPa 加载条件下，边坡 Ansys 有限元应力应变分析及计算结果分别见图 2.9.18 和图 2.9.19 和表 2.9.9。

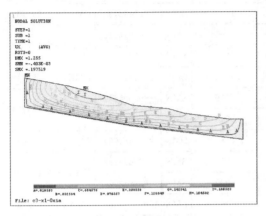

图 2.9.18　工程措施 C3 剖面下部 x 向变形图（有荷载）

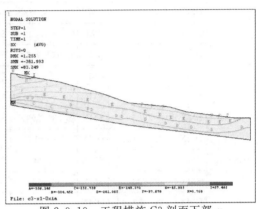

图 2.9.19　工程措施 C3 剖面下部 x 向应力图（有荷载）

表 2.9.9　　　工程措施后加载条件下边坡 Ansys 应力应变分析计算结果

剖面编号	S_x		S_y		S_{xy}		U_x		U_y	
C1 - 2	DMX	0.176908	DMX	0.176908	DMX	0.176908	DMX	0.176908	DMX	0.176908
	SMN	−298.413	SMN	−1113	SMN	−238.955	SMN	−0.047805	SMN	−0.17572
	SMX	4.809	SMX	−12.347	SMX	23.97	SMX	0.000578		
C2 - 2	DMX	0.051316	DMX	0.051316	DMX	0.051316	DMX	0.051	DMX	0.051316
	SMN	−436.085	SMN	−15.42	SMN	−251.287	SMN	−0.016372	SMN	−0.049466
	SMX	50.943	SMX	−281.212	SMX	216.519	SMX	0.000149		
C3 - 2	DMX	1.255	DMX	1.255	DMX	1.255	DMX	1.255000	DMX	1.255
	SMN	−381.993	SMN	−2160	SMN	−85.311	SMN	−0.000403	SMN	1.255
	SMX	83.249	SMX	−287.078	SMX	100.381	SMX	0.197500		
C4 - 2	DMX	0.07591	DMX	0.07593	DMX	0.07593	DMX	0.075930	DMX	0.07593
	SMN	−1382	SMN	−1989	SMN	−168.331	SMN	−0.013066	SMN	−0.074818
	SMX	135.4	SMX	−282.435	SMX	754.884	SMX	0.000359		
C5 - 2	DMX	0.1437	DMX	0.1437	DMX	0.1437	DMX	0.1437	DMX	0.1437
	SMN	−558.369	SMN	−1741	SMN	−71.995	SMN	0.000336	SMN	0.138786
	SMX	109.808	SMX	57.377	SMX	96.622	SMX	0.037479		
C6 - 2	DMX	0.207897	DMX	0.207897	DMX	0.207897	DMX	0.207897	DMX	0.207897
	SMN	−354.513	SMN	−1334	SMN	−95.029	SMN	−0.025903	SMN	−0.207313
	SMX	166.992	SMX	50.317	SMX	106.894	SMX	0.000325		
C7 - 2	DMX	0.137522	DMX	0.137522	DMX	0.137522	DMX	0.137522	DMX	0.137522
	SMN	−2576	SMN	−4078	SMN	−1200	SMN	−0.022426	SMN	−0.136302
	SMX	588.347	SMX	89.742	SMX	93.888	SMX	0.02352		

剖面编号		S_x		S_y		S_{xy}		U_x		U_y
C8-2	DMX	1.265	DMX	1.265	DMX	1.265	DMX	1.265000	DMX	1.265
	SMN	-722.719	SMN	-1839	SMN	-109.76	SMN	-0.275751	SMN	-1.241
	SMX	154.307	SMX	-304.34	SMX	63.277	SMX	0.000405		
C9-2	DMX	0.142114	DMX	0.142114	DMX	0.142114	DMX	0.142114	DMX	0.142114
	SMN	-924.395	SMN	-1949	SMN	-302.84	SMN	-0.002366	SMN	-0.142114
	SMX	43.354	SMX	-300.176	SMX	217.682	SMX	0.025718		
C10-2	DMX	0.116872	DMX	0.116872	DMX	0.116872	DMX	0.116872	DMX	0.116872
	SMN	-545.162	SMN	-1952	SMN	-65.164	SMN	-0.000979	SMN	-0.116872
	SMX	80.746	SMX	-43	SMX	77.348	SMX	0.025114		

采空区边坡稳定性 Ansys 有限元数值模拟分析表明：巷道开挖前，山体按正常的压缩变形变化，在软弱的煤层及泥质岩岩体部位产生的变形量大，临空条件较好的部位变形较明显；巷道开挖后，在洞顶、洞底产生位移集中现象，从 x 向位移图来看，洞顶、洞底的位移等值线迅速集中，随着位移变化速率加快到一定程度，洞顶产生塌陷变形，洞底产生松弛回弹变形。其量值随洞壁周围岩性变化而变化，岩体强度大的岩壁变形小，岩体强度小的变形大。影响范围与开挖跨度有关，跨度大的影响范围就大。总体来看，采煤巷道开挖对采空区边坡变形所造成的影响是明显的，对场地稳定不利，工程建设场地选择以避让为宜。

9.5　小结

萝卜岗规划场地中一区、中二区分布的三叠系上统白果湾组（T_{3bg}）砂、泥岩中，夹有 4 层薄层状或透镜状煤层、煤线。由于无序开采，采煤巷道纵横交错、上下叠置，形成了较大面积的采空塌陷区和地下采空区，坡体后缘地表出现了 3 条较大规模的拉裂缝和数处民房严重毁坏，采空塌陷和拉裂缝的扩展受下部煤层回采的控制，雨季地表水的入渗加剧了塌陷和裂缝的扩展范围，该区地质环境遭受强烈破坏。小窑采空区及塌陷区的这种变形破坏过程是长期的和复杂的，在新县城城市建设期间仍未停止。

经稳定性分析评价，采空区场地地基和边坡处于不稳定状态，不适宜建（构）筑物布置。

考虑到城市规划建设的整体性，采用抗滑桩、回填灌浆等工程处理措施后，也可进行道路和管网布置。在工程建设期间，应加强地质环境保护，禁止在该区域内开挖坡脚，防止地表水大量下渗，以免导致采空区地质条件的进一步恶化；城市工程建设期和运行期，建议建立地表变形监测网络，设立监测标志，加强采空区的工程监测工作。

10

岩溶地基稳定性研究

10.1 研究思路和技术路线

10.1.1 研究思路

岩溶是我国西部山区一种较普遍的不良地质作用和现象，在一定条件下可能诱发次生地质灾害，严重影响工程建设的安全和建筑地基的稳定性。

汉源新县城萝卜岗场地碳酸盐岩地层分布较广泛。其中，规划建设用地范围内出露面积约 $0.51km^2$，占近期迁建建设用地总面积的 17.1%，主要分布在场地东区及中二区（S地块）东南段，地层岩性由二叠系下统阳新组（P_{1y}）灰岩组成，岩体质量较好，地基承载力和强度较高，是建（构）筑物基础的良好持力层，但岩溶较发育，对城市建设地基均匀性和建（构）筑物基础稳定性不利。为评价其对建筑地基稳定性的影响并提出处理措施建议，岩溶地基勘察与研究尤为重要。

碳酸盐岩是岩溶发育的物质基础，具有侵蚀溶解能力的流水是岩溶作用的基本动力，影响岩溶发育的基本因素是地形地貌、地层岩性、地质构造和水文地质条件。因此，岩溶地基勘察研究思路是：通过工程地质勘察，查明场地碳酸盐岩的岩性、岩相变化及层组类型，岩溶形态类型、规模、分布及埋藏特征，

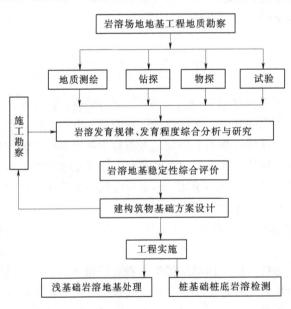

图 2.10.1 岩溶地基稳定性研究与地基处理流程图

岩溶水文地质工程地质条件；分析研究岩溶发育条件、发育规律及其与地貌、岩性、地质构造、新构造活动、地表水及地下水活动、气候等的关系；评价岩溶地基稳定性及其对建（构）筑物基础和环境的影响；提出岩溶地基的利用条件和加固处理措施建议。岩溶地基稳定性研究与地基处理流程见图2.10.1。

10.1.2 技术路线

根据场地碳酸盐岩所处的地形地貌单元和地质结构，以及岩溶发育程度和分布规律，结合场地岩溶地基勘察的复杂程度（中等复杂和局部复杂），岩溶地基勘察研究的技术手段是：采用工程地质测绘与调查、钻探取芯、综合物探、测试与试验等多种方法，紧密结合建（构）筑物布置，严格按岩土工程勘察规范各阶段的勘察精度与深度进行。

（1）可行性勘察和初步勘察，对裸露型岩溶采用以工程地质测绘为主，辅以物探钻探，调查岩溶的空间分布、规模、类型和发育条件；对覆盖型和埋藏型岩溶充分发挥物探和钻探的优势，采用高密度地球物理勘探与钻探相结合方法探测地下岩溶的分布、发育程度及分布规律；当遇到洞体较大且未填充的溶洞时，先采用物探方法探测溶洞的发育方向、空间形态，再用钻孔进行验证。

（2）详细勘察和施工勘察，勘探点（线）按建筑物布置，采用以取芯钻探为主，物探和取样试验为辅的方法，查明建（构）筑物基础及其影响范围内各种岩溶洞隙的具体位置、大小和埋深，以及岩溶地基的物理力学特性；施工时，当建（构）筑物基础底板以下钻探预定深度内遇见岩溶时，根据荷载情况钻孔深度均钻穿洞体直至洞底以下的中等风化岩体不小于 3m；当以中等风化灰岩作为桩基础持力层，受岩溶影响致使基岩面起伏大或需探明各桩基础下是否有溶洞存在时，根据设计需要及时加密勘探开展施工补充勘察；在桩基础施工时，对所有桩底岩溶地基均采用风钻成孔，再进一步使用物探探测桩底 3～5m 以内是否存在溶洞。

通过多年的岩溶勘察研究，查明了场地和建筑地基的岩溶分布与发育规律及水文地质工程地质条件，为工程设计和施工处理提供了可靠依据。

10.2 岩溶发育条件与特征

10.2.1 碳酸盐岩分布及层组类型

据前期勘察和施工开挖揭示，萝卜岗场地碳酸盐岩地层主要分布于东区山帽顶-大深塘-红亏地-桑树林一线以南以及肖家沟-潘家沟-F_1 断层一线以东一带，分布面积约 1.85km²。其中，新县城规划建设用地范围内的东区 T2、T3、T4、T5、T10 地块和西二区 S1、S2 地块，碳酸盐岩出露面积约 0.51km²。地层岩性为二叠系下统阳新组（P_{1y}）厚层状生物碎屑灰岩，局部夹紫红色泥岩，沉积最大厚度达 400m，与上覆三叠系上统白果湾组（T_{3bg}）砂泥岩、二叠系上统峨眉山组（$P_{2β}$）玄武岩呈平行不整合接触关系，与下伏梁山组（P_{1l}）黏土岩呈整合接触关系。地层产状为 N15°～70°W/NE∠10°～15°，岩层缓倾坡外。该套地层除顶、底部为滨岸缓坡海相生物碎屑灰岩夹紫红、黄褐色泥岩外，其上、中、下部均为滨海浅海相生物碎屑灰岩，富含 *Cryptospirifer*（隐石燕）等腕足类化石，岩石质纯较坚硬且单层厚度较大，总体属"纯碳酸盐岩"类型。

根据岩性、岩相组合特征及碳酸盐岩与非碳酸盐岩厚度比等，按照《水电水利工程喀斯特工程地质勘察技术规程》（DL/T 5338）有关碳酸盐岩层组类型划分的规定，将场地碳酸盐岩类进一步划分为以下两个亚类：

（1）均匀状灰岩层组：包括阳新组（P_{1y}）上、中、下部厚层灰岩，主要分布于场地东区以及西二区低高程一带。该层组总厚达 380m，由连续沉积的厚层状灰岩组成，质纯、单一，无明显的泥质岩类夹层分布，灰岩与泥岩厚度比大于 9∶1，岩溶较发育，多沿层面、裂隙、平行不整合接触界面或构造破碎带等结构面溶蚀而发育溶沟、溶槽、溶隙和小型溶洞等。

（2）灰岩夹泥岩层组：即场地内阳新组（P_{1y}）顶、底部中厚层灰岩夹薄层紫红、黄褐色泥岩，主要分布于场地西二区 S1、S2 地块一带。该层组厚约 20m，灰岩与泥岩厚度比为 7∶3～9∶1，泥岩夹层明显，泥岩层数多而单层厚度小，单层厚度一般厚 5～20cm，最厚达 30cm，岩溶不甚发育。

10.2.2　岩溶发育特征

岩溶是地表水和地下水对可溶性石灰岩长期溶蚀的结果。据前期勘察和建（构）筑物地基开挖揭示，萝卜岗规划建设用地内的东区 T2、T3、T4、T5、T10 地块和西二区 S1、S2 地块及其东南侧一带，出露二叠系下统阳新组（P_{1y}）中厚-厚层状灰岩，具备岩溶发育的基本条件。从分布情况看，岩溶现象以东区 T2、T3、T4、T5、T10 等地块南东侧均匀状灰岩层组类相对较发育。其特点是：岩溶数量较多，但个体规模较小，岩溶化程度相对较低，这些岩溶形态多以溶沟、溶槽、溶隙和小型溶洞为主，钻孔揭示的单个岩溶孔穴高度一般为 0.1～4m，少数为 5～12m，多充填，宽度较窄；浅表部位的岩溶形态多为溶沟、溶槽，深部以溶隙和小型溶洞为主，未发现较大的垂直岩溶管道和水平岩溶管道分布；古岩溶主要为三叠系白果湾组（T_{3bg}）砂泥岩充填，现代岩溶多为黏土或碎石土全充填，少数半充填-无充填。

10.2.2.1　勘探揭示的岩溶特征

（1）不同岩性结构和碳酸盐岩层组类型，其岩溶发育程度与分布各异。根据钻孔揭示：①东区分布的均匀状灰岩层组类，岩性较单一、无明显泥质岩类夹层，岩溶相对较发育。据统计，东区灰岩约 410 个钻孔中揭露到岩溶的孔数有 69 个，遇洞率为 16.8%。这 69 个钻孔中，揭露到溶蚀孔洞高度为 0.1～0.5m 有 27 个，占岩溶钻孔总数的 39.1%；孔洞高 0.5～1m 有 17 个，占 24.6%；孔洞高 1～1.5m 有 4 个，占 5.8%；孔洞高 1.5～2m 有 3 个，占 4.3%；孔洞高 2～3m 有 4 个，占 5.8%；孔洞高 3～4m 有 4 个，占 5.8%；洞高 5～6m 有 2 个，占 2.9%；洞高 6～12.5m 有 4 个，占 5.8%。从单孔遇洞率情况看，计有 12 个钻孔分别在不同深度内揭露到岩溶，其中有 2 个钻孔分别在铅直方向上遇到岩溶 6 处，岩溶发育深度分别为 9.1～12.5m 和 3.9～17.3m，岩溶大多为后期含块碎石粉质黏土全充填，个别未充填孔洞高 0.3～2m。②西二区 S-1 地块出露的灰岩夹泥岩层组类，泥质岩类夹层较多，岩溶不甚发育，除有 1 个钻孔揭露到 1 个小型溶洞外，其余钻孔均未揭露到岩溶现象。

（2）岩溶发育及分布与地下（表）水体交替活动密切相关。东区 T4、T5 地块地处较陡峻的斜坡上，冲沟深切，溶蚀沟槽相对较深。如东区 T4 锰矿职工住宅区 224 勘探剖面 EZK251、EZK252 两孔相距 14m，而 EZK252 孔一带曾遭受地下（表）水的强烈溶蚀，形成溶蚀深槽，后期被块碎石及粉质黏土充填，以致两孔灰岩面起伏高差达 27.4m（图 2.10.2）；东区 T5 地块乐山电力住宅区 445 勘探剖面岩溶沟槽深度可达 10m，为后期粉质黏土及块碎石土充填（图 2.10.3）。

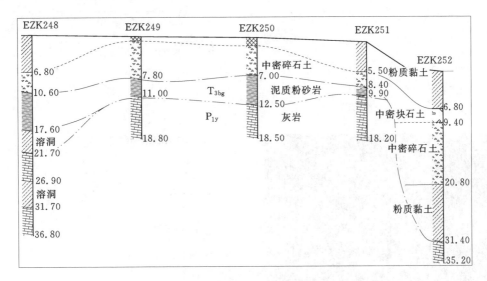

图 2.10.2　东区锰矿住宅区钻孔揭示的溶沟、溶槽、溶洞

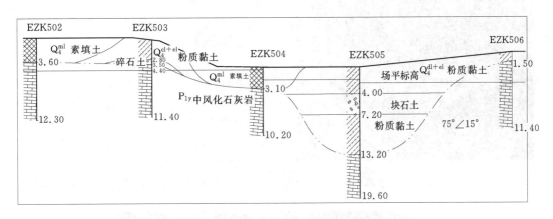

图 2.10.3　东区乐山电力住宅区钻孔揭示的溶沟、溶槽

（3）场地现代岩溶多被第四系沉积物所充填。据勘探揭示，除 2 个孔洞无充填、4 个孔洞半充填外，其余均被第四系沉积物填满。从充填物质组成和性状看有两类：①以第四系残坡积块、碎石土与粉质黏土混杂堆积为主，粗颗粒已部分强风化，粉质黏土一般呈硬塑状（图 2.10.4～图 2.10.6）；②以第四系残积粉质黏土为主，物质成分单一，可塑-软塑状态。如东区 T1 地块 ZK209 钻孔揭露一高约 9m 溶洞内充填可塑粉质黏土；东区 T4 地块 EZK248 钻孔揭露一溶洞高 4.1m，另一溶洞高 4.8m，充填物均为粉质黏土（图 2.10.6）。这两类充填物质组成和性状不一，其物理力学性质差异较大：由可塑状粉质黏土构成填充物者，其承载力特征值一般为 130kPa；由硬塑状粉质黏土与块、碎石土混杂填充形成溶洞充填者，其承载力特征值可达 200kPa。

10.2.2.2　建（构）筑物地基开挖揭露的岩溶特征

根据大量建（构）筑物基槽开挖揭示验证，西二区 S－1 地块灰岩仅庄园大酒店基础施工时揭露到 1 个溶洞，而在东区灰岩基槽及边坡开挖揭露的岩溶现象较多。特征如下：

钻孔柱状图

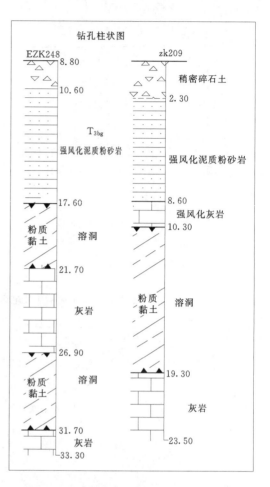

EZK248   zk209

稍密碎石土

8.80

10.60   2.30

T_{3bg}

强风化泥质粉砂岩   强风化泥质粉砂岩

17.60   8.60

强风化灰岩

粉质黏土   溶洞   10.30

21.70

灰岩   粉质黏土   溶洞

26.90

粉质黏土   溶洞   19.30

灰岩

31.70

灰岩   23.50

33.30

图 2.10.4　2 号主干道东段一挡墙基坑壁充填型岩溶   图 2.10.5　EZK248 孔揭示黏土充填的溶洞

图 2.10.6　东区 T4 地块 11 号挡墙内侧壁（后坡）一充填型溶槽

（1）挡墙基槽及边坡开挖揭露的岩溶规模均较小，岩溶形态主要为溶沟、溶槽、溶隙和小型溶洞。如：①在2号主干道延长线南东侧挡墙基槽及边坡坡脚处揭露一小型溶洞宽1.5m，高2.5m，形状近似纺锤形，并向深部延伸，其顶部有一条宽0.1～0.2m的垂直溶蚀裂隙一直延到灰岩表层，溶洞与溶隙充填满黄色粉土（图2.10.4），密实；②在T4地块11号挡墙基槽内揭露到一较宽大溶隙，该溶隙在顺边坡走向可见长度约11m，可探测深度为12m，溶隙宽度可达0.6m，几乎无充填物，溶隙面仅见钙华富集（图2.10.7）；③T4地块11号挡墙基坑壁后所见溶槽宽1.7m，深度为5.5m，顺坡向（向流沙河方向）发育，溶槽内为粉质黏土夹块碎石混杂充填（图2.10.6），硬塑-坚硬状态。

图2.10.7　东区T4地块11号挡墙基槽内一溶隙无充填

（2）房屋建筑基础基槽开挖揭露的岩溶规模亦较小，岩溶形态仍以溶隙、溶沟、溶槽为主。如：①东区T4地块东南侧交警大队、元康公司一带，是岩溶发育的典型地段，在房屋建筑浅基础基槽开挖中，对灰岩表面覆盖层及强风化灰岩进行了大量的剥离，揭露到较多的岩溶现象，其岩溶形态主要为溶隙、溶沟、溶槽。由于灰岩中发育有两组陡倾角（70°～85°）裂隙，一组走向N23°W，另一组走向N56°E，分别与岩层（或边坡）走向近于平行和垂直，它们为地表（下）水的储存运移和对岩石的侵蚀溶蚀作用提供了良好通道，浅表部溶沟、溶槽和深部溶隙、溶洞的发展就是沿这两组裂隙而进行的。图2.10.8显示元康公司一住宅建筑基槽揭露的溶槽最宽约3.5m，深约2.2m，长度在15m以上，已横贯整个房屋基础宽度，由灰岩块石与粉质黏土混杂充填。图2.10.9显示该住宅另一房屋建筑基槽揭露的宽大岩溶现象，由溶槽和溶隙组成，该处岩溶多数已被岩溶后期垮塌的灰岩块石和粉质黏土所充填，但局部发育在溶槽底部的溶隙，因上部岩溶垮塌封堵了溶隙顶部，以致溶隙未被充填，基槽开挖探测到未充填的溶隙深度可达12m。②自谋职业15号地块9号楼1单元桩基础及1号梯道护坡桩板墙地基开挖揭露一古岩溶凹槽，平面范围长79m，宽约10m，钻孔揭露深度大于40m，顺沿灰岩与上覆（T_{3bg}）砂泥岩接触带呈长条带状分布。③西二区灰岩分布范围较小，岩溶不发育，仅S1地块庄园大酒店在基槽开挖中，在位于灰岩顶板之下4～6m的基础底面附近，揭露到体积近十几立方米的岩溶洞穴，无充填。

图 2.10.8　东区 T4 地块元康公司住宅楼　　　　图 2.10.9　东区 T4 地块元康公司住宅楼
　　　　地基岩溶现象（一）　　　　　　　　　　　　　　地基岩溶现象（二）

10.2.3　岩溶发育条件与分期

10.2.3.1　岩溶发育条件

岩溶发育的基本条件包括具有可溶性与渗透性的岩石和具有侵蚀与溶解能力的地下
（表）流水两个方面。此外，构造、地形、气候等对溶蚀作用岩溶发育也有不同程度的
影响。

（1）可溶性岩石是岩溶发育的物质基础，碳酸盐岩层组类型决定了岩溶的发育程度。
萝卜岗场地东区和西二区东南侧分布的阳新组（P_{1y}）灰岩，均属可溶性的碳酸盐岩类岩
石，具备岩溶发育的物质条件。但二者的岩石组织结构和层组类型不同又导致了岩溶发育
程度的差异，东区灰岩属均匀状灰岩层组类型，矿物成分以方解石为主，白云石次之，黏
土矿物和碎屑矿物少量，岩性较纯，具有厚-巨厚层状结构，岩溶较发育；西二区为灰岩
夹泥岩层组类型，受沉积环境的影响，灰岩中含紫红色泥质及其他杂质斑块，且非碳酸盐
岩泥岩夹层较多，呈中厚层状夹薄层状结构，岩溶不甚发育。

（2）地质构造包括节理裂隙、构造破碎带、可溶性岩与非可溶性岩接触带等，不仅控
制岩溶的发育程度，而且控制岩溶的展布方向。如东区灰岩中发育两组陡倾角构造裂隙，
其走向分别与岩层走向或倾向近乎一致，它们为岩溶发育提供了良好的地下水循环通道，
并控制着岩溶发育方向，无论是地表的溶沟、溶槽还是地下的溶隙、小型溶洞主要是沿该
两组裂隙而发育；又如自谋职业 15 号地块 9 号楼 1 单元桩基础及 1 号梯道护坡桩板墙地
基开挖揭露一古岩溶凹槽，平面范围长 79m，宽约 10m，钻孔揭露深度大于 40m，顺沿灰
岩与上覆 T_{3bg} 砂泥岩接触带呈长条带状分布。同样，这种溶蚀凹槽为地下水储存和运移提
供了良好空间，促使岩石化学溶蚀和物理机械破碎作用的进一步发生，岩石物理力学性质
和工程性状极差。

（3）地下水活动，尤其是对可溶性岩石具有一定溶蚀能力的地下水流，是岩溶发育的
必要条件，同时地下水的运移和集中程度又会影响岩溶的发育程度与发育方向。第四纪以
来，场地灰岩地处地下水垂直循环带，来自于大气降水入渗补给的地下水，沿灰岩内孔隙
裂隙的赋存、循环和运移形式以垂直运动为主，并对灰岩介质产生溶蚀作用，现代岩溶以

流沙河为排泄基准面，岩溶多沿横张裂缝导水方向由 SW 向 NE 发育，岩溶形态以垂直型的溶沟、溶槽和溶蚀裂隙为主。

（4）大气降水及地表（下）水径流制约岩溶的发育程度。萝卜岗岩缺乏足够流量的地表（下）水源与之产生化学溶蚀作用，影响岩溶的发育程度，因而现代岩溶发育不充分。

（5）地形地貌控制大气降水在地表的径流方向，以及地表水渗入后形成的地下水径流模式，从而影响岩溶发育程度和岩溶形态规模。萝卜岗地处中低山单斜山地，东、西两侧分别为流沙河、大渡河切割，东区灰岩场地坡面与层面产状基本相同，地形坡度一般为 10°～20°。特定的场地地形条件有利于大气降水顺坡向汇聚、径流，流沙河河谷深切又有利于地下水的排泄，以致地下水水位深埋，中上部斜坡几乎处于疏干状态，因此，场地灰岩岩溶化程度较低，现代岩溶形态在地表以溶沟、溶槽和溶蚀岩面为主；地表水沿部分溶沟、溶槽底部的裂隙下渗进一步溶蚀时，在深部发育成溶蚀裂隙、垂直溶洞。由于萝卜岗场地灰岩位于地下水水位之上，大气降水入渗形式以垂直运动为主，加之岩体中无较大储水构造储存入渗的地下水，因此在灰岩中难以形成大型水平溶洞。

10.2.3.2 岩溶分期

萝卜岗场地岩溶发育演化历史，可分为现代岩溶和古岩溶两个时期。

（1）现代岩溶是指新生代以来，主要是早更新世以来发育的岩溶，包括碳酸盐岩裸露于地表、缺少第四纪沉积物充填的裸露型岩溶和被第四纪沉积物覆盖的覆盖型岩溶两类。萝卜岗场地东区和西二区东南侧一带阳新组（P_{1y}）灰岩发育的岩溶绝大多数属此类型，分布在高程 1025.00m 以下。

（2）古岩溶指早二叠世末—中三叠世沉积间断期发育的岩溶，其形成后被后期成岩的三叠系白果湾组（T_{3bg}）砂泥岩所充填或覆盖，亦称为埋藏型岩溶。仅 T5 地块和东一区市荣集镇场地有所揭示。

地处上扬子台缘褶带西侧的汉源新县城萝卜岗场地，在古地理沉积环境史中，曾伴随阳新海侵沉积了一套厚达 400m 的滨海相阳新组灰岩（P_{1y}），随后海西运动地壳上升结束海侵历史，灰岩处于漫长风化剥蚀状态，历经沉积间断，并在地表（下）水的长期侵蚀、溶蚀作用下，在局部灰岩表层发育了极不均匀以溶蚀凹槽和小型溶洞为主的古溶蚀地貌，直至三叠纪晚世时期在古岩溶内才沉积了湖沼相白果湾（T_{3bg}）砂泥岩地层，古岩溶随之被充填或掩埋。

场地东区前期勘探揭露的古岩溶，规模均较小，其深度仅在 1.5m 内；而在建（构）筑物基础施工开挖中揭露到古岩溶较多，溶沟、溶槽的规模也相对较大，如：①自谋职业 15 号地块 17 号楼，浅基础地基开挖时揭露一古岩溶凹槽深度大于 6m，岩溶凹槽在平面上不规则，长、宽各约 10m，凹槽内充填的粉砂质泥岩（T_{3bg}）已强风化；②自谋职业 15 号地块 9 号楼 1 单元及 1 号梯道桩基施工时，在灰岩与上覆岩屑砂岩（T_{3bg}）接触带之间揭露一古岩溶凹槽呈带状分布，长 79m，宽约 10m，钻孔揭露深度大于 40m，其内充填岩屑砂岩呈全风化及强风化状态，工程地质性状差；③东二区市荣集镇房屋建筑地基开挖时，揭露-古岩溶凹槽内充填砂岩（T_{3bg}），该古岩溶凹槽上口宽度约 25m，深度大于 20m（图 2.10.10），凹槽内砂岩较坚硬完整，对地基稳定无影响。

如上所述，场地古岩溶是灰岩在地质历史时期里经长期风化剥蚀和地下（表）水侵

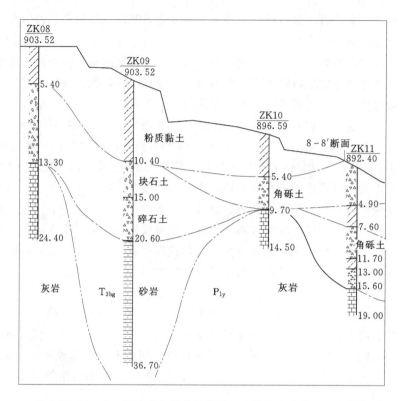

图 2.10.10　东二区市荣集镇钻孔揭示一古岩溶内充填 T_{3bg} 砂泥岩

蚀、溶蚀综合作用的结果，其作用和过程较复杂而漫长，绝大部分古岩溶被后期成岩较好的砂泥岩（T_{3bg}）充填密实，对场地地基稳定无影响，可作为建（构）筑物基础持力层；现代岩溶，以及部分地处岩性接触带、构造破碎带部位的古岩溶被后期沉积物充填后，又遭受构造风化和地下水活动等改造，原岩结构破碎，有的呈现类似"古风化壳"的全强风化状态，工程性状差，对建（构）筑物地基承载能力和稳定不利，是地基处理的主要对象。

10.2.4　岩溶发育的工程特性

以灰岩作为建筑地基时，岩溶发育的工程特性主要表现在地基承载能力和地基不均匀沉降变形等方面：

（1）地基承载力。场地东区和西二区东南侧分布的灰岩尤其中等-微风化灰岩，多属坚硬岩-较坚硬岩，岩体的承载能力和力学强度较高，是建（构）筑物基础的良好持力层。当灰岩地基持力层范围内存在溶沟、溶槽、溶蚀裂隙和溶洞等岩溶现象时，将导致建筑地基承载力显著降低，承载力大小取决于其充填物的性质和密实度；当地基下伏存在溶洞或隐伏溶洞时，在基础及上部建（构）筑物长期荷载作用下，易引起溶洞顶板塌陷，使地基突然下沉，承载力大小取决于顶板岩体厚度及其完整程度。地基承载能力不能满足设计要求时，需采取相应工程处理措施。如自谋职业 15 号地块 9 号楼 1 单元桩基位于一长 79m、宽约 10m、钻探深度大于 40m 的"古岩溶深槽"，其内充填岩屑砂岩经后期构造风化及地下水长期作用下，溶蚀破碎呈全-强风化碎裂岩块夹黏土，可塑状，其桩端承载力不能满

230

足要求，且成孔困难，最终采用摩擦桩＋钢筋混凝土筏板复合基础形式处理。

（2）地基不均匀沉降变形。建（构）筑物基础下发育溶沟、溶槽和溶蚀裂缝等岩溶形态造成基岩面起伏较大，且存在充填性状软弱的粉质黏土或溶蚀岩面强烈风化破碎时，其工程地质性状与完整中等风化灰岩差异较大，易引起建筑基础的不均匀沉降变形。如自谋职业 15 号地块一房屋建筑地基基坑内发育的溶沟、溶槽及溶蚀强风化岩面就是典型一例，为消除其岩溶地质缺陷，开挖清除后采取换填或镶补处理措施，满足基础应力及变形要求。

10.3 岩溶地基稳定性评价和处理建议

10.3.1 岩溶地基稳定性评价

通过大量的前期勘察和施工开挖揭露，经稳定性的定性分析评价认为：萝卜岗规划建设场地东区及西二区东南侧分布的阳新组灰岩（P_{1y}），多属坚硬岩-较坚硬岩，岩体的承载能力和力学强度较高，是建（构）筑物基础的良好持力层。虽然灰岩中岩溶较发育，但岩溶化程度较低，现代岩溶形态以溶沟、溶槽、溶隙、小型溶洞为主，其个体规模不大，且大多已被后期粉质黏土、块碎石充填；未见大型岩溶洞穴分布。

考虑到由灰岩构成的单斜顺向坡场地，岩溶地质缺陷隐藏着一些对地基稳定的不利影响，如当建（构）筑物地基持力层及其影响范围内，存在溶沟、溶槽、溶隙和溶洞等岩溶形态时，将导致地基承载力降低；当部分浅表岩溶沟槽、洞穴内充填性状软弱的粉质黏土或溶蚀岩面强烈风化破碎时，造成可利用基岩面起伏较大，易引起地基不均匀沉降变形。因此，这些岩溶地质缺陷的存在影响建（构）筑物地基稳定性，在地基主要受力层及其影响范围内的岩溶未经处理不宜作为建（构）筑物基础（尤其桩基础）的持力层；当采用桩基础时，在桩底到达桩端持力层设计深度后，均应在桩底钻孔 3～5m 深，并辅以物探方法在桩底钻孔内进一步探明是否有岩溶存在的可能。对地基稳定性确有影响的岩溶缺陷和岩溶洞隙，应根据其位置、埋深、规模、稳定性分析、地基变形和稳定性验算，采取相应工程措施。

10.3.2 岩溶地基处理措施研究

（1）浅基础：以灰岩作为建（构）筑物浅基础持力层，凡地基基槽揭露到溶沟、溶槽、溶隙时，首先清除岩溶内的充填物，采用 C20 混凝土换填或镶补；对未充填的宽大洞隙和洞口较小的溶隙，也采用混凝土灌填；对深溶沟或溶蚀深槽，填充的松散物无法彻底清除时，则以钢筋混凝土板跨越岩溶地带；对个别房屋建筑地基岩溶相对发育、可利用地基岩面受岩溶影响而凹凸不平、溶沟较深、松散物不易清除时，则采用钢筋混凝土筏板基础。

（2）深基础：以灰岩或古岩溶充填的砂岩作为建筑物桩基础持力层，桩基础均采用人工挖孔桩。其优点是：①可在桩基开挖过程中进行动态地质跟踪，地质人员可根据挖出的岩土特征判断基坑的地质情况，对地质条件复杂的桩基可直接下入桩底查看基础受力层的工程地质状况与岩溶现象；②桩长可采用动态设计。当端承桩桩端进入设计深度持力层后，均需在桩底钻孔 3～5m 深，并辅以物探方法探明是否有岩溶存在的可能。若该深度内有岩溶，则加深桩长穿过岩溶，直至桩端下一定深度范围内完整稳定的灰岩，以消除岩溶对桩基础稳定带来的不良隐患。如自谋职业 15 号地块 9 号楼 1 单元，原设计房建基础为端承桩，因部分桩基在设计深度内未见到持力层，因而进行了施工图补充勘察。经钻探查明，该单元部分桩基础位于岩性接触带—"古岩溶深槽"内，深槽内后期充填的砂泥岩已经全、强风化，其承载力不能满足要求。为此将原设计的端承桩，调整为摩擦桩＋筏板的复合基础形式。

10.4 小结

通过大面积的岩溶地基勘察及后期建（构）筑物基础施工揭露了岩溶现象，查明了场地灰岩区岩溶的形态特征、空间分布、发育规律、岩溶类型，并对岩溶地基的均匀性和稳定性进行了评价。总体来看，场地灰岩区岩溶虽较发育，但岩溶化程度较低，个体规模相对较小，地表岩溶形态以溶沟、溶槽为主；深部岩溶形态多为溶蚀裂隙、小型溶洞。在前期勘察、后期建构筑地基开挖及桩基础持力层岩溶检测时，均未发现大型无充填的水平溶洞，在基础持力层下一定深度内，亦未发现大型成片、未充填的溶洞。场地绝大部分古岩溶被后期成岩较好的砂泥岩充填密实，对场地地基稳定无影响，可作为建（构）筑物基础持力层。现代岩溶以及部分地处岩性接触带、构造破碎带部位且遭受后期构造、风化和地下水活动等改造的古岩溶，工程性状差，对建（构）筑物地基稳定性不利。经稳定性分析，在地基持力层及其影响范围内的溶沟、溶槽、溶蚀裂隙和溶洞等，未经处理不宜作为建（构）筑物基础（尤其桩基础）的持力层。施工中，对影响建（构）筑物地基稳定性、均匀性的岩溶洞隙，进行了补充钻探和物探探测；并视其具体情况分别对溶洞、溶隙、溶沟、溶槽等地质缺陷，采取了灌浆、置换（清除充填物并回填混凝土）或调整基础结构形式（如筏板基础、墩基、桩基）等处理措施。

11

特殊土工程地质特性研究

11.1　研究思路和技术路线

11.1.1　研究思路

汉源新县城萝卜岗场地分布的特殊土主要包括膨胀土和"昔格达组"粉砂、粉土层两大类。其中，膨胀土主要分布于东区缓坡地带，多由 P_{1y} 灰岩风化剥蚀后残留或经短距离搬运堆积于坡面的残坡积棕红、褐黄色粉质黏土层组成，一般厚 $2\sim6m$，局部最厚可达10m，该土层遇水膨胀、软化，失水收缩、干裂。"昔格达组"（Q_{1x}）粉砂、粉土层仅局部分布于西区垭口头-海子坪、龙潭沟上槽-下槽和东区山帽顶等"古槽谷"一带，一般厚 $10\sim20m$，最厚大于 $30m$，原始干燥状态下呈半成岩状，其强度较高；经后期风化卸荷或短距离搬运后，其组织结构显著变化，尤其遇水后，土体易软化乃至局部泥化，强度急剧下降。当建（构）筑物基础直接置于该类特殊土上，易产生较大的不允许沉降量和不均匀沉降变形。因此，分析研究该类特殊土的工程地质特性，评价其对建（构）筑物基础和边坡稳定的不利影响，提出相应工程处理措施建议十分必要。

特殊土的工程地质勘察研究、工程地质特性分析评价及处理对策建议的思路和流程，见图 2.11.1。

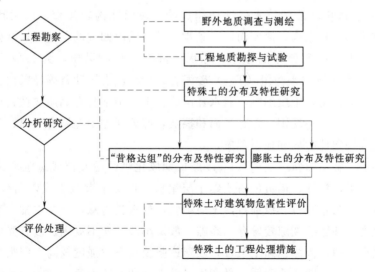

图 2.11.1　特殊土的研究思路和流程图

11.1.2 技术路线

特殊土工程地质特性勘察研究，主要包括工程地质勘察、工程地质特性分析研究和工程地质评价等方面。

（1）工程地质勘察。通过工程地质测绘、物探和勘探，查明特殊土所处地貌单元、分布范围、厚度、结构、埋藏条件、成因类型和地质时代；膨胀土节理裂隙的发育状况、形态、密度、含水情况、成因和裂面富集物特征；"昔格达组"粉砂、粉土层的成层条件、产状、薄层理与夹砂（砾）层特征；上、下层位的岩性、分布、厚度及起伏状况。

（2）工程地质特性分析研究。通过测试与室内试验，分析研究特殊土的矿物成分、化学成分、颗粒组成、物理性、水理性和力学性；结合工程建（构）筑物特点，重点研究膨胀土的膨胀变形量、收缩变形量、胀缩变形量、自由膨胀率和一定压力下的膨胀率、膨胀力、收缩系数，进行膨胀土的判别和膨胀土的膨胀潜势分级；并重点研究"昔格达组"粉砂、粉土层地基在不同压力下的承载力和不同状态下抗剪强度等。

（3）工程地质评价。通过特殊土的勘察和工程地质特性分析研究，分别根据膨胀土地基的自由膨胀率、膨胀变形量、收缩变形量、胀缩变形量和"昔格达组"粉砂、粉土地基的承载力、不同状态下的抗剪强度，评价其对建（构）筑物地基和边坡稳定性的不利影响，提出工程处理措施的建议。

11.2 膨胀土地基

11.2.1 膨胀土的分布

膨胀土主要分布在汉源新县城萝卜岗场地东区灰岩区，其次为中、西区砂泥岩区。萝卜岗场地区斜坡地形较平缓，该区为中低山构造剥蚀-侵蚀单斜地貌，纵向上呈北西走向的小营盘、大营盘、山帽顶、大地包、营盘上、垭口头等山脊高程为 1010.00 ～ 1140.00m，拔河高度为 230～360m；横向上南西（大渡河侧）陡、北东（流沙河侧）缓。场地位于流沙河侧呈波状起伏的顺向低缓斜坡上，地形坡度一般为 10°～15°，局部较陡可达 30°，受岩性、风化剥蚀和流水侵蚀作用影响，坡面冲沟较发育，沟梁状地形相间出现，中区大沟头沟、肖家沟、潘家沟、五条沟一带为向内凹进的负地形，其两侧脊梁状斜坡向外凸出。浅表部广泛分布的棕红、棕褐、黄褐色粉质黏土，为二叠系下统阳新组（P_{1y}）灰岩和三叠系上统白果湾组（T_{3bg}）砂泥岩、紫红色岩屑砂岩等经风化剥蚀或再搬运而形成的残积、坡积土，土质细腻，遇水具滑感，土层中常含有钙质或铁锰质结核，裂隙较发育，且短小、方向不规则、多有光面和擦痕，部分裂隙中充填有灰白、灰绿色黏土条带，斜坡常见浅层塑性滑塌和地裂现象。

膨胀土多由二叠系阳新组灰岩（P_{1y}）经长期风化剥蚀后残留或短距离再搬运堆积于坡面的残坡积红褐、棕红、褐黄色粉质黏土层组成。该类土颗粒组成以黏粒、粉粒为主，黏土矿物成分主要为蒙脱石、伊利石，土质细腻，遇水具滑感，土层中常含有钙质或铁锰质结核；风化裂隙和胀缩裂隙较发育，裂隙一般短小、方向不规则、多有光面和擦痕，部分裂隙中充填有灰白、灰绿色黏土条带；硬塑或坚硬状态时强度较高，但吸水饱和膨胀或失水干燥收缩开裂后强度迅速降低，易产生局部滑塌和地裂现象，影响地基的稳定性。

11.2.2 膨胀土的工程地质性质

膨胀性黏土含有大量亲水性黏土矿物，吸水膨胀、失水收缩，具有明显胀缩变形性，且变形受约束时产生较大应力。为评价其胀缩性能及对建筑地基和边坡稳定性的影响，在前期勘察中开展了相应的工程地质特性研究。

11.2.2.1 黏土颗粒分析和物理性质试验

大量室内颗粒分析和物理性质试验成果表明，该类土颗粒组成为：粒径 >0.075mm 的砂砾粒含量占总质量的 14.83％（平均值，下同），粒径 $0.075 \sim 0.005$mm 的粉粒含量占 60.07％，粒径 <0.005mm 的黏粒含量占 25.1％；土的天然密度 ρ 为 2.0g/cm^3，干密度 ρ_d 为 1.67g/cm^3，天然含水率 w 为 20.1％，塑限 W_P 为 24.26％，液限 W_L 为 45.40％，塑性指数 I_P 为 21.14，属低液限黏土（CL）。

11.2.2.2 黏土化学成分分析

表 2.11.1 化学成分分析成果表明，该黏土化学成分以 SiO_2 为主（占 59.71％～60.34％），Al_2O_3 次之（占 18.55％～18.71％），硅铝率为 4.26～4.35，显示黏土矿物成分以蒙脱石为主，比表面积较大，亲水性较强。

表 2.11.1   粉质黏土化学成分分析成果表

试样编号	分析指标								
	SiO_2 /%	Fe_2O_3 /%	Al_2O_3 /%	CaO /%	MgO /%	烧失量 /%	有机质 /%	pH 值	硅铝率
H1	60.05	7.58	18.71	2.76	1.39	6.13	0.87	5.5	4.26
H2	59.71	7.92	18.55	2.78	1.42	6.08	0.82	5.5	4.23
H3	60.34	7.41	18.63	2.64	1.19	5.96	0.79	5.6	4.35

11.2.2.3 室内力学性质试验

根据粉质黏土 56 组室内力学性质试验资料，其压缩模量 $E_{s0.1-0.2} = 3.65 \sim 8.37$MPa（范围值，下同）；天然快剪 $\varphi = 10° \sim 21°$，$c = 30 \sim 135$kPa；天然残剪 $\varphi = 8° \sim 15°$，$c = 24 \sim 94$kPa；饱和快剪 $\varphi = 6° \sim 15°$，$c = 15 \sim 51$kPa；饱和残剪 $\varphi = 5° \sim 11°$，$c = 10 \sim 40$kPa，表明该类土具有压缩变形较大、压缩模量和抗剪强度均低的特点；随着含水率的增加，土体抗剪强度 c、φ 值具有降低的趋势，遇水饱和后 c 值降低 50％～60％，φ 值降低 27％～38％。

11.2.2.4 胀缩性试验及膨胀潜势评价

前期详细勘察中，在开展场地粉质黏土物理力学性质试验的同时，进行了大量的胀缩性试验。据东区 T7、T8、T5、T10 地块 51 组粉质黏土胀缩性试验资料（表 2.11.2 和表 2.11.3）统计，除 4 组自由膨胀率仅为 36.5％～37.5％<40％不具有膨胀潜势外，绝大多数黏土土样的自由膨胀率为 40％～57％，最大达 60.5％，膨胀力为 7～80kPa 不等，最大达 83kPa，收缩系数一般为 0.40～0.68，最大达 0.73。按其胀缩潜势（一般自由膨胀率 $F_s = 40$％～57％$\geqslant 40$％），结合场地的地貌地质特征判别，该类土属弱膨胀土，具有弱膨胀潜势。说明场地内分布的粉质黏土绝大多数具有弱膨胀性。

表 2.11.2　　　　　东区 T7、T8 地块粉质黏土胀缩性试验及膨胀潜势评价表

样品编号	取样深度 /m	含水率 /%	膨胀率 $\Delta ep50$/ %	膨胀力 P_e/kPa	缩限 ω_n/%	收缩系数 λ_n	自由膨胀率 ΔF_s/%	膨胀潜势
EZK560 – 1	1.50～1.80	24.7	−2.2	10.0	11.3	0.50	45.5	弱
EZK600 – 1	2.80～3.00	22.2	−1.8	13.0	13.5	0.56	52.5	弱
EZK574 – 1	15.54～15.8	23.1	−1.4	9.0	14.5	0.56	42.5	弱
EZK596 – 1	4.44～4.70	19.8	−1.1	22.5	11.3	0.48	55.5	弱
EZK603	15.75～15.9	31.5	−2.7	8.0	15.5	0.63	44.5	弱
EZK606	8.80～9.05	28.4	−1.9	12.0	14.5	0.58	45.5	弱
EZK586 – 1	24.35～24.5	25.5	−0.8	19.0	10.5	0.44	45.5	弱
EZK587 – 1	30.52～30.5	23.4	−1.1	12.0	11.5	0.52	45.5	弱
EZK602 – 1	3.40～3.65	13.6					36.5	无
EZK598 – 1	2.15～2.40	25.8	−0.8	31.0	12.8	0.40	54.5	弱
EZK601 – 1	1.72～2.00	20.9	−1.1	23.0	9.3	0.47	52.5	弱
EZK575 – 1	18.45～18.5	23.4	−0.5	36.0	14.0	0.44	60.5	弱
EZK597 – 2	3.80～4.06	28.0	−1.1	23.0	11.0	0.40	55.5	弱
EZK608 – 1	1.90～2.10	24.3	−1.8	10.0	14.5	0.63	46.5	弱
EZK608 – 2	2.25～2.45	23.4	−2.3	4.0	12.8	0.60	43.5	弱
EZK608 – 3	2.80～3.00	27.0	−0.9	27.0	17.0	0.59	47.5	弱
EZK631 – 1	1.30～1.50	20.0	−1.9	17.0	11.3	0.60	49.5	弱
EZK621 – 2	19.95～20.5	23.1	—	—	—	—	37.5	无
ZK625 – 1	0.80～1.00	23.9	−1.6	17.0	12.3	0.50	51.5	弱
EZK621 – 1	1.20～1.40	28.0	−1.9	11.0	14.0	0.61	55.5	弱
EZK632 – 1	9.30～9.50	25.3	−1.2	9.0	11.2	0.50	46.5	弱
EZK633 – 1	10.65～10.5	20.0	−0.9	17.0	13.5	0.60	44.5	弱
17	6.45～6.6	25.2	−0.05	44	16.4	0.61	51	弱
20	8.85～9.0	21.5	0.04	53	15.6	0.55	40	弱
17	6.0～6.3	25.0	−0.31	18	18.2	0.73	40	弱
19	6.5～6.65	20.4	−0.03	46	16.5	0.60	40	弱
20	7.35～7.5	20.1	−0.07	42	16.9	0.63	47	弱
17	4.25～4.4	24.6	−0.04	45	16.3	0.61	52	弱
19	5.1～5.25	23.3	0.01	49	16.0	0.57	50	弱
20	5.85～6.0	23.3	−0.02	47	16.3	0.59	47	弱
18		25.1	0.02	51	15.8	0.56	51	弱
18		17.7	0.11	62	14.7	0.50	40	弱
18		25.7	0.07	59	15.0	0.53	50	弱
1 号探井		35.2	−0.28	20	17.8	0.72	53	弱
1 号探井		28.0	−0.08	41	17.0	0.64	57	弱

注　表中前 22 组为 T7 地块、后 13 组为 T8 地块取样试验成果。

表 2.11.3   **东区 T5、T10 地块粉质黏土胀缩性试验及膨胀潜势评价表**

样品编号	取样深度 /m	含水率 /%	膨胀率 $\Delta ep50$/%	膨胀力 P_e/kPa	缩限 ω_n/%	收缩系数 λ_n	自由膨胀率 ΔF_s/%	膨胀潜势
EZK458-1	1.8~2.1	22.6	−1.5	18.0	11.8	0.42	44.5	弱
EZK458-2	2.7~3.0	23.4	−1.1	22.0	14.7	0.56	46.5	弱
EZK466-1	2.6~2.8	22.8	−1.7	17.0	12.9	0.6	42.5	弱
EZK469-1	2.7~2.9	20.6	−1.4	18.0	10.8	0.5	45.5	弱
EZK470-1	2.3~2.6	24.3	−2.3	7.0	12.9	0.59	44.5	弱
EZK470-2	2.6~2.8	25.1	−1.7	14.0	13.5	0.53	53.5	弱
EZK491-1	1.7~1.97	22.5	−1.2	7.0	13.3	0.62	42.5	弱
EZK491-2	5.28~5.65	22.2	—	—	—	—	36.5	无
EZK491-3	9.6~9.85	25.3	—	—	—	—	37.5	无
EZK490-1	0.82~1.1	29.2	−2.8	3.0	13.8	0.46	46.5	弱
EZK488-1	1.6~1.8	21.6	−1.4	4.0	13.8	0.57	43.5	弱
井1-1	4.7~4.85	14.8	0.18	68	11.0	0.5	48	弱
井2-1	4.9~5.05	25.9	0.24	75	14.9	0.68	53	弱
井2-2	5.9~6.05	14.6	0.27	82	13.0	0.52	40	弱
井2-3	2.8	24.9	0.32	83	13.4	0.57	40	弱
井3-2	4.2~4.35	23.9	0.27	80	12.5	0.49	45	弱

注 表中前 11 组为 T5 地块、后 5 组为 T10 地块取样试验成果。

11.2.2.5 地基膨胀变形量、收缩变形量、胀缩变形量计算

为评价弱膨胀性粉质黏土对建（构）筑物基础稳定不利影响，地基计算涉及湿度系数、大气影响深度、膨胀变形量、收缩变形量、胀缩变形量 5 个影响因子。各个影响因子的计算如下：

（1）湿度系数 ψ_w。

$$\psi_w = 1.152 - 0.726a - 0.00107c \qquad (2.11.1)$$

式中：ψ_w 为膨胀土湿度系数，在自然气候影响下，地表下 1m 处土层含水量可能达到的最小值与其塑限值之比；a 为当地 9 月至次年 2 月蒸发力之和与全年蒸发力之比值；c 为全年干燥度大于 1.00 的月份的蒸发力与降水量差值之总和，mm。

计算结果：湿度系数 $\psi_w = 0.732$。

（2）大气影响深度。由粉质黏土湿度系数 $\psi_w = 0.732$，查《膨胀土地区建筑技术规范》（GBJ 112—87）第 3.2.5 条表 3.2.5，其大气影响深度 $d_a = 3.84$m，大气影响急剧层深度为 1.728m。

（3）膨胀变形量 S_c。

$$S_c = \psi_s \sum_{I=1}^{n} \delta_{epi} h_i \qquad (2.11.2)$$

式中：S_c 为地基土的膨胀变形量，mm；ψ_s 为计算膨胀变形量的经验系数，宜根据当地经验确定，若无可依据经验时，3 层及 3 层以下建筑物，可采用 0.6；δ_{epi} 为基础底面下第 i 层土在该层土的平均自重压力与平均附加压力之和作用下的膨胀率，由室内试验确定；h_i

为第 i 层土的计算厚度，mm；n 为自基础底面至计算深度内所划分的土层数，计算深度应根据大气影响深度确定，有浸水可能时，可按浸水影响深度确定。

根据该次勘察和临近建筑场地资料，ϕ_s 取 0.6，δ_{epi} 取 -0.02，n 取 1，h 取 3840mm。

经计算，膨胀变形量 $S_c = -46.08$mm。

（4）收缩变形量 S_s。

$$S_s = \phi_s \sum_{i=1}^{n} \lambda_{si} \Delta w_i h_i \tag{2.11.3}$$

$$\Delta w_i = w_1 - (\Delta w_1 - 0.01) \frac{z_{i-1}}{z_{n-1}} \tag{2.11.4}$$

其中
$$\Delta w_1 = w_1 - \phi_w w_p \tag{2.11.5}$$

式中：S_s 为地基土收缩变形量，mm；ϕ_s 为计算膨胀变形量的经验系数，宜根据当地经验确定，若无可依据经验时，3 层及 3 层以下民用建筑物，可采用 0.8；λ_{si} 为第 i 层土的收缩系数，应由室内试验确定；Δw_i 为地基土收缩过程中，第 i 层土可能发生的含水量变化的平均值；w_1、w_p 分别为地表下 1m 处土的天然含水量和塑限含水量（以小数表示）；ϕ_w 为土的湿度系数；z_i 为第 i 层土的深度，m；z_n 为计算深度，m，可取大气影响深度 3.84m；n 为自基础底面至计算深度内所划分的土层数，计算深度可取大气影响深度，当有热源影响时，应按热源影响深度确定；h_i 为第 i 层土的计算厚度，m。

根据该次勘察和临近建筑场地资料，λ_{si} 取 0.645，Δw_i 取 0.06，n 取 1，h 取 3.84m。

经计算，收缩变形量 $S_s = 104.0$mm。

（5）胀缩变形量 S。

$$S = \phi \sum_{i=1}^{n} (\delta_{ep} i + \lambda_{si} \Delta w_i) h_i \tag{2.11.6}$$

式中：S 为地基土胀缩变形量，mm；ϕ 为计算胀缩变形量的经验系数，可取 0.7。

根据该次勘查和邻近建筑场地资料，ϕ 取 0.70，δ_{epi} 取 -0.02，λ_{si} 取 0.645，Δw_i 取 0.06，n 取 1，h 取 3.840m。

经计算，胀缩变形量 $S = 50.26$mm。

11.2.3 膨胀土的工程地质评价及处理建议

11.2.3.1 场地与地基评价

（1）依据室内试验资料，粉质黏土绝大多数土样的自由膨胀率 F_s 为 40%～57%，在 40%≤F_s＜60% 范围内，按《膨胀土地区建筑技术规范》（GBJ 112）表 2.3.3 分类，该土层具有弱膨胀潜势，属弱膨胀土。

（2）根据场地土的湿度系数 $\Psi_w = 0.732$，按《膨胀土地区建筑技术规范》（GBJ 112）相关规定，查得土层大气影响深度为 3.84m，大气影响剧烈深度为 1.728m；并根据地基土的膨胀变形量 $S_c = 46.08$mm 判别，该场地粉质黏土地基胀缩等级为 Ⅱ 级。

（3）据施工开挖揭示，该类土的不利工程地质特性主要表现在：一方面吸水膨胀、软化，当开挖边坡形成临空面时，膨胀软化土层常形成局部坍滑，如东区 T3 地块粉质黏土表层顺坡面沿等高线方向形成长约 100m、宽约 10m、厚 1～2.5m、体积约 1800m³ 的滑

238

塌体；另一方面失水收缩、干裂，为地表水的入渗提供较为有利的通道，从而影响边坡的局部稳定性。

11.2.3.2 膨胀土地基的工程适应性评价

新县城萝卜岗场地地处中低山单斜顺向坡，地形坡度一般为 $10°\sim15°$。斜坡浅表层广泛分布残坡积粉质黏土，含大量的亲水矿物，遇水易膨胀、软化，失水易干裂、收缩，自由膨胀率 F_s 一般为 $40\%\sim57\%$，属弱膨胀土，具有弱膨胀潜势，尤其是遇水后土层压缩变形较大，承载能力及力学强度较低，地基易产生不均匀沉陷，边坡易失稳滑塌，对场地建（构）筑物地基和边坡稳定不利。因此，该土层在大气影响深度，尤其大气剧烈影响深度内的浅表部，不宜直接作为建（构）筑物基础持力层，应予清除；当该土层较深厚且以其作为低层建筑物或低矮支挡构筑物基础持力层时，需经相应的承载力及稳定性验算，在满足地基稳定和变形要求的前提下，基础埋置深度应大于大气影响层的深度，并需经相应的承载力及稳定性验算；不能满足要求时需采取相应的工程处理或调整基础结构形式。基坑开挖时宜采取保护措施，边坡应及时支护。

11.2.3.3 处理建议

针对萝卜岗特殊的地形地质条件，新县城建（构）筑物基础均置于稳定的岩土体之上。一般地多避开以膨胀性黏土作为建（构）筑物基础持力层。必要时，则基础设计和地基处理施工需严格按《膨胀土地区建筑技术规范》（GBJ 112）有关条款执行，对于膨胀性黏土层厚度较小者，建议清除；厚度较大者，在满足地基稳定和变形要求的前提下，基础埋置深度应大于大气影响急剧层深度。当地基承载力和抗滑稳定不能满足要求时，宜采用扩大基础或"换土垫层法"或桩基础等工程处理措施。采用"换土垫层法"处理地基时，宜选用级配良好的砂卵石、卵石换填，分层铺设、分层碾压，分层铺设厚度为 $20\sim30cm$，压实系数 $\lambda_c \geqslant 0.94$。采用桩基础穿越该层时，桩基础应嵌入完整的中等风化基岩一定深度内。

11.2.3.4 工程处理实例

（1）作为低矮支挡构筑物基础持力层时，如东区 T5 地块 10 号挡墙 k0+00~k0+010 段、T3 地块 3 号挡墙 k0+00~k0+15 段、T4 地块 9 号挡墙 k0+196.75~k0+210 段等悬臂式挡土墙基础置于较厚的粉质黏土层上，施工中清除浅表土层后，采用了级配良好的碎砾石土进行换填，经分层铺设、分层碾压处理。

（2）作为低层建筑物浅基础持力层时，如东区 T4 城镇居民 O 地块 2 号、3 号楼基础置于厚达 $7.5\sim11m$ 的粉质黏土上，无法全挖除，经验算设计采用了墙下条基基础形式，以满足其承载力、变形和稳定要求。

（3）对于建筑深基础，如东区 T10 地块 1A 组团 12 号、25 号幢基础下弱膨胀粉质黏土厚达 $8\sim15m$，且下卧层岩溶较发育，设计采用桩基础穿越该土层，桩端嵌入完整的中风化基岩内，确保基础稳定。

11.3 "昔格达组"地基

11.3.1 "昔格达组"的特性

11.3.1.1 "昔格达组"的分布

分布于川西南地区的"昔格达组"（Q_{1x}）地层，为一套新近纪上新世—第四纪早更新世时期堆积的河湖相沉积物。该套地层在汉源富林、白岩、大树、九襄等地广泛出露，总厚度大于 210m，古地磁测龄为距今 327.5 万～178.2 万年，主要由半成岩状褐黄、土黄色粉细砂及黄灰、浅紫色粉土组成，层内夹薄层钙质结核，底部为角砾岩。粉砂、粉土沉积纹理清晰，"成岩程度"具有由下向上逐渐减弱之势，上部浅黄色粉砂、细砂层结构较疏松。

在汉源新县城萝卜岗场地内，该套地层的分布范围和展布方向主要受早期大渡河、流沙河"古槽谷"所控制，呈条带状零星分布于西区垭口头-海子坪、龙潭沟上槽-下槽和东区山帽顶一带，其顶面出露高程为 1090.00～1120.00m，拔河高度较高（300～330m）。而其他低高程部位如大深塘、半山坡（国土局）等处的粉砂、粉土层则属"昔格达组"经后期风化剥蚀短距离搬运再堆积的产物。

总体来看，该套地层分布位置相对较高，沉积厚度较大，原始天然状态下，其承载能力和强度较高，压缩性较低；但结构不均一，局部富含黏土矿物，浅表部多被后期风化、改造或搬运再堆积，其组织结构已显著变化，遇水易软化、泥化，浸水易崩解，强度急剧降低，易产生滑坡灾害，是著名的"易滑地层"。

11.3.1.2 "昔格达组"的工程地质特性

（1）"昔格达组"的成层结构特性。"昔格达组"地层主要由半成岩状褐黄、土黄色粉细砂及黄灰、浅紫色粉土组成。层面产状为 N10°～20°W/NE∠5°。

据工程地质测绘和勘探揭示："昔格达组"上、中部为土黄色厚-中厚层粉砂夹薄层钙质团块（姜结石），具有超压密性和盐类弱胶结特征；下部为灰、绿灰、紫灰、紫红色薄层状粉土与黄色中厚层状粉砂，层理发育，呈半成岩状，厚度一般为 10～20m，最厚大于 30m。

底部为 15m 厚的底砾层。底砾成分取决于形成期的原岩岩性，有的以灰岩、玄武岩为主，少有砂岩砾石；有的以砂岩为主，偶见花岗岩和灰岩砾石。

"昔格达组"粉砂、粉土层厚度比约 4:1（图 2.11.2 和图 2.11.3）。

图 2.11.2 西区"昔格达组"粉砂层　　　　图 2.11.3 西区"昔格达组"粉土层（半成岩）

（2）粉砂的工程地质特性。该粉砂层系"昔格达组"上、中部主要沉积层，为黄、褐黄色中厚-厚层状粉砂，层理难寻觅。原始天然干固状态下，具有超压密性和盐类弱胶结特征，承载力和强度较高，压缩性较低；但风化剥蚀、经搬运再堆积或遇水饱和后，盐分已被溶滤或淋滤，原始组织结构和胶结状态多遭破坏，力学强度显著降低。该粉砂层日晒风吹时常见粉尘飘扬，锐器刮削时呈砂粉状撒落，刮削面上刮痕清晰，挖铲时呈块状和粉砂土状撒落，挖痕多较好地保留下来，锤击时成凹形小坑，锤周呈自由撒落（图2.11.4），遇暴雨多形成土溜，日晒脱水多呈干裂松散状态（图2.11.5）。

图 2.11.4　中区天然状态下粉砂层　　　　图 2.11.5　中区粉砂土土溜脱水后的干裂

根据西区垭口头-海子坪一带"昔格达组"（Q_{1x}）粉砂层 28 组颗粒分析和物理性质试验资料汇总，粉砂土颗粒组成为：粒径 2～0.5mm 的粗砂粒含量占总质量的 15.04％，粒径 0.5～0.25mm 的中砂粒含量占 17.46％，粒径 0.25～0.075mm 的细砂粒含量占 30.54％，粒径 0.075～0.005mm 的粉粒含量占 36.96％，属粉土质砂（SM）。山帽顶等地的粉砂土颗粒较细，细砂粒、粉粒含量和含水率较高。

（3）粉土的工程地质特性。该粉土层主要分布于"昔格达组"中下部，多由灰、黄灰、绿灰、紫灰色薄层状粉土组成，粉黏粒含量较高，沉积纹理清晰，呈半成岩状，在干固状态下承载力较高，压缩性较低；但层理面间结合能力较弱，抗剪强度低，且因富含黏土矿物，遇水易软化、泥化，失水后易开裂。该粉土锐器刮时呈小的片状剥离，刮面较光滑，无粉尘飘扬现象；挖铲后留下挖具形迹，所挖泥质层多沿层面呈碎块或薄层片状剥落。

根据西区垭口头-海子坪和东区山帽顶一带"昔格达组"（Q_{1x}）粉土层 13 组颗粒分析和物理力学性质试验，粉土颗粒组成为：粒径 2～0.5mm 的粗砂粒含量占总质量的 12.73％（平均值，下同），粒径 0.5～0.25mm 的中砂粒含量占 6.65％，粒径 0.25～0.075mm 的细砂粒含量占 23.32％，粒径 0.075～0.005mm 的粉粒含量占 49.10％，粒径 <0.005mm 的黏粒含量占 8.20％，该类土天然密度 ρ 为 1.90g/cm^2，干密度 ρ_d 为 1.68g/cm^2，孔隙比 e 为 0.6～0.65，天然含水率 w 为 12.8％，属低液限粉土（ML）。压缩模量 E_s＝8.05～9.21MPa；天然快剪 c＝24kPa，φ＝20°；饱和固结快剪 c＝10kPa，φ＝20°；饱和快剪 c＝15kPa，φ＝14°。

有关粉土矿物化学成分，据场地邻区富林、白岩一带"昔格达组"分析成果，粉、黏土矿物成分以伊利石为主，绿泥石、方解石、石英次之。粉土层黏土矿物的化学成分以 SiO_2 为主（占 43.62％～61.44％），Al_2O_3 次之（占 15.57％～27.68％），硅铝率为 1.96～4.99 不等，显示黏土矿物成分以蒙脱石、伊利石为主，其亲水性较强（表2.11.4）。

表 2.11.4　　　　　　　　　　　　　　粉土化学成分分析成果表

取样编号	分析指标									
	SiO_2 /%	Fe_2O_3 /%	Al_2O_3 /%	CaO /%	MgO /%	K_2O /%	Na_2O /%	烧失量 /%	pH 值	硅铝率
Ⅲ-1	55.76	6.01	19.34	2.66	2.74	3.54	1.30	7.54	7.95	4.07
Ⅲ-2	56.24	6.22	23.31	0.98	2.16	3.48	1.50	6.02	8.10	3.49
Ⅲ-3	61.44	7.84	18.84	3.15	1.08	1.74	1.89	5.09	8.10	4.37
Ⅲ-4	52.94	11.20	18.64	4.86	1.86	1.86	1.62	7.68	8.18	3.48
Ⅱ-1	43.62	15.86	27.68	1.47	1.70	1.89	1.10	6.54	9.40	1.96
Ⅱ-2	56.72	5.79	15.57	2.45	2.49	3.42	1.68	10.27	8.05	4.99

11.3.2 "昔格达组"的工程地质评价及处理建议

萝卜岗场地"昔格达组"粉砂、粉土层，在天然干固状态下保持固有的超压密性和盐类胶结的特点，多呈半成岩状，相对于一般土层而言其承载力较高，压缩性较低；但浅表部受后期风化、侵蚀或短距离搬运再堆积，其结构和工程性状已发生较大改变，层间结合力弱化，加之土层中富含亲水矿物，遇水易软化、泥化，承载力和抗剪强度显著降低，前缘临空时常出现顺层滑移现象，属变形较大的地基土层和"易滑层"。因此，该土层浅表部未经处理不宜作为建（构）筑物基础持力层；必要时，经相应工程处理或调整基础结构形式，可作为低层建筑物或低矮支挡构筑物的基础持力层，并应在干固状态下施工，同时须预留保护层、加强排水和做好封闭处理。

工程处理实例如下：

（1）当作为低层建筑物或低矮支挡构筑物浅基础持力层时，如西区复合安置 4 号地块 1 号、2 号、3 号、14 号楼和东区 K 组团 4 号挡墙地基均为较厚的黄色粉砂土层，经论证分别采用预应力强夯桩和砂卵石换填地基处理；施工中预留保护层，做好封闭和排水工程措施。经过近两年来特别是 2010 年 7 月持续大暴雨的严峻考验，未发现不允许的变形稳定问题，证明其效果较好。

（2）对于建筑浅基础持力层而言，如西区复合安置 4 号地块 13 号楼"昔格达组"粉砂土层地基，采用筏板基础结构形式（图 2.11.6）。

图 2.11.6　西区复合安置 4 号地块 13 号楼粉砂土层地基采用筏板基础形式

（3）对于建筑深基础而言，如西区垭口头-海子坪 F 组团、自谋职业 3 号地块住宅区和东区的国土局、城镇居民 H 地块住宅区等地基条件较复杂，"昔格达组"粉砂、粉土层厚达 20～30m，为保证场地和建筑物基础稳定，经研究采用人工挖孔桩，桩身穿过该粉砂及粉土层，桩端嵌入下卧较完整稳定的中风化砂岩 1～1.5 倍桩径深度内。经过近 6 年来特别是 2010 年 7 月持续大暴雨的严峻考验，这些建筑物基础均未发现不允许的变形稳定问题，表明其工程处理效果较好，安全可靠。

第 3 篇

岩土工程设计

12

地 质 灾 害 治 理 设 计

汉源县城新址位于萝卜岗单斜坡，场地及其周边存在滑坡、潜在不稳定斜坡、采空区、岩溶、冲沟洪流等地质灾害，这些地质灾害影响建设场地稳定性和建（构）筑物安全，需要进行防治。

新县城城市规划建设用地避开了乱石岗滑坡堆积区及拉裂松动区、采空区和冲沟泥石流。滑坡是汉源新县城萝卜岗场地的主要地质灾害之一。滑坡不仅影响到迁建场地的选择和建设场地的稳定性，也威胁着人民生命财产和建（构）筑物的安全，制约着新县城的建设步伐。新县城岩土工程设计主要针对影响建设场地稳定性和建（构）筑物安全的滑坡和潜在不稳定斜坡等地质灾害进行治理设计，其中乱石岗滑坡及影响区等滑坡治理工程是岩土工程设计的重点。

12.1 乱石岗滑坡及影响区治理工程

乱石岗滑坡及影响区，宏观上包括乱石岗滑坡堆积区及后缘拉裂松动区、拉裂松弛区，以及康家坪滑坡和富塘滑坡体。

工程治理范围为乱石岗滑坡影响区内的拉裂松弛区及以上部分，包括康家坪滑坡和富塘滑坡体。

12.1.1 设计依据和基本资料

12.1.1.1 地质概况

乱石岗滑坡及影响区位于流沙河与大渡河交汇的萝卜岗条形山地上，山地走向 N40°W，高程为 850.00~1230.00m，相对高差达 390m。横向上呈西陡东缓、向东（流沙河）倾斜的单斜山地形，纵向上地形波状起伏，地形坡度一般为 10°~20°，坡体地层岩性主要由三叠系白果湾组砂岩夹粉砂岩、第四系残坡积层及滑坡堆积物等组成。

乱石岗滑坡及影响区表层土体主要为坡残积粉质黏土、含砾粉质黏土和滑坡再搬运堆积的粉细砂、粉土、块碎石土。据详细规划试验资料，粉质黏土、含砾粉质黏土和粉土属微透水层，粉细砂具有弱透水性，块碎石土具有中等-强透水性。下伏基岩上部主要为中等风化-强风化砂岩夹粉砂岩，节理较发育，透水性较好。

乱石岗滑坡及影响区是缺水地区，地表水主要靠大气降水补给。区内冲沟较发育，主要是石板沟、松林沟和龙潭沟，沟床基岩裸露，平时多为干沟，仅雨季有季节性水流。

据钻孔揭示情况，场地区地下水水位埋深较大，钻孔多为干孔，地下水以基岩裂隙水为主，其流量很小，且受季节变化影响较大，主要向流沙河排泄。

12.1.1.2 岩土体物理力学参数指标

设计采用的滑体、滑床岩土物理力学指标，根据《汉源新县城乱石岗区稳定性专题研究》中"稳定性计算岩土体物理力学参数表"选取，滑面/软弱结构面的抗剪强度指标，依据 3 组现场大剪试验结果和室内实验值综合确定，参见表 3.12.1 和表 3.12.2。治理设计时滑体天然容重取值根据各剖面土层性质及挖填比例进行加权平均确定。

表 3.12.1　　　　　　　　　滑体及滑床岩土体物理力学参数

项　目 土　名	容重 /(kN/m³)		泊松比	抗剪强度指标 （天然状态）		承载力特征值 /kPa	岩石天然抗压强度 /MPa	岩石饱和抗压强度 /MPa	基底摩擦系数
	天然状态	饱和状态		φ/(°)	c/kPa				
粉质黏土	19.0	20.3	—	11	10	160	—	—	0.28
含角砾粉质黏土	19.5	20.4	—	14.1	15	160	—	—	0.30
块石土	22.0	22.2	—	30	5	300	—	—	0.40
角砾土	20.0	20.5	—	22	5	200	—	—	0.30
粉土、粉砂土	18.9	19.8		14	20	140	—	—	0.25
砂岩、粉砂岩（强风化）	24.0	24.4		30	50	300	—	—	0.41
砂岩、粉砂岩（中风化）	25.2	25.5	0.13	40	350	1400	31.2	22.0	0.61

表 3.12.2　　　　　　　　　滑面/软弱结构面抗剪强度参数

分区	内聚力 c/kPa		内摩擦角 φ/(°)	
	天然	饱水	天然	饱水
松动区	24	20	13	11
松弛区	45	35	15	13
松弛区以上（稳定区）	50	40	16	14

考虑治理区内部分给排水管路已施工完毕，场平部分地段挡墙出现滑移情况，以及工程建成给排水管路有可能会出现的长期渗漏等情况，因此滑面参数的选取，除康家坪滑坡（无给排水管路）外，均取饱和值。

12.1.1.3 边坡等级

根据《滑坡防治工程设计与施工技术规范》（DZ/T 0219）中滑坡防治工程设计安全系数的规定和《建筑边坡工程技术规范》（GB 50330）中的稳定安全系数要求，该工程设计安全系数选取见表 3.12.3。

表 3.12.3　　　　　　　　乱石岗区滑坡防治工程边坡设计安全系数

建设用地边坡（松弛区及以上边坡）			非建设用地边坡（松弛区以下边坡）		
正常状况	暴雨状况	地震状况	正常状况	暴雨状况	地震状况
1.35	1.15	1.15	1.30	1.15	1.10

12.1.2 治理方案设计

12.1.2.1 治理原则

根据治理区内滑坡影响区的特点，同时考虑到新县城规划方案及规划方案调整对建设用地的要求，确定以下治理原则：

（1）对建设用地区（松弛区及以上部分）和非建设用地区（松弛区以下部分），根据相关规范采用不同的治理标准。

（2）由于治理区内修建有民用建筑，在满足边坡稳定基础上，尽量采用使边坡变形量小的治理措施。

（3）治理方案选择上，应根据《汉源新县城萝卜岗场地乱石岗滑坡区稳定性专题研究报告》，并结合《汉源新县城迁建规划调整报告》进行，使边坡治理措施尽量结合路边挡墙并避开建筑物。

（4）治理措施应选择技术可靠、经济合理、结构简单、可操作性强、可靠性高、施工安全性高、施工工期短的方式。

（5）治理措施应因地制宜。根据地形特征、稳定性情况及建筑物布置，采用与之相适应的治理措施。

12.1.2.2 治理措施比较

乱石岗滑坡影响区工程治理方案见表3.12.4。

表 3.12.4　　　　　　　　　　　不同治理措施优缺点比较表

治理措施	优　　点	缺　　点	备　　注
锚索抗滑桩	可靠性高，相对单纯抗滑桩边坡变形较小、投资相对少	施工速度较慢，桩后锚索需要露出地面，桩不宜做成埋入式	桩距较大可以考虑不跳桩施工以缩短工期
抗滑桩	可靠性高，受地形限制较小，可做成埋入式	相对锚索桩边坡变形较大、投资大	桩距较大可以考虑不跳桩施工以缩短工期
锚索墙	工期短，投资少，可以替代相同位置处的挡土墙	对地形要求较高，只能在斜坡位置或陡坎位置布置，提供支护力较小	下滑力大时，需要锚索数量大，锚索容易和建筑桩基发生冲突，地形条件要求相对较高
框架锚索	工期短，投资少	对地形要求较高，只能在挖方斜坡位置或陡坎位置布置，提供支护力较小	下滑力大时，需要锚索数量大，锚索容易和建筑桩基发生冲突，地形条件要求相对较高
锚洞	工期短，投资相对少	施工安全威胁大，受力特点不好，承受较大下滑力时可靠性差	大部分在Ⅴ类围岩中开挖。锚洞受力特点为剪拉结构，混凝土受拉后，抗剪强度降低很快，安全储备低
钢管桩	工期短，投资少	可靠性低，提供支护力小。控制边坡变形较大	

通过比较得出：单纯抗滑桩适应范围较大，可靠性较高，在投资控制范围内可以大范围适用；锚索抗滑桩适用于剩余下滑力较大的陡坎或斜坡位置，但需避开建筑物桩基；锚索墙受地形限制大，与上部建筑桩基冲突多，由于目前部分挡墙为浆砌石结构且已施工完毕，因而只可在局部下滑力小且坡上无建筑物位置结合已建混凝土挡墙使用；锚洞受其混

凝土既受拉又受剪的不利受力特点和施工安全难以保障的局限，不适用；框架锚索受地形限制必须布置于斜坡地段，且避开上部建筑物桩基较难，而斜坡位置大部分为半填半挖结构，因而只适用于部分挖方边坡且下滑力小、坡上无建筑物的局部地段；钢管桩可靠性低，不适用于该工程。

因此，乱石岗滑坡影响区治理措施采用以抗滑桩和锚索抗滑桩为主，局部位置可采用锚索墙和框架锚索。

12.1.2.3 治理设计

（1）计算工况。根据场区实际情况以及工程建设特点，该次稳定性评价过程中考虑以下3种工况：

工况1：一般工况，该工况考虑的荷载主要有岩土体自重（挖填部分容重取加权平均值）。

工况2：暴雨工况，该工况除考虑工况1的荷载外，还包括因降雨引起的岩土体强度降低，暴雨工况中考虑滑坡以上滑体底部1/4左右饱水。

工况3：地震工况，该工况除考虑工况1的荷载外，还包括地震引起的推力。

地震力计算根据《水电水利工程边坡设计规范》（DL/T 5353）中要求"参照《水工建筑物抗震设计规范》（DL 5073）"的规定，一般情况下，水工建筑物可只考虑水平向地震作用，设计烈度为8度、9度的1级、2级土石坝、重力坝等壅水建筑物，长悬臂、大跨度或高耸的水工混凝土结构，应同时计入水平向和竖向地震作用。因此，地震力只考虑水平地震力作用。

计算过程中水平地震力按式（3.12.1）计算：

$$Q = C_i C_z K_h W \tag{3.12.1}$$

式中：C_i 为重要性系数，治理区内坡度较缓，平均坡度为25°，为非抗震不利地段，而且根据《汉源新县城规划区北段场地地震安全性评价报告》（已通过四川省地震安全性评定委员会评审），地震动参数为放大到地面的参数，因此地震重要性系数（放大系数）取1.0；C_z 为综合影响系数，取0.25；K_h 为地震峰值加速度，根据场地地震安全性评价报告，治理区采用50年超越概率10%基岩水平峰值加速度值为178cm/s²；W 为滑块重力（按滑块不同组成加权平均）。

建设区（松弛区及以上部分）及非建设区（松弛区以下部分、康家坪滑坡）各工况条件下滑坡安全系数取值见表3.12.1。

（2）计算公式。采用综合野外与室内分析的滑面即软弱面来计算，滑面呈折线型，故稳定计算采用折线型滑动面计算公式，剩余下滑力按传递系数法计算。

依据《建筑边坡工程技术规范》（GB 50330），稳定系数 K_f 计算公式为

$$K_f = \frac{\sum\limits_{i=1}^{n-1}\left(R_i \prod\limits_{j=i}^{n-1}\psi_j\right) + R_n}{\sum\limits_{i=1}^{n-1}\left(T_i \prod\limits_{j=i}^{n-1}\psi_j\right) + T_n} \tag{3.12.2}$$

$$R_i = N_i \tan\phi_i + c_i l_i \tag{3.12.3}$$

$$N_i = (W_i + Q_i)\cos\alpha_i \tag{3.12.4}$$

其中
$$T_i = (W_i + Q_i)\sin\alpha_i + \gamma_w A_i \sin\alpha_i \qquad (3.12.5)$$

$$E_i = K[(W_i + Q_i)\sin\alpha_i + \gamma_w A_i \sin\alpha_i] + \varphi_i E_{i-1} - (W_i + Q_i)\cos\alpha_i \tan\varphi_i - c_i l_i$$
$$\qquad (3.12.6)$$

式中：K_f 为稳定系数；R_i 为作用于第 i 块段抗滑力，kN/m；N_i 为作用于第 i 块段滑动体上的法向分力，kN/m；Q_i 为作用于第 i 块段滑动体上的建筑荷载，kN/m；T_i 为作用于第 i 块段滑动面上的滑动分力，kN/m，出现与滑动面方向相反的滑动分力时，T_i 取负值；A_i 为第 i 块段面积，m²；R_n 为作用于第 n 块段的抗滑力，kN/m；T_n 为作用于第 n 块段的滑动面上的滑动分力，kN/m；ψ_i 为第 i 块段的剩余下滑力传递至第 $j+1$ 块段时的传递系数 $(j=i)$；α_i 为第 i 块段滑面倾角（°）；c_i 为第 i 块段滑动面上黏聚力，kPa；φ_i 为第 i 块段滑带土内摩擦角（°）；L_i 为第 i 块段滑面长度，m；W_i 为第 i 块体重量，kN/m；E_{i-1} 为第 $i-1$ 条块的剩余下滑力，作用于分界面的中点，kN/m；K 为滑坡推力安全系数。

（3）计算剖面选择。根据汉源新县城迁建规划调整布置中建筑物的布置特点、治理区的地形地质特征，在整个治理区内选取 7 个地质剖面作为代表性剖面进行计算，其中在建筑物布置较为集中的松林沟以南选取 5 个剖面，编号为 1-1′、2-2′、3-3′、4-4′、5-5′，在建筑物布置相对较分散的松林沟以北选取 2 个剖面，编号为 6-6′、8-8′。

计算时各个剖面根据支护措施的布置及开挖情况分段计算剩余下滑力。分段选在有支护措施的位置和场平开挖深度到达滑面的位置。代表性剖面具体分段及分块计算简图见图 3.12.1～图 3.12.4。

（4）计算参数选取。计算参数见表 3.12.1 和表 3.12.2。滑体天然容重取值，根据各剖面土层性质及挖填比例进行加权平均；滑面参数的选取，考虑治理区内部分给排水管路已施工完毕，场平部分地段挡墙出现滑移情况，以及工程建成给排水管路有可能会出现的长期渗漏等情况，因此滑面参数的选取，除康家坪滑坡（无给排水管路）外，均取饱和值。

（5）剩余下滑力计算。

1）天然边坡稳定复核。取 3-3′、5-5′ 两个剖面对一般工况下边坡的安全性系数进行复核计算，计算结果见表 3.12.5。

表 3.12.5　　　　　　　　一般工况下边坡安全性系数计算结果

剖面位置	正常工况下安全系数		备 注
	饱和参数	天然参数	
	$\varphi=13$，$c=35$	$\varphi=15$，$c=45$	
3-3′	1.29	1.55	松弛区以上滑面出露处
	0.92	1.09	松弛区以下滑面出露处
5-5′	1.14	1.357	松动区以上滑面出露处
	1.11	1.32	松动区以下滑面出露处

2）剩余下滑力。滑体天然容重取值，根据各剖面土层性质及挖填比例进行加权平均；滑面参数的选取，考虑到工程建成后，给排水管路可能会出现的长期渗漏，除康家坪滑坡外（无给排水管路），均取饱和值。

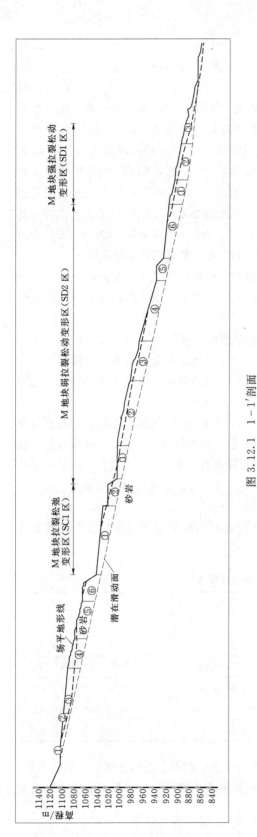

图 3.12.1　1-1′剖面

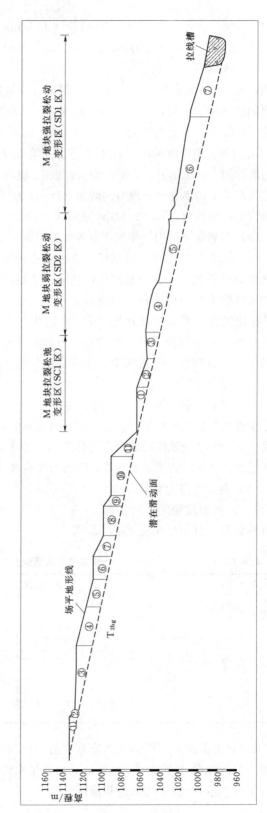

图 3.12.2　3-3′剖面

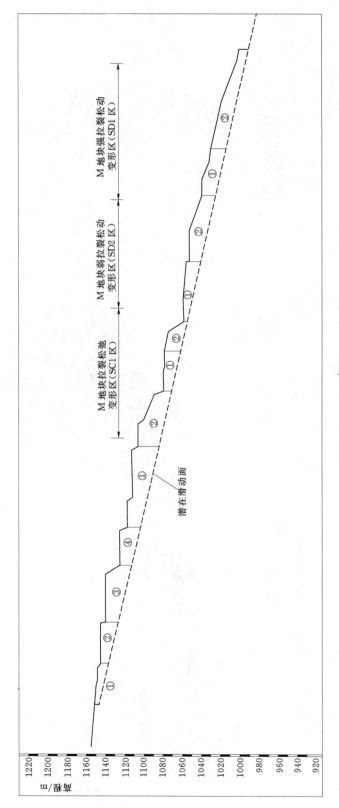

图 3.12.3 5 – 5′剖面

253

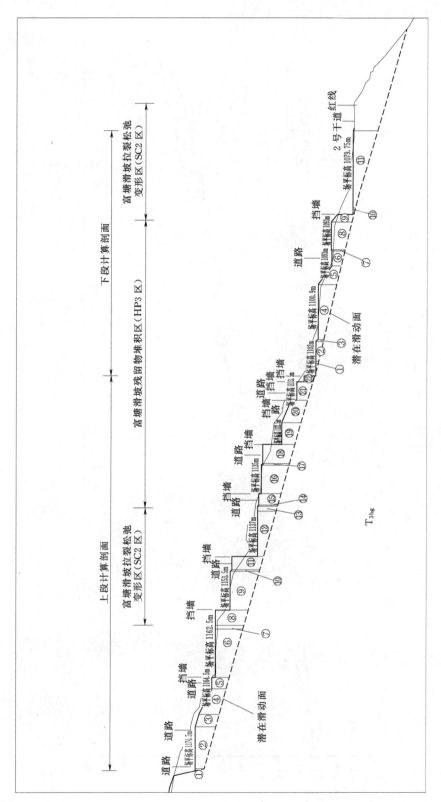

图 3.12.4 8−8′剖面

各代表性剖面各种工况下剩余下滑力计算成果见表 3.12.6。

表 3.12.6 各代表性剖面各种工况下剩余下滑力计算成果表　　　　　　　单位：kN

剖面位置	松弛区以上			松弛区			部分松动区			备注
	一般工况	暴雨工况	地震工况	一般工况	暴雨工况	地震工况	一般工况	暴雨工况	地震工况	
$1-1'$	545	446	778	294	35	381	1550	1606	2043	
$2-2'$	398	454	545	1187	1094	1393	1019	1034	1487	
$3-3'$	466	469	645	1752	1648	2339	1521	1650	2153	
$4-4'$	432	422	733	1104	1177	1426	1080	1047	1445	
$5-5'$	478	397	740	1804	1653	1915	1280	1309	1330	
$6-6'$	950	797.4	1430	703.3	420.2	1186	—	—	—	
$8-8'$	331	346	770	138	86	210	—	—	—	
康家坪	—	—	—	—	—	—	215	2276	735	

（6）边坡防治标准。该工程边坡防治工程稳定安全标准为：建设用地边坡主要依据《建筑边坡工程技术规范》（GB 50330）Ⅰ级边坡要求；非建设用地边坡主要依据《滑坡防治工程设计与施工技术规范》（DZ/T 0219）Ⅱ级防治边坡要求。各工况条件下滑坡安全系数取值见表 3.12.7。

表 3.12.7 乱石岗区滑坡防治工程边坡设计安全系数

建设用地边坡（松弛区及以上边坡）			非建设用地边坡（松弛区以下、康家坪滑坡）		
一般工况	暴雨工况	地震工况	一般状况	暴雨工况	地震工况
1.35	1.15	1.15	1.30	1.15	1.10

（7）治理方案平面布置。总体布置上，按两条主要治理线布置的原则进行，即松弛区前缘为第一道治理线、松弛区后缘为第二道治理线。治理线选择在剩余下滑力较大的位置、场平高程下挖至滑面附近的位置、剖面线较长或有可能产生次级滑坡的位置。

在康家坪古滑坡坡脚位置布置一道抗滑桩，以免施工过程中由于开挖部分坡脚造成滑坡局部失稳。由于富塘滑坡滑体厚度只有 3m 左右，因此结合场平施工开挖，采用挖除的方式进行处理，但在实施中为避免对上部建筑物桩基产生影响并结合房建和道路布置，一并采用小断面抗滑桩进行治理。

1）松林沟以南 M 地块。根据剩余下滑力计算结果，乱石岗松弛区前缘部分各种工况下剩余下滑力较小，且建筑物布置较密集；松弛区后缘计算剩余下滑力相对较大，建筑物布置相对较稀疏。据此，结合房建和道路布置，对松弛区前缘采用小断面抗滑桩进行支护，对松弛区后缘采用锚索抗滑桩进行治理。

2）松林沟以北 N 地块（包括富塘滑坡）。根据 $6-6'$、$8-8'$ 两个代表性剖面计算结果：剩余下滑力较小。考虑到：①因该区内公路挡墙主要为浆砌石挡墙且已经基本施工完成，如采用锚索墙方案，为布置锚索需将原挡墙拆除改为混凝土挡墙后方可实施，这样势必造成不必要的浪费；②局部未施工公路挡墙下滑力超过 500kN/m，如需布置大吨位、密间距锚索，将会与房建基础桩体冲突，导致锚索被破坏而失效；③另外根据挡墙稳定复核的成果，低于 5m 的挡墙单位宽度内如施加 1000kN 的锚索力，会导致挡墙基础面破坏，影响挡墙的稳定。因此，基于以上原因，松林沟以北 N 地块治理措施最终采用抗滑桩。为避免对上部建筑物桩基产生影响，同时结合房建和道路布置，对该段采用小断面抗滑桩进行治理。

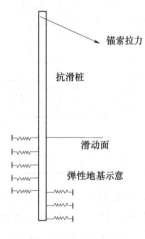

图 3.12.5　弹性方法
计算模型简图

3）康家坪滑坡。康家坪滑坡在暴雨工况下计算剩余下滑力较大，但其上部没有建筑物。鉴于康家坪滑坡覆盖层较厚且基覆界线基本水平，如采用锚索抗滑桩，则锚索较长（大于 60m）且除锚固段外基本全部在覆盖层内，锚索造孔、成孔困难，影响施工工期。因此，最终采用抗滑桩进行治理。

（8）治理方案设计。

1）锚索抗滑桩设计。

a. 计算方法及公式。

计算基本假定：假定抗滑桩嵌固段为文克尔地基，即假定桩的水平位移与该处岩土体水平位移一致，桩与岩土体之间只传递压应力，不传递拉应力与剪应力；假定桩顶与地面平齐，在水平力和力矩作用下，桩顶在地面处产生水平位移和转角。弹性方法计算模型见图 3.12.5。

土反力计算：

$$P = k\Delta \tag{3.12.7}$$
$$k = ah^n \tag{3.12.8}$$

式中：P 为滑坡面以下桩的弹性土抗力，kPa；k 为弹性土抗力系数；Δ 为滑坡面以下桩的位移，m；a、n 为计算系数；h 为滑坡面以下任意点到滑坡面的竖向距离，m。

桩体有限元计算方程：

$$[[K_Z] + [K_T] + [K_{T0}]]\{\delta\} = \{p\} \tag{3.12.9}$$

式中：$[K_Z]$ 为抗滑桩的弹性刚度矩阵；$[K_T]$ 为滑坡面以下土体的弹性刚度矩阵；$[K_{T0}]$ 为滑坡面以下土体的初始弹性刚度矩阵；$\{\delta\}$ 为抗滑桩的位移矩阵；$\{p\}$ 为抗滑桩的荷载矩阵。

将桩的位移边界条件代入方程，求解就可得到桩各点的位移及内力。

配筋计算：抗滑桩纵向受拉钢筋配置数量根据弯矩图分段确定，其截面积计算公式为

$$A_s = \frac{K_1 M}{\gamma s f_y h_0} \tag{3.12.10}$$

或

$$A_s = \frac{K_1 \xi f_{cm} b h_0}{f_y} \tag{3.12.11}$$

且要求满足条件 $\xi \leqslant \xi_b$。

当采用直径 $d \leqslant 25$mm 的 Ⅱ 级螺纹钢时，相对界限受压区高度系数 $\xi_b = 0.544$；当采用直径 $d = 28$mm～40mm 的 Ⅱ 级螺纹钢时，相对界限受压区高度系数 $\xi_b = 0.566$。

a_s、ξ、γ_s 计算系数由以下公式给定：

$$a_s = \frac{K_1 M}{f_{cm} b h_0^2} \tag{3.12.12}$$

$$\xi = 1 - \sqrt{1 - 2a_s} \qquad (3.12.13)$$

$$\gamma_s = \frac{1 + \sqrt{1 - 2a_s}}{2} \qquad (3.12.14)$$

式中：A_s 为纵向受拉钢筋截面面积，mm^2；M 为抗滑桩设计弯矩，$N \cdot mm$；f_y 为受拉钢筋抗拉强度设计值，N/mm^2；f_{cm} 为混凝土弯曲抗压强度设计值，N/mm^2；h_0 为抗滑桩截面有效高度，mm；b 为抗滑桩截面宽度，mm；K_1 为抗滑桩受弯强度设计安全系数，取 1.05。

抗滑桩应进行斜截面抗剪强度验算，以确定箍筋的配置。其计算公式为

$$V_{cs} = 0.07 f_c b h_0 + 1.5 f_{yv} \frac{A_{sy}}{S} h_0 \qquad (3.12.15)$$

且要求满足条件：

$$0.25 f_c b h_0 \geqslant K_2 V \qquad (3.12.16)$$

式中：V 为抗滑桩设计剪力，N；V_{cs} 为抗滑桩斜截面上混凝土和箍筋受剪承载力，N；f_c 为混凝土轴心抗压设计强度值，N/mm^2；f_{yv} 为箍筋抗拉设计强度设计值，N/mm^2，取值不大于 $310N/mm^2$；h_0 为抗滑桩截面有效高度，mm；b 为抗滑桩截面宽度，mm；A_{sy} 为配置在同一截面内箍筋的全部截面面积，mm^2；S 为抗滑桩箍筋间距，mm；K_2 为抗滑桩斜截面受剪强度设计安全系数，取 1.10。

b. 控制指标。桩体截面尺寸主要由剩余下滑力和滑面以上土体高度决定，剩余下滑力主要由地震工况控制。根据边坡场平使用要求，抗滑桩的截面设计主要由桩顶位移和桩前应力进行控制。考虑建筑地基的形式及功用要求，依据《建筑地基基础设计规范》（GB 50007）关于地基变形允许值的规定，抗滑桩计算中采用的主要控制指标为：地震工况桩顶位移不超过 60mm，正常工况桩顶位移不超过 40mm；桩前基岩压应力不超过 5MPa。

根据《水电水利工程边坡设计规范》（DL/T 5353）关于抗滑桩布置的规定，桩间净距宜为 5～10m，嵌固段长度一般为桩长的 1/3～2/5。结合该工程边坡的特点，考虑工程的工期要求，抗滑桩布置的间距（中到中）为 9m，桩间净距在 6.5～7.0m 之间；为避免边坡潜在滑动面以下产生深层滑动，嵌固段长度一般取为桩身全长的 2/5。

桩顶锚索对于桩顶位移有良好的控制作用，因此，抗滑桩设计结合汉源新县城规划的场平布置，在充分考虑后期锚索补偿张拉施工的方便性基础上，尽可能在抗滑桩顶部布置锚索，锚索吨位为 2000kN，为避开房屋建筑物桩基，锚索倾角在 10°～20° 之间。

c. 支护设计。根据各剖面分级治理的锚索抗滑桩布置，乱石岗滑坡影响区整治工程共布置锚索抗滑桩 121 根，其中：截面 2.0m×3.0m，桩长 $L = 15～25m$，总根数为 19 根；截面 2.5m×4.0m，桩长 $L = 25～35m$，总根数为 36 根；截面 2.5m×4.5m，桩长 $L = 25～35m$，总根数为 37 根；截面 2.5m×5.0m，桩长 $L = 25～35m$，总根数为 29 根；锚索 $P = 2000kN$，长度 $L = 35～55m$，总根数为 210 根。

d. 变形计算。对各种典型布置锚索桩在不同下滑力进行了变形计算，计算最大桩顶位移为 17～50mm，基本满足控制指标要求。

桩长 30m，截面尺寸为 2.5m×5.0m，间距 10m 布置锚索桩分别在 1500kN/m 和

2000kN/m 剩余下滑力下位移曲线见图 3.12.6 和图 3.12.7。

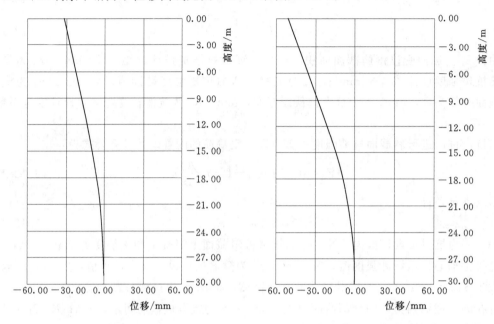

图 3.12.6　1500kN/m 剩余下滑力时
最大位移 32mm

图 3.12.7　2000kN/m 剩余下滑力时
最大位移 50mm

　　桩长 25m，截面尺寸为 2.5m×4.0m，间距 9m 布置锚索桩分别在 1250kN/m 和 1750kN/m 剩余下滑力下位移曲线见图 3.12.8 和图 3.12.9。

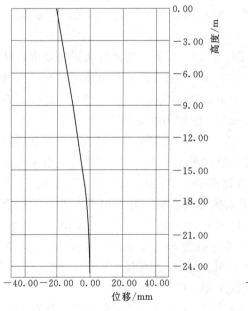
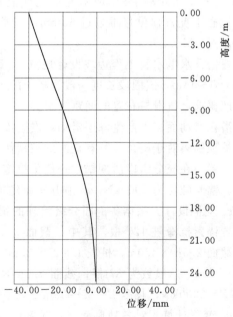

图 3.12.8　1250kN/m 剩余下滑力时
最大位移 21mm

图 3.12.9　1750kN/m 剩余下滑力时
最大位移 40mm

桩长 20m，截面尺寸为 2.0m×3.0m，间距 9m 布置锚索桩分别在 1000kN/m 和 1500kN/m 剩余下滑力下位移曲线见图 3.12.10 和图 3.12.11。

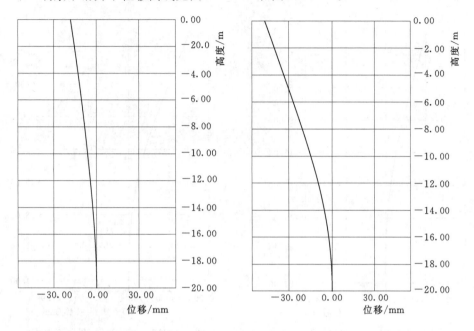

图 3.12.10　1000kN/m 剩余下滑力时
最大位移 17mm

图 3.12.11　1500kN/m 剩余下滑力时
最大位移 46mm

2）单纯抗滑桩设计。

a. 计算方法及公式。考虑后期张拉施工的难度及场地限制，部分地段抗滑措施只单纯采用抗滑桩，桩顶不设锚索，其计算原理同锚索抗滑桩，计算公式见式（3.12.7）～式（3.12.16）。

b. 控制指标。桩体截面尺寸主要由剩余下滑力和滑面以上土体高度决定，剩余下滑力主要由地震工况控制。结合场平布置，根据拟定的抗滑桩布置，以桩顶位移、桩前压应力为主要控制指标，采用理正抗滑桩设计软件，输入不平衡推力法计算所得的坡体下滑力，设计抗滑桩截面参数及锚索布置参数。

同锚索抗滑桩布置相比较，在桩顶位移指标基本相同作为控制条件下，纯抗滑桩的截面比锚索抗滑桩截面积增加约 40%，投资增加约 15%。

c. 治理设计。根据各剖面分级治理的抗滑桩布置，乱石岗滑坡影响区整治工程抗滑桩共布置 392 根，其中：抗滑桩截面 2.0m×3.0m，桩长 $L=10\sim30$m，总根数为 274 根；抗滑桩截面 2.5m×4.0m，桩长 $L=25\sim35$m，总根数为 114 根；抗滑桩截面 2.5m×4.5m，桩长 $L=25\sim35$m，总根数为 4 根。

d. 变形计算。对各种典型布置抗滑桩在不同下滑力进行了变形计算，计算最大桩顶位移为 29～67mm，基本满足控制指标要求。

桩长 25m，截面尺寸为 2.0m×3.0m，间距 9m 布置抗滑桩分别在 500kN/m 和 750kN/m 剩余下滑力下位移曲线见图 3.12.12 和图 3.12.13。

桩长 20m，截面尺寸为 2.0m×3.0m，间距 9m 布置抗滑桩分别在 500kN/m 和 750kN/m 剩余下滑力下位移曲线见图 3.12.14 和图 3.12.15。

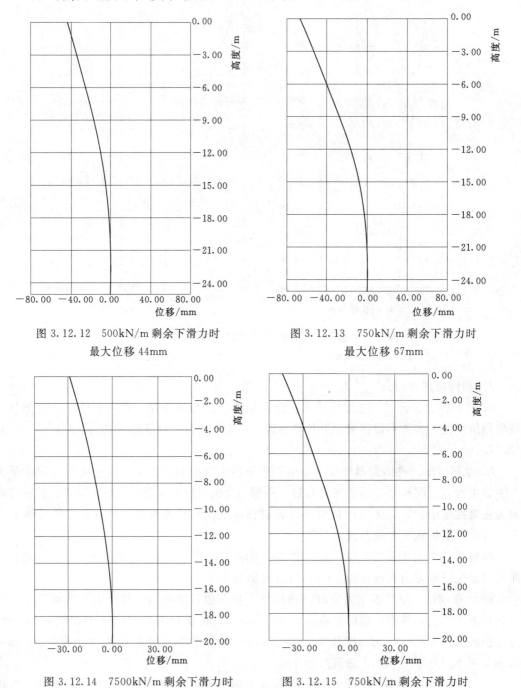

图 3.12.12　500kN/m 剩余下滑力时
最大位移 44mm

图 3.12.13　750kN/m 剩余下滑力时
最大位移 67mm

图 3.12.14　7500kN/m 剩余下滑力时
最大位移 29mm

图 3.12.15　750kN/m 剩余下滑力时
最大位移 43mm

3）框架锚索。框架锚索设计主要根据不平衡推力法计算的剩余下滑力，确定锚索的吨位和间排距；锚索长度、锚固段长度根据潜在滑面位置确定，为确保安全，拟定锚固段长度不小于 10m；同时考虑锚索张拉时对框架受力的影响，确定锚索的各个参数。

框架锚索受地形限制必须布置于斜坡地段，且避开上部建筑物桩基，而斜坡位置大部分为半填半挖结构，因而只布置于部分挖方边坡且下滑力小、坡上无建筑物的局部地段。

12.1.3 三维数值复核分析

在实施阶段，针对该区域的特点，进行了"汉源新县城萝卜岗场地滑坡稳定性专题及开挖边坡跟踪研究补充研究"，研究主要采用 FLAC 3D 来进行三维数值研究（图 3.12.16～图 3.12.24）。主要研究内容如下：

图 3.12.16　萝卜岗边坡 FLAC 3D 数值模拟计算模型

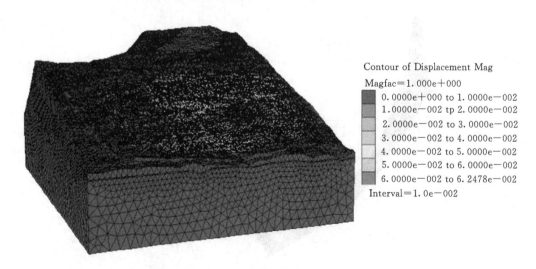

图 3.12.17　暴雨条件下研究区整体变形特征

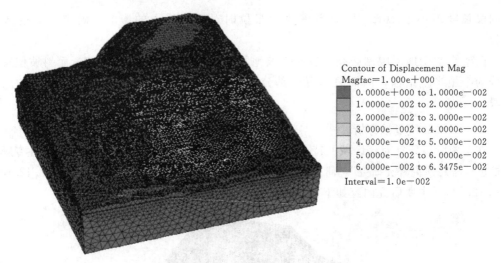

图 3.12.18　地震条件下研究区整体变形特征

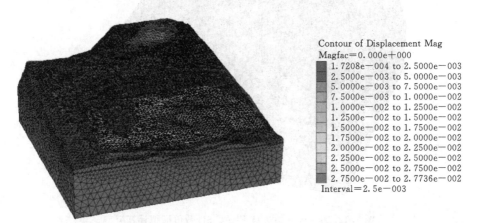

图 3.12.19　支护后暴雨条件下研究区整体变形特征

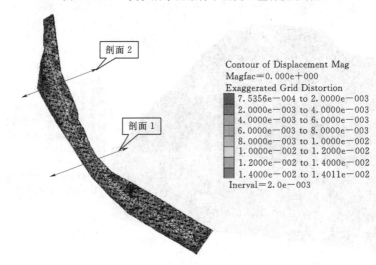

图 3.12.20　支护后暴雨条件下松弛变形区整体变形特征

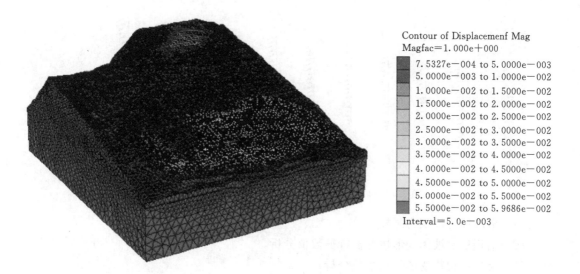

Contour of Displacemenf Mag
Magfac＝1.000e＋000

7.5327e−004 to 5.0000e−003
5.0000e−003 to 1.0000e−002
1.0000e−002 to 1.5000e−002
1.5000e−002 to 2.0000e−002
2.0000e−002 to 2.5000e−002
2.5000e−002 to 3.0000e−002
3.0000e−002 to 3.5000e−002
3.5000e−002 to 4.0000e−002
4.0000e−002 to 4.5000e−002
4.5000e−002 to 5.0000e−002
5.0000e−002 to 5.5000e−002
5.5000e−002 to 5.9686e−002

Interval＝5.0e−003

图 3.12.21　支护后地震条件下研究区整体变形特征

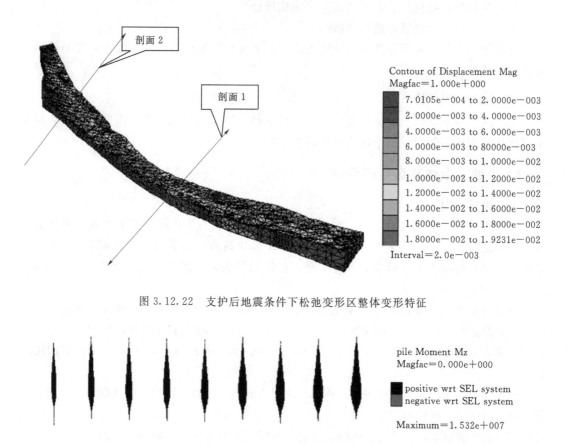

剖面 2

剖面 1

Contour of Displacement Mag
Magfac＝1.000e＋000

7.0105e−004 to 2.0000e−003
2.0000e−003 to 4.0000e−003
4.0000e−003 to 6.0000e−003
6.0000e−003 to 80000e−003
8.0000e−003 to 1.0000e−002
1.0000e−002 to 1.2000e−002
1.2000e−002 to 1.4000e−002
1.4000e−002 to 1.6000e−002
1.6000e−002 to 1.8000e−002
1.8000e−002 to 1.9231e−002

Interval＝2.0e−003

图 3.12.22　支护后地震条件下松弛变形区整体变形特征

pile Moment Mz
Magfac＝0.000e＋000

positive wrt SEL system
negative wrt SEL system

Maximum＝1.532e＋007

图 3.12.23　支护后暴雨条件下典型区桩弯矩示意图

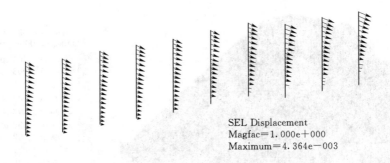

SEL Displacement
Magfac=1.000e+000
Maximum=4.364e-003

图 3.12.24 支护后地震条件下典型区桩变形示意图

（1）滑坡体滑坡推力复核。

（2）治理后滑坡体变形情况及特征数值分析。

（3）支挡结构物变形特点数值分析。

（4）支挡结构物受力特点数值分析。

（5）支挡结构物与滑坡岩土体相互作用机理分析。

（6）治理后滑坡变形对建筑物影响分析。

研究结果表明，采用抗滑桩治理措施能满足边坡稳定要求，治理后的边坡变形满足作为建筑物基础的要求。

12.1.4 运行情况评价

乱石岗滑坡影响区抗滑桩已实施完成，目前整个边坡已经历了 6 个汛期考验。边坡安全巡视和监测数据表明，整个场地和边坡稳定性较好。

12.2 汉源二中体育场后侧滑坡

12.2.1 地质概况

该滑坡原始地形坡度为 $10°\sim20°$，上部由碎石土、块石土和粉质黏土组成，下伏基岩为白果湾组（T_{3bg}）含煤砂泥岩，总体呈一向北东倾斜的单斜岩层，岩层倾角为 $14°$。滑坡区前临胡树叶沟上游，后靠萝卜岗山脊，右倚大坪头，平面上略呈向南西内凹负地形，原始地形坡度为 $10°\sim20°$。

滑体厚度不大，规模较小。滑坡在平面上，纵向最长 90m，最短 80m，平均长度为 82m；下部宽度为 85m，中部最宽 95m，上部宽 90m，平均宽度为 89m，面积为 7300m²，钻孔揭露滑坡体厚度为 $3.0\sim9.0$m，平均厚度为 6.4m，体积为 4.7 万 m³，属小型浅层滑坡。

根据工程地质测绘及钻探揭露，该场地地层主要有第四系人工堆积层（Q_4^{ml}）、第四系滑坡堆积层（Q_4^{del}）、残坡堆积层（Q_4^{el+dl}）和三叠系上统白果湾组（T_{3bg}）砂岩、粉砂质泥岩、碳质页岩夹薄煤层地层。基岩总体构成大致北东倾向的单斜岩层，倾角一般为 $14°$。

滑坡区岩土体主要由粉质黏土、碎石土、块石土和砂岩、粉砂质泥岩、碳质页岩等组成。主要物理力学指标建议值见表 3.12.8。

264

表 3.12.8 岩土物理力学指标建议值表

土名	状态	重度 γ /(kN/m³)	凝聚力 c /kPa	内摩擦角 φ /(°)	压缩模量 E_s /MPa	承载力特征值 f_{ak} /kPa	人工挖孔桩		基底摩擦系数
							极限端阻力标准值 q_{pk}/kPa	极限侧阻力标准值 q_{sk}/kPa	
粉质黏土	可塑	19.2	30	16	7	130		60	0.25
碎石土	松散-稍密	22.5	—	26	26	350		140	0.4
块石土	中密-密实	24.5		27	30	380		140	0.4
粉砂质泥岩	强风化	24.0	60	28		200		80	0.3
	中风化	24.6	200	30		500	2800	100	0.4
砂岩	强风化	24.9	80	35		400		120	0.4
	中风化	25.4	450	40		1000	5000	150	0.6

滑坡的滑面 c、φ 值由室内试验、试算综合求得。计算滑面 c、φ 值取值见表 3.12.9。

表 3.12.9 滑面抗剪强度 c、φ 值计算取值表

项目		指标	天然状态				饱和状态			
			c/kPa		φ/(°)		c/kPa		φ/(°)	
			峰值	残值	峰值	残值	峰值	残值	峰值	残值
粉质黏土	室内试验	平均值	28.3	16.8	14.0	8.8	26.2	14.8	9.7	6.8
		范围值	25~32	14~18	12~17	8~10	23~35	13~17	8~12	6~7
滑带土综合取值	1-1′剖面		17		9		15		7	
	2-2′剖面		17		9		16.5		8.2	

12.2.2 滑坡稳定性分析评价

12.2.2.1 定性评价

根据滑坡所处地质环境、变形破坏特征、成因机制分析，该滑坡在天然状态下处于基本稳定状态，在连续降水状态或地震力作用下存在失稳下滑的可能。

12.2.2.2 定量评价

该次选取典型代表性剖面 2-2 进行稳定性定量分析计算。

根据滑坡后缘切割面和以软弱层（带）为底滑面的连通情况分析，滑动破裂面呈折线型，故稳定计算采用折线型滑动面计算公式，剩余下滑力按传递系数法计算。稳定性系数 K_f 依据《滑坡治理工程设计与施工技术规范》（DZ 0240）推荐公式进行计算，计算结果见表 3.12.10。

表 3.12.10 稳定性系数计算成果表

序号	剖面编号	工 况		
		一般工况	暴雨工况	地震工况
1	2-2′	1.011	0.933	0.918

评价依据为《滑坡防治工程勘查规范》（DZ/T 0218—2006）有关滑坡稳定状态划分的规定，评价标准见表 3.12.11。

表 3.12.11　　　　　　　　　　　滑坡稳定状态划分标准

滑坡稳定系数	$F<1.0$	$1.0{\leqslant}F<1.05$	$1.05{\leqslant}F<1.15$	$F{\geqslant}1.15$
滑坡稳定状态	不稳定	欠稳定	基本稳定	稳定

注　F 为滑坡稳定系数。

稳定性计算表明，滑坡在一般工况下处于欠稳定状态；在暴雨工况、地震工况下处于不稳定状态。

12.2.2.3　发展趋势预测

（1）现状滑坡发展趋势。滑坡区现状地形完整性差，坡体上纵、横向拉张裂缝发育，变形破坏现象较为强烈，现状整体处于欠稳定状态，与计算结果吻合。

滑坡体物质主要为粉质黏土及碎块石土，拉张裂缝发育，有利于降雨的入渗；在持续暴雨情况下，当地表水入渗至下部透水性较差的、分布连续且有一定厚度的由粉质黏土层（碳质）和薄煤层（泥质）构成的滑面（带）时，将使之饱和而软化、泥化，抗剪强度急剧降低。通过稳定性计算也表明，暴雨工况、地震工况时，滑坡处于不稳定状态。

滑坡稳定性受多因素影响制约，根据前述滑坡影响因素、变形破坏机制和稳定性分析评价，该滑坡若不加以治理，将进一步变形破坏形成牵引式滑坡，其变化趋势为前缘局部滑动→前部滑动→整体失稳下滑。

（2）坡体下方进一步开挖临空后滑坡发展趋势。根据汉源二中运动场规划平面位置及场平标高设计文件，该滑坡中前部下挖 20 余 m，如此将造成该滑坡体下部顺层砂岩较大面积临空，在较大程度上改变既有坡体的内应力状态，同时临空面上的滑面（带）及其下伏顺层软弱面进一步暴露于空间，因此大面积临空将导致滑坡产生再次顺层滑动。该滑坡若进一步变形破坏，其危害对象一是滑坡体前缘的汉源二中，二是后缘的 6 号次干道，将造成较大的经济损失。

12.2.3　治理设计

12.2.3.1　设计原则

根据滑坡区的特点、6 号次干道和汉源二中规划方案对建设用地的要求，确定该滑坡治理原则如下：

（1）治理工程应根据相关资料，针对地质灾害的形成和发育特征，制定切实可行而又安全有效的工程，以保证工程的科学性。

（2）在现有资料的基础上，根据滑坡区特点，从防治工程的角度出发，采取必要的工程防治措施，满足汉源新县城建设的需要。

（3）工程平面布置以规划分区及高程为基础，治理工程线的布置不占汉源二中的规划建设用地，以保证场地规划的功能完整性和协调性。

（4）治理应选安全可靠、不留后患，技术可行、针对性强，方案合理、施工简便的方案。

12.2.3.2 设计中有关参数的确定

（1）设计采用的岩土体及滑面（带）的物理力学参数分别见表3.12.8和表3.12.9。

（2）下滑力计算中地形线采用场平地形线。

（3）汽车荷载以城市B级作为设计标准轴重引入。

（4）结合场平规划，由于汉源二中运动场场平开挖，将在运动场后缘形成一近30m的岩质边坡（该边坡缺少放坡条件）。考虑到该滑坡地质条件的复杂性，基岩以薄-中厚层砂岩为主，间夹粉砂质泥岩及薄煤层，且表层强风化薄煤层、泥岩多呈软弱（泥化）夹层产出，在深挖场平改变坡体原始应力结构条件下，水作用将导致软弱夹层进一步饱水软化，其上部岩土体将可能沿该软弱面形成新的滑坡。

12.2.3.3 计算公式

如前所述，根据滑坡后缘切割面和以软弱层（带）为底滑面的连通情况分析，滑动破裂面呈折线型，故稳定计算采用折线型滑动面计算公式，剩余下滑力按传递系数法计算。

12.2.3.4 滑坡推力计算

（1）计算剖面。计算剖面采用典型代表剖面2-2（图3.12.25～图3.12.27）。

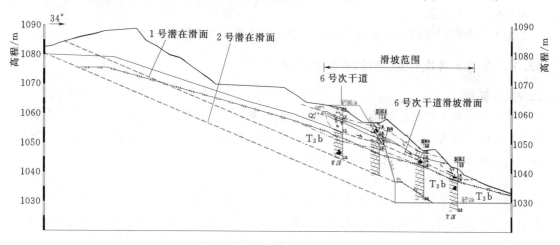

图3.12.25 2-2计算剖面示意图

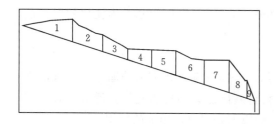

图3.12.26 1号潜在滑面（2-2剖面）
条分示意图

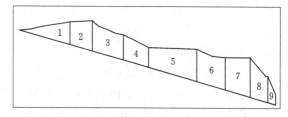

图3.12.27 2号潜在滑面（2-2剖面）
条分示意图

（2）剩余下滑力计算结果。根据表3.12.9中滑面（带）抗剪参数c、φ值和表3.12.10中不同岩性、土体的重度取值，经多滑面组合试算，其最不利剩余下滑力见表3.12.12。

表 3.12.12　　　　　　　　　　　剩余下滑力计算成果表

序号	工程线编号	剩余下滑力($k=1.2$)/(kN/m)	备注
1	2-2 剖面潜在滑面 1	631.037	
2	2-2 剖面潜在滑面 2	1244.14	

12.2.3.5　工程治理设计

该滑坡治理设计时对滑面以上岩土体部分采用挖除处理。其中，6 号次干道挖除损毁路面后重新填筑路堤，路堤边坡按 1:1.5 稳定坡比放坡，路堤中部及顶部各设置 2 道土工格栅，以利整体稳定，路堤坡脚设护脚矮墙。

滑坡前缘岩（土）体下挖部分，结合汉源二中运动场布置需要，采用下部抗滑桩或框架梁锚索、上部网格植草护坡的防护措施，即南东侧 AB 段采用 9 根 C30 混凝土 1.4m×1.8m 矩形截面抗滑桩，桩间距 5m，平均桩长 18m，桩间设混凝土挡板，桩顶设系梁连接；北西侧 CD 段在开挖坡面设置框架梁锚索，框架梁尺寸采用 3.375m×3.0m 的 C30 混凝土柱，锚索采用 12ϕ15.2 锚索，锚索倾角为 23°。临空面底部设钢筋混凝土挡土墙形成围护结构，墙厚采用 1m。

经历 6 个汛期考验，边坡安全巡视表明，该边坡无变形迹象。

12.3　西区 8 号次干道滑坡群治理工程

12.3.1　简述

西区 8 号次干道滑坡群位于萝卜岗场地西区和扩大西区后缘，由富林中心小学后侧滑坡、F 组团公园前缘滑坡、复合安置 2 号地块后侧滑坡、复合安置 4 号地块后侧滑坡等组成，均为施工开挖切坡形成的小型滑坡体。

12.3.1.1　富林中心小学后侧滑坡

该滑坡位于 8 号次干道以上富林中心小学职工宿舍后侧。因前缘开挖，引发松散土层沿土石接触面滑动，滑坡后部变形拉裂位移。主要表现为滑坡后部电线杆整体发生倾斜；中前部裂缝发育，缝宽 10～40cm，延伸长 10～128m；可见多条滑塌错落坎，高 0.1～0.8m，部分房屋毁坏；滑坡前缘小型滑塌体发育，形成多处裂缝及错落坎，裂缝长度一般在 10～30m，宽度为 3～40cm，错落坎高多 30～40cm，剪出口为基岩内泥化软弱夹层露头和基岩与碎石土接触带。

12.3.1.2　F 组团公园前缘滑坡

F 组团前缘公园滑坡位于 M-8-6 地块 F 组团 9 号楼前坡规划的公园一带。该滑坡后缘错落达 3.5m，由于土体滑走，F 组团 9 号楼桩基础已露出地表陡坎，滑坡已影响到其 8 号楼和 9 号楼地面的稳定性，同时也严重影响规划公园建设用地的使用。

12.3.1.3　复合安置 2 号地块后侧滑坡

复合安置 2 号地块后侧滑坡位于 8 号次干道起始段（南端），滑坡规模较大、危害性较严重，根据场区的特点，将场区分成 A 区（潜在不稳定滑坡区）及 B 区（滑坡区）。

A 区潜在不稳定滑坡区由于前缘开挖形成陡立临空面，前缘表层土体沿基岩面产生了局部滑塌，对坡脚处的新县城安置区建设构成威胁。一旦有坡后加载、暴雨等诱因出现，将会使滑坡完全失稳，将对新县城及 8 号次干道构成严重威胁。

B 区滑坡由于前缘修筑 8 号次干道开挖坡脚造成应力的重新分布，滑坡沿基岩软弱层面产生了滑坡，对坡脚处的 8 号次干道（0～200m 段）建设及运行构成威胁。一旦有坡后加载、暴雨等诱因出现，将会使滑坡滑移失稳，对新县城及 8 号次干道构成严重威胁。

12.3.1.4　复合安置 4 号地块后侧滑坡

复合安置 4 号地块后侧滑坡位于 8 号次干道沿线 k2＋857.829～k4＋320 段。该段主要由 3 个次级滑坡及一个不稳定边坡组成，分别为：复合安置 4 号地块 6 号、7 号楼后侧滑坡（8 号次干道 k2＋857.829～k3＋71.811），复合安置 4 号地块 5 号楼后侧滑坡（8 号次干道 k3＋080～k3＋190），自谋职业 4 号地块后侧滑坡（8 号次干道 k3＋667～k3＋891.7）和复合安置 4 地块 3 号、4 号楼后侧不稳定边坡（8 号次干道 k3＋190～k3＋345.4）。

为保证各移民安置点及公共设施建设顺利进行，对 8 号次干道沿线 k2＋857.829～k4＋320 段的复合安置 4 号地块后侧滑坡进行勘查、设计和治理势在必行。

12.3.2　地质概况

8 号次干道滑坡群场地位于中低山斜坡地带，地形坡度为 $15°\sim20°$。地层主要有第四系人工堆积层（Q_4^{ml}）、滑坡堆积层（Q_4^{del}）、残坡堆积层（Q_4^{el+dl}）和新近系上新统"昔格达组"（Q_{1x}）粉砂、粉土层以及三叠系上统白果湾组（T_{3bg}）砂岩夹粉砂岩地层。基岩总体构成大致北东倾向的单斜岩层，倾角为 $14°\sim17°$，但受构造影响，层面波状起伏。场地内松林沟、石板沟、王家沟和无名沟等为季节性冲沟，平时干燥无水，仅在暴雨或连续降雨期间可见径流。

8 号次干道滑坡群场地岩土体物理力学参数见表 3.12.13。

表 3.12.13　　　　　　　　8 号次干道滑坡群岩土体物理力学参数表

项目 土名	重度/(kN/m³)		变形模量/MPa	泊松比	抗剪强度				承载力特征值/kPa	岩体饱和抗压强度/MPa	基底摩擦系数	人工挖孔桩侧摩阻力标准值/kPa
	天然状态	饱和状态			c/kPa		φ/(°)					
					天然	饱和	天然	饱和				
粉质黏土	19.4	19.9	6.5	—	20	18	14	12	130	—	0.25	—
碎石土	21.4	21.9	20	—	0	0	27	25	250	—	0.35	90
块石土	22.8	23.3	25	—	0	0	32	31	300	—	0.40	100
粉土	18.5	19.3	6	—	20	15	13	11	80	—	0.28	—
粉细砂	18.8	19.6	8	—	0	0	21	18	100	—	0.30	—
砂岩 强风化	23.9	24.1	—	—	50	45	35	33	400	—	0.40	120
砂岩 中风化	24.7	24.8	3000	0.25	600	400	38	36	1000	37.0	0.55	150
滑面/滑带土	19.5	20.0	—	—	14	12	12	10	—	—	—	—

12.3.3　治理原则

根据滑坡群的特点、规划方案对建设用地的要求，确定治理方案原则如下：

（1）针对滑坡群的形成发育规律，制定切实可行而又安全有效的治理工程方案，以保证工程的科学性。

（2）根据规划方案及滑坡区特点，从治理工程的角度出发，采取必要的治理措施，满足建设的需要。

（3）在安全可靠的前提下，兼顾经济合理。

（4）治理应选择技术可靠、经济合理、结构简单、可操作性强的方案。

（5）根据计算结果，对工程结构类型进行比选，选择最合理的工程结构和布置形式。

（6）对工程方案进行投资概算、经济比较。

12.3.4 主要设计成果

12.3.4.1 富林中心小学后侧滑坡

根据不同剖面和地段的滑坡推力计算结果，设计 4 种截面和长度的抗滑桩。其中，N1～N4 号抗滑桩截面为 $1.2m \times 1.5m$，桩长 10m，锚固段长 5m，单宽抗滑力按 580kN/m 设计；N5～N19 号，共计 15 根抗滑桩截面为 $1.8m \times 2.4m$，桩长 13m，锚固段长 6m，单宽抗滑力按 1694kN/m 设计；N20～N63 号共计 44 根抗滑桩，截面为 $1.5m \times 2.0m$，桩长 15m，锚固段长 5m，单宽抗滑力按 526kN/m 设计；N64～N91 号共计 28 根抗滑桩，截面为 $1.2m \times 1.5m$，桩长 15m，锚固段长 5m，单宽抗滑力按 436kN/m 设计。

桩间滑面以上部分采用 C30 钢筋混凝土板支挡，板厚 35cm，单块宽度为 0.6m，以防止桩间上部土体挤出。C30 钢筋混凝土板均采用预制吊装。

桩间滑面以下部分采用 M7.5 桩间护面墙，墙高 3.5～4.0m。

12.3.4.2 F组团公园前缘滑坡

根据场地滑坡特点和发展趋势，结合规划建设布局，在滑坡后缘和前缘分别设置 AB、CD 两段抗滑桩支挡。

在滑坡后缘、F组团 9 号楼前方，布置一排支挡线（AB 段），主要保护滑坡后缘处 F 组团 9 号楼的稳定，根据计算剩余下滑力 219.6kN/m，AB 段设置抗滑桩 13 根，截面尺寸为 $1.2m \times 1.2m$，间距 5.0m，桩身采用 C30 混凝土浇筑，其中 N1～N8 号桩长 $L=15m$，N9～N13 号桩长 $L=15m$，桩主方向为 66.68°。桩间现浇 7m 高 C30 钢筋混凝土预制挡板防止桩间土体挤出，板厚 30cm；板后采用块碎石土回填，回填前先将滑体黏土清除；板后设置 30cm 厚卵石滤水层。桩后斜坡按 1：2 坡率进行放坡，坡面设置 M7.5 浆砌片石菱形格构护坡，格构尺寸为 $300mm \times 300mm$，格构间距 2.5m，格构间采用培土播撒草籽以保证坡面土体稳定。

在滑坡前缘挡墙处，布置一排支挡线（CD 段），保护场地整体稳定。根据计算剩余下滑力 527.99kN/m，CD 段设置抗滑桩 15 根，截面尺寸为 $1.4m \times 1.8m$，间距 5.0m，桩长 $L=13m$，锚固段埋深 6.5m，桩身采用 C30 混凝土浇筑，桩主方向为 56.18°。桩间现浇 3m 高 C30 钢筋混凝土预制挡板，以防止桩间土体挤出，板厚 30cm。板后采用块碎石土回填至桩顶，板后设置 30cm 厚卵石滤水层。桩后斜坡按 1：3 坡率进行放坡，坡面设置 M7.5 浆砌片石菱形格构护坡，格构截面尺寸为 $300mm \times 300mm$，格构间距 2.5m，格构间采用培土播撒草籽以保证坡面土体稳定。

12.3.4.3 复合安置2号地块后侧滑坡

设计主要采用抗滑桩、衡重式挡墙、锚杆框架、锚喷支护、拱形骨架、抗滑挡墙等结构形式。

（1）前边坡。

1）DE 段第一级边坡设计坡率为 1:1，坡面采用锚杆框架护坡。锚杆长度为 6～12m，锚固段长度为 3～4m，间距 2m×2m，框架采用 C25 混凝土浇筑，截面尺寸为 300mm×300mm。

第二级采用衡重式 C25 块石混凝土挡墙支挡，挡墙最大高度为 14m，上墙高 5.6m，墙顶宽 0.5m，台宽 2.56m，面坡倾斜坡度为 1:0.05，上墙背坡倾斜坡度为 1:0.54，下墙背坡倾斜坡度为 1:-0.25，墙底倾斜坡率为 0.1:1。挡墙每 10m 设一宽 3cm 的沉降缝，嵌沥青木板。墙体预留泄水孔，材料采用 ϕ80mm 的 PVC 管，间距 2m，梅花形布置。

2）EF 段抗滑桩尺寸采用 1.0m×1.4m（剩余下滑力 221.42kN/m），间距 6m，桩长 $L=11.0～13.0m$，锚固段埋深 4.5m，共 13 根，桩间设置挡土板，抗滑桩桩顶采用植草护坡。

3）GF 段边坡采用挂网锚喷支护。边坡设计坡率为 1:1，坡面喷射 8cm 厚 C25 混凝土，系统锚杆长 4m，挂网锚杆长 2m，锚杆间距 2m×2m，坡脚设置一排护脚挡墙。

4）CD 段边坡采用衡重式 C20 块石混凝土挡墙支挡，挡墙最大高度为 7m，上墙高 2.8m，墙顶宽 0.5m，台宽 1.32m，面坡倾斜坡度为 1:0.05，上墙背坡倾斜坡度为 1:0.48，下墙背坡倾斜坡度为 1:-0.25，墙底倾斜坡率为 0.1:1。

5）CD 段边坡采用重力式仰斜墙支挡。挡墙高度为 8.5m，顶宽 1.5m，面坡倾斜坡度为 1:0.25，背坡倾斜坡度为 1:-0.1，墙趾宽度为 0.8m，高度为 1m，坡度同面坡倾斜坡度，墙底倾斜坡度为 0.1:1。

（2）后边坡。

1）根据边坡的地质条件，分两级治理。

第一级边坡设计坡率为 1:0.75，边坡高度为 5m，采用挂网锚喷支护。坡面喷射 8cm 厚 C25 混凝土，系统锚杆长 4m，挂网锚杆长 2m，锚杆间距 2m×2m，坡面设置泄水孔，长度大于喷射混凝土厚度。

坡脚设置护脚挡墙，长度为 119m。挡墙高度为 1.5m，顶宽 0.5m。

第二级边坡设计坡率为 1:1.25，边坡高度为 6～10m，采用锚杆框架加固。锚杆长度为 6～16m，锚固段长度为 4m，间距 3m×3m，框架采用 C25 浇筑，截面尺寸为 300mm×300mm。

两级边坡之间设置一宽 2m 的马道，马道采用铺设 10cm 厚 C15 混凝土进行地面硬化。在马道靠坡脚位置设置一矩形排水沟，处治地表水对坡面的冲刷。排水沟采用 300mm×300mm 的过水截面，在马道施工时同时制作。

2）C 段观测场填方形成高 2～6m 的边坡，采用衡重式 C20 块石混凝土挡墙支挡。衡重式挡墙总长 56m。挡墙最大高度为 8m，上墙高 3.2m，墙顶宽 0.5m，台宽 1.47m，面坡倾斜坡度为 1:0.05，上墙背坡倾斜坡度为 1:0.51，下墙背坡倾斜坡度为 1:-0.25，墙底倾斜坡率为 0.1:1。

（3）侧边坡。

1）L 段边坡高度为 5～13m，分两级防护。第一级采用锚喷支护，设计坡率为

1：0.75，坡面喷射 8cm 厚 C25 混凝土，锚杆长 4m，挂网锚杆长 2m，锚杆间距 2m×2m，坡面设置泄水孔，长度大于喷射混凝土厚度。

第二级边坡设计坡率为 1：1.25，边坡高度约 8m，采用锚杆框架加固。锚杆长度为 9~14m，锚固段长度为 4m，间距 3m×3m，框架采用 C25 浇筑，截面尺寸为 300mm×300mm。

两级边坡之间设置一宽 2m 的马道，马道采用铺设 10cm 厚 C15 混凝土进行地面硬化。在马道靠坡脚位置设置一矩形排水沟，处治地表水对坡面的冲刷。排水沟采用 300mm×300mm 的过水截面，在马道施工时同时制作。

坡脚设置一排护脚挡墙，长度为 40m。挡墙高度为 1.5m，顶宽 0.5m。

2）P 段外侧边坡高度约 2m，按 1：1 放坡，坡脚设置护脚挡墙，长度为 10m，挡墙高度为 1.5m，顶宽 0.5m。

3）M 段内侧填方边坡高 8m，填方坡率为 1：1.75，采用 M7.5 浆砌块石拱形骨架护坡，拱形骨架宽 3.0m，拱顶间距 2.5m。在坡脚设置一排水沟，排水沟采用 300mm×300mm 的过水截面。坡脚设置护脚挡墙，长度为 45m。挡墙高度为 1.5m，顶宽 0.5m。

4）N 段外侧填方边坡高 7~11m，填方坡率为 1：1.75，采用 M7.5 浆砌块石拱形骨架护坡，拱形骨架宽 3.0m，拱顶间距 2.5m。坡脚设置护脚挡墙，长度为 46m。挡墙高度为 1.5m，顶宽 0.5m。

对 B 区滑坡采用抗滑挡墙进行支挡，以保护 8 号次干道。根据计算结果，抗滑挡墙采用 M7.5 浆砌块石重力式抗滑挡墙（剩余下滑力 179.35kN/m），挡墙总长 143m。其中，AB 段挡墙长 96m，高 6m，墙顶宽 1.5m；BC 段挡墙长 47m，高 6m，墙顶宽 1.0m。

12.3.4.4　复合安置 4 号地块后侧滑坡设计成果

（1）复合安置 4 号地块 6 号、7 号楼后侧滑坡。沿 6 号、7 号楼基坑后缘陡坡处布置一排抗滑桩支挡线，用于控制滑体的整体稳定和保护下部建筑及 8 号道路。抗滑桩截面为 1.0m×1.5m（剩余下滑力 418.0kN/m），桩长 15.5m，锚固段长 7.5m，共 39 根。

桩间采用 C30 钢筋混凝土板（厚 35cm，单块宽 1m）进行支挡，以防止桩间上部土体挤出，C30 钢筋混凝土板均采用预制，吊装安装。

沿滑坡上缘布设 M7.5 浆砌块石排水沟。排水沟净空 0.5m×0.5m，厚 0.3m。同时，对已开裂裂缝采用黏土填塞。

（2）复合安置 4 号地块 5 号楼后侧滑坡。沿 5 号楼基坑后缘陡坡处布置一排抗滑桩支挡线，用于控制滑体的整体稳定和保护下部建筑及 8 号道路。抗滑桩截面为 1.4m×1.8m（剩余下滑力 807.8kN/m），桩长 12.5m，锚固段长 6m，共 19 根。

沿滑坡上缘布设 M7.5 浆砌块石排水沟。排水沟净空 0.5m×0.5m，厚 0.3m。削坡后坡面播草籽植护。已开裂裂缝采用黏土填塞。

（3）自谋职业 4 号地块后侧滑坡。沿自谋职业 4 号地块后缘陡坡处布置一排抗滑桩支挡线，用于控制滑体的整体稳定和保护下部建筑及 8 号道路。抗滑桩截面为 1.4m×1.6m（剩余下滑力 918.4kN/m），桩长 15m，锚固段长 9.0m，共 36 根。

桩间采用 C30 钢筋混凝土板（厚 35cm，单块宽 1m）进行支挡，以防止桩间上部土体挤出，为缩短施工工期，C30 钢筋混凝土板均采用预制，吊装安装。

沿滑坡上缘布设 M7.5 浆砌块石排水沟。排水沟净空 0.5m×0.5m，厚 0.3m。同时，对已开裂裂缝采用黏土填塞。

（4）复合安置 4 号地块 3 号、4 号楼后侧不稳定边坡。采用分级放坡，加设马道的形式处理不稳定边坡。放坡坡度为 1:2，每 7m 设一级马道。马道宽 1.5m。坡面采用 M10 浆砌块石框格草皮植护，同时做好坡面排水。在坡顶设置排水沟。对原塌陷处清除表层土后回填碎石土，并人工夯实。

12.3.5 设计特点

沿 8 号次干道内侧坡体 4 个滑坡的治理设计，主要建立在勘察报告结论的基础上，本着治理工程"安全可靠、经济合理、技术可行"的原则，并结合施工过程中出现的相关问题，综合考虑滑坡活动的规律和新县城规划建设而展开的。现对该次设计特点总结如下：

（1）滑坡产生的主要原因是由于：①滑坡为单斜顺向坡地层，软弱夹层较多，岩土界面顺坡倾斜，有利于滑坡土体顺基岩面滑动；②滑坡前缘场平开挖形成临空面，潜在滑面（带）长时间暴露于坡面而失去支撑逐渐形成剪出口；③暴雨入渗滑坡体重量增大，滑面带抗剪强度降低。

（2）该次设计参数的取值，主要根据滑坡现场变形破坏特征进行反算，并结合室内试验值、经验值进行综合选取确定。

（3）该次滑坡治理设计过程中，既考虑了滑坡分区（段）变形破坏特点和边界条件，又综合了新县城规划建设布局，所以治理设计工程结构形式呈现多样化。

（4）由于新县城迁建规划和移民安置工程的复杂性，迁建规划与地质灾害治理的衔接问题，施工环境的变化，导致局部工程设计变更。

（5）设计过程中充分利用勘察资料，并对勘察资料进行复核，根据不同分区、不同剖面分别计算滑坡推力，并据此进行不同截面设计和结构设计。

（6）设计过程中充分考虑了水体对滑坡体安全性的影响。

该治理工程竣工后经 6 年边坡安全巡查和监测，治理效果良好，结构安全可靠。

12.4 污水处理厂潜在不稳定斜坡治理工程

12.4.1 地质概况

污水处理厂位于新县城滨湖大道东南侧，紧临流沙河库岸，规划占地面积为 17000m^2，日处理污水规模为 20000m^3/d。

污水处理厂场地最高高程为 876.75m，最低高程为 853.42m。水库蓄水后正常蓄水位 850.00m 时将使场地三面环水，形成一向北东凸出的半岛。场地所在的斜坡为一古滑动变形堆积体，其所在的软弱带与地层倾向一致，对污水处理厂场地稳定性构成潜在的威胁。

场地地层岩性主要由第四系人工填土层（Q_4^{ml}）、冲洪积堆积（Q_4^{al+pl}）卵石土及粉质黏土、残坡堆积（Q_4^{dl+el}）含碎石粉质黏土、粉土、粉细砂、碎石土、块碎石土，三叠系上统白果湾组（T_{3bg}）粉砂岩、粉砂质泥岩、岩屑砂岩等组成。基岩总体构成大致呈北东倾向的单斜地层，岩层倾角一般为 12°~14°。

场地位于萝卜岗东四区下部斜坡地带，场地两侧任家沟、小水塘沟均为季节性冲沟，在暴雨或连续降雨期间可见径流，历史上未发生过洪水灾害。经调查，区内无常年地表水体及地下水露头，场地后缘原有一人工渠（前进堰），新县城修建时该渠道已废弃被滨湖大道道路占用。据钻孔揭露，水库蓄水前场地地下水埋藏较深，达 25～30m，稳定地下水水位标高多在 826～830m 之间，因此场地水文地质条件较简单。

场地岩土体及潜在滑面（带）主要物理力学指标分别见表 3.12.14 和表 3.12.15。

表 3.12.14 岩土体物理力学参数表

岩土名称	状态	重度 $\gamma/(kN/m^3)$	凝聚力 c/kPa	内摩擦角 $\varphi/(°)$	压缩模量 E_s/MPa	承载力特征值 f_{ak}/kPa
粉质黏土	可塑	19.5	30	15	7	130
含碎石粉质黏土	可塑	20.2	30	16	8	150
粉土	松散	17.7	18	20	6	120
粉细砂	松散	19.1	—	21	6	70
碎石土	中密	22.0	—	26	26	350
块碎石土	稍-中密	23.0	—	27	30	380
卵石土	中密	22.0	—	26	26	350
粉砂岩	强风化	23.7	60	30		300
	中风化	24.0	420	40		1000
粉砂质泥岩	中风化	24.7	200	28		500
岩屑砂岩	中风化	25.4	450	40		1000

表 3.12.15 潜在滑面（带）抗剪强度 c、φ 值取值表

滑带/软弱面名称	天然状态				饱和状态	
	c/kPa		$\varphi/(°)$		c/kPa	$\varphi/(°)$
	快剪	残余值	快剪	残余值		
任家沟滑带土	32	21	10	8.4		
层间软弱夹层（泥夹岩屑）	20～40		13～16			
滑面/软弱结构面	24～50		13～16		20～40	11～14

12.4.2 潜在不稳定斜坡分区及稳定性分析

潜在不稳定斜坡平均长度为 210m，平均宽度为 295m，平均厚度为 12.4m，体积为 76.9 万 m^3，可分为 A、B、C 3 个亚区。

A 区：位于潜在不稳定斜坡中部，坡向与基岩倾向基本一致，该区除前缘局部浅表蠕滑变形外，天然状态下整体稳定。

B 区：位于潜在不稳定斜坡北东靠任家沟侧，地表可见阶梯状陡坎呈弧形延展，任家沟侧基覆界面可见滑动迹象，滑痕指向沟内略偏下游，该区稳定性较差，坡体处于临界稳定或蠕滑阶段。潜在滑带为浅层黏性土。

C 区：位于潜在不稳定斜坡南西靠小水塘沟侧，地表形态较凌乱，前缘北侧呈"圈

椅"状，该部位的梯田常出现下挫、开裂等变形迹象，该区天然条件下处于整体基本稳定-欠稳定状态，水库运行期在库水骤降、暴雨和地震工况下存在失稳的可能。

经稳定性计算分析表明：污水处理厂所在的潜在不稳定斜坡，工程场平后，地震工况下B区处于不稳定状态；工程投产后水库运行期，在持续降雨+泄水工况下C区处于不稳定状态，在地震工况下A、B、C 3个区均处于不稳定状态。一旦失稳，将对场地稳定性和水库环境造成重大影响，因此需采取有效工程措施。

12.4.3 治理原则

（1）根据污水处理厂规划建设方案及场地潜在不稳定斜坡特点，从治理工程的角度出发，对潜在不稳定斜坡采取必要的治理措施，满足污水处理厂建设及稳定性需要。

（2）在安全可靠的前提下，兼顾经济合理，制定切实可行的工程方案，以保证治理工程的稳定性和科学性。

（3）治理应选择技术可靠、经济合理、结构简单、可操作性强的方案。

（4）根据计算结果，对工程结构类型进行比选，选择最合理的工程结构和布置形式。

12.4.4 主要设计成果

依据场地潜在不稳定斜坡特点及发展趋势，结合污水处理厂规划建设，沿场地用地红线处采用前缘布置抗滑桩、后缘布置挡墙的支挡工程措施，以保证场地稳定性；并对潜在不稳定斜坡右侧任家沟进行回填反压，保证B区整体稳定。具体工程布置如下：

（1）抗滑桩。结合污水处理厂规划，在斜坡前缘，沿场地用地红线处挡墙布置一条抗滑桩支挡线，以保证A区及C区的稳定。根据计算结果，N1～N24号抗滑桩截面尺寸采用2.2m×2.6m，间距6m，桩长采用$L=25$m，其中锚固段9.5m，桩间现浇设置2～8m高C30混凝土挡板；N25～N34号抗滑桩截面尺寸采用1.5m×2.0m，间距6m，桩长采用$L=26$m，其中锚固段10.0m，桩间现浇设置2m高C30混凝土挡板；N35～N42号抗滑桩截面尺寸采用1.5m×2.0m，间距6m，桩长采用$L=28$m，其中锚固段10.0m，桩间现浇设置3～6m高C30混凝土挡板。

（2）填方反压。对潜在不稳定斜坡右侧任家沟进行回填反压，保证B区整体稳定。直接将任家沟区域作为弃渣场，对任家沟采用分台阶式回填，回填土石方量共需约22万m^3，回填高程分别为861.00m、857.00m及853.00m，每两级之间按1:1.5坡率放坡，填方前缘按1:4坡率进行回填放坡。

（3）排洪箱涵（渠）。由于任家沟上段设置有汉源县防洪工程排洪箱涵，出口在污水处理厂后部公路外侧，该设计设置排洪箱涵将上段泄水接出，参照《四川大渡河瀑布沟水电站建设征地及移民安置汉源县城防洪工程排洪沟汇总设计》，箱涵截面采用2.5m×2.5m，采用C25钢筋混凝土现浇，箱涵壁厚及底厚均为30cm，箱涵底部设置20cm厚C10混凝土垫层，涵底部坡率$i=5\%$，排洪箱涵总长为64m。再设置M10浆砌片石排洪渠接上述排洪箱涵，将地表水采用明排方式接入水库，排洪渠采用梯形截面，底宽2.5m，高2.5m，侧壁坡率为1:0.3，侧壁厚及底厚均为40cm，顶板厚为50cm，总长为90m。具体布置参见工程平面及剖面布置图。此外，由于填方前缘处于水库消落高频率活动范围（820～850m），运行期间应对填方边坡稳定加强观测。

（4）挡墙。在场地后缘由于公路开挖，将形成高约 6m 的边坡，设计采用浆砌片石挡墙进行支护。于公路内侧布置 MN 段重力式挡墙，采用 M10 浆砌片石，挡墙高度为 7.0m（基础埋深 1.0m），墙顶宽 1.3m，面坡倾斜坡度为 1：0.30，背坡倾斜坡度为 1：－0.10，墙底倾斜坡率 0.1：1，挡墙每隔 10m 设 2cm 宽沉降缝，嵌沥青木板。墙体预留泄水孔，材料采用 ϕ80mm 的 PVC 管，间距 2m，梅花形布置。挡墙总长 200m。

12.4.5　设计特点

（1）该次设计参数选取，以潜在不稳定斜坡各区段岩土体及潜在滑面（带）的试验值为基础，并结合工程类比、反算值进行综合选取确定。

（2）潜在不稳定斜坡区治理设计有别于其他滑坡等地质灾害治理设计。设计过程中既要针对潜在不稳定斜坡的变形特征和成因机制，以及库水位骤降对斜坡的影响；又要综合考虑规划建设、污水处理厂的功能及其对场地地基的特殊要求，所以治理工程结构形式多样化。

（3）由于场地后缘边坡挡墙在滨湖大道路面施工时已实施，加之左侧任家沟排洪箱涵出口位置调整，导致了该场地的局部工程设计变更。

（4）设计过程中充分利用勘察资料并对其进行复核，根据不同分区、不同剖面分别计算滑坡推力，进行了不同截面和结构设计。

（5）设计过程中充分考虑了库水骤降对潜在不稳定斜坡体的不利影响。

该治理工程竣工后经 6 年边坡安全巡查表明，未发现边坡变形破坏迹象，治理效果良好。

12.5　净水厂及有色金属总厂后缘滑坡治理工程

12.5.1　地质概况

净水厂及有色金属总厂后缘滑坡，位于扩大西区 8 号次干道西侧 N－1 地块后缘斜坡地带。其中，净水厂滑坡横向宽度约 180m，纵向长度约 250m，方量约 30 万 m^3；有色金属总厂滑坡横向宽度约 230m，纵向长度约 210m，方量约 23 万 m^3。二者皆为施工开挖切脚失稳下滑而形成的中型基岩滑坡。由于滑坡体上有已建的净水厂及入厂公路，前缘是有色金属总厂住宅区，其稳定性将直接威胁净水厂的安全运行，以及有色金属总厂住宅区、8 号次干道的安全。

滑坡区地层岩性由第四系素填土、坡残积粉质黏土层和下伏三叠系上统白果湾组薄-中厚层细砂岩夹泥质粉砂岩组成，岩层顺坡向倾斜，岩层倾角为 16°～20°，岩石抗风化能力较弱，浅表层岩体较松弛，层中软弱夹层及节理裂隙较发育，软弱夹层以"泥夹岩屑型"或"泥型"为主，工程性状较差。

第四系松散堆积层、风化卸荷岩体是滑坡产生的物质基础。浅表部软弱夹层、层面和缓倾角裂隙密集带等，遇水易软化、泥化，抗剪强度降低，是滑坡产生滑动的必要充分条件。降雨、生产生活用水等地表水入渗，以及前缘边坡场平施工开挖切脚、支护相对滞后是滑坡发生的重要诱发因素。

设计参数采用室内试验成果与岩土反分析相结合，见表 3.12.16。

表 3.12.16 　　　　　　　　　滑体土容重、抗剪强度参数取值表

岩土名称	天然容重 γ_1 /(kN/m³)	饱和容重 γ_2 /(kN/m³)	抗剪强度(饱和状态)	
			凝聚力/kPa	摩擦角/(°)
素填土	18.0	19.0	8	6
黏土	18.5	20.0	16	7
强风化砂岩及软弱夹层	24.0	26.0	20	9.6

12.5.2　设计原则

（1）在净水厂厂区前后缘、有色金属总厂后缘临空面处沿陡坎坡肩设置抗滑桩。抗滑桩按"K"法进行计算，假定滑面以下侧向地基弹性抗力系数 K 为常数，桩端进入基岩，桩底支承条件为铰支承。

（2）抗滑桩间滑面以上地段直接采用浆砌片石护坡或利用已有挡土墙、护坡作为填充墙，与抗滑桩形成联合支护体系，使设计更趋于经济合理。

（3）以上治理措施结合地表截排水、裂缝填塞、洼地堆填、坡面绿化（生物护坡）等工程措施达到综合治理。

12.5.3　主要设计成果

12.5.3.1　净水厂前后缘滑坡

（1）抗滑桩。根据该地段滑坡推力计算结果，将抗滑桩分为 4 种结构形式。

净水厂后缘滑坡：AB 段和 CD 段采用Ⅱ型抗滑桩（剩余下滑力 $F＝361$kN/m，桩径 1.3m×1.5m，桩间距 6.0m），长度为 14m，共 10 根抗滑桩；BC 段采用Ⅰ型抗滑桩（剩余下滑力 $F＝634$kN/m，桩径 1.6m×2.0m，桩长 16m，桩间距 6.0m），共 13 根抗滑桩。

净水厂前缘滑坡：AB 段和 CD 段采用Ⅳ型抗滑桩（剩余下滑力 $F＝583$kN/m，桩径 1.6m×2.0m，桩间距 6.0m），长度为 18m，共 15 根抗滑桩；BC 段采用Ⅲ型抗滑桩（剩余下滑力 $F＝1403$kN/m，桩径 2.2m×2.5m，桩间距 6.0m），长度为 21m，共 10 根抗滑桩。

（2）桩间填充墙。根据该场地实际，为充分利用已有挡护工程，使设计经济合理，采用已经修建完成的后缘护坡和前缘重力式挡土墙作为桩间填充墙使用。

（3）滑坡排水设计。场地排水系统以净水厂场地后缘护坡处为界，按两部分分段设置，后缘部分滑坡排水系统与净水厂后缘护坡坡脚及净水厂内部排水系统连通。前缘排水系统与净水厂厂区排水系统一致，不另设。

12.5.3.2　有色金属总厂后缘滑坡

（1）抗滑桩。根据该项目滑坡推力计算结果，将抗滑桩分为以下 4 种结构形式。

AB 段采用Ⅰ型（1-1′剖面）抗滑桩（剩余下滑力 $F＝382.00$kN/m，桩径 1.2m× 1.5m，桩长 15m，桩间距 6.0m），共 10 根抗滑桩；BC、DE 段采用Ⅱ型（2-2′剖面、5-5′剖面）抗滑桩（剩余下滑力 $F＝547.00$kN/m，桩径 1.8m×2.2m，桩长 15m，桩间距 6.0m），共 15 根抗滑桩；CD 段采用Ⅲ型（3-3′剖面、4-4′剖面）抗滑桩（剩余下滑力 $F＝669.00$kN/m，桩径 1.8m×2.4m，桩长 15m，桩间距 6.0m），共 14 根抗滑桩；EF 段采用Ⅳ型（6-6′剖面）抗滑桩（剩余下滑力 $F＝459.00$kN/m，桩径 1.5m×2.0m，

桩长15m，桩间距6.0m），共16根抗滑桩。共计抗滑桩55根。

（2）桩间填充墙设计。抗滑桩间采用浆砌片石护坡作为填充墙，与抗滑桩形成联合支护体系。

（3）滑坡排水设计。排水措施拟利用道路两侧已设置的排水沟作为截水使用，并沿前缘抗滑桩后增设排水沟一道，汇入场地北侧已有排水系统。

12.5.4 设计特点

（1）采用抗滑桩作为治理工程的主要技术措施，根据建筑物的布置分段进行支挡，既确保净水厂、有色金属总厂住宅区及8号次干道的安全，又消除了对滑体中部耕地恢复的影响。

（2）净水厂地段抗滑桩与现已建成护坡结构和挡土墙有机结合，充分利用已有挡护工程，使设计经济合理。

（3）有色金属总厂后缘抗滑桩采用埋入式设桩，充分利用现状地形斜坡，将抗滑桩设置于斜坡临空面坡顶，减少悬臂高度，桩间随坡面修整后采用护坡墙封闭，充分利用了桩前土体的被动土压力，增加桩前抗力，减少治理工程量，节约了治理成本（图3.12.28和图3.12.29）。

图 3.12.28　抗滑桩与浆砌石挡墙/护坡　　　图 3.12.29　抗滑桩与浆砌石护坡结合局部详图
　　　　　　结合全景图

（4）根据不同剖面分别计算滑坡推力，并据此进行不同截面设计，每段截面根据弯矩的不同，配置不同数量主筋，且所有主筋均设置为Ⅲ级钢，减少钢筋配筋总量，大幅节约成本，提高工作效率。

目前已经过多年的检验，治理工程是安全可靠的。

12.6　小结

（1）乱石岗滑坡堆积区及拉裂松动区属不稳定、不适宜工程建设场地，新县城城市规划建设用地已避开了滑坡堆积区及拉裂松动区。作为滑坡影响区的后缘拉裂松弛区属稳定性差、适宜性差建设场地，经可靠处理可作为建设用地。

为确保后缘拉裂松弛区及以上建设场地的边坡稳定和建筑物安全，对拉裂松动区后缘及拉裂松弛区边坡采用以抗滑桩、锚索抗滑桩为主，局部锚索的治理措施。经多年运行和监测表明，治理后整个场地和边坡稳定性较好。

（2）汉源二中体育场后侧滑坡，结合汉源二中体育场扩建深挖需要，采用上部全挖除、下部抗滑桩和框架梁锚索支护措施，目前整体稳定状态良好。

（3）西区8号次干道滑坡群采用下部抗滑桩板墙支挡、上部削坡格构植草护坡为主的治理措施，确保了建设场地后缘边坡的稳定性。

（4）污水处理厂潜在不稳定斜坡治理设计思路有别于其他地质灾害治理设计，既要考虑潜在不稳定斜坡的变形特征、机理和水库运行后的演化趋势，又要综合污水处理厂建（构）筑物的布置，以及场地一旦失事的后果，充分考虑各种影响因素尤其水库骤降对坡体的影响，采用以抗滑桩板墙为主的综合治理措施。经观测和检验表明，治理效果良好，结构安全可靠，工程整体稳定。

（5）净水厂滑坡和有色金属总厂后缘滑坡，采用抗滑桩支挡，抗滑桩沿陡坎坡肩设置，桩端进入基岩，抗滑桩之间滑面以上地段利用已有挡土墙或直接采用浆砌片石护坡作为填充墙，与抗滑桩形成联合支护体系；地表采取截排水、裂缝填塞、洼地堆填、坡面绿化（生物护坡）等措施，减少了治理工程量，达到了综合治理目的。

13

挡 墙 工 程 设 计

13.1 概述

根据汉源县城迁建性详细规划设计总体布局，为满足新县城场平工程需求，并结合场地地形地质条件，设置场平挡土墙总长约 40 余 km，一般高度为 8～12m，最大高度为 25m。挡土墙分布见图 3.13.1。

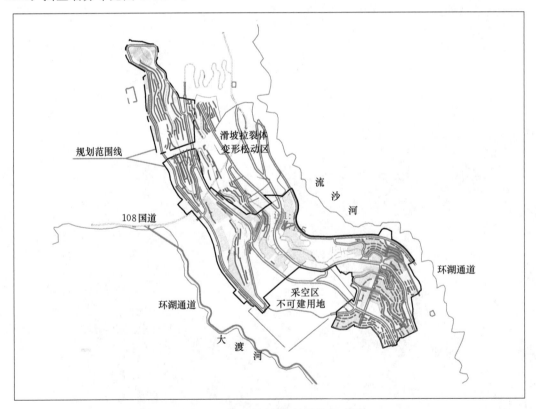

图 3.13.1 汉源新县城挡墙分布略图

这些挡土墙按其结构形式分为衡重式挡墙、桩板式挡墙、锚拉桩板式挡墙、桩基托梁式挡墙、俯斜式重力挡墙、仰斜式重力挡墙、U 形挡墙、悬臂式挡墙、锚桩式挡墙、高桩承台式挡墙和锚杆（索）式挡墙等；按其不同高度分为 8m 以下、8～12m、12～15m 和大于 15m 挡墙；按其结构材料分为浆砌片石挡墙、毛石混凝土挡墙、钢筋混凝土挡墙；按其功能分为建筑场地挡墙、道路路肩（路堑、路堤）挡墙、梯道挡墙、护肩墙、护脚墙、抗滑挡墙。

13.2 设计基本资料

13.2.1 设计依据

（1）《汉源县县城总体规划》（汉源县人民政府、攀枝花市规划建筑设计研究院）。

（2）《汉源县城移民迁建修建性详细规划》（自贡市城市规划设计研究院，2007 年 12 月）。

（3）《汉源县城移民迁建详细规划调整》（自贡市城市规划设计研究院，2009 年 3 月）。

（4）《瀑布沟水电站移民安置大纲》。

（5）勘察设计相关报告及图纸。

（6）国家现行相关规范、规程及手册。

13.2.2 岩土体物理力学性质参数

场地岩土体物理力学性质参数见表 3.13.1 和表 3.13.2。

表 3.13.1 　　　　　　　　　　岩土层物理力学性质参数表

岩土层名称	天然重度 γ /(kN/m³)	地基承载力特征值 f_{ak} /kPa	压缩模量 E_s /MPa	变形模量 E_0 /MPa	抗剪强度标准值（直剪快剪）		人工挖孔灌注桩		基底摩擦系数 μ	岩石饱和单轴抗压强度标准值 f_{rk} /MPa
					黏聚力 c /kPa	内摩擦角 φ /(°)	q_{sik} /kPa	q_{pk} /kPa		
填土	17.5	—	—	—	8	6	—			—
粉质黏土	19.0	130	6	—	33	13	20			—
红黏土	19.2	130	5	—	25	10	21			—
含碎石粉质黏土	19.5	160	7	—	20	15	22			—
碎石	21.0	300	35	20	0	26	45			—
强风化泥岩	23.0	240		150	45	20	50	2000	0.35	2.3
中风化泥岩	24.0	450		200	100	25	70	2500	0.35	9.7
强风化泥质粉砂岩	23.5	250	—	250	50	28	60	2500	0.40	—
中风化泥质粉砂岩	24.5	700		3000	350	36	80	5000	0.5	11.3
强风化粉砂岩	24.0	300		250	50	28	60	2500	0.40	8.5
中风化粉砂岩（较破碎）	25.5	1000		1500	200	30	70	4000	0.5	
中风化粉砂岩（较完整）	25.5	1400	—	3000	350	36	80	5500	0.55	26.2
强风化石灰岩	24.5	300	—	220	80	28	60	3000	0.40	21.7
中风化石灰岩（较破碎）	26.0	700	—	1500	240	23	75	4000	0.45	—
中风化石灰岩（较完整）	26.0	1200	—	3500	400	35	100	6000	0.55	37.1

注　1. q_{sik} 为桩侧土的极限承载力标准值，q_{pk} 为桩端岩石极限承载力标准值。
　　2. 嵌岩桩基础按《建筑桩基技术规范》（JGJ 94）进行桩基设计。

表 3.13.2　　　　　　　　　　　软弱夹层物理力学性质参数表

夹　层　类　型		重度 γ /(kN/m³)	凝聚力 c /kPa	内摩擦角 φ /(°)	备注
岩块岩屑型、岩屑夹泥型(B1)	天然	22.0	10	13	
	饱和	22.5	6	9	
泥夹岩屑型、泥型(B2)	天然	19.0	18	9	
	饱和	19.5	15	7	

13.2.3　设计地震动参数

汉源新县城建筑场地类别为Ⅱ类，属可进行建设的一般场地。挡墙设计按照《建筑抗震设计规范》（GB 50011）抗震设防烈度为 7 度，设计基本地震加速度值为 0.15g，设计地震分组为第三组。

13.3　设计原则及选型

13.3.1　设计采用规范

在国内工程各行业均有相对独立的支挡防护设计规范或细则，如建设部门《建筑边坡工程技术规范》（GB 50330）和《锚杆喷射混凝土支护技术规范》（GB 50086），交通部门《公路路基设计规范》（JTG D30）和《公路挡土墙设计与施工技术细则》，铁路部门《铁路路基支挡结构设计规范》（TB 10025），水利部门《水工挡土墙设计规范》（SL 379）和《水利水电边坡设计规范》（SL 386），冶金部门《土层锚杆设计与施工规范》（CEC S22）和《岩土锚杆（索）技术规程》（CECS 22）。这些规范或细则侧重对象各不相同，如建筑边坡应考虑邻近建（构）筑物的影响，公路边坡应考虑满足路基功能的需要，铁路边坡应考虑铁路路基、站场运营、电气化功能的需要，水利边坡应考虑到所属水工建筑物的需要。汉源新县城市政工程挡墙工程量大，影响对象涉及房屋建（构）筑物、市政道路、水库岸坡等，因此针对不同影响对象选择适宜的规范成为挡墙设计的首要设计准则。

汉源新县城挡墙设计安全分项系数、计算荷载组合、荷载选择、地基承载力、稳定性计算主要按照《建筑边坡工程技术规范》（GB 50330）执行，在挡墙材料强度选取以及桩板式挡墙、锚拉桩板式挡墙、衡重式挡墙、悬臂式挡墙、锚杆（索）挡墙的计算方法和构造设计等方面借鉴参考了《铁路路基支挡结构设计规范》（TB 10025）、《土层锚杆设计与施工规范》（CECS 22）、《岩土锚杆（索）技术规程》（CECS 22）和《公路挡土墙设计与施工技术细则》等规程规范的相关规定。

13.3.2　挡墙布置原则

（1）贯彻国家技术规范，并结合移民安置规划特点按全面规划、远期结合、统筹兼顾，满足迁建性详细规划对地块的功能要求。

（2）满足建筑总图布置的功能需求。

（3）适应地形地质条件，便于施工和工程移民安置。

（4）结合周边构（建）筑物统筹设计。

13.3.3　挡墙设计原则

（1）支护结构达到最大承载能力、锚固系统失效、发生不适于继续承载的变形或坡体失稳满足承载能力极限状态的设计要求；支护结构和边坡达到支护结构或邻近建（构）筑物的正常使用所规定的变形限值或达到耐久性的某项规定限制满足正常使用极限状态的要求。

（2）设计采用库伦土压力理论的土压力计算方法，该理论是根据墙后土体处于极限平衡状态并形成一滑动楔体时，从楔体的静力平衡条件得出土压力。其基本理论假设为：①墙后的填土是理想的散粒体（黏聚力 $c = 0$）；②滑动破裂面为一平面；③滑动土楔体视为刚体。库伦理论假设墙后填土破坏时，破坏面是一平面，而实际上确是一曲面，实验证明，在计算主动土压力时，只有当墙背的斜度不大，墙背与填土间的摩擦角较小时，破坏面才接近于一平面，因此，计算结果与按曲线滑动面计算的有出入。大量实验和文献表明，实际的滑动面是曲面，相对假设的平面接触面增大，作用在滑动面上的总土压力增大，偏差可能较理论假设增大 2%～10%，而其他假定因素也使得实际的土压力值较理论计算值偏大，特别是高挡墙的土压力是增加明显而不得不考虑。为此，设计中除采用降低填料计算抗剪指标和考虑土压力增大系数外，对于衡重式挡墙高度超过 12m 后，设置地锚加强挡墙的抗滑移、抗倾覆和加固地基抗剪强度作为安全储备。

（3）悬臂式挡墙由于前墙为薄壁截面且系悬臂结构，其变形较大，实际使用中也经常出现开裂的情况，超过一定高度后不宜使用，也不经济。故尽量避免采用超过 5m 的悬臂式挡墙，经过经济技术比较后确需使用时，一般用于非重要地段，并适当加强配筋和提高填料指标。

（4）桩板式墙整体刚度较大，但其桩顶变形控制是截面设计的主控因素，一般按照临空面高度不大于 $L/100$ 且不大于 10m 作为允许值。设计经验证明临空面高度超过 15m 后其截面过大，经济性较差，为保证其变形不影响正常使用和外观效果，设计一般限制在12m 以内，特殊情况做到 15m，超过 12m 后，除按规范加强变形控制外，一般增设锚索改善受力并适当增加整体联系结构。

（5）浆砌片石挡墙在我国以往的工程中大量应用，其经济效益显著，但实际运用中也出现了较多的问题，特别是砌筑质量导致不能正常使用和抗震效果较差等缺点，鉴于该项目施工周期短、地质条件差、回填材料黏泥含量高、就近采取的石料使用率不高，外买困难，鉴于上述条件对于重力式挡墙超过 8m 后，均采用片石混凝土挡墙提高结构可靠度。

（6）针对不良地质作用和地质灾害地段在确保场地及地基稳定的条件下进行了专门研究。如岩溶地区挡墙设计根据其顶板厚度、洞室大小、充填物性质、覆盖层地质条件等，采用注浆、片石灌浆、混凝土回填、钢筋混凝土底板、桩基跨越及调整挡墙基础尺寸等多种处理方式；采空区地段尽量避免采用挡墙，一般采用放坡处理，对于顶板厚度较大且基本稳定的采空地段修建挡墙高度不高于 5m；滑坡地段一般采用抗滑桩或分级支护；膨胀土地段的高挡墙均采用桩板结构或者桩基托梁，矮挡墙适当换填或采用柔性挡墙；"昔格达组"地段一般采用小直径圆桩的桩基托梁便于成孔且从竖向规划上尽量降低挡墙高度，设计和施工过程中特别注重防排水。

13.3.4　挡墙设计选型

根据墙高、墙背填土条件、墙基地质条件、相邻建筑物适应关系，挡墙设计选型见

表 3.13.3。

表 3.13.3 挡 墙 设 计 选 型 表

挡墙类型	适用高度/m	适用墙背地质情况	适用地基地质情况	与相邻建筑物适应关系	其他适用条件
护肩（护脚）	0~3	不限	不限	不限	边坡护脚（顶）收敛地段；边坡可能从坡脚滑移地段；可节省大量回填土方地段
重力式挡土墙	2~8	不限	原状土、岩层	适用于挡土墙身与建筑物基础无交叉地段	建筑物布置紧凑，墙顶放坡高度较大
仰斜式挡墙	3~15	不限	原状土、岩层	适用于建筑场地较开阔地段	建筑物布置开阔，墙顶放坡高度较大
衡重式挡墙	2~12	不限	原状土、岩层	适用于挡墙身与建筑物基础无交叉地段	
地锚衡重式挡墙	12~18	不限	中风化岩层	适用于挡墙身与建筑物基础无交叉地段	岩层顺层角度较大，且抗滑、抗倾覆能力较差地段
U形挡墙	2~10	回填土	各类岩土层	不限	两相邻墙顶距离较窄，多适用于梯道挡墙
悬臂式挡土墙	2~6	回填土	各类土层	与后侧建筑物距离较近地段	坡顶无重要建筑物
锚杆（索）挡土墙	6m以上	强风化、中风化岩	岩层	不适用于锚杆索与建筑桩基有冲突地段	水平推力较大地段；坡面岩层较完整地段
桩板式挡墙	6~13	不限	强风化、中风化岩	可采用逆作法施工，适用于建筑物布置较密集或无法大开挖地段	水平推力较大且挡墙较高地段
锚桩式挡墙	10~20	强风化、中风化岩	强风化、中风化岩	不适用于锚杆索与建筑桩基有冲突地段，适用于无法大开挖地段	水平推力较大且挡墙较高地段
桩基托梁式挡墙	6~15	不限	各类岩土层，桩基底部需进入岩层	适用于挡墙身与建筑物基础无交叉地段	地基承载力不能满足地段；场平下有潜在滑动面地段
高桩承台式挡墙	6~12	易失稳岩土层	各类岩土层	不限	需要采用逆作法施工地段；水平推力较大地段

13.4 设计参数和设计公式选取

13.4.1 挡土墙设计安全等级

根据《建筑边坡工程技术规范》（GB 50330）规定，该工程挡墙设计按照损坏后可能造成的破坏后果（危及人的生命、造成经济损失、产生不良社会影响）的严重性、边坡类型和边坡高度等因素，共分为以下 3 个安全等级：

一级：包括边坡破坏可能造成很严重的人身伤亡、交通瘫痪、重大财产损失的挡墙；由外倾软弱结构面控制设计的边坡上的挡墙；有建筑物的滑坡区域挡墙；边坡变形控制要求严格地段的挡墙；主次干道 10m 以上挡墙；城市支路或内部消防通道 12m 以上挡墙。

一级挡墙设计结构重要性系数为1.1,设计使用年限为50年,并根据挡墙后侧建筑物地基需要控制变形设计。

二级:包括边坡破坏可能造成严重的人身伤亡、交通瘫痪、重大财产损坏的挡墙;高度小于10m的土质边坡或小于15m的岩质边坡的非一级、三级的挡墙;主次干道6~10m的挡墙;城市支路或内部消防通道8~12m的挡墙;8m以上的垂直大梯道挡墙。二级挡墙设计结构重要性系数为1.0,设计使用年限为50年。

三级:包括高度小于10m的土质边坡或小于15m的岩质边坡且边坡破坏不会造成人身伤亡、交通瘫痪和重大财产损失的挡墙;绿地挡墙;内部小梯道挡墙。三级挡墙设计结构重要性系数为1.0,设计使用年限为20~50年,该类挡墙所占比例较小。

13.4.2 挡土墙设计荷载选取

挡土墙设计荷载按表3.13.4选取。

表3.13.4　　　　　　　　　挡土墙设计荷载分类表

荷 载 分 类		荷 载 名 称
永久荷载		(1) 支挡结构重力及结构顶面承受的恒载。 (2) 支挡结构承受的岩土侧压力或滑坡推力。 (3) 房屋等荷载产生的侧压力。 (4) 静水压力和浮力。
可变荷载	基本可变荷载	(1) 车辆荷载引起的土侧压力。 (2) 人群荷载及其引起的土侧压力
	施工荷载	与各类挡土墙施工有关的临时荷载
偶然荷载		(1) 地震作用力。 (2) 挡土墙顶车辆冲击荷载

13.4.3 挡土墙设计荷载组合

(1) 挡土墙设计荷载组合工况。

组合Ⅰ(一般工况):永久荷载＋基本可变荷载。

组合Ⅱ(地震工况):永久荷载＋地震力。

组合Ⅲ:永久荷载＋可变荷载＋偶然荷载(车辆荷载和地震力不同时考虑)。

(2) 承载能力极限状态作用(或荷载)分项系数,详见表3.13.5。

表3.13.5　　　　　　　　　承载能力极限状态作用分项系数表

情 况		荷载增大对挡土墙结构 起有利作用时		荷载增大对挡土墙结构 起不利作用时	
组合		Ⅰ、Ⅱ	Ⅲ	Ⅰ、Ⅱ	Ⅲ
垂直恒载 γ_G		0.90		1.20	
恒载或车辆荷载、人群荷载的主动土压力 γ_{Q1}		1.00	0.95	1.40	1.30
被动土压力 γ_{Q2}		0.30		0.50	
水浮力 γ_{Q3}		0.95		1.10	
静水压力 γ_{Q4}		0.95		1.05	
动水压力 γ_{Q5}		0.95		1.20	

13.4.4 挡土墙设计材料取值

（1）圬工强度参数。

1）M7.5浆砌MU30片石强度参数。容许压应力 $[\sigma_a]=630\text{kPa}$，容许剪应力 $[\sigma_j]=147\text{kPa}$，容许拉应力 $[\sigma_L]=89\text{kPa}$。

2）C15片石混凝土强度参数。容许压应力 $[\sigma_a]=5870\text{kPa}$，容许剪应力 $[\sigma_j]=1320\text{kPa}$，容许拉应力 $[\sigma_L]=660\text{kPa}$。

3）C20片石混凝土强度参数。容许压应力 $[\sigma_a]=7820\text{kPa}$，容许剪应力 $[\sigma_j]=1990\text{kPa}$，容许拉应力 $[\sigma_L]=800\text{kPa}$。

在地震情况下，上述3个强度指标均乘以强度提高系数1.5。

（2）普通钢筋及钢材参数。普通钢筋采用R235光圆钢筋和HRB335、HRB400螺纹钢筋。弹性模量 $E_g=200000\text{MPa}$，泊松比 $\mu=0.3$，容重 $\gamma=78.5\text{kN/m}^3$，R235光圆钢筋抗拉、抗压、抗弯设计强度 $f=280\text{MPa}$，HRB335螺纹钢筋抗拉、抗压、抗弯设计强度 $f=310\text{MPa}$，HRB400螺纹钢筋抗拉、抗压、抗弯设计强度 $f=360\text{MPa}$，线膨胀系数 $\alpha=0.000012$，抗剪设计强度 $f_v=180\text{MPa}$。

（3）预应力钢材参数。采用符合国家标准《预应力混凝土用钢绞线》（GB/T 5224—1995）生产的钢绞线 $\Phi15.2$ 低松弛钢绞线，标准强度 $f_{pk}=1860\text{MPa}$，松弛率为 0.3%，弹性模量 $E_p=195000\text{MPa}$。

13.4.5 挡土墙设计标准

（1）设计安全系数。

1）抗滑移、抗倾覆指标见表3.13.6。

2）基底合力偏心距见表3.13.7。

3）截面合力偏心距：组合Ⅰ取 $0.25B$，组合Ⅱ取 $0.3B$。

表 3.13.6 　　　　　　　　各种组合下抗滑移、抗倾覆安全系数

荷载情况	验算项目	指　标
荷载组合Ⅰ、Ⅱ	抗滑动稳定性系数	$K_C \geqslant 1.30$
	抗倾覆稳定性系数	$K_0 \geqslant 1.50$（建筑边坡为 $K_0 \geqslant 1.60$）
荷载组合Ⅲ	抗滑动稳定性系数	$K_C \geqslant 1.30$
	抗倾覆稳定性系数	$K_0 \geqslant 1.30$
施工阶段验收	抗滑动稳定性系数	$K_C \geqslant 1.20$
	抗倾覆稳定性系数	$K_0 \geqslant 1.20$

表 3.13.7 　　　　　　　　基 底 合 力 偏 心 距

	基底合力偏心距	土质地基 $e_0 \leqslant B/6$ 岩石地基 $e_0 \leqslant B/4$
除地震工况的各种情况下	基底应力	基底最大应力小于基底容许承载力 $\sigma_{max} \leqslant [\sigma_0]$
	墙身断面强度（压应力和剪应力）	按容许应力： 最大压应力 $\leqslant [\sigma_a]$ 最大剪应力 $\leqslant [\tau]$

（2）抗震设计时的强度提高系数。

1）截面强度提高系数（抗压）：1.5。

2）截面强度提高系数（抗拉）：1.5。

3）截面强度提高系数（抗剪）：1.5。

13.4.6　设计公式选用

设计公式依据相关规范，分别选用了挡墙承载能力状态、主动土压力、有限范围填土压力、侧向岩石压力、车辆荷载换算土体侧压力、地震水平力、挡墙基底应力、挡墙稳定性、挡墙墙身强度、挡墙桩侧地基横向容许承载力及挡墙整体稳定性等计算公式。

13.5　主要技术问题研究

13.5.1　含软弱夹层顺向坡岩石侧向压力计算

岩石的侧向压力按现行《建筑边坡工程技术规范》（GB 50330）相关规定：侧向岩压力应以岩体等效内摩擦角和以外倾软弱结构面两者作为破裂面计算取较大值。

如西区某地块一高 15m 边坡，开挖后基岩主要为三叠系上统白果湾组（T_{3bg}）粉砂岩、泥质粉砂岩夹粉砂质泥岩，浅表部岩体内层间错动带局部较发育，深部微新岩体内错动带闭合不显现，强-中等风化岩体受构造、风化和卸荷等影响，岩体破碎严重，开挖过程中一直伴有掉落现象，局部错动带弱化形成软弱夹层，软弱夹层以泥夹碎屑型为主，根据勘察报告，其岩石物理力学参数见表 3.13.8。

表 3.13.8　　　　　　　　　岩石物理力学参数指标表

岩体状态	岩体天然密度 ρ /(g/cm³)	承载力特征值 f_{ak} /MPa	变形模量 E_0 /GPa	抗剪断强度 岩体		抗剪强度 结 构 面	
				$\tan\varphi'$	c'/MPa	$\tan\varphi$	c/MPa
中等风化粉砂岩	2.52	0.6～1	1.5～2.5	0.5～0.65	0.3～0.5		
砂岩层间软弱间层（夹泥型）						0.12～0.14	0.01～0.02

（1）以外倾软弱面作为破裂面计算侧向岩压力。当岩体沿外倾软弱面产生滑动时，按照《建筑边坡工程技术规范》（GB 50330）公式（6.3.3）计算，计算简图见图 3.13.2。

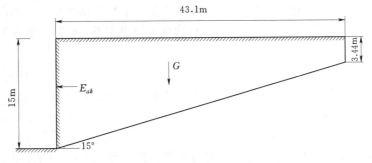

图 3.13.2　计算简图

主动岩压力：

$$E_{ak} = G\tan(\theta - \varphi_s) - c_s L\cos\varphi_s / \cos(\theta - \varphi_s) = 776.4\text{kN}$$

裂缝深度：

$$h_c = (2c_s / \gamma)\tan(45° + \varphi_s) = 3.44\text{m}$$

式中：G 为外倾结构体重量，单位 kN；θ 为滑裂面与水平面的夹角，取 15°；φ_s 为外倾结构面内摩擦角，取 7°；c_s 为外倾结构面黏聚力，取 14kPa；γ 为岩体重度，取 25kN/m³。

从以上计算结果可知，沿外倾软弱面滑动产生的岩压力为 776.4kN。

（2）以等效内摩擦角计算侧向岩压力。岩体较破碎且接近于散体，计算方法如下。先取软弱结构面的强度和岩体本身的强度分别计算其等效内摩擦角。

取软弱结构面的强度计算等效内摩擦角：

$$\varphi_D = \arctan[\tan\varphi_s + c_s / (\gamma h)] = \arctan[\tan 6° + 14 / (25 \times 15)] = 8.09°$$

取岩体本身的强度计算等效内摩擦角：

$$\varphi_D = \arctan[\tan\varphi + c / (\gamma h)] = \arctan[\tan 27° + 300 / (25 \times 15)] = 52.6°$$

式中：c 为岩体黏聚力，取 300kPa；φ 为岩体内摩擦角，取 27°；h 为支挡结构高度。

根据以上不同等效内摩擦角计算结果：按照软弱结构面的强度计算侧压力为 1836kN，按照岩体本身的强度计算侧压力为 307.4kN，两者相差 6 倍之多。因此，机械地按规范要求取值给设计会带来很大的误差，侧压力计算参数取值宜通过测试和试验综合确定。

（3）动态设计计算岩体侧压力方法。由于汉源新县城建设工期极短，前期试验较为缺乏，给设计带来了一定难度。因此，根据现场临时边坡垮塌的实例，动态调整设计，并总结出了较为可靠的分析计算方法。

现场临时边坡垮塌基本情况如下。

垮塌边坡一：临空面高度 12m 左右，垮塌后边缘距坡脚 7.4m，破裂面与水平面夹角约为 58.5°。

垮塌边坡二：临空面高度 10m 左右，垮塌后边缘距坡脚 23m，后边缘出现竖向裂缝，深度约 2m，破裂面与水平面夹角约为 15°。

综合现场分析，上述垮塌边坡二类似于前述的岩体沿外倾软弱面产生滑动的破坏现象；垮塌边坡一类似于沿破碎岩体内部产生滑动的破坏现象。

该次反演按破裂角 58.5°，相当于 $45° + \varphi/2$ 作为滑裂面进行侧压力计算（图 3.13.3）。

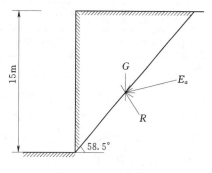

图 3.13.3　计算简图

$$E_{ak} = 1/2\gamma H^2 K_a = 731.3\text{kN}$$

$$K_a = \{\sin(\alpha + \beta) / [\sin^2\alpha\sin(\alpha - \delta + \theta - \varphi)\sin(\theta - \beta)]\}[K_q\sin(\alpha + \theta)\sin(\theta - \varphi) - \eta\sin\alpha\cos\varphi] = 0.26$$

$$\eta = 2c_s / (\gamma h) = 0.075$$

式中：K_a 为主动土压力系数；θ 为滑裂面与水平面的夹角，取 58.5°；α 为支挡结构与水平面的夹角，取 90°；β 为填土表面与水平面的夹角，取 0°；δ 为土对挡墙背的摩擦角，取

288

$15°$；K_q 为系数，取 1；其余取值同前。

从以上计算结果可知，沿 $45°+\varphi/2$ 作为滑裂面产生的岩压力为 731.3kN。

（4）当岩体较破碎且接近于散体的侧压力计算经验公式法。以上公式是按照现场边坡发生破坏反演的 θ 值来计算，但由于发生破坏的边坡基本处于极限平衡状态，故按照上述取值略偏于危险，为使工程设计中的支挡安全合理，综合国内外对破碎边坡的实测数据，采用图 3.13.4 的侧压力进行计算，侧压力呈折线分布，其最大侧压力值为 $0.3\gamma H$，作用在离边坡顶部 $0.6H$ 处，坡顶及坡脚的侧压力为 0。

由图 3.13.4 计算主动土压力 $E_a = 0.15\gamma H^2 = 843.8$（kN）。

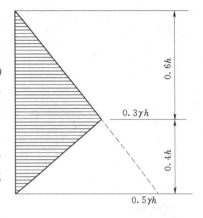

图 3.13.4 破碎结构边坡的侧压力

可以得出，按照 $E_a = 0.15\gamma H^2$ 计算的侧压力约为 $45°+\varphi/2$ 作为滑裂面计算的侧压力的 1.15 倍，接近工程实际情况。

13.5.2 含软弱夹层顺向坡挡墙抗滑设计

在土压力作用工况下，挡墙结构设计主要由抗滑移控制，故挡墙的抗滑移设计是决定挡墙工程安全、经济的主要因素。为使设计更加经济合理，在挡墙设计时对挡墙抗滑移进行了多方案的比选，提出更为合理的技术措施。

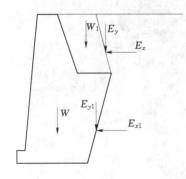

图 3.13.5 水平基底衡重式挡墙
抗滑计算示意图

首先建立以 12m 高的衡重式路肩挡墙为模型，考虑土压力、场地顶部荷载的工况：土压力水平分力（$E_x + E_{x1}$）为 345.7kN，土压力竖向分力（$E_y + E_{y1}$）为 178.6kN，挡墙加衡重台上填土总重力（$W+W_1$）= 828.6kN，基底摩擦系数 $f=0.5$；基底以中风化岩石为持力层。挡墙基础设计型式及抗滑移滑计算如下。

（1）挡墙基底为水平基底。计算挡墙示意图见图 3.13.5。

抗滑移力 $= (W+W_1+E_y+E_{y1})f = (178.6+828.6)$
$\times 0.5 = 503.6$(kN)。

滑移力 $= E_x+E_{x1} = 345.7$(kN)。

抗滑移系数 $F_s =$ 抗滑移力/滑移力 $= 503.6/345.7 = 1.458$。

（2）挡墙基底为倾斜基底。汉源新县城场地地质结构的特殊性，基础持力层岩体内多存在软弱夹层，且软弱夹层成分一般为泥质或泥夹碎屑，易形成潜在滑移层。为减小挡墙自重和水平推力在顺层方向的分力，避免沿软弱夹层滑动，逆坡不宜太陡，经验算，取 1：0.1 较合适，计算示意图见图 3.13.6。

抗滑移力 $= [(W+W_1+E_y+E_{y1})+(E_x+E_{x1})\tan\alpha]f = (178.6+828.6+345.7\times0.1)$
$\times 0.5 = 538.2$(kN)。

滑移力 $= E_x+E_{x1}-(W+W_1+E_y+E_{y1})\tan\alpha = 345.7-1007.2\times0.1 = 245$(kN)。

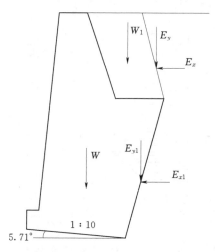

图 3.13.6 倾斜基底衡重式
挡墙抗滑计算示意图

抗滑移系数 F_s＝抗滑移力/滑移力＝538.2/245＝2.196。

通过对挡墙基底为水平和倾斜时的抗滑移计算可以看出，采用倾斜基底可以大大地增加挡墙的抗滑移稳定性，故也是目前国内挡墙设计时采取最为广泛和最为有效的保证措施。

（3）挡墙基底为台阶基底。由上述挡墙基底为倾斜基底计算可以看出，倾斜基底确实为挡墙抗滑移的非常有效的措施，但值得研究的问题是实际施工中的产品能否达到设计的目标。

汉源新县城场地的岩石地基为单斜顺向坡并带有软弱结构面的地层，其岩层倾角为 $10°\sim15°$。该特殊的地质结构就决定了实际施工不能达到设计的挡墙基底为水平或倾斜状态的要求。在工程施工过程中由于岩体本身的层状特性，挡墙基槽很难形成满足设计要求的倾斜基底，实际开挖基槽多形成台阶状，见图 3.13.7 和图 3.13.8。

图 3.13.7 挡墙基槽开挖后基底岩层情况

抗滑移力＝$(W+E_y)f+e_ph$＝$(828.6+178.6)\times0.5+287.3\times0.4$＝618.52（kN）。

e_p＝$0.5\lambda(\sigma_1+\sigma_2)\tan^2(45°+\varphi/2)$＝$0.5\times0.3\times(395+243.3)\times\tan^2(45°+15°)$＝287.3（kN/m）。

滑移力＝$E_x+W\sin15°$＝$(295.7+828.6\times0.259)$＝510.3（kN）。

抗滑移系数 F_s＝抗滑移力/滑移力＝618.52/510.3＝1.21。

其中，凸榫提供抗力：σh＝316.9×0.4＝126.8（kN）。

由于基底为顺向坡增加滑移力：$W\sin15°$＝828.6×0.259＝214.5（kN）。

上述公式中：h 为台阶高度，取 0.4m；λ 为被动土压力系数，取 0.3；σ_1、σ_2、σ_3 分别为墙趾、墙踵、台阶处基底的压应力，kPa；φ 为台阶处地基土的内摩擦角，(°)，取 30°。

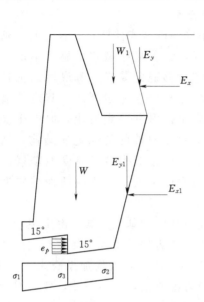 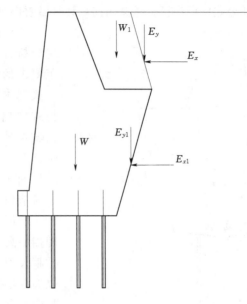

图 3.13.8　台阶基础衡重式挡墙　　　　图 3.13.9　锚杆基础衡重式挡墙
抗滑计算示意图　　　　　　　　　抗滑计算示意图

（4）挡墙基底增加锚杆。在挡墙基底增加锚杆，既可以增加挡墙基础抗滑移阻力，又可以加固地基多层岩层的整体性（图 3.13.9）。

采用 $\phi25$ 的锚杆，沿挡墙轴线方向间距 1.5m、共布置 4 排，锚入基岩 3m、挡墙 1.5m，故 4 根锚杆截面积 $A_g = 1962.5$（mm²）。

锚杆增加的抗滑力：$N_g = A_g\tau_g/1.5 = 1962.5 \times 120/(1000 \times 1.5) = 157$(kN)。

其总的抗滑力为：$(W + E_y W)f + N_g = (178.6 + 828.6) \times 0.5 + 157 = 660.6$(kN)。

抗滑移系数 $F_s =$ 抗滑移力/滑移力 $= 660.6/510.3 = 1.29$。

（5）挡墙基础增加埋置深度。在上述（4）方案不加锚杆的基础上，假设增加 1.5m 的埋置深度：抗滑移力 $= (W + E_y W)f + E_p = (178.6 + 828.6) \times 0.5 + 196.6 = 700.2$(kN)。

增加 1.5m 的埋置深度所增加的墙前被动土压力：$E_p = 1/2\gamma h_2(h_2 + 2d)\tan^2(45° + \varphi/2) = 0.5 \times 25 \times 1.5 \times (1.5 + 2 \times 1) \times \tan^2(45° + 15°) = 196.6$(kN/m)。

抗滑移系数 $F_s =$ 抗滑移力/滑移力 $= 700.2/510.3 = 1.37$。

上述公式中：γ 为地基土容重，取 25kN/m；h_2 为假设地面下的埋置深度，取 1m；d 为假设地面的深度，取 1m。

（6）挡墙基底为台阶加锚杆。由于台阶式基础抗滑移稳定性不足，拟增设 $\phi25$ 的锚杆，沿挡墙轴线方向间距 1.5m、共布置 2 排，锚入基岩 3m、挡墙 1.5m。故 2 根锚杆截面积 $A_g = 981.3$（mm²）。

抗滑移力 $= (W + E_y)f + e_p h + N_g = (828.6 + 178.6) \times 0.5 + 287.3 \times 0.4 + 78.5 = 697$(kN)。

锚杆增加的抗滑力：$N_g = A_g \tau_g / 1.5 = 981.3 \times 120 / (1000 \times 1.5) = 78.5$ （kN）。

抗滑移系数 F_s＝抗滑移力/滑移力＝697/510.3＝1.37。

上述公式中所有符合意义同前，计算示意图见图 3.13.10。

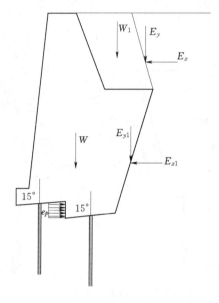

图 3.13.10　台阶加锚杆基础衡重式
挡墙抗滑计算示意图

（7）不同基础型式挡墙可行性比较。通过上述分析计算，台阶基底型式的验算不能满足规范要求的抗滑移稳定要求，基底增加锚杆基础型式基本满足抗滑移稳定要求，其余挡墙基础型式均能满足抗滑移稳定要求，但由于汉源新县城场地单斜顺向坡的特殊地质结构，挡墙水平基底和倾斜基底结构型式易受地基岩体外倾结构面影响而产生变形，故该两种结构型式采用时应慎重。

增加基础埋深的基础型式，由于主动土压力随挡墙高度呈平方关系增加，而被动土压力所作贡献仅为 10%～30%，而增加投资 30%～80%，故加深基础埋深不是最好的方式，建议增加基础深度不宜大于 2m。

增加锚杆的基础型式不仅可以增加抗滑力，且可增加抗倾覆力，根据以上计算结果，锚杆可增加 15%～20% 的抗滑移富裕度，同时也增加

15%～20% 的抗倾覆富裕度，而增加造价约 4.6%，经济效益明显，建议该基础型式多应用于发育有软弱夹层的单斜顺向的地基上。

为满足采用台阶基础型式时的抗滑移稳定要求，若采用增加挡墙重力来解决，则每延米需要增加 4m³ 毛石混凝土，增加造价约 1880 元；若采用 ϕ25 的锚杆，纵向 1.5m，横向 4 排的锚杆基础时，每延米增加造价约 1566 元；若采用增加基底埋置深度 1.5m 时，每延米增加 9.2m³ 毛石混凝土，增加造价约 4324 元；若采用台阶和锚杆联合基础型式，每延米增加造价约 783 元。

通过对 6 种基础抗滑移稳定性计算分析的技术经济性比较可以得出：①对于一般地质情况，采用倾斜基底的经济性和安全性最好，其次为台阶式，加大埋置深度经济效益最差；②对于单斜顺向带软弱夹层的地层，台阶和锚杆联合使用的方式经济性和安全性最好，其次是锚杆基础式，加大埋置深度的处理方式经济效益显然最差。综合分析，采用台阶和锚杆联合基础型式经济效益显著。

13.5.3　单排桩基托梁挡墙设计

汉源新县城场平工程为方便施工、加快建设和节约投资，采用了单矩形桩和双圆桩两种形式的桩基托梁挡墙。单矩形桩分为 1.4m×2.25m、1.8m×3.2m，分别适用于上承挡墙基底宽度为 3m 以下和 3～4m；双圆桩采用了两根直径 1.5m 的桩基，适用于上承挡墙基底宽度为 4～7m，通过调整桩间距满足承载力和群桩的受力均匀（图 3.13.11～图 3.13.13）。

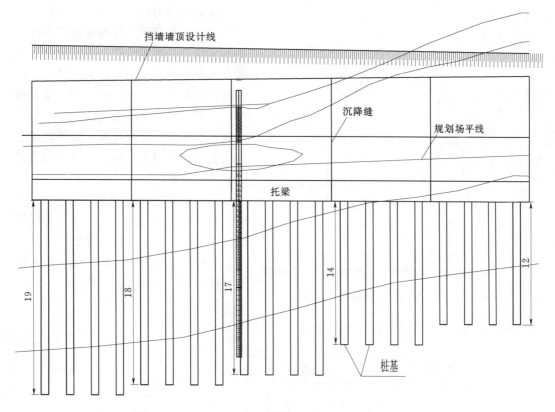

图 3.13.11 T-1 地块 2 号挡墙立面图（双圆桩基托梁）

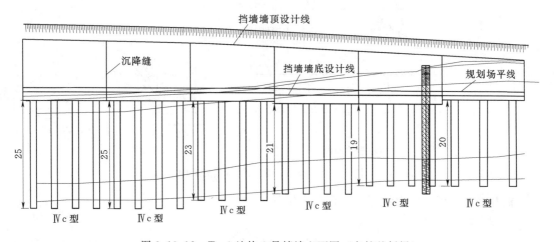

图 3.13.12 T-1 地块 1 号挡墙立面图（方桩基托梁）

单矩形桩基托梁计算模型及原则：桩基按照承受水平及竖向双向荷载考虑，根据地质情况分别采用 K 法、M 法计算内力及配筋，桩顶最大水平位移不超过 2cm。托梁分两阶段考虑，在上部挡墙初凝之前作为连续梁考虑 1/4 墙高的荷载，初凝后按照组合结构深梁模型计算。

挡土墙土压力计算方法与一般的挡土墙一样，根据边界条件按库仑土压力计算。

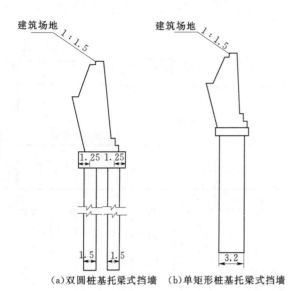

（a）双圆桩基托梁式挡墙　　（b）单矩形桩基托梁式挡墙

图 3.13.13　桩基托梁式挡墙示意图

托梁的内力计算方法：根据目前的计算理论，托梁的计算根据托梁下桩基的布置情况一般可分为按连续梁设计和按支端悬出的简支梁设计两种情况。这在挡墙的混凝土凝固之前是符合受力模型的，但当墙身混凝土凝固后，与托梁之间也形成了一定的连接，由于墙身刚度远大于托梁刚度，故实际后期形成了深梁的受力状态。

（1）按照连续梁设计。图 3.13.14 中，M 为由挡墙传到每一跨（一个托梁的长度为 L）上的弯矩，每米弯矩乘以跨长 L；E_x 为由挡土墙传到每一跨上的水平推力；N 为由挡土墙传到每一跨上的竖向压力。

忽略基底的支撑作用，按一般的连续梁计算，见图 3.13.15。

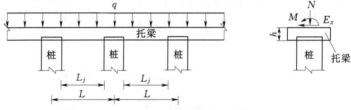

图 3.13.14　桩基托梁式挡墙托梁荷载分布图（一）

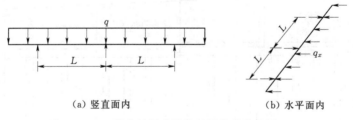

（a）竖直面内　　　　　　　（b）水平面内

图 3.13.15　桩基托梁式挡墙托梁荷载分布图（二）

桩基托梁连续梁内力计算。计算公式如下。

支座弯矩：

$$M_0 = -qL_c^2/2$$

跨中弯矩：

$$M_z = qL_c^2/24$$

最大剪力：

$$Q_0 = qL_c/2$$

L_0 范围内最大剪力：

$$Q_0 = qL_c/2$$

考虑基底的支撑作用，桩与托梁的交点视为固定，每一净跨之间按弹性地基梁计算。水平面内的计算中，摩擦力近似地按均布考虑。按以上公式计算出支座处的最大弯矩和剪力后，按文克尔假定（弹性地基梁的地基反力与沉降成正比）计算弹性地基梁，计算简图见图 3.13.16。

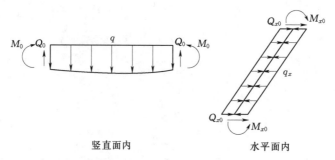

图 3.13.16　弹性地基梁计算简图

文克尔假定又简称基床系数法，可归纳为以下两点：

1）梁的每一点挠度与地基的变形相等，且两者之间没有缝隙存在，即梁的挠度曲线与地基变形相一致，在出现负地基反力时，也不发生分离，这一点在实际上是可行的，因为结构重量对地基施加了一个初始预压力。

2）假定地基的变形只与该点受力大小成正比，地基相邻点之间不存在相互作用，二是起着一系列独立弹簧似的作用。因此，地基的变形只发生在基底范围内，而基底以外的变形则等于零，这就不需考虑边载对基础地基反力的影响。

（2）托梁的内力计算按照支端悬出的简支梁计算。计算公式如下。

支座弯矩：

$$M_0 = -qL_1^2/2$$

跨中弯矩：

$$M_z = qLL_0/4 - q~(L_0/2 + L_1)^2/2$$

悬出端最大剪力：

$$Q_1 = qL_1$$

L 范围内最大剪力：

$$Q = qL/2 - qL_1$$

1）水平面内的内力，当托梁底部的摩擦力小于托梁上的水平推力时，应进行水平面内的内力计算；当托梁底部的摩擦力大于托梁上的水平推力时，不计算水平面内的内力。

2）水平面内的计算公式形式与竖直面内力计算一样，但 $q = q_x = E_x/L$。

（3）按照深梁计算。墙身混凝土初凝后与托梁形成组合结构，按照《混凝土结构设计规范》（GB 50010）第 9.2.15 条规定："根据分析及试验结果，国内外均将 $L_0/h \leqslant 2.0$ 的简支梁和 $L_0/h \leqslant 2.5$ 的连续梁视为深梁"，汉源新县城桩基托梁跨径一般为 5m 和 7m，故对于桩基托梁均可按照深受弯梁模型计算。该规范附录 G 规定：简支钢筋混凝土单跨深梁可采用由一般方法计算的内力进行截面设计；钢筋混凝土多跨连续深梁应采用由二维弹性分析求得的内力进行截面设计。

桩的内力计算方法：桩的计算不考虑托梁底的支撑和摩擦，认为挡土墙的水平推力和竖直力及弯矩通过托梁全部传至桩顶。桩内力计算按桩顶部作用有弯矩和横向推力，锚固点以上两侧土压力忽略不计的悬臂桩计算。

桩顶以上的外力计算。计算公式如下。

弯矩：

$$(M_m + E_x h_t)\ /2$$

剪力：

$$E_x/2$$

竖向压力：

$$N_m/2$$

桩身可按埋式桩、悬臂桩计算其长度和内力，锚固段按弹性地基梁计算。桩基托梁的竖向力一般较小，单桩竖向的地基承载力一般能满足要求。

汉源新县城采用桩基托梁挡土墙约 3.43km，其特点是扩大了一般圬工式挡土墙的使用范围，当地面陡峻或地面覆盖为松散体、地表稳定性较差时，采用桩基托梁挡土墙可将基底置于稳定地层中，以节约上部挡土墙截面，节约圬工，减少对坡体干扰。

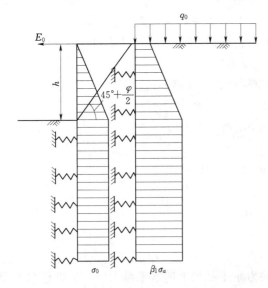

图 3.13.17　双排圆桩高承台式挡墙内力计算简图

13.5.4　双排桩基高承台式挡墙计算

（1）内力变形计算模型。前排桩作用静止土压力，坡底以上土压力三角形分布，坡底以下土压力矩形分布，后排桩桩背土压力为 p（取 1.15～1.2），坡底以上土压力三角形分布，坡底以下土压力为静止土压力和朗肯主动土压力平均值。前排桩土抗力作用在坡底以下，后排桩土抗力作用在朗肯主动滑裂面（与水平面夹角为 $45° + \varphi/2$，为开挖面以上土的按层厚加权平均内摩擦角）与后排桩的交点以下，计算简图见图 3.13.17。

地基水平基床系数 K，取沿深度线性增加的"m"法分布，即

$$K = mxz$$

式中：z 为计算点深度；m 为地基水平抗力比例系数。

对于密排的排桩墙，用等效刚度法简化为单位宽度的连续墙。则等效连续墙的厚度 h 为：

$$h = 0.838d \times \sqrt[3]{d/b_k}$$

式中：d 为排桩的单桩直径；b_k 为同排桩的相邻桩中心间距。

296

$$E_0 = E_x = E\cos(\alpha_1 + \varphi)$$

式中：E 为由挡墙传递到桩顶的水平推力。

（2）其他项目的验算。抗倾覆和整体稳定性验算按照常规方法进行计算，根据挡板与立柱联结构造的不同，挡板可简化为支撑在梁上的水平连续板、简支板或双铰拱板，设计可取板所处位置的岩土压力值。桩顶冠梁按照多跨连续梁计算，前后两排桩连梁根据具体情况可按照同端支座的单跨梁计算（当两排桩通过连梁连接时）或两边自由两边刚接的双向板计算（当两排桩通过整体的压顶板连接时）。

13.5.5　桩板挡墙间的挡土板（墙）形式选择

桩板挡墙间的挡板种类较多，与桩基连接方式也较多（图 3.13.18），该工程按照以下原则设置：

（1）若桩基后侧建筑用地较为紧张地段，采用预制 T 形翼缘桩基带挡板（图 3.13.19）。

（2）可大开挖后施工桩基的，采用后置挡板或者桩间墙（图 3.13.20）。

（3）若桩基之间存在夹角或异形，采用现浇钢筋混凝土板（图 3.13.21）。

（4）若需要逆作法施工桩基可采用凹型、工型桩基，施工完毕桩基后嵌入挡土板。

（5）若桩间土侧推力较大时，可采用拱形挡板。

（6）若桩间为基岩且处于基本稳定状态，可直接挂网喷浆或者素喷封闭。

13.5.6　承受较大水平推力挡墙结构

由于汉源新县城单倾带有大量软弱夹层，当切坡过高时，易产生沿基岩内部之间软弱结构面的滑动，若结构面为饱水状态，则该推力较大，甚至可达正常土压力的 2～3 倍，故需要按照抗滑挡墙考虑。

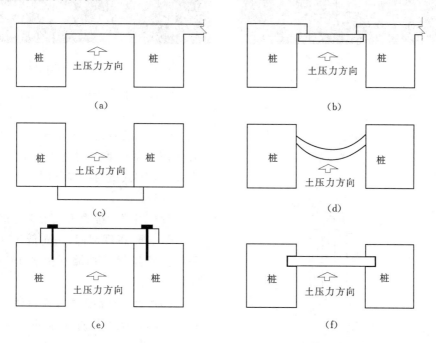

图 3.13.18　各类型挡板示意图

图 3.13.19　预制 T 形翼缘桩基带挡板

图 3.13.20　后置挡板桩板墙

图 3.13.21　现浇整体式挡板桩板墙

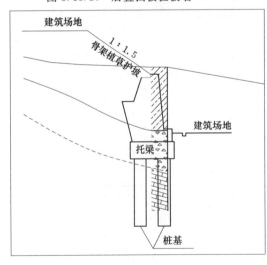

图 3.13.22　双桩基衡重式抗滑挡墙

经过技术经济论证，该工程按照以下原则设置：

（1）当墙背推力不大于 1.5 倍主动压力且临空面高度不超过 10m 时，采用衡重式或俯斜式抗滑挡墙（图 3.13.22 和图 3.13.26）。

（2）当墙背推力不大于 1.5 倍主动压力且临空面高度超过 10m 低于 15m 时，采用桩基托梁式挡墙（图 3.13.23 和图 3.13.24）。

（3）当墙背推力大于 1.5 倍主动压力且临空面高度不超过 10m 时，采用桩板式挡墙（图 3.13.25）。

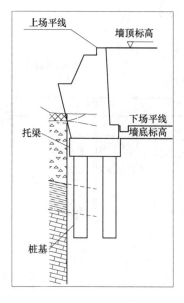

图 3.13.23　高回填区双桩
基衡重式挡墙

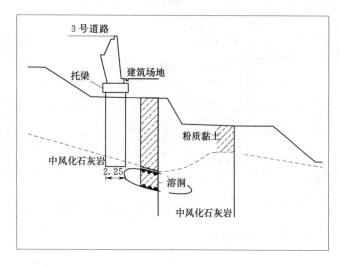

图 3.13.24　单桩基衡重式挡墙

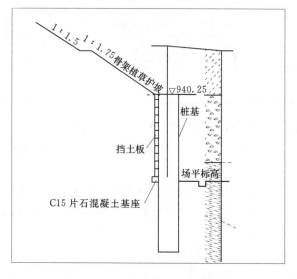

图 3.13.25　高回填区桩板式挡墙

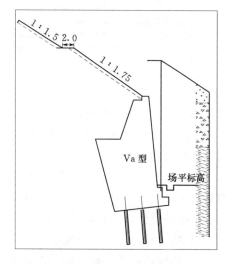

图 3.13.26　高回填区地锚衡重式挡墙

（4）当墙背推力大于 1.5 倍主动压力且临空面高度超过 10m 时，采用锚拉桩板式挡墙或高桩框架式承台挡墙。

13.6　典型挡墙设计实例

13.6.1　衡重式挡墙设计实例

（1）概述。汉源新县城 T5 地块 4 号挡墙 k0＋000～k0＋272.016 场地位于流沙河左岸缓倾斜坡地段，为单斜顺向坡，局部有陡坎。该段挡墙形式采用衡重式挡土墙，挡墙上端采用骨架植草护坡，挡墙高度为9～16m。挡墙纵断面见图3.13.27。

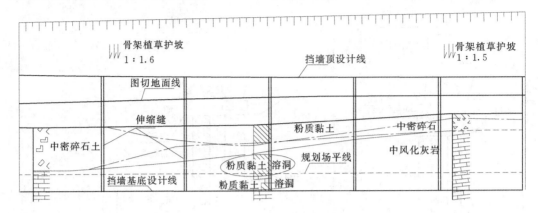

图 3.13.27 挡墙纵断面图

岩石物理力学参数见表3.13.9。

表 3.13.9 岩石物理力学参数表

岩体状态	岩体天然密度 ρ /(g/cm³)	承载力特征值 f_{ak} /MPa	变形模量 E_0 /GPa	抗剪断强度 岩体		抗剪强度 结构面		坡比 （坡高≤8m）
				$\tan\varphi'$	c'/MPa	$\tan\varphi$	c/MPa	
中等风化石灰岩	2.69	2～3	5.0～7.0	0.8～1.1	0.7～0.9			1:0.25～1:0.30
强风化灰岩、细砂岩、粉砂岩	2.4	0.4～0.8	0.1～0.5	0.4～0.50	0.05～0.08			1:0.8～1:1.0

（2）设计方案。根据地勘资料覆盖层厚度较薄，基岩走势平缓，故该段挡墙采用常规的衡重式挡墙，为减少衡重式挡墙高度，设计时也考虑了挡墙上部采用骨架植草护坡的方式进行边坡的防护。图3.13.28为设计挡墙剖面图。

（3）计算结果。根据地质参数采用挡墙最不利位置及最不利荷载进行验算，分别对抗滑移、抗倾覆、地基承载力及墙身强度进行验算。经过验算及分析可知高衡重式挡墙由地震工况控制设计，计算结果如下：

1）抗滑动稳定系数：$K_c = 1.440 > [K_c] = 1.300$，符合要求。

2）抗倾覆稳定系数：$K_0 = 1.686 > [K_0] = 1.600$，符合要求。

3）强度验算：墙身截面强度验算结果见表3.13.10。

表 3.13.10 墙身截面强度验算结果

	上墙截面/kPa	墙底截面/kPa	墙顶截面/kPa	容许值/kPa
压应力	138.162	603.374	747.213	7820
拉应力	35.954	146.255	157.643	800
剪应力	112.357	52.94	30.947	1990

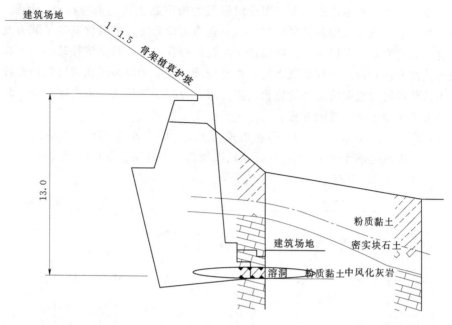

图 3.13.28　高衡重式挡墙典型剖面图

　　4）地基验算：经计算得出地基最不利工况下地基承载力不得小于 428kPa，持力层采用中风化基岩，该层承载力特征值为 800kPa，满足要求。

　　（4）小结。该工程为典型的高衡重式挡墙实例，通过对地质情况及场平高程的研究，确定相应的挡墙形式，高衡重式挡墙非常适用于此类基岩距场平标高埋深较浅，基岩走势平缓的情况，可以较大地节约投资、降低施工难度和加快施工进度。

　　重力式挡墙（包括衡重式挡墙、仰斜式挡墙、俯斜式挡墙等）是一种常规支护方式，由于其取材方便、施工简便快速、造价相对较低、刚度较大等诸多优点而在该项目中大量应用，通过施工和运行期间的观测及监测，未出现重大的质量事故。

13.6.2　桩板式挡墙设计实例

　　（1）地质概况。汉源新县城 T5 地块 4 号挡墙 k0＋272.891～k0＋312.891 场地位于流沙河左岸缓倾斜坡地段，为单斜顺向坡，纵向上波状起伏，坡度一般为 15°～25°，局部有陡坎。第四系土层较厚，冲沟深切及陡坎处可见基岩出露。

　　根据地勘成果设计采用的岩石物理力学参数见表 3.13.11。

表 3.13.11　　　　　　　　　　岩石物理力学参数表

岩体状态	岩体天然密度 ρ /(g/cm³)	承载力特征值 f_{ak} /MPa	变形模量 E_0 /GPa	抗剪断强度 岩体		抗剪强度 结构面		坡比 (坡高≤8m)
				$\tan\varphi'$	c'/MPa	$\tan\varphi$	c/MPa	
强风化灰岩、细砂岩、粉砂岩	2.4	0.4～0.8	0.1～0.5	0.4～0.50	0.05～0.08			1:0.8～1:1.0
中等风化石灰岩	2.69	2～3	5.0～7.0	0.8～1.1	0.7～0.9			1:0.25～1:0.30

301

（2）设计方案。根据地勘成果，覆土较厚且为粉质黏土和稍密碎石土，承载力较低，不宜作为持力层，强风化层较薄且破碎，也不宜作为持力层，中风化基岩承载力及各类指标均符合持力层要求，采用重力式挡墙需设置较长的嵌岩桩，其经济性较差，桩板式挡墙以桩侧土体作为锚固段，对其承载力要求相对较低，故采用以强风化岩层和稍密碎石为锚固段、中风化基岩为桩端持力层的桩板式挡土墙，为减少桩板式挡墙高度，设计时考虑了挡墙上部采用骨架植草护坡的方式。

该段挡墙形式采用 1.75m×2.5m 桩板式挡土墙，临空面为 12m，桩基以中风化基岩为锚固层，锚固深度不小于 1.5m，桩板式挡墙顶部采用骨架植草护坡形式进行边坡支护，见图 3.13.29 和图 3.13.30。

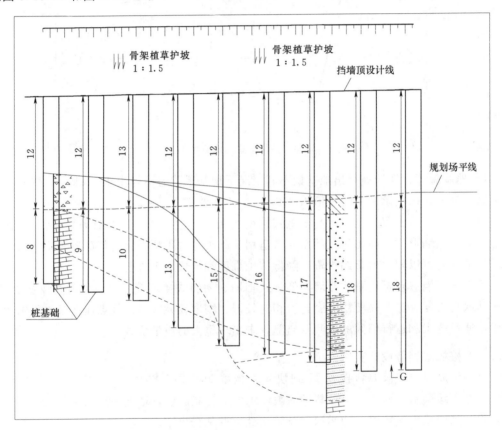

图 3.13.29 挡墙纵断面图

（3）桩板式挡墙设计步骤。

1）在选定布桩的位置后，根据外力、地基的地层性质、桩身材料等资料初步拟定桩的间距、截面形状与尺寸、埋入深度。

2）外力计算。设计荷载一般为库伦土压力、滑坡推力、顺层下滑力、地下水的渗透压力、地震力等。设计时选择各种可能产生的土压力中的大值。

按库伦主动土压力计算桩身推力时，根据桩身高度和边坡变形要求乘以 1.1～1.2 土压力增大系数。如果桩上有锚索，宜采用 1.3～1.4 的土压力增大系数。

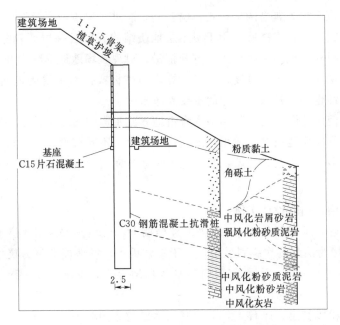

图 3.13.30　桩板式挡墙典型剖面图

3）计算锚固点以上桩身内力、位移和转角，地面点和锚固点的弯矩和轴力值。

4）根据桩底的边界条件采用相应的计算公式计算滑面处的水平位移和转角，按弹性地基梁计算锚固段桩身各点的内力、位移、转角及地层侧向弹性应力。

5）校核地基强度。若桩身作用于地基地层的弹性抗力超过其容许值或小于容许值过多时，应调整桩的埋深、桩的截面尺寸或桩的间距后重新进行计算。

6）根据桩身弯矩、剪力图按现行《混凝土结构设计规范》（GB 50010）进行桩身结构设计。

7）锚固段的位置对锚固段、最大剪力和最大弯矩的影响：

a. 锚固点的位置下移，使锚固段增加、最大弯矩增大、最大剪力减小。

b. 锚固点位置下移对桩的锚固是有利的，但同时在一定范围内会增大桩身正截面承载力设计主筋的用钢量。

c. 如果实际的锚固点是靠上的，锚固点到地面附近的斜截面承载力设计是偏于安全的。

d. 根据计算，剪力最大值在锚固点之下，但实际工程中，桩身最容易受到剪切破坏的是地面附近，故在设计时应当将锚固点到地面点附近的箍筋适当加密。由于变截面桩的变截面点也在地面点附近且截面处于转折点，故也应适当加密箍筋间距。

（4）桩板式挡墙计算结果。根据地质参数采用该段挡墙最不利位置及最不利荷载对桩板式挡墙进行验算。验算通过桩基受力后产生的位移对桩基稳定性进行分析。

一般工况下桩顶位移 45mm＜100mm，地面处位移 9mm＜10mm，转动零点距离桩底8m，挡墙位移变形满足规范要求，一般工况下最大配筋 10232mm²、地震工况下最大配筋 21365mm²＜实际配筋 29945mm²，故设计满足规范要求。

（5）小结。该工程为典型的桩板式挡墙实例，通过对地质情况及地层走势的研究，确定相应的挡墙形式。桩板式挡墙适用于覆土层地质结构较好且基岩埋置深度较大的情况。这类情况采用桩板式挡土墙可减小土石方开挖量，对现状场地地形减少开挖，桩基不需要嵌入中风化岩层从而降低施工难度；设计计算表明桩板式挡墙主要受地面处位移值控制，其配筋率的合理性也是选择截面尺寸的主要参考指标。

桩板式挡墙使用范围广泛，其结构本身占地和施工影响面小，特别是紧邻既有建筑物和临时开挖边坡易失稳地段尤为适用，该项目中采用了不同桩型、桩间板、机械和人工开挖桩施工工艺的多类型桩板式挡墙，通过施工和运行期间的观测及监测，未出现超过设计标准的变形。

13.6.3　桩基托梁式挡墙设计实例

（1）地质概述。汉源新县城 T4 地块 1 号挡墙 k0＋190～k0＋370 位于汉源新县城 E区东北部，场地区为凸起的次级斜坡山，由于修建板房，场地被平整为狭长平台，其长为200～1000m，宽为 6～9m，平台前后均为平整场地弃土，形成高 2～5m，坡度为 25°～45°的斜坡。

场地地层为粉质黏土、碎石土，下伏基岩为二叠系（P_{1y}）中-强风化的粉砂质泥岩、泥质粉砂岩。地质剖面见图 3.13.31。

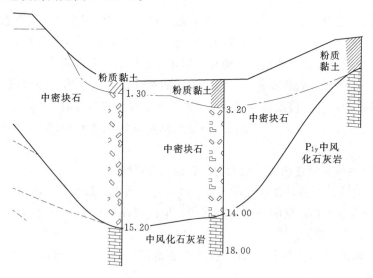

图 3.13.31　地质剖面图

岩石物理力学参数见表 3.13.12。

表 3.13.12　　　　　　　　　岩石物理力学参数表

岩体状态	天然密度 ρ /(g/cm³)	承载力特征值 f_{ak} /MPa	变形模量 E_0 /GPa	抗剪断强度 岩体		抗剪强度 结构面		坡　比 （坡高≤8m）
				$\tan\varphi'$	c'/MPa	$\tan\varphi$	c/MPa	
中等风化石灰岩	2.69	2～3	5.0～7.0	0.8～1.1	0.7～0.9			1:0.25～1:0.30
强风化灰岩	2.4	0.4～0.8	0.1～0.5	0.4～0.50	0.05～0.08			1:0.8～1:1.0

（2）设计方案。若将挡土墙基础直接置于较完整的基岩上，则基岩的起伏面较大，基底不规则，整体受力效果不佳且局部开挖过深。为减小断面尺寸，节约圬工，施工前对该段挡墙进行了优化设计，该段挡墙采用桩基托梁式挡墙，该设计方案大大减少了现场土石方的开挖及圬工的用量，具有十分显著的经济效益。

挡墙墙高 10～13m，长 180m，桩基尺寸为 3.2m×1.81m，桩间距 7m。图 3.13.32 为挡墙典型纵断面图，图 3.13.33 为挡墙剖面图。

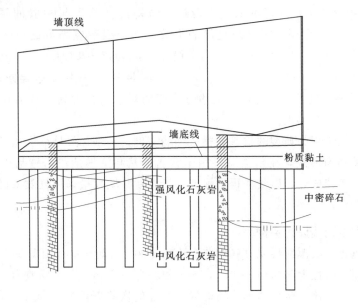

图 3.13.32　挡墙典型纵断面图

（3）设计步骤。

1）根据地形确定挡墙和托梁的高度，按库伦理论计算土压力并验算挡土墙截面尺寸。托梁的宽度应根据挡土墙的底宽和桩的厚度来确定，一般情况下挡土墙墙底截面中心线宜与托梁截面中心线、桩中心线重合。结合地形和墙高确定托梁长度并确定设计为连续梁或支端悬出的简支梁，长度一般为 10～15m。挡土墙的高度应满足托梁基底不至于悬空，局部有悬空的，应采用浆砌片石进行嵌补。

2）初步拟定桩的截面尺寸。根据每延米的水平推力和弯矩及土层的物理力学性质可大致确定桩的间距。桩间距不宜小于桩身短边长度的 3 倍。桩按悬

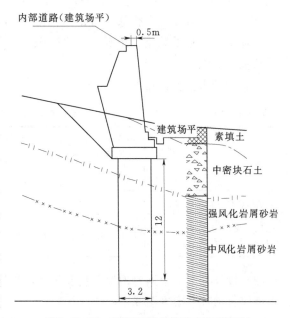

图 3.13.33　桩基托梁式挡墙典型剖面图

305

臂桩设计时，锚固点的襟边宽度一般不小于 8m（岩石地基为 3m）。

3）根据挡土墙传到托梁上的竖向压力和水平推力、托梁的刚度、地基土的性质选择相应的计算模型计算托梁的内力，按现行《混凝土结构设计规范》（GB 50010）进行托梁的结构设计。

4）根据每跨托梁传至桩顶的水平推力和弯矩计算锚固点以上的内力和变位，按弹性地基梁计算锚固段的桩身内力和变位。应注意锚固点的选择。按现行《混凝土结构设计规范》（GB 50010）进行桩的结构设计。结构设计除了与一般的锚固桩类似外，还应根据桩顶弯矩计算深入托梁内钢筋的根数，钢筋根数应满足最小配筋率的要求。

（4）结构计算结果。承台配筋按 x 向主筋配置 $\phi16@200$（9048mm²，0.050%），按 y 向主筋配置 $\phi16@200$（15080mm²，0.050%），满足规范构造配筋要求；桩顶处位移 5.5mm＜6mm，满足规范要求。通过上述方式配筋对承台抗冲切、抗剪切、抗压进行验算，均满足设计及规范要求。

（5）小结。该工程为典型的桩基托梁式挡墙实例，桩基托梁挡墙实质是对上部挡墙的基础处理的一种结构形式，在新县城多用于软弱地基和滑坡地段，桩基均以基岩为嵌固段，施工简便、工艺成熟、质量易得到保证，汉源新县城大量采用且效果良好，未出现超过设计标准的变形。

13.6.4 高填方下挡墙设计实例

（1）地质概述。汉源新县城 T4 地块 4 号挡墙 k0＋120～k0＋191.302 段位于汉源新县城 E 区东北部，高程为 916.00～996.00m，相对高差 80m。拟建场地为一向北东倾斜的单斜坡，其北侧和南侧均略呈沟形，场地区为凸起的次级斜坡山，总体坡向 70°，地形坡度一般为 11°～15°，总体上，西高东低、北高南低。由于修建板房，场地被平整为狭长平台，其长为 200～1000m，宽为 6～9m，平台前后均为平整场地弃土，形成高 2～5m，坡度为 25°～45°的斜坡，边坡总高约 27m，长 71.3m。

场地地层为粉质黏土、角砾土、块碎石土，下伏基岩为三叠系（T_{3bg}）中-强风化的粉砂质泥岩、泥质粉砂岩。

岩石物理力学参数见表 3.13.13。

表 3.13.13　　　　　　　　　　岩石物理力学参数表

岩体状态	岩体天然密度 ρ /(g/cm³)	承载力特征值 f_{ak} /MPa	变形模量 E_0 /GPa	抗剪断强度 岩体		抗剪强度 结构面		坡　比（坡高≤8m）
				$\tan\varphi'$	c'/MPa	$\tan\varphi$	c/MPa	
中等风化石灰岩	2.69	2～3	5.0～7.0	0.8～1.1	0.7～0.9			1：0.25～1：0.30
强风化灰岩、细砂岩、粉砂岩	2.4	0.4～0.8	0.1～0.5	0.4～0.50	0.05～0.08			1：0.8～1：1.0

（2）设计方案。根据对地勘资料及规划场平标高的研究，设计采用桩板式挡墙和衡重式挡墙综合治理方案（图 3.13.34～图 3.13.36），最大桩长为 36m，衡重式挡墙最大高度为 27m，故设计时考虑减少挡墙高度，利用挡墙上部骨架植草护坡方式进行边坡支护，此

段优化减少了工程施工难度及投资。

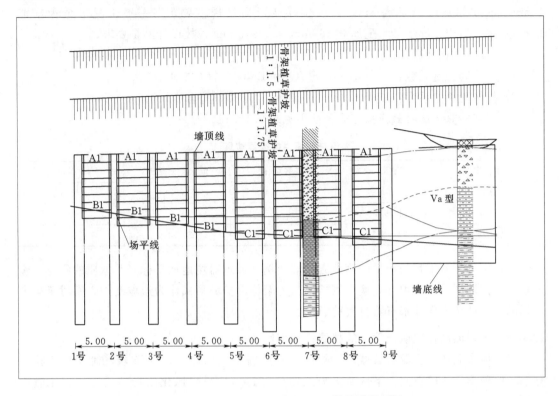

图 3.13.34 k0+120～k0+1752 挡墙纵断面图

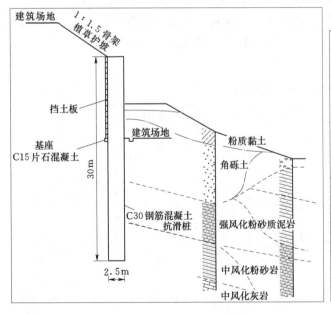

图 3.13.35 桩板式挡墙典型剖面图

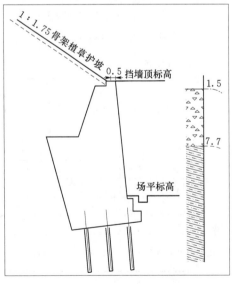

图 3.13.36 衡重式挡墙典型剖面图

（3）桩板式挡墙计算。一般工况下桩顶位移 51mm＜110mm，地面处位移 8mm＜10mm，转动零点距离桩底 8m，挡墙位移变形满足规范要求，一般工况下最大配筋 10232mm²、地震工况下最大配筋 31365mm²＜29945mm²，故设计满足要求。

（4）衡重式挡墙验算。

1）抗滑动稳定系数：$K_C = 1.440 > [K_C] = 1.300$，符合要求。

2）抗倾覆稳定系数：$K_0 = 1.686 > [K_0] = 1.600$，符合要求。

3）强度验算：墙身截面强度验算结果见表 3.13.14。

表 3.13.14　　　　　　　　　　　墙身截面强度验算结果

截面强度	上墙截面/kPa	墙底截面/kPa	墙顶截面/kPa	容许值/kPa
压应力	138.162	603.374	747.213	7820
拉应力	35.954	146.255	157.643	800
剪应力	112.357	52.940	30.947	1990

（5）小结。该工程为典型的高填方挡墙实例，通过对场地地平标高及地质的研究，确定相应的挡墙形式。高填方挡墙采用挡墙与骨架植草护坡形式作为边坡支护方案对于整个工程的经济性和操作性都有着重要的意义。

13.6.5　不同墙高和地质条件下的挡墙选型实例

（1）地质概述。汉源新县城 T5 地块 10 号挡墙 k0+000～k0+050 段场地地层为粉质黏土、角砾土、块碎石土，下伏基岩为三叠系（T_{3bg}）中-强风化的粉砂质泥岩、泥质粉砂岩。粉质黏土、粉土承载力较低，变形较大，不宜作为基础持力层；角砾土及块、碎石土层稍密-中密，承载力较高，变形量较小，可作为一般挡墙基础持力层；但块、碎石土多由中-强风化的粉砂质泥岩、泥质粉砂岩组成骨架颗粒，局部呈土状，由粉黏粒充填，且局部富集，不利于边坡的稳定，其承载力虽相对较高，但稳定性差。

岩石物理力学参数见表 3.13.15。

表 3.13.15　　　　　　　　　　　岩石物理力学参数表

岩体状态	岩体天然密度 ρ /(g/cm³)	承载力特征值 f_{ak} /MPa	变形模量 E_0 /GPa	抗剪断强度 岩体		抗剪强度 结构面		坡比（坡高≤8m）
				$\tan\varphi'$	c'/MPa	$\tan\varphi$	c/MPa	
微-未风化石灰岩	2.65	≥3	10.0～12.0	1.1～1.3	1.0～1.2			1：0.2～1：0.25
中等风化石灰岩	2.69	2～3	5.0～7.0	0.8～1.1	0.7～0.9			1：0.25～1：0.30
中等风化细砂岩	2.6	1.2～1.5	5.0～6.0	0.8～1.1	0.7～0.9			1：0.5～1：0.7
中等风化粉砂岩	2.52	1.0～1.3	2.0～3.0	0.50～0.65	0.30～0.50			1：0.5～1：0.7
微-未风化泥质粉砂岩	2.50	1.0～1.2	1.0～2.0	0.50～0.65	0.30～0.50			1：0.5～1：0.7

（2）设计方案。根据地勘资料对挡墙进行经济性和合理性研究，最终 k0+000～k0+020 段采用悬臂式路肩墙，以 1m 换填夯实碎石土为持力层，平均高度为 4.5m；k0+020

~k0＋040 段采用桩基托梁式挡墙，以中风化石灰岩作为桩基锚固段，锚固深度不小于 5m，挡墙平均高度为 5m，桩基长度为 12m；k0＋040～k0＋050 段采用衡重式路肩墙，以 C15 毛石混凝土换填层作为挡墙持力层，挡墙平均高度为 7m，见图 3.13.37～图 3.13.39。

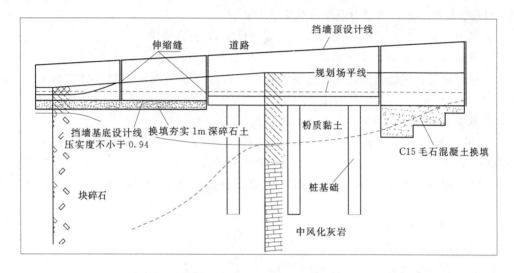

图 3.13.37　挡墙纵断面图

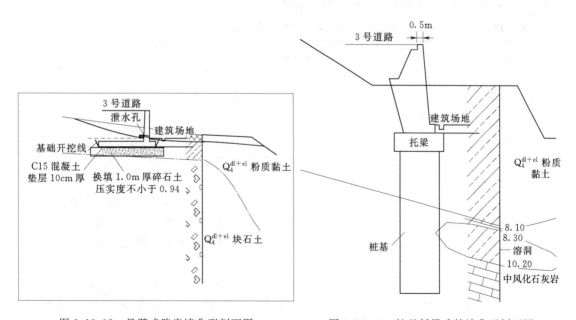

图 3.13.38　悬臂式路肩墙典型剖面图　　　图 3.13.39　桩基托梁式挡墙典型剖面图

该工点初步方案为传统的衡重式挡墙，根据现场地质情况，若将挡土墙基础置于较完整的基岩上，最大墙高为 11m，该挡墙高截面面积达 29.53m²。为减小断面尺寸，节约圬工，施工前对该段挡墙进行了优化设计，将 k0＋000～k0＋020 段采用悬臂式路肩墙；k0＋020～k0＋040 段采用桩基托梁式挡墙；k0＋040～k0＋050 段采用衡重式路肩墙，以

C15 毛石混凝土换填层作为挡墙持力层。优化后挡墙最大截面积为 14.41m²。此段挡墙优化设计后圬工用量由原设计的 939.8m³ 减少为 539.5m³，节约了 42.5%。

（3）设计计算结果。

1）臂式挡墙计算。根据地质参数，采用挡墙最不利位置及最不利荷载进行验算。分别对滑移、倾覆、地基承载力及墙身强度进行验算。

a. 抗滑动稳定系数：$K_C=1.303>[K_C]=1.300$，符合要求。

b. 抗倾覆稳定系数：$K_0=5.813>[K_0]=1.300$，符合要求。

c. 强度验算：裂缝已控制在允许宽度以内，配筋面积为满足控制裂缝控制条件后的面积。

d. 地基验算：经过换填后地基承载力满足 $\sigma_{max}=190kPa$。

2）桩基托梁式挡墙计算。承台配筋按 x 向主筋配置 $\phi16@200$（9048mm²，0.050%），按 y 向主筋配置 $\phi16@200$（15080mm²，0.050%），满足规范构造配筋要求。通过上述方式配筋对承台抗冲切、抗剪切、抗压进行验算，均满足设计及规范要求。

3）衡重式挡墙计算。

a. 抗滑动稳定系数：$K_C=1.543>[K_C]=1.300$，符合要求。

b. 抗倾覆稳定系数：$K_0=1.827>[K_0]=1.600$，符合要求。

c. 强度验算：墙身截面强度验算结果见表 3.13.16。

表 3.13.16　　　　　　　　　　　墙身截面强度验算结果

截面强度	上墙截面/kPa	墙底截面/kPa	墙顶截面/kPa	容许值/kPa
压应力	373.480	813.384	1152.818	7820
拉应力	130.917	74.089	394.922	800
剪应力	92.521	22.056	2.317	1990

d. 地基验算：经过换填后地基承载力满足要求。

（4）小结。该工程为典型的根据不同地质条件选择不同墙高和墙型的实例，通过该工程证明了在地质情况变化较大的地域，可以采用不同墙高与不同类型的挡土墙形式，这样不仅可以根据现场实际情况制定最合理的设计方案，同时还能大大节约工程成本，具有显著的技术及经济效益。

悬臂式挡墙依靠自身和填筑于底板的土来维持挡墙稳定，抗倾覆和滑移性能良好，施工工艺较为成熟，其结构的柔性能适应较好的变形，在新县城边坡工程中多应用于地基承载力较低地层。该工程采用的悬臂式挡墙运行多年来总体效果良好。

13.6.6　上挡下护挡墙设计实例

（1）地质概述。汉源新县城 T4 地块 1 号挡墙 k0＋540～k0＋660（图 3.13.40）段场地位于汉源新县城 E 区东北部，高程 916.00～996.00m，相对高差 80m。拟建场地为一向北东倾斜的单斜坡，总体坡向 70°，地形坡度一般为 11°～15°，总体上，西高东低、北高南低。由于修建板房,场地被平整为狭长平台,其长为 200~1000m,宽为 6~9m,平台前后均为平整场地弃土,形成高 2~5m,坡度为 25°~45° 的斜坡。

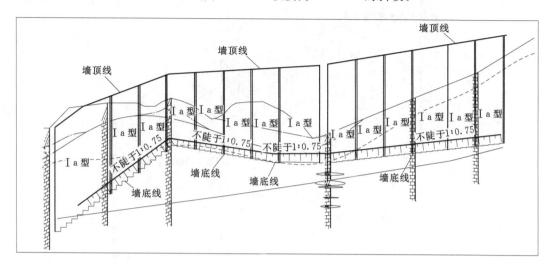

图 3.13.40　挡墙纵断面图

根据地勘成果,底层为粉质黏土、碎石土,下伏基岩为二叠系(P_{1y})石灰岩。
岩土物理力学参数见表 3.13.17。

表 3.13.17　　　　　　　　　　岩土物理力学参数表

岩土名称	重度 γ /(kN/m³)	凝聚力 /kPa	内摩擦角 φ/(°)	承载力特征值 F_{ak}/kPa	基底摩擦系数	人工桩的极限端阻力标准值/kPa	人工桩的极限侧阻力标准值/kPa	临时坡度允许值(10m 内,高宽比)
可塑状粉质黏土	18.6	20	5	130	0.20		60	1:1.5
稍密碎石土	21.0	—	30	280	0.40		110	1:1.15
中密碎石	21.5	—	35	350	0.45		120	1:1.15
强风化灰岩	24.0			600	0.45	2500	120	
中风化灰岩	24.5			1000	0.50	7000	150	

(2)设计方案。根据对地勘资料及规划上、下场平标高的研究,边坡最大高度为 20m,设计对方案进行了优化,规划下场平位于基岩层,场平周围基岩部分可以采用喷锚支护,而基岩以上部分则采用衡重式挡墙进行支护,见图 3.13.41。

(3)设计计算。

1)抗滑动稳定系数:$K_C = 1.440 > [K_C] = 1.300$,符合要求。

2)抗倾覆稳定系数:$K_0 = 1.686 > [K_0] = 1.600$,符合要求。

3)强度验算:墙身截面强度验算结果见表 3.13.18。

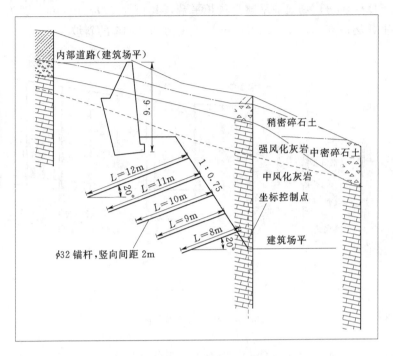

图 3.13.41　高衡重式挡墙典型剖面图

表 3.13.18　　墙身截面强度验算结果

截面强度	上墙截面/kPa	墙底截面/kPa	墙顶截面/kPa	容许值/kPa
压应力	138.162	603.374	747.213	7820
拉应力	35.954	146.255	157.643	800
剪应力	112.357	52.940	30.947	1990

4）地基验算：经计算得出地基最不利工况下地基承载力不得小于 428kPa，持力层采用中风化基岩为持力层，该层地基承载力特征值为 800kPa，满足验算要求。

（4）小结。该工程为典型的上挡下护挡墙实例，通过对地质情况及场平的研究，确定相应的挡墙形式，这类挡墙的应用会减小传统挡墙的高度，减小坞工的使用量及土方的开挖量，更好地保护了生态环境，具有十分显著的经济及自然效益。

13.6.7　锚索加固桩板挡墙实例

（1）设计概述。汉源新县城 T4 地块 9 号挡墙 34～45 号桩位于东区锰矿职工住宅 6 号楼和自谋职业 14 号地块 1 号楼之间，设计采用桩板式挡墙，以中风化岩层作为锚固段，平均临空面高度为 12m。

该地块 2009 年 8 月逐渐进入道路场平施工，由于附近规划设计的 9 号与 12 号桩板墙一带临时道路开挖形成高陡临空面，诱发覆盖层滑坡，当时滑坡分为 2 个，即滑坡 1 和滑坡 2。

滑坡 1 位于滑坡 2 上部，分布于锰矿 6 号楼后侧、T4-9 桩板墙（33～45 号）和自谋职业 14 号地块 1 号楼范围，为覆盖层滑坡，滑坡宽 65m，长 45m，主滑方向 37°。

滑坡 2 位于滑坡 1 下部，处于锰矿 6 号楼、T4 - 5 桩板墙（1～21 号）和自谋职业 13 号地块之间，为覆盖层滑坡，滑坡宽 90m，长 50m，主滑方向 37°。

2009 年 10 月随着滑坡继续滑移，范围不断扩大，最终滑坡 1 和滑坡 2 合并成一个滑坡，已影响横穿滑坡体施工临时道路的安全，由于该处是东区重要的一条临时道路，为了东区施工不中断，为此决定采用反压、回填的措施进行临时加固处理，保障道路通畅。

2010 年 3 月在 9 号桩板墙施工时，部分桩孔内及桩后靠山侧斜坡上均揭露到滑面，5 月桩板墙施工结束，墙后土体回填不密实。

2010 年 7 月 17 日持续暴雨之后，发现 9 号桩板墙 37～44 号桩桩顶向临空面倾斜，随后桩体位移逐渐增加，但桩身和挡板上未见裂痕（图 3.13.42）。对桩顶开展了位移监测，其位移数据见表 3.13.19。

表 3.13.19　　　　　　　　37～44 号桩桩顶位移监测数据

时间	10 月 18 日	10 月 29 日	11 月 1 日
桩号	垂直度偏差/cm	累计垂直度偏差/cm	累计垂直度偏差/cm
37	18	18.2	18.2
38	19	19.2	19.2
39	22	22.4	22.4
40	18	18.3	18.4
41	29	29.6	29.7
42	52	52.8	53
43	53	53.5	53.8
44	55	55.4	55.6

桩板式挡墙 37～44 号桩除出现上述情况的位移之外，在 44 号桩与 45 号桩之间的浇板端部出现一竖向裂缝，裂缝从桩顶延伸至底部，断续贯通（图 3.13.43）。

图 3.13.42　倾斜的桩板式挡墙

图 3.13.43　桩板式挡墙现浇板处的
　　　　　　竖向裂缝

（2）原因分析。挡墙倾斜变形及开裂的原因分析如下：

1）T4-9号挡墙于2010年5月前后完成施工及后部回填，回填土结构较松散。之后直到"7·17"暴雨之前，挡墙完好，未见偏移。

"7·17"暴雨之后，挡墙后侧的松散填土（厚6～17m）饱水，发生沉降，地面局部见裂缝，部分正在施工中的自谋职业14号地块1号楼基础人工挖孔桩发生坍塌和桩壁错位，最大错位达15cm；同时，饱水后的填土，导致土压力增加，覆盖层沿原滑面（滑坡1滑面）滑动，增加对T4-9号挡墙的推力。

原设计按照综合30°内摩擦角计算墙背水平推力为812kN，饱水形成滑坡后的推力为1080kN。

2）挡墙施工完成后，后侧建筑施工加载严重，较大增加了墙后的土压力。

3）挡墙泄水孔未见出水迹象，间接导致土体饱和后增加土压力。

4）由于9号挡墙先行施工完成，前侧道路和挡墙开挖后导致9号挡墙的锚固段岩土层强度受到一定的破坏，地基土横向容许承载力降低。

综上所述，该段挡墙墙顶位移的主要原因，是由于2010年"7·17"暴雨洪灾地表水入渗引起墙背推力过大，其推力已较大地超出原设计荷载，使得原本较脆弱的地基土横向容许抗力不够，引起桩板墙位移。

现浇板处的竖向裂缝刚好位于44号桩靠45号桩近支点处，即剪力最大的部位，裂缝的宽度较为均匀，在0.2～0.5mm之间，其形态为竖直裂缝，初步估计应为两侧的桩基由于承受过大的水平推力差，导致桩基不协调变形造成该裂缝，见图3.13.44和图3.13.45。

图3.13.44　墙背回填土沉降（最大将近50cm）　　　图3.13.45　桩顶出现不协调的变形

（3）设计方案。设计采用锚索治理加固方案（图3.13.46～图3.13.47）。其中，37～44号桩均设置2排75t级的压力型锚索，第一排距桩顶2m，第二排距桩顶8m，锚索以强（中）风化岩层为锚固段，锚固段长10m；34～36号、45号桩设置1排75t级的压力型锚索，距桩顶2m，锚索以强（中）风化岩层为锚固段，锚固段长10m；对现有排水系统进行清理，采用软式透水管进行处理；对于竖向裂缝由于不影响结构受力且无发展趋势，故

314

采取灌浆处理；37～44 号桩前侧土体采用 M5 水泥砂浆灌注处理，灌浆深度至强风化顶面，钻孔直径为 130mm，间距 2m×2m，顶面采用 10cm 厚 C25 混凝土作为封闭层。

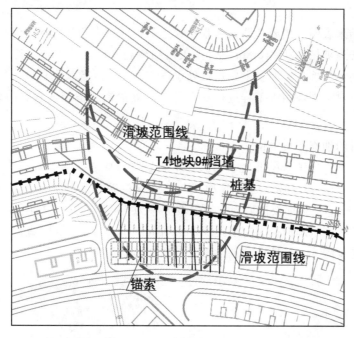

图 3.13.46 加固治理平面图

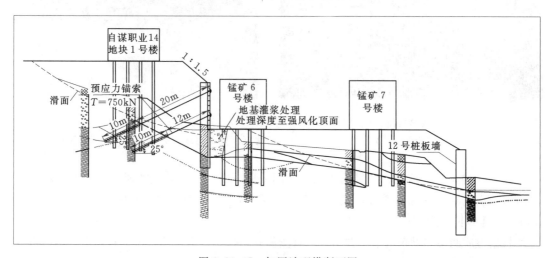

图 3.13.47 加固治理横断面图

（4）加固处治效果分析。锚杆挡墙依靠钻孔灌注的水泥砂浆与岩土层之间、锚杆筋体与砂浆之间的黏结力来提供抗力，其施工简便且节约大量坞工，但汉源县岩层的完整性程度大多属破碎-较破碎，特别是砂岩的软弱结构面发育、破碎程度高，锚杆钻孔困难且灌浆效果差，设计采用锚固的破裂面难以真实确定，故锚杆在该项目中应用相对较少，主要应用于完整性较好的灰岩地段作为坡面防护的辅助手段。

锚索是通过外端固定于坡面，另一端锚固在滑动面以内的稳定岩体中穿过边坡滑动面

315

的预应力钢绞线，直接在滑面上产生抗滑阻力，增大抗滑摩擦阻力，使结构面处于压紧状态，以提高边坡岩体的整体性，从而从根本上改善岩体的力学性能，有效地控制岩体的位移，促使其稳定。

多年监测结果表明，挡墙和路面在张拉锁定前，一直处于外倾和沉降变形状态；张拉过程中，挡墙普遍被拉回 5～15mm，3～4 天后挡墙趋于稳定；锁定后至今，经过 4 个雨季的考验，该路段挡墙、边坡及上侧建筑处于稳定状态，运营状况良好。采用预应力锚索并结合固结灌浆对该挡墙病害工程进行加固处治，处治措施适当，省时高效，节约投资，加固效果良好。

13.6.8　锚拉桩治理高边坡实例

（1）地质概况。城镇居民 E 地块与县技术质量监督局之间的 1 号挡墙为桩板式挡墙，挡墙临空面高 4.5～7m；城镇居民 E 地块与妇幼保健院之间的 2 号挡墙为衡重式挡墙，墙高 8.82～10.8m。1 号桩板挡墙上下侧边坡坡率为 1∶1.75（图 3.13.48）。目前，2 号挡墙与西侧挡墙之间沉降缝拉裂宽度达 12cm（图 3.13.49），2 号挡墙与 1 号桩板挡墙之间沉降缝拉裂宽度约 5cm。挡墙顶部设置有多项变形监测点。

图 3.13.48　城镇居民 E 地块 1 号 新增挡墙及东侧（下侧）边坡　　　图 3.13.49　新增 1 号桩板挡墙与新增 2 号挡墙 之间沉降缝出现拉裂现象（拉裂缝缝宽约 5cm）

妇幼保健院与农信社、二轻局印刷厂之间采取框格梁护坡，边坡坡率为 1∶1.75，其下方（质监局后侧）为锚索墙。边坡发育有一条 N70°～80°W 的拉裂缝，裂缝宽度为 3～10mm，延伸长度为 5～8m。

根据地质测绘和勘探揭示，并结合已有测斜孔钻探、抗滑桩孔开挖资料，场区地层岩性由第四系全新统人工填土层（Q_4^{ml}）、三叠系白果湾组（T_{3bg}）粉砂岩夹粉砂质泥岩组成。

坡体表层主要为厚薄不等的人工填土所覆盖，1 号和 2 号挡墙转角处下方有零星基岩出露。

场区地质构造上位于汉源向斜南西翼，总体为一单斜构造区，地层缓倾北东，岩层产状为 N5°～15°W/NE∠20°～25°，构造形式以节理裂隙和层间错动带等次级结构面为主。场区主要裂隙结构面以"两陡一缓"为其特征（图 3.13.50）。①卸荷裂隙，产状为 N5°W～N10°E/SW～NW∠82°～85°；②卸荷裂隙，产状为 N80°～85°E/SE 或 NW∠85°～88°；

③层面裂隙，产状为 N5°～25°W/NE∠20°～25°，此外，尚有一组 N40°～50°W/NE∠80°～85°陡倾角裂隙切割，延伸较短小，多显微张-张开。上述①、②组陡倾角结构面与③组缓倾角结构面不利组合时，易构成顺层边坡岩体滑移失稳的控制性边界条件。

图 3.13.50　妇幼保健院前缘边坡基岩发育"两陡一缓"裂隙结构面（远景、近景）

岩土体物理力学参数值见表 3.13.20，软弱夹层物理力学参数值见表 3.13.21。

表 3.13.20　　　　　　　　　　　　场区岩土体主要物理力学参数值表

土层名称	天然重度 γ /(kN/m³)	地基承载力特征值 f_{ak} /kPa	变形模量 E_0 /MPa	抗剪强度		人工挖孔灌注桩		岩石饱和单轴抗压强度标准值 f_{rk} /MPa
				黏聚力 c/kPa	内摩擦角 φ/(°)	q_{sik} /kPa	q_{pk} /kPa	
填土	17.5	—	—	8	6	—	—	—
强风化粉砂岩	24.0	300	250	50	28	60	2400	—
中风化粉砂岩	25.5	1400	5000	50	40	150	5500	50
强风化泥岩	23.0	200	—	25	15	—	—	—
中风化泥岩	24.0	450	200	75	25	70	2500	9.7

注　1. q_{sik} 为桩侧土的极限承载力标准值，q_{pk} 为桩端岩石极限承载力标准值。
　　　2. 嵌岩桩基础可按《建筑桩基技术规范》（JGJ 94）进行桩基设计。

表 3.13.21　　　　　　　　　　　　场区软弱夹层物理力学参数值表

软弱夹层类型	状态	重度 γ/(kN/m³)	黏聚力 c/kPa	内摩擦角 φ/(°)
泥型	天然	18	9～11	11～13
	饱和	19	8～10	10～12
	残余强度		0	5～7
泥夹岩屑型	天然	19	11～13	11～13
	饱和	20	8～10	10～12
	残余强度		2～3	8～9
岩屑夹泥型	天然	21	7～10	15～17
	饱和	22	6～9	14～16
	残余强度		4～6	9～11

软弱夹层类型	状态	重度 γ/(kN/m³)	黏聚力 c/kPa	内摩擦角 φ/(°)
岩块岩屑型	天然	21.5	12~15	18~20
	饱和	22.5	10~13	16~18
	残余强度		5~8	10~12

（2）边坡及挡墙变形特征。场区紧邻乱石岗滑坡后缘 M 地块拉裂松弛变形区，原始边坡浅表部岩体卸荷松弛强烈，顺坡向软弱夹层（N5°~15°W/NE∠20°~25°）和纵、横向陡倾角结构面（① N5°W~N10°E/SW~NW∠82°~85°，与坡面走向平行；② N80°~85°E/SE 或 NW∠85°~88°，与坡面走向近于垂直）均较发育，下方有利的临空地形条件，边坡部分浅表岩体沿软弱夹层或缓倾角结构面向临空方向产生蠕动拉裂变形，导致地表、建（构）筑物产生不同程度的开裂。

据地质调查、勘探和监测成果，变形主要显现于新增 2 号挡墙（k0+000）、新增 2 号挡墙与新增 1 号桩板挡墙南侧 1 号桩交汇处（k0+006.5）一带，挡墙竖向裂缝拉张宽度已达数厘米至十余厘米；在 E 地块居民房屋前缘室外地平出现不同程度的拉裂缝。截至 2014 年 5 月上旬，新增 2 号挡墙 k0+000 处裂缝宽达到 12cm，k0+006.5 处裂缝最大间距约 5cm，且具有上宽下窄趋势；在深部，位于新增 2 号挡墙上的 INm4-1 测斜孔孔深 0.5m、13m 处累积合位移量分别达 56.14mm、40.23mm，变形趋势与裂隙开度基本一致。

据现场调查，位于新增 2 号挡墙西侧（上方）挡墙、建（构）筑物及基础未发现拉裂位移现象；位于变形区东侧（下方）质监局后缘锚索挡墙亦未发现拉裂变形迹象，但锚索预应力监测显示，锚索一直处于拉张受力状态。现场对 1 号桩板墙进行了桩身倾斜度测试（表 3.13.22），表明桩身均存在不同程度的向外倾斜，桩顶位移最大为 21cm，一般为 10~15cm，均已超过规范"桩的自由悬臂长度不宜大于 15m。桩的截面尺寸不宜小于 1.25m，截面形式可采用矩形或 T 形，桩间距宜为 5~8m。桩板墙顶位移应小于桩悬臂端长度的 1/100，且不宜大于 10cm"的要求。

表 3.13.22　　　　　1 号桩板墙抗滑桩倾斜度测试成果表

桩号	桩顶高程 /m	地表出露 /m	倾斜情况		备注
			倾斜度/(°)	偏移距/cm（量测位置/m）	
1	1087.26	3.40	1.34	7(3.0)	
2	1087.21	4.40	2.29	12(3.0)	
3	1087.10	4.10	2.10	11(3.0)	
4	1087.00	4.00	2.48	13(3.0)	
5	1086.89	3.80	2.10	11(3)	
6	1086.78	3.98	1.24	6.5(3)	
7	1086.68	4.65	2.00	14(4.0)	

桩号	桩顶高程 /m	地表出露 /m	倾斜情况		备注
			倾斜度/(°)	偏移距/cm(量测位置/m)	
8	1086.55	4.96	3.01	21(4.0)	
9	1086.45	4.55	3.62	19(4.0)	
10	1086.35	4.35	3.81	20(3.0)	
11	1086.25	4.17	1.91	10(3.0)	
12	1087.43	6.15	1.60	13(5.0)	
13	1089.60	8.20	1.06	13(7.0)	

（3）稳定性分析。根据前期调查及监测成果，新增 2 号挡墙建成不久即发生拉裂变形，随着裂缝开度的不断加大，在增加两根抗滑短桩后，虽变形速率有所减小，但变形累积值仍呈增大趋势；受其影响与之相交的 1 号桩板挡墙也相继出现拉裂变形。深部位移监测显示，其变形趋势与裂缝开度基本一致；位于下方（质监局后侧）锚索挡墙虽未发现明显变形现象，但根据振弦式锚索测力计检测结果表明，因上方挡墙坡体蠕滑-位移变形致使这批锚索目前已全部处于应力拉张状态，且显现出锚索荷载随时间而逐渐增大的趋势。

综合分析，该次研究边坡现状整体基本稳定。但其蠕动变形的发展演化趋势主要取决于作为滑移面的软弱夹层（面）的强度特性，在暴雨工况下，一旦地表水集中入渗致使其软弱夹层进一步软化、泥化，抗剪强度急剧降低，当其抗剪阻力降低至不足以抵抗上覆岩体下滑力时，边坡岩体及挡墙蠕动变形进一步加剧，存在滑动失稳的可能。

该场区边坡上方（西侧）为妇幼保健院及城镇居民 E 地块住宅楼，下方（东侧）为汉源质监站办公楼等建筑物，边坡一旦发生失稳将直接危及这些建筑物的安全，而且失稳后为后侧边坡提供了新的临空面，导致后侧边坡相继失稳，将造成不可估量的经济损失及不良的社会影响。因此，必须对该边坡采取加固工程措施。

（4）工程方案。

1）滑坡推力及侧压力计算。

a. 计算工况。经综合分析滑体分区特征、滑床岩土体特征及其各种荷载情况，根据《滑坡治理工程设计与施工技术规范》（DZ/T 0219）的相关规定，该次设计按Ⅲ级滑坡标准防治，设计工况为自重工况，稳定安全系数采用 $K=1.2$，校核工况为地震工况，稳定安全系数采用 $K=1.1$。

b. 推力计算。按上述要求，工程布置处的剩余下滑力计算成果见表 3.13.23。

表 3.13.23　　　　　　　　　剩 余 下 滑 力 计 算 成 果 表

设计工况（自重）	校核工况（自重＋地震）	设计工况（自重）	校核工况（自重＋地震）
RJ0 滑面剩余下滑力 /(kN/m)($K=1.2$)	RJ0 滑面剩余下滑力 /(kN/m)($K=1.1$)	RJ1 滑面剩余下滑力 /(kN/m)($K=1.2$)	RJ1 滑面剩余下滑力 /(kN/m)($K=1.1$)
483.248	596.763	624.884	772.245

从上述计算结果来看，RJ0及RJ1均可能控制抗滑桩设计，控制工况为校核工况（自重＋地震），该次设计均分别计算。

c. 锚索桩计算结果。一般工况下桩顶位移26mm＜30mm，滑面处位移6mm，转动零点距离桩底2m，位移变形满足规范要求，最大配筋15000mm²，属于构造配筋；锚索采用1000kN，锚固长度为10m，滑坡治理设计满足要求。

d. 1号挡墙加固计算结果。一般工况下桩顶位移26mm＜30mm，地面处位移12mm，转动零点距离桩底0.9m，挡墙位移变形满足规范要求，一般工况下最大配筋3600mm²、地震工况下最大配筋4606mm²＜8831mm²，现状挡墙配筋实配18根ϕ25的钢筋，故加固后设计满足要求。

2）设计方案概述。该次设计采用抗滑桩＋锚索并回填C20混凝土综合治理加固方案（图3.13.51～图3.13.53），于已建1号挡墙下侧边坡向东偏移3m处共布置13根抗滑桩，桩长为15～18m，桩间距为6～7m，桩基截面均采用2.0m×2.5m矩形桩，桩基础均以中风化砂岩为持力层，桩身嵌入RJ1滑面深度不得小于5m。根据现场实际情况，0～10号桩在桩顶以下3m均设置1排100t级的压力型锚索，11～12号桩在桩顶以下2m均设置1排100t级的压力型锚索，锚索以中风化砂岩为锚固段，锚固段长10m。其中，抗滑桩采用逆作法从上至下分段开挖施工，挡板采用现浇挡板，并在K5～K6挡板中间设置一道预制挡板作为伸缩缝，无需开挖后侧土体，待抗滑桩挡板修建完成后回填C20混凝土，回填后1号挡墙临空面小于3m，对后边坡及建筑物影响较小；施工加锚索后能改善桩基受力，桩顶变形可控制在3cm。

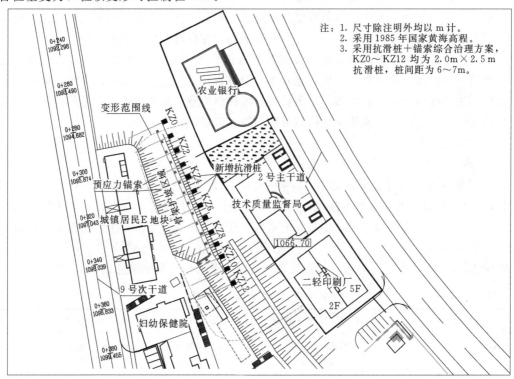

图3.13.51 挡墙布置平面图

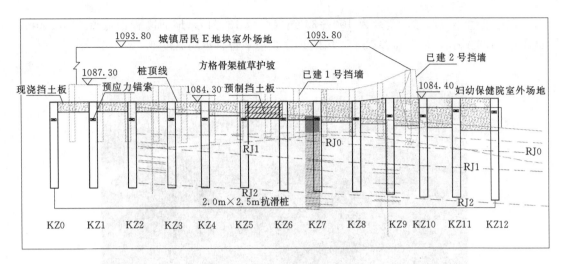

图 3.13.52　挡墙布置纵断面图

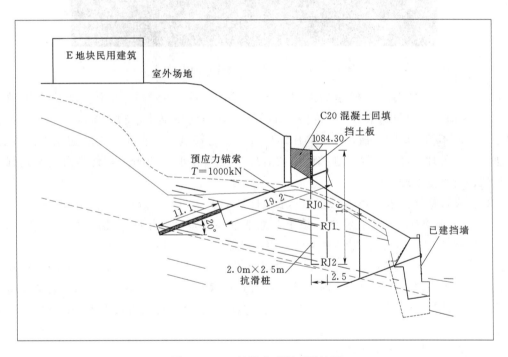

图 3.13.53　挡墙典型剖面设计图

（5）小结。该工程治理设计需同时针对高边坡中部的多层潜在滑面和既有挡墙嵌固长度不足的两大主要问题，通过锚拉桩稳固边坡的多层滑动面，施加于桩顶的锚索既改善了抗滑桩的受力状态也约束的整个边坡和既有挡墙的变形，最后回填混凝土形成新的嵌固段确保既有桩板式挡墙的安全，由此达到锚拉桩的综合应用，积极发挥其工程效益，项目设计理念先进、思路明确、经济合理，实施完毕后安全可靠。

13.6.9　强夯法处理深回填区挡墙基础实例

（1）地质概况。汉源新县城扩大西区 N-3 地块总用地面积为 6.4hm²，场地呈西北高、东南低的分布形态，宽度为 100～330m（图 3.13.54）。地面高程最低点 1102.00m，最高点 1135.00m，最大高差 33m。场地共分 5 个平台，平均高度 6.6m。

图 3.13.54　N-3 地块施工前地形面貌

根据现场钻探揭示，拟建场地覆盖层较厚，岩性主要为第四系全新统人工填土（Q_4^{ml}），为新县城建筑场平弃土、弃渣，由含块、碎石粉质黏土、粉土组成，局部含植物根系，土质不均，结构松散，具有高压缩性低承载力特点，不宜作为挡墙的基础持力层，需进行地基处理，经过计算，在挡墙加载后最大沉降量可达 58cm，经综合分析采用强夯置换法进行地基处理。

（2）设计概况。该工程项目挡墙总长 1195m，高度在 2～7m 之间，其中大多为 4～5m，由于该地块基本为工程弃渣回填土，地基条件较差，因此该次设计时均尽量将挡墙高度控制在 7m 以下，并根据地基条件采用多种结构形式：挡墙高度低于 4m 时，采用重力式挡墙，以夯实回填土和换填碎石土为持力层；挡墙高度为 4～7m 时，采用悬臂式挡墙，若地基为强风化岩或碎石土时，选用衡重式挡墙；挡墙高度不小于 7m、基础地质条件较差且离建筑后退距离较近时，选用桩板式挡墙。永久性自然边坡大于 3m 时采用网格植草护坡。

（3）强夯置换地基处理设计。

设计参数：锤重 15t，提升高度为 10m，设计墩长为 2m。

地基处理范围：挡墙基础全宽外侧 3m 的距离。采用主夯、副夯、全幅满夯的次序进行（全幅满夯的次序未标示）。主夯点、副夯点均按正方形布置，夯点间距为 3.5m（图3.13.55）。

试夯要求：起重机每遍每点夯击数主要通过现场试夯确定，该路段工点初定每遍每点6 击，最后一遍为低能量满夯，互相搭夯不大于 1/2 夯痕。每遍间距时间不少于 3 周。

置换材料要求：墩体材料可采用级配良好的块石、碎石、矿渣、建筑垃圾等坚硬粗颗粒材料，粒径大于 300mm 的颗粒含量不宜超过全重的 30%。

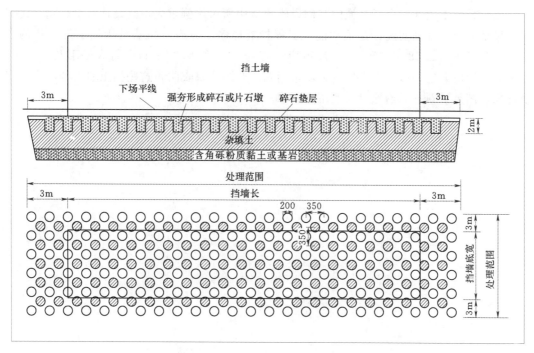

图 3.13.55　强夯碎石桩处理布置图

（4）运行评价。强夯（置换）法施工工艺、操作简单，适用土质范围广，施工速度快，加固效果好，投资较少，该项目应用其处理深回填区的矮挡墙基础效果良好，运行至今未出现变形和开裂。

13.7　小结

（1）挡墙工程是新县城建设的一大特点。结合单斜顺向边坡特定的地形地质条件，需要高切坡形成场平，因此大量采用挡墙支挡，其结构形式多样，一般高度为 8～12m，最大高度达 25m，总长 40 余 km，属国内罕见。

（2）汉源新县城挡墙设计安全分项系数、计算荷载组合、荷载选择、地基承载力、稳定性计算主要按照《建筑边坡工程技术规范》（GB 50330）执行，在挡墙材料强度选取以及桩板式挡墙、锚拉桩板式挡墙、衡重式挡墙、悬臂式挡墙、锚杆（索）挡墙的计算方法和构造设计等方面借鉴参考了《铁路路基支挡结构设计规范》（TB 10025）、《土层锚杆设计与施工规范》（CECS 22）、《岩土锚杆（索）技术规程》（CECS 22）和《公路挡土墙设计与施工技术细则》等规程规范的相关规定。

（3）汉源新县城由于处于单斜顺向坡，重力式挡墙基底采用了台阶基础，高度超过 12m 后增设了地锚；根据地质条件、相邻构筑物关系等采用了不同的桩间板形式，并根据建筑物变形需求控制桩板挡墙的变形；工程大量应用了桩板式挡墙和桩基托梁基础，并对其进行了研究总结。

（4）根据现场施工开挖揭示地质情况，依据"动态设计、信息化施工"的指导思想及时反馈，设计采用快速、有效的手段合理处理动态设计成果。

（5）挡墙工程在整个新县城的基础设施投资中所占比例重大，其设计直接影响移民安置、场地安全、规划实施、建筑功能、工程投资等多个方面，挡墙已历经了近6年的考验，尤其经历了2008年"5·12"汶川特大地震、2010年"7·17"特大暴雨及2012年"4·20"芦山大地震后，未发生重大质量问题。监测成果表明，这些挡土墙工程的设计安全可靠，满足了新县城场地投入使用的要求。

第4篇

岩土工程监测

14

概　况

14.1　监测目的

萝卜岗场地稳定性安全监测以汉源县城新址萝卜岗场地斜坡及其范围内滑坡影响区、工程支护措施以及移民安置建筑物基础为主要监测对象，通过周期性持续观测及时获取变形、渗流、应力应变以及相关荷载量等监测时空信息，动态掌握其在工程施工影响、汛期降雨和水库蓄水后的稳定性状态，反馈并指导移民迁建工程安全施工，检验复杂岩土工程治理效果，及时捕捉监测效应量异常迹象和潜在不安全因素，服务移民决策与灾害应急，以便及时采取防范措施，防止或规避重大事故发生，保障汉源新县城移民工程安全运行。

（1）及时反馈施工期安全监测信息，监控场地稳定性及工程安全性态。作为汉源县移民迁建新址所在地，施工期萝卜岗场地稳定性对推进移民安置工程顺利进行、维护新县城社会经济稳定关系重大，单凭人工巡视检查不足以及时发现潜在安全隐患，必须在岩土工程治理施工同时，对工程支护结构及周边环境布设针对性的安全监测系统，及时观测、及时整编分析、及时反馈监测信息，充分发挥其"耳目"作用，保障移民生命财产安全。

（2）验证工程设计和施工方案的安全性与合理性，检验工程支护效果。汉源新县城萝卜岗场区地质条件复杂，岩土体结构特征及变形特征差异明显，工程综合治理难度高、规模大，在移民迁建工程施工期开展安全监测，对验证工程设计和施工方案的安全性与合理性，检验工程措施支护效果，积累库区地质灾害治理工程实践经验是十分必要的。

（3）提升库区滑坡灾害预警能力，服务移民工程防灾减灾与决策咨询。建设兼具科学性、完善性和先进性的安全监测系统是健全汉源新县城移民工程防灾减灾体系的重要内容，通过及时获取"鲜活"的安全监测时空数据，动态评价萝卜岗场地整体与局部稳定性状态，提升灾害预警能力与反馈效率，为及时制定实施相关防范措施提供准确依据，最大限度地减轻移民生命财产损失，保障汉源新县城经济社会持续健康发展。

14.2　监测范围与重点

14.2.1　监测范围

汉源新县城萝卜岗场地稳定性监测范围除包括移民迁建规划用地范围外，还包括场地范围内三大滑坡（乱石岗滑坡、富塘滑坡和康家坪滑坡）堆积区及其影响区，以及煤层采空区、萝卜岗后坡和周边库岸等影响建设场地稳定性的外围环境等，具体监测范围见

图 4.14.1。

图 4.14.1　汉源新县城萝卜岗场地稳定性监测范围

14.2.2　监测重点

（1）重点监测内容。监测设计总体上以萝卜岗场地整体稳定性监测为主，以局部地灾点、建筑地基以及周边环境稳定性监测为辅，对汉源新县城萝卜岗场地进行全方位有区别重点监控。

（2）重点监测项目。萝卜岗场地整体稳定性安全监测应以地表变形监测、地下深部变形监测以及地下水水位监测为重点，对于场地内主要滑坡体和重要支挡结构，还应重点包括支护效应监测，以评价工程支护与加固效果。

（3）施工期监测工作重点。施工期监测首要工作重点在于选取结构代表性特征部位，及时埋设监测仪器和外部设施，以获取贯穿工程活动全过程的安全监测信息。此外工作重点还包括及时观测、及时整理分析监测资料和及时反馈监测信息。

15

场地整体稳定性监测分析与评价

15.1 监测项目与测点布置

汉源新县城萝卜岗场地宽缓斜坡共设置 16 个监测剖面，剖面间距为 200～300m，其中穿越乱石岗滑坡堆积区和后缘影响区的监测剖面有 6 个，穿越富塘滑坡残留物堆积区和 N 地块的监测剖面有 4 个，穿越南东端灰岩场地和采空区的监测剖面有 3 个。总体上以控制萝卜岗场地整体稳定性为主，兼顾局部地灾点、滑坡、建筑基础及支挡结构稳定性监测。

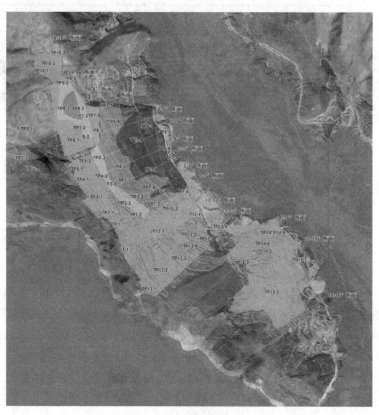

图 4.15.1　萝卜岗场地整体稳定性监测布置图

萝卜岗场地整体稳定性监测项目包括 GNSS 地表位移监测、测斜孔深部位移监测、地下水动态监测以及地质巡视检查，监测仪器和设施横向上主要沿监测剖面进行布置，纵向上多监测手段进行立体组合布设，使不同监测效应量相互关联、相互补充和相互检核，确保监测成果分析与评价的准确性和可靠性。在场地剖面设计布置的监测仪器设施包括 52 个 GNSS 变形监测站、62 个钻孔测斜仪监测孔和 24 支钻孔渗压计，其中 GNSS 变形监测站埋设分布见图 4.15.1。

15.2 典型剖面监测成果分析

15.2.1 2-2′监测剖面

（1）地表水平位移监测。2-2′监测剖面共布设 5 个 GNSS 变形监测站，测站编号为 TP2-1～TP2-5。由监测成果统计分析可知，截至 2015 年 8 月，各测点横河向位移为 −23.7～6.1mm，顺河向位移为 −4.9～10.0mm，最大变化点发生在 TP2-4，其横河向表现为向坡内变形，最大位移量为 −24.6mm，出现在 2015 年 2 月 9 日，顺河向表现为向下游变形，最大位移量为 23.5mm，出现在 2013 年 10 月 25 日。从图 4.15.2 和图 4.15.3 位移变化过程线上看，TP2-4 变形趋势明显，暂无收敛迹象，需要进一步加强监测和地质巡查，其余测点各方向位移量及位移变幅较小，位移-时间曲线变化平稳。

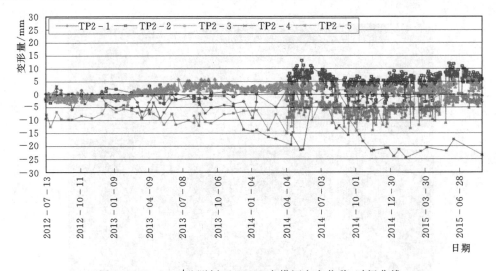

图 4.15.2　2-2′监测剖面 GNSS 点横河方向位移-时间曲线

（2）地下深部位移监测。2-2′监测剖面共埋设 5 套测斜孔，测孔编号为 IN2-1～IN2-5。监测成果统计分析显示，截至 2015 年 8 月，孔口相对于孔底的水平位移，横河向为 −4.6～6.1mm，顺河向为 −8.3～6.7mm，总体量值较小。从测孔位移-深度分布特征上看，IN2-1 与 IN2-4 附近岩体稳定性较好，IN2-2、IN2-3 和 IN2-5 均出现较明显位移突变段，位变深度分别在 7.5m、9.0m 和 15.5m 附近，合位移方向不具一致性，可能与局部岩体特征与施工扰动有关。变形主要发生在埋设初期，2013 年后已基本趋于平稳。

（3）地下水动态监测。渗压计 P2-3 埋设于测斜孔 IN2-3 孔底，2010 年 11 月 7 日

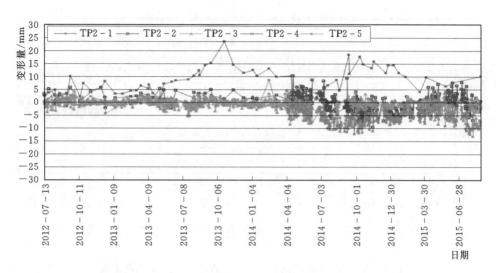

图 4.15.3　2-2'监测剖面 GNSS 点顺河方向位移-时间曲线

安装，仪器埋深为 21.5m。近 5 年监测数据显示，孔内地下水位涨落受汛期降雨影响较明显，枯水期变化较为稳定，历年水位变幅为 7.55m。

15.2.2　3-3'监测剖面

（1）地表水平位移监测。3-3'监测剖面共布设 3 个 GNSS 变形监测站，测站编号为 TP3-1～TP3-3。监测成果统计分析显示，截至 2015 年 8 月，各测站横河向位移为 -1.1～17.6mm，顺河向位移为 -0.7～7.1mm，最大变化点为 TP3-3，其横河向表现为向坡外变形，最大位移量为 24.5mm，出现在 2015 年 3 月 21 日，顺河向表现为向下游变形，最大位移量为 17.3mm，出现在 2014 年 2 月 18 日。图 4.15.4 和 4.15.5 为测站位移-时间曲线，可以看出，TP3-3 变形趋势明显，且暂无收敛迹象，需要进一步加强监测和地质巡查，其余测点各方向位移量及位移变幅较小，位移随时间变化平稳。

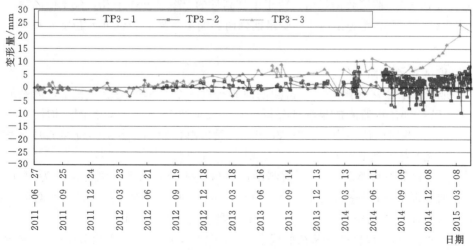

图 4.15.4　3-3'监测剖面 GNSS 点横河方向位移-时间曲线

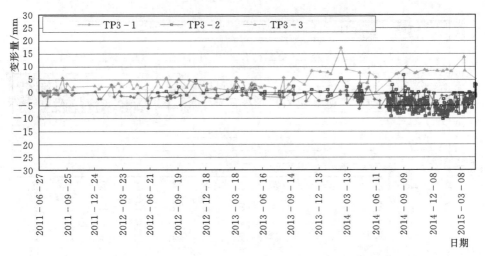

图 4.15.5　3－3′监测剖面 GNSS 点顺河方向位移－时间曲线

（2）地下深部位移监测。3－3′监测剖面共埋设 5 套测斜孔，测孔编号为 IN3－1～IN3－5。多年监测以来，孔口相对于孔底的水平位移，横河向为－3.1～27.5mm，顺河向为－6.7～3.8mm，最大变形孔为 IN3－5。从测孔位移－深度分布特征上看，IN3－1 与 IN3－2 深层位移基本由孔底向上逐级累加，并沿钻孔轴线随机小幅摆动，未见滑移面迹象；IN3－3 和 IN3－4 深部均出现较明显位移突变段，横河向最大位变深度分别在 10.5m 和 11.5m 附近，与钻孔揭示的岩芯特征基本相符；IN3－5 在 2.5m 以下岩土体稳定性较好，浅表部软土层于 2010 年 5 月出现位移增大，并向坡外趋势性缓慢发展（2010 年 8 月测值异常主要因施工机械碰撞导致），2013 年年底附近房屋拆迁被掩埋后停止观测。

总体上看，3－3′监测剖面位于乱石岗滑坡堆积区的中低高程测斜孔已产生一定位移，目前虽变形速率逐步趋缓，但仍需在一段时间内进一步持续监测。

（3）地下水动态监测。3－3′监测剖面测斜孔孔底共配套埋设 2 支渗压计，仪器编号为 P3－2 和 P3－4。监测数据显示，位于中高高程的 P3－2 基本干孔，位于低高程的 P3－4 地下水水位未见季节性变化规律，受汛期降雨影响不明显，2011 年水位变化最大，年变幅为 2.88m。

15.2.3　4－4′监测剖面

（1）地表水平位移监测。4－4′监测剖面共布设 3 个 GNSS 变形监测站，测站编号为 TP4－1～TP4－3。由监测成果统计分析可知，截至 2015 年 8 月，各测站横河向位移为 1.3～3.0mm，顺河向位移为－2.3～3.6mm，量值总体较小，各测站位移随时间基本变化平稳，暂无明显不利变形迹象。

（2）地下深部位移监测。4－4′监测剖面共埋设 4 套测斜孔，测孔编号为 IN4－1～IN4－4。监测成果统计分析显示，截至 2015 年 8 月，孔口相对于孔底的水平位移，横河向为 0～32.1mm，顺河向为－29.8～3.5mm，最大变形测孔为 IN4－1。

从测孔累积位移－深度变化特征曲线上看（图 4.15.6），IN4－1 和 IN4－4 已显现较明显位移异常段，位变深度分别在 11.5m 和 7.5m 附近，其中横河向均朝坡内方向位移，变形主要发生于埋设初期，随着附近场地施工建设完成，变形逐步趋于平稳。另两处测孔

IN4-2 和 IN4-3 深层位移随时间变化稳定。

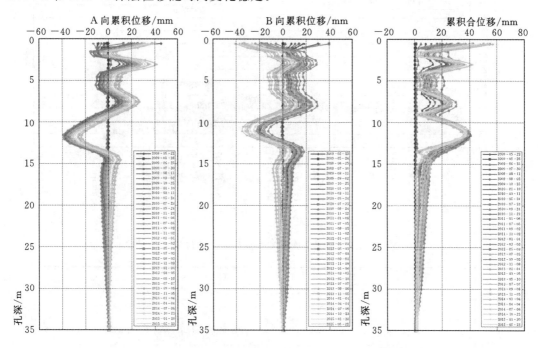

图 4.15.6　4-4'监测剖面测斜孔 IN4-1 位移-深度曲线

（3）地下水动态监测。4-4'监测剖面测斜孔孔底共配套埋设 3 支渗压计，仪器编号为 P4-1、P4-3 和 P4-4。多年监测成果显示，P4-1 仅 2010 年汛期观测到明显水位变化，当年水位变幅为 2.16m，2011 年至今孔内水位基本在安装高程附近窄幅波动，水位变化很小；P4-3 和 P4-4 地下水水位涨落受降雨影响显著，但枯水期水位变化稳定，历年水位变幅分别为 3.40m 和 7.92m，位于剖面低高程的 P4-4 水位变化相对较大，历年变幅接近 10m。

15.2.4　6-6'监测剖面

（1）地表水平位移监测。6-6'监测剖面共布设 4 个 GNSS 变形监测站，测点编号为 TP6-1～TP6-4。监测成果统计分析显示，截至 2015 年 8 月，各测站横河向位移为 -6.8～46.2mm，顺河向位移为 -2.8～29.3mm；最大变化点发生在 TP6-4，其以横河向坡外变形为主，最大位移量为 46.2mm，出现在 2015 年 8 月 28 日；其次较大变形点为 TP6-1，其以横河向坡外变形为主，最大位移量为 23.4mm，出现在 2015 年 7 月 23 日，顺河向以向下游变形为主，最大位移量为 31.2mm，出现在 2015 年 8 月 25 日。

从图 4.15.7 和图 4.15.8 测站位移随时间变化过程线上看，TP6-1 和 TP6-4 变形趋势明显，位移量及位移速率相对偏大，需要进一步加强监测与地质巡查，予以重点关注；TP6-2 和 TP6-3 位移量值不大，位移-时间曲线基本平稳或已趋平稳。

（2）地下深部位移监测。6-6'监测剖面共埋设 5 套测斜孔，测孔编号为 IN6-1～IN6-5。监测成果统计分析显示，多年观测以来，孔口相对于孔底的水平位移，横河向为 -51.2～22.3mm，顺河向为 -24.6～6.2mm，且横河向最大位移多处于埋设初期与雨

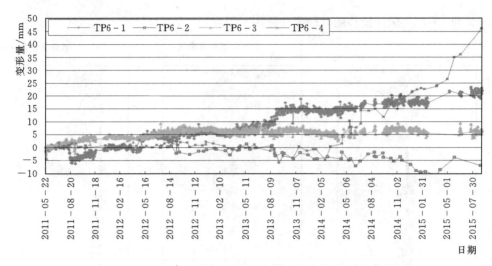

图 4.15.7　6-6′监测剖面 GNSS 点横河方向位移-时间曲线

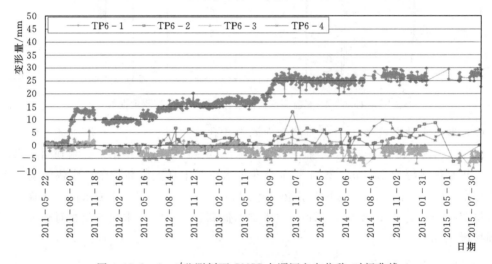

图 4.15.8　6-6′监测剖面 GNSS 点顺河方向位移-时间曲线

水丰沛季节，最大变形测孔为 IN6-1 和 IN6-4。

由测孔位移-深度曲线及位移-时间曲线可以看出：

1）IN6-1 深部地层变化稳定，3m 以上填土层变形明显，并显现较明显趋势性变化，遇雨季位移小幅增大，2014 年后，最大变形孔口部位已基本收敛。

2）IN6-2 深部探测到 2 处位移异变段，深度分别在 6.5m 和 16.5m 附近，合位移量分别为 6.7mm 和 8.0mm，位移量值较小。最大变形孔口处略呈位移增大趋势，暂未明显收敛。

3）IN6-3 在 10.0m 深度处存在一滑移面，钻孔岩芯揭示该深度为块碎石土与下伏砂岩交界面，位移主要发生在 2011 年 6—9 月间，目前位移量及位移速率相对较小。

4）IN6-4 孔口变形异常主要因 2011 年 9 月外力撞击导致，修复后位移变化稳定。深部 8.0m 处自埋设不久便出现向坡外变形迹象，但目前位移量值较小，除雨季小幅增大外，变形历时曲线基本变化平稳。

334

5）IN6-5钻孔各深度未见滑移面存在迹象，反映其岩体深部变形基本稳定。

总体上看，6-6′监测剖面中高高程测斜孔以浅表层坡外变形为主，目前虽变形速率逐步趋缓，但后期仍需进一步持续监测，见图4.15.9。

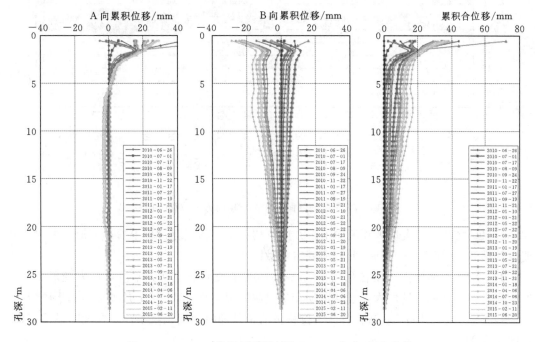

图4.15.9　6-6′监测剖面测斜孔IN6-1位移-深度曲线

（3）地下水动态监测。6-6′监测剖面测斜孔孔底共配套埋设2支渗压计，仪器编号为P6-3和P6-5。历年监测成果显示，P6-3孔内仅2012年7—8月观测到水位变化，其余时间基本干孔；P6-5孔内地下水水位未见季节性变化规律，2012—2013年间总体呈上升趋势，水位变幅达6.96m，其余时段孔内水位基本变化较小。

15.2.5　7-7′监测剖面

（1）地表水平位移监测。7-7′监测剖面共布设5个GNSS变形监测站，测点编号为TP7-1~TP7-5。监测成果统计分析显示，截至2015年8月，各测站横河向位移为2.1~20.6mm，顺河向位移为-3.1~6.0mm；最大变化点为TP7-1，其以横河向坡外变形为主，最大位移量为22.2mm，出现在2015年5月25日，呈缓慢变形增大趋势；其余测点位移量值不大，位移-时间曲线基本平稳，见图4.15.10。

（2）地下深部位移监测。7-7′监测剖面共埋设5套测斜孔，测孔编号为IN7-1~IN7-5。监测成果统计分析显示，多年观测以来，孔口相对于孔底的水平位移，横河向为-15.3~7.1mm，顺河向为-6.8~0.7mm，其中IN7-1变化相对较大，从测孔监测成果可以看出：

1）IN7-1深部位移曲线规律性差，可能是钻孔灌浆不密实的原因。孔口部位表现为向坡内方向变形，并呈现趋势性变化，2014年后，最大变形孔口部位已基本收敛。

2）IN7-2深部22m以下地层存在位移波动，最大位移在25.0m附近，合位移方向

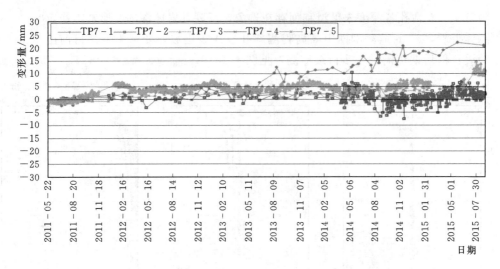

图 4.15.10 7-7′监测剖面 GNSS 点横河方向位移-时间曲线

在 70°～90°之间，即表现为顺河向下游方向位移。从位移变化过程上看，变形主要发生在埋设初期 2009 年 7—9 月间，此后便基本收敛。

3）IN7-3 埋设不久便在深度 10.5～18.0m 呈现明显位移异常段，最大变形 15.0m 处表现为向坡外趋势性增大，且遇汛期变形增幅明显，至 2011 年 7 月才逐步趋于收敛。

4）IN7-4 与 IN7-5 钻孔各深度位移量值及其随时间变幅较小，未发现明显滑移面，见图 4.5.11。

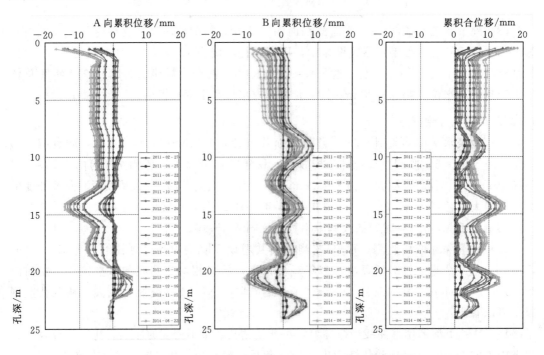

图 4.15.11 7-7′监测剖面测斜孔 IN7-1 位移-深度曲线

（3）地下水动态监测。渗压计P7-3埋设于测斜孔IN7-3孔底，2009年5月17日安装，仪器埋深34.5m。监测期间测孔内部基本干孔，仅汛期偶有小幅水位变化。

15.2.6 8-8′监测剖面

（1）地表水平位移监测。8-8′监测剖面共布设4个GNSS变形监测站，测点编号为TP8-1～TP8-4。截至2015年8月，各测站横河向位移为-8.7～16.9mm，顺河向位移为1.4～4.4mm；最大变化点为TP8-4，其以横河向坡外变形为主，最大位移量为20.0mm，出现在2015年8月2日；其次较大变化点为TP8-2，其以横河向坡内变形为主，最大位移量为-21.8mm，出现在2014年4月7日。从图4.15.12测点位移随时间变化过程线上看，TP8-2变形已基本趋于平稳，TP8-4变形仍处于缓慢增大发展中，暂未完全收敛，其余测点TP8-1和TP8-3变形稳定，无不利变形迹象。

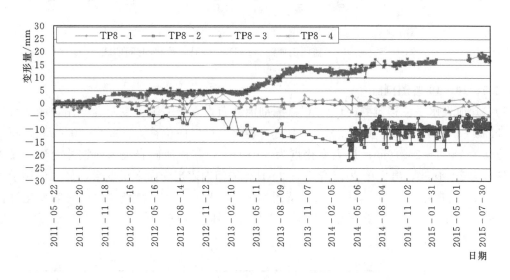

图4.15.12 8-8′监测剖面GNSS点横河方向位移-时间曲线

（2）地下深部位移监测。8-8′监测剖面共埋设4套测斜孔，测孔编号为IN8-1～IN8-4。监测成果统计分析显示，多年观测以来，孔口相对于孔底的水平位移，横河向为-15.2～29.7mm，顺河向为-2.3～6.3mm，最大位变孔IN8-4以朝坡外变形为主，并呈现较明显趋势性变化（图4.15.13），2014年后位移速率逐步趋缓，但暂未明显收敛。从测孔位移-深度变化特征上看，IN8-1内部坡体稳定性较好，IN8-2～IN8-4深部均出现较明显异常变形段，但可能由于深部岩体特性或灌浆不密实等原因，变形规律性总体较差，未见有明显滑移面。

（3）地下水动态监测。渗压计P8-3埋设于测斜孔IN8-3孔底，2009年7月8日安装，仪器埋深23.5m。历年监测成果显示，钻孔地下水水位近似呈年周期性变化，汛期水位上升，枯水期水位回落以至干孔，水位涨落受降雨影响显著，2012年水位变幅最大，年变幅为5.09m。

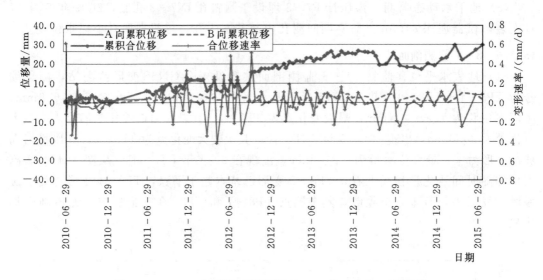

图 4.15.13　8-8′监测剖面测斜孔 IN8-4 孔口位移-时间曲线

15.2.7　10-10′监测剖面

（1）地表水平位移监测。10-10′监测剖面共布设 3 个 GNSS 变形监测站，测点编号为 TP10-1～TP10-3。截至 2015 年 8 月，各测站横河向位移为−2.4～20.4mm，顺河向位移为−0.1～26.1mm；最大变化点为 TP10-2，其横河向表现为向坡外变形，最大位移量为 20.4mm，出现在 2015 年 8 月 26 日，顺河向表现为向下游变形，最大位移量为 30.5mm，出现在 2014 年 4 月 17 日。从图 4.15.14 和 4.15.15 测点位移随时间变化过程线上看，TP10-2 变形趋势明显，暂未完全收敛，其余测点 TP10-1 和 TP10-3 变形稳定，无不利变形迹象。

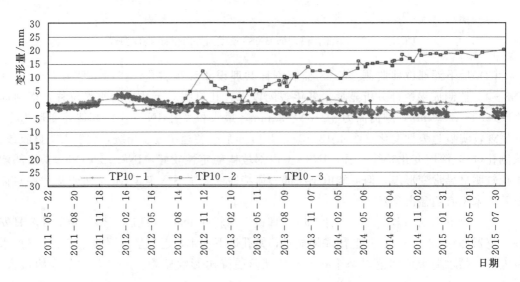

图 4.15.14　10-10′监测剖面 GNSS 点横河方向位移-时间曲线

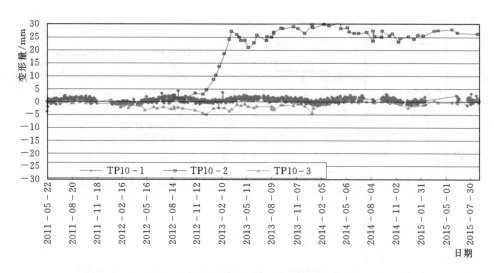

图 4.15.15　10-10′监测剖面 GNSS 点顺河方向位移-时间曲线

（2）地下深部位移监测。10-10′监测剖面共埋设 3 套测斜孔，测孔编号为 IN10-1～IN10-3。监测成果统计分析显示，截至 2015 年 8 月，孔口相对于孔底的水平位移，横河向为 0.4～345.7mm，顺河向为 -8.6～20.8mm，IN10-2 孔口显著异常主要因 2012 年 1 月施工机械撞击导致。从测孔位移-深度曲线上看，IN10-1 和 IN10-3 钻孔深部岩体稳定性较好，IN10-2 在深度 13.0m 处存在明显滑移面（图 4.15.16 和图 4.15.17），滑面以上地层自 2011 年 7 月整体朝坡外位移，2012 年汛期变形继续加大，至 2013 年 4 月变形渐趋收敛。

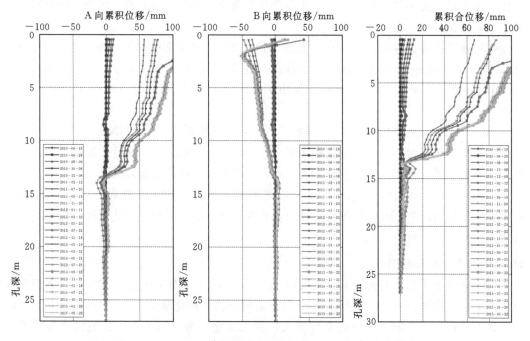

图 4.15.16　10-10′监测剖面测斜孔 IN10-2 位移-深度曲线

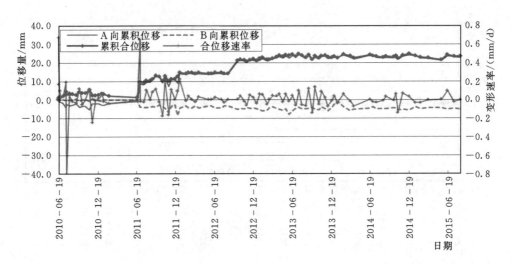

图 4.15.17　10-10′监测剖面测斜孔 IN10-2 深度 13m 位移-时间曲线

（3）地下水动态监测。渗压计 P10-2 埋设于测斜孔 IN10-2 孔底，2010 年 6 月 17 日安装，埋设深度为 27.5m。仪器安装后，地下水水位短时间内快速下降，随后基本处于干孔状态，受降雨影响不明显。

15.2.8　12-12′监测剖面

（1）地表水平位移监测。12-12′监测剖面共布置 5 个 GNSS 变形监测站，测点编号为 TP12-1～TP12-5。监测成果统计分析显示，截至 2015 年 8 月，各测站横河向位移为-0.3～5.5mm，顺河向位移为-4.3～8.7mm，量值总体较小。各测点位移-时间曲线总体变化平稳，无不利或异常变形趋势，部分表现为周期性小幅波动，可能与残余对流层延迟误差有关。

（2）地下深部位移监测。12-12′监测剖面共埋设 5 套测斜孔，测孔编号为 IN12-1～IN12-5。监测成果统计分析显示，当前孔口相对于孔底的水平位移，横河向为 0.8～58.8mm，顺河向为-9.4～3.5mm，其中 IN12-4 变形异常主要因埋设初期外力撞击导致。

图 4.15.18 为典型位移-深度分布曲线，可见位变相对较大测孔 IN12-5 主要以朝坡外位移为主，位移时间基本在埋设初期至 2011 年汛末，随后变形逐趋平稳，未见进一步趋势性变化。另 3 处测孔深层位移变化较小，反映其内部坡体是稳定的。

（3）地下水动态监测。渗压计 P12-2 埋设于测斜孔 IN12-2 孔底，2010 年 11 月 4 日安装，仪器埋深 23.6m。监测成果显示，孔内地下水水位无明显变化规律，历年水位变幅为 1.98m。

15.2.9　13-13′监测剖面

（1）地表水平位移监测。13-13′监测剖面共布设 6 个 GNSS 变形监测站，测点编号为 TP13-1～TP13-6。截至 2015 年 8 月，各测站横河向位移为-10.0～19.0mm，顺河向位移为-13.2～7.5mm，量值总体不大；最大变化点为 TP13-6，其横河向表现为向坡外变形，最大位移量为 19.1mm，出现在 2015 年 6 月 12 日，顺河向表现为向上游变

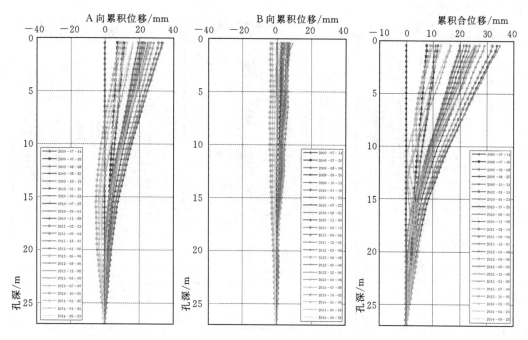

图 4.15.18   12-12′监测剖面测斜孔 IN12-5 位移-深度曲线

形,最大位移量为 16.4mm,出现在 2015 年 6 月 12 日。从位移-时间过程线上看,
TP13-6 于 2013 年 5 月后略显位移增大趋势,其余测点位移总体变化稳定。

（2）地下深部位移监测。13-13′监测剖面共埋设 6 套测斜孔,测孔编号为 IN13-1~
IN13-6。监测成果统计分析显示,当前孔口相对于孔底的水平位移,横河向为-26.8~
55.9mm,顺河向为-15.3~5.4mm,量值上中低高程测孔相对较大,最大为 IN13-6。

从位移-深度特征上看,各测孔深部均出现异常变形段,但随着附近场地建设完成,
变形逐步趋于稳定。其中,IN13-4 在深度 11.5m 处存在明显滑移面（图 4.15.19 和图
4.15.20）,与钻孔揭示的岩芯特征相符,滑面自 2009 年 12 月中旬开始向坡外位移,并显
缓慢增大趋势,至 2011 年汛期施加防护措施后才基本收敛。IN13-6 上部地层位移突变
发生在 2011 年 7—8 月,可能与当时路基碾压沉降有关。

（3）地下水动态监测。13-13′监测剖面测斜孔孔底共配套埋设 3 支渗压计,仪器编
号为 P13-2、P13-4 和 P13-5。仪器安装后,地下水水位迅速下降,反映钻孔深部岩体
透水性较强。近 5 年观测成果显示,仅 P13-2 在埋设后 2 年观测到水位变化,2012 年孔
内水位变幅最大为 2.37m,2013 年后基本干孔；P13-4 和 P13-5 观测期间也基本处于干
孔状态,汛期偶有小幅水位变化。

15.2.10   14-14′监测剖面

（1）地表水平位移监测。14-14′监测剖面共布置 5 个 GNSS 变形监测站,测点编号
为 TP14-2~TP14-6。截至 2015 年 8 月,各测站横河向位移为-9.0~24.9mm,顺河
向位移为-13.3~37.7mm,最大变化点发生在 TP14-2,其以向坡外变形为主,最大位
移量为 52.9mm,出现在 2014 年 3 月 10 日。

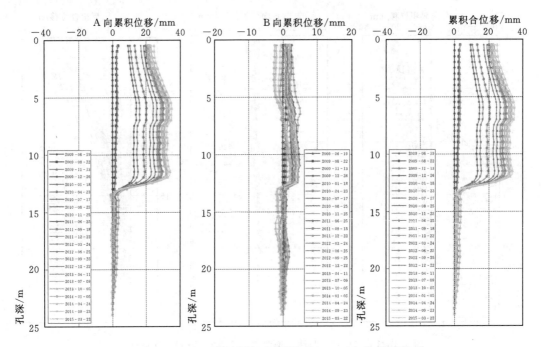

图 4.15.19 13-13′监测剖面测斜孔 IN13-4 位移-深度曲线

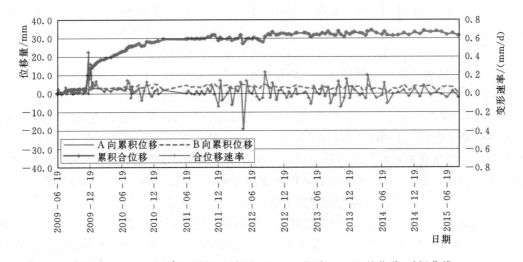

图 4.15.20 13-13′监测剖面测斜孔 IN13-4 深度 11.5m 处位移-时间曲线

从图 4.15.21 测点位移随时间变化过程线上看，TP14-2 自 2012 年 5 月后显现明显位移增大趋势，变形量及变形速率相对偏大，2014 年 4 月测点在滑坡治理施工中拆除，随后停止观测；TP14-4 略显位移增大趋势，目前变形量及变形率较小；其余测点位移总体变化稳定，无异常变化迹象。

（2）地下深部位移监测。14-14′监测剖面共埋设 4 套测斜孔，测孔编号为 IN14-1～IN14-4。监测成果统计分析显示，当前孔口相对于孔底的水平位移，横河向为－22.8～9.6mm，顺河向为 1.6～34.6mm，IN14-3 变形异常主要因埋设初期外力撞击导致。

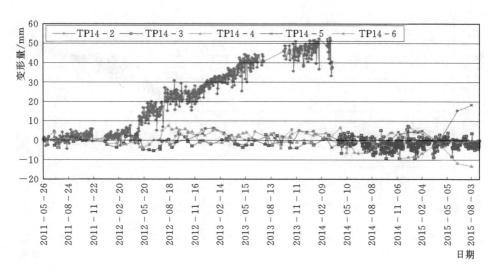

图 4.15.21 14-14′监测剖面 GNSS 点横河方向位移-时间曲线

从位移-深度特征上看，测孔 IN14-2 在深度 15.5m 处出现明显滑带，并向临空方向持续缓慢增大，但 2013 年 10 月后已逐步收敛。其余测孔 IN14-1、IN14-3 和 IN14-4 深层位移随时间变化总体较小，已无趋势性变化迹象，表明该剖面深层坡体变形已基本稳定。

15.2.11 15-15′监测剖面

（1）地表水平位移监测。15-15′监测剖面共布设 2 个 GNSS 变形监测站，测点编号为 TP15-2 和 TP15-3。监测成果显示，TP15-2 位移量及位移变幅总体不大，测值变化过程线基本稳定；TP15-3 横河向表现为向坡外变形，最大位移量为 47.9mm，顺河向表现为向下游变形，最大位移量为 44.4mm，从图 4.15.22 和图 4.15.23 位移变化过程线上看，TP15-3 埋设后一直显现位移增大趋势，且目前暂未收敛，需要持续监测并加强现场巡查。

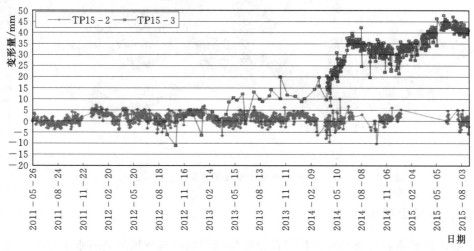

图 4.15.22 15-15′监测剖面 GNSS 点横河方向位移-时间曲线

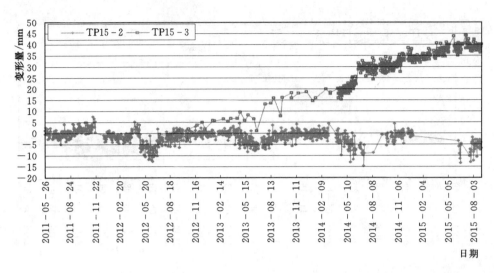

图 4.15.23　15-15′监测剖面 GNSS 点顺河方向位移-时间曲线

（2）地下深部位移监测。15-15′监测剖面共埋设 1 套测斜孔，测孔编号为 IN15-2，孔深 20.5m，2011 年 6 月 21 日埋设安装。监测成果显示，钻孔各深度位移量及其随时间变幅相对较小，最大变形孔口处当前两正交方向位移分别为 9.2mm 和 12.0mm，合位移方向在 35°～55°间，暂无趋势性变化迹象，反映钻孔深层岩体基本稳定。

（3）地下水动态监测。渗压计 P15-2 埋设于测斜孔 IN15-2 孔底，2011 年 6 月 20 日埋设安装，仪器埋深 21.0m。仪器安装后，地下水水位迅速下降，反映钻孔深部岩体透水性较强。历年监测成果显示，孔内地下水水位近似呈年周期性变化，汛期水位上升，枯水期水位回落至稳定，水位变幅为 1.13m。

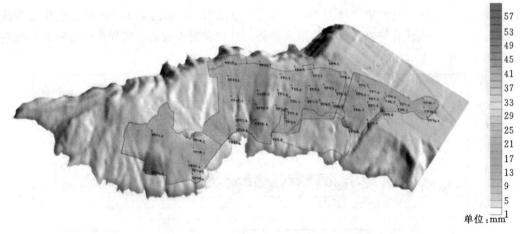

图 4.15.24　萝卜岗场地 GNSS 地表水平位移云图（2015 年 8 月）

15.3　监测成果评价

以萝卜岗场地各剖面 GNSS 位移监测数据为基础，绘制场地表面水平位移云图见图

344

4.15.24，可见汉源新县城移民迁建用地红线以内大部分场地区域变形量在 30mm 以内，变形量值总体不大，个别孤立部位变形较大主要受局部影响因素控制。从位移空间分布上看，位于 $1-1'\sim5-5'$ 剖面中高高程且移民安置最为集中的乱石岗滑坡后缘松弛区地表变形最小，而位于剖面中低高程的乱石岗滑坡堆积区、拉裂松动区以及位于 $6-6'\sim10-10'$ 剖面中高高程的富塘滑坡残留物堆积区地表变形整体上相对较为明显。

2009—2015 年 6 年来，对汉源新县城萝卜岗场地整体稳定性监测成果表明，除个别剖面局部地段地表水平位移未完全收敛外（变形量值总体仍较小，累积变形量在 30mm 内），场地地下深层岩土体变形已基本稳定。综合分析认为，萝卜岗场地整体稳定，安全可控。

16

地灾点和周边地段稳定性
监测分析与评价

16.1 乱石岗滑坡堆积区及拉裂松动区

乱石岗滑坡堆积区及拉裂松动区虽为非移民安置区，但其稳定性将影响上部作为移民安置的松弛区，因此，对其稳定性亦进行了监测。以 $1-1'\sim 7-7'$ 剖面布置的监测仪器设施为主，监测项目包括 GNSS 地表位移监测、地下深部位移监测和地下水动态监测，设计布置的监测仪器设施包括 17 个 GNSS 变形监测站、15 个钻孔测斜仪监测孔、6 支渗压计、4 个便携式倾斜盘、29 支土压力盒和 14 套锚索测力计，沿剖面布设的部分监测仪器设施埋设分布见图 4.16.1。

图 4.16.1　乱石岗滑坡堆积区及拉裂松动区工程监测布置图

16.1.1 地表水平位移监测

乱石岗滑坡堆积区及拉裂松动区 GNSS 变形监测成果统计分析显示，17 个监测站横河向位移为 $-29.6\sim 46.2$mm，顺河向位移为 $-33.1\sim 23.0$mm，位移量值总体偏大。

由图 4.16.2 和图 4.16.3 测点位移历时曲线可知，1 - 1'剖面 TP1 - 4、2 - 2'剖面 TP2 - 4 和 TP2 - 6、3 - 3'剖面 TP3 - 3 和 TP3 - 6、4 - 4'剖面 TP4 - 4、5 - 5'剖面 TP5 - 5、6 - 6'剖面 TP6 - 4 共 8 个测站监测期间均表现出较明显位移增大趋势，各测站变形仍处于缓慢增大发展中，暂未完全收敛，反映该区域表层岩土体稳定性总体较差，应进行持续监测并加强地表巡视检查。

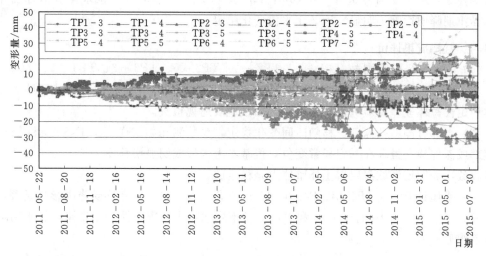

图 4.16.2　乱石岗滑坡堆积区及拉裂松动区 GNSS 点横河向位移-时间曲线

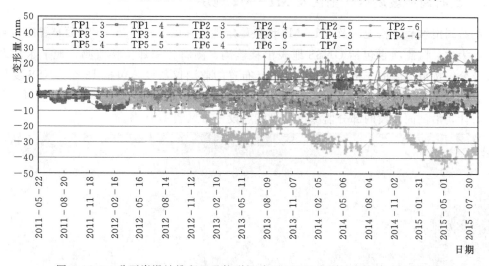

图 4.16.3　乱石岗滑坡堆积区及拉裂松动区 GNSS 点顺河向位移-时间曲线

16.1.2　地下深部位移监测

乱石岗滑坡堆积区及拉裂松动区沿 1 - 1'～7 - 7'监测剖面共布设 15 个钻孔测斜仪监测孔，当前各测孔孔口相对于孔底的累积水平位移，横河向为 -51.2～27.5mm，顺河向为 -6.7～6.2mm，测斜孔 IN1 - 4、TP3 - 5 和 TP6 - 4 变形相对较大，其余测孔位移量值总体较小。

由 15.2 节所述各测孔累积位移-深度特征可以看出，大部分测斜孔深部位移随时间变化稳定，少数测孔浅表部或深部地层虽存在一定异常变位，但基本上未形成明显滑移变形带，且目前变形已逐步收敛，反映该区域深层岩土体整体上是稳定的。

16.1.3 地下水动态监测

乱石岗滑坡堆积区及拉裂松动区测斜孔孔底共配套埋设 6 支钻孔渗压计，多年监测成果显示，埋设于剖面中低高程的 P1－4、P4－3、P4－4 和 P5－5 孔内地下水水位涨落受降雨影响显著，水位变幅为 $3.40\sim8.16m$，P3－4 和 P6－5 地下水水位未见季节性变化规律，受汛期降雨影响不明显，近 2 年水位变化稳定。

16.1.4 监测成果评价

（1）GNSS 变形监测站 TP1－4、TP2－4、TP2－6、TP3－3、TP3－6、TP4－4、TP5－5 和 TP6－4 均表现出较明显位移增大趋势，当前暂未完全收敛，反映区域表层岩土体稳定性总体较差，应进行持续监测并加强地表巡视检查。

（2）大部分测斜孔深部位移随时间变化稳定，少数测孔如 IN1－4、IN3－5 和 IN6－4 浅表部或深部地层虽存在一定异常变位，但基本上未形成明显滑移变形带，且当前变形已逐步收敛，表明该区域深层岩土体整体上是稳定的。

（3）渗压计 P1－4、P4－3、P4－4 和 P5－5 孔内地下水水位涨落受降雨影响显著，水位变幅介于 $3.40\sim8.16m$，P3－4 和 P6－5 地下水水位未见季节性变化规律，受汛期降雨影响不明显。

16.2 乱石岗滑坡后缘松弛区及 M1－M2 地块

乱石岗滑坡后缘松弛区及 M1－M2 地块稳定性监测以 $1-1'\sim6-6'$ 剖面布置的监测仪器设施为主，监测项目包括 GNSS 地表位移监测、测斜孔深部位移监测、地下水动态监测以及分级抗滑措施的支护效应监测，设计布置的监测仪器设施包括 12 个 GNSS 变形监测站、12 个钻孔测斜仪监测孔、5 支渗压计、5 个便携式倾斜盘、29 支土压力盒和 2 套锚索测力计，沿剖面布设的部分监测仪器设施埋设分布见图 4.16.4。

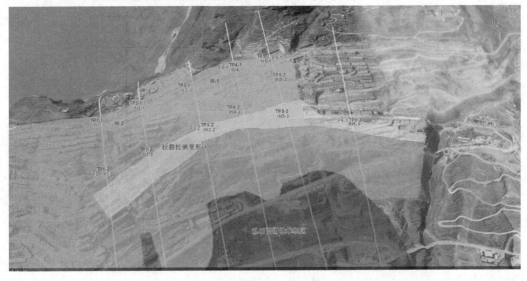

图 4.16.4 乱石岗滑坡后缘松弛区及 M1－M2 地块工程监测布置图

16.2.1 地表水平位移监测

乱石岗滑坡后缘松弛区及 M1－M2 地块 $1-1'\sim6-6'$ 监测剖面共布设 12 个 GNSS 变形监测站，监测成果统计分析显示，各测站横河向位移为－1.6～7.9mm，顺河向位移为－10.0～6.3mm，位移量值总体较小，见图 4.16.5 和图 4.16.6。监测期间，各测站横河向与顺河向位移随时间变化稳定，无明显异常或趋势性变形迹象，反映该区块表层岩土体整体上是稳定的。

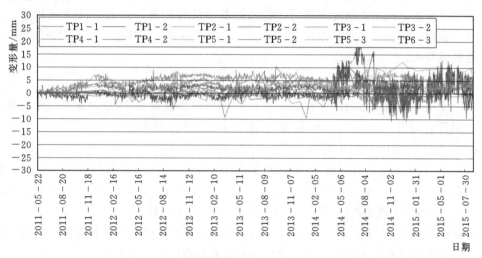

图 4.16.5　乱石岗滑坡后缘松弛区及 M1－M2 地块 GNSS 点横河向位移-时间曲线

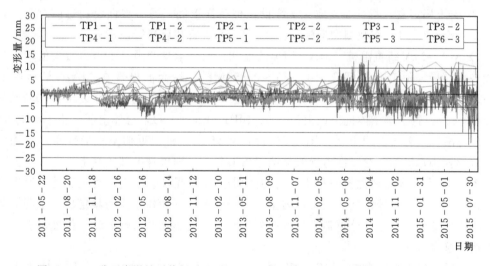

图 4.16.6　乱石岗滑坡后缘松弛区及 M1－M2 地块 GNSS 点顺河向位移-时间曲线

16.2.2 地下深部位移监测

乱石岗滑坡后缘松弛区及 M1－M2 地块沿 $1-1'\sim6-6'$ 监测剖面共布设 12 个钻孔测斜仪监测孔，截至 2015 年 8 月，孔口相对于孔底的水平位移，横河向为－4.6～32.1mm，顺河向为－29.8～15.0mm，最大变形位于 IN4－1，其余测孔位移量值总体较小。

由前述各测孔累积位移-深度变化特征可以看出，大部分测斜孔深部位移随时间变化稳定，少数测孔如 IN2-2、IN4-1、IN5-1 和 IN6-3 浅表部或深部地层存在一定异常变位，但基本上未形成明显滑移变形带，且目前变形已逐步趋于收敛，反映乱石岗滑坡后缘松弛区及 M1-M2 地块深层岩土体整体上是稳定的。

16.2.3 地下水动态监测

乱石岗滑坡后缘松弛区及 M1-M2 地块测斜孔孔底共配套布设 5 支钻孔渗压计，多年监测成果显示，P1-2 埋设安装后孔内水位基本呈缓慢上升状态，2013 年汛期后水位变化趋于稳定，年变幅很小；P3-2、P4-1、P5-1 和 P6-3 基本干孔，仅汛期出现短时间窄幅波动变化。

16.2.4 支护效应监测

（1）支挡结构倾角监测。在乱石岗滑坡后缘拉裂松弛区及 M 地块支护抗滑桩 MA6、MC4、MC7、MC11 和 ME49 各布置 1 支便携式倾斜盘基座，测点编号为 TJma6、TJmc4、TJmc7、TJmc11 和 TJme49。

截至 2015 年 8 月，各测点 A 方向倾角最大值为 0.0126°，最小值为 -0.0160°，历史变幅最大为 0.0218°；B 方向倾角最大值为 0.0115°，最小值为 -0.0218°，历史变幅最大为 0.0264°；当前实测值在特征值变化范围以内，总体量值较小。

由倾斜盘 A 方向与 B 方向倾角-时间曲线可以看出，监测期间各测点倾斜角随时间变化平稳，无不利或异常变化迹象，反映监测抗滑桩倾斜变形基本稳定。

（2）抗滑桩接触土压力监测。乱石岗滑坡后缘松弛区及 M1-M2 地块支护抗滑桩共布设 29 支土压力盒，每桩 3 支或 4 支埋设在桩后迎土侧，另 1 支埋设在桩前背土侧，其中 1 支（Eme37-1）在观测中遭施工破坏，另 28 支安装后运行正常。

1）MA-MA′线抗滑桩。MA-MA′线监测抗滑桩承受的围岩土压力最大值均出现在埋设初期，最大值变化范围介于 0.085~0.955MPa，最大值出现在 MA20 桩后中部的 Ema20-2 测点。截至 2015 年 8 月，桩身迎土侧承受的滑坡推力最大为 0.220MPa（Ema20-1），背土侧土体抗力最大为 0.085MPa（Ema6-4），总体上明显小于历史极值。从土压力沿深度分布曲线上看（图 4.16.7），MA6 滑坡推力近似呈矩形分布，各深度土压力差异较小；MA20 滑坡推力近似呈倒三角形分布，即桩身上部所受土压力最大。

图 4.16.8 为典型监测抗滑桩土压力-时间曲线，可见埋设初期桩身土压力均发生显著变化，可能与抗滑桩施工浇筑及桩后岩土体填埋有关。支护体系受力稳定后，土压力测值随时间总体变化平稳，部分仪器受温度等外界环境影响出现季节性波动，但基本看不出趋势性增大迹象。

2）MB-MB′线抗滑桩。MB-MB′线监测抗滑桩承受的围岩土压力最大值均出现在埋设初期，最大值变化范围介于 0.036~0.977MPa，最大值出现在 MB12 桩后上部的 Emb12-1 测点。截至 2015 年 8 月，桩身迎土侧承受的滑坡推力最大为 0.257MPa（Emb12-1），背土侧土体抗力最大为 0.108MPa（Emb12-4），总体上明显小于历史极值。从土压力沿深度分布曲线上看（图 4.16.9），MB12 和 MB46 滑坡推力近似呈倒三角形分布，即桩身上部土压力最大，底部土压力最小。

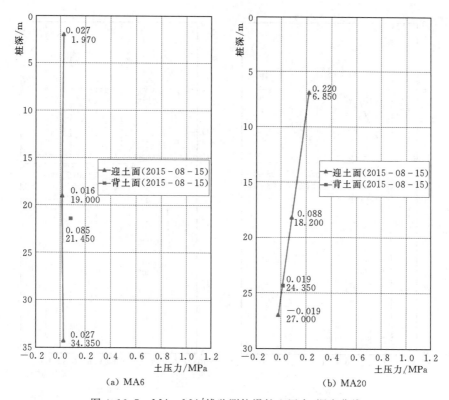

图 4.16.7　MA‑MA′线监测抗滑桩土压力‑深度曲线

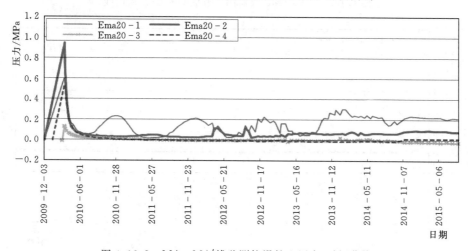

图 4.16.8　MA‑MA′线监测抗滑桩土压力‑时间曲线

图 4.16.10 为典型监测抗滑桩土压力‑时间曲线，可见埋设初期桩身土压力均发生显著变化，支护体系受力稳定后，土压力测值随时间总体变化平稳，部分仪器受温度等外界环境影响出现季节性波动，但基本看不出趋势性增大迹象。

3）MC‑MC′线抗滑桩。MC‑MC′线监测抗滑桩承受的围岩土压力最大值均出现在埋设初期，最大值变化范围介于 0.250～0.893MPa，最大值出现在 MC22 桩后底部的 Emc22‑3 测点。截至 2015 年 8 月，桩身迎土侧承受的滑坡推力为 0.135MPa（Emc22‑

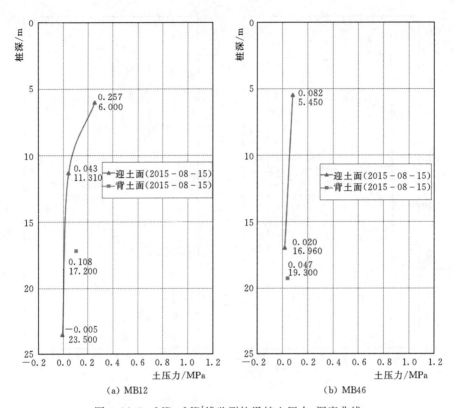

(a) MB12　　　　　　　　　　　　　　　(b) MB46

图 4.16.9　MB-MB′线监测抗滑桩土压力-深度曲线

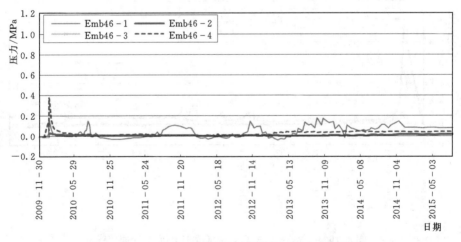

图 4.16.10　MB-MB′线监测抗滑桩土压力-时间曲线

3)，背土侧土体抗力最大为 0.164MPa（Emc22-4），总体上明显小于历史极值。从土压力沿深度分布规律上看，MC22 中上部所受滑坡推力基本一致，桩身底部滑坡推力最大。

图 4.16.11 为 MC22 抗滑桩土压力-时间曲线，可见埋设初期桩身土压力均发生显著变化，支护体系受力稳定后，土压力测值随时间总体变化平稳，部分仪器受温度等外界环境影响出现季节性波动，但基本看不出趋势性增大迹象。

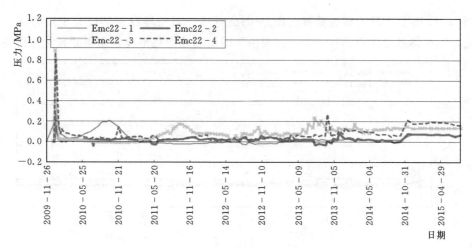

图 4.16.11 MC-MC'线监测抗滑桩土压力-时间曲线

4）MD-MD'线抗滑桩。MD-MD'线监测抗滑桩承受的围岩土压力最大值均出现在埋设初期，最大值变化范围介于 0.043～0.269MPa，最大值出现在 MD35 桩前中下部的 Emd35-4 测点。截至 2015 年 8 月，桩身迎土侧所受滑坡推力最大为 0.068MPa（Emd11-3），背土侧土体抗力最大为 0.089MPa（Emd11-4），总体上明显小于历史极值。从土压力沿深度分布曲线上看（图 4.16.12），MD11 滑坡推力近似呈正三角形分布，桩身底部相对较大，MD35 滑坡推力近似呈矩形分布，即各截面深度土压力大小基本一致。

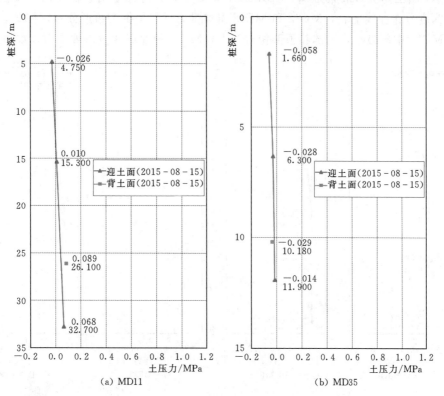

(a) MD11

(b) MD35

图 4.16.12 MD-MD'线监测抗滑桩土压力-深度曲线

图 4.16.13 为典型监测抗滑桩土压力-时间曲线，可见埋设初期桩身土压力均发生显著变化，支护体系受力稳定后，土压力测值随时间总体变化平稳，无明显异常变化迹象。

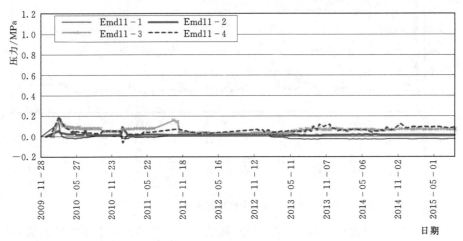

图 4.16.13　MD-MD'线监测抗滑桩土压力-时间曲线

5）ME-ME'线抗滑桩。ME-ME'线监测抗滑桩承受的围岩土压力最大值均出现在埋设初期，最大值变化范围介于 0.055～0.988MPa，最大值出现在 ME48 桩前中上部的 Eme48-2 测点。截至 2015 年 8 月，桩身迎土侧所受滑坡推力最大为 0.156MPa（Eme48-1），背土侧土体抗力最大为 0.034MPa（Eme10-4），总体上明显小于历史极值。从土压力沿深度分布曲线上看，ME22 和 ME48 滑坡推力近似呈倒三角形分布，桩身上部相对较大，ME10 中部最小，上部和顶部相对较大，ME37 桩身各深度滑坡推力基本一致。

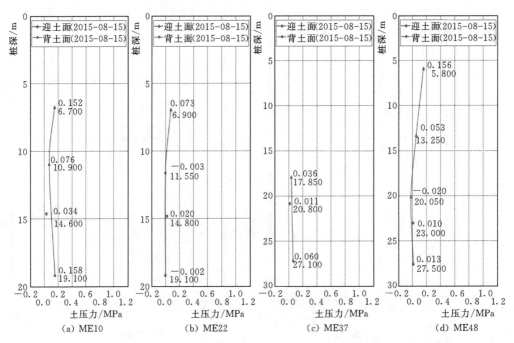

图 4.16.14　ME-ME'线监测抗滑桩土压力-深度曲线

图 4.16.15 为典型监测抗滑桩土压力-时间曲线,可见埋设初期桩身土压力均发生显著变化,支护体系受力稳定后,土压力测值随时间总体变化平稳,无明显异常变化迹象。

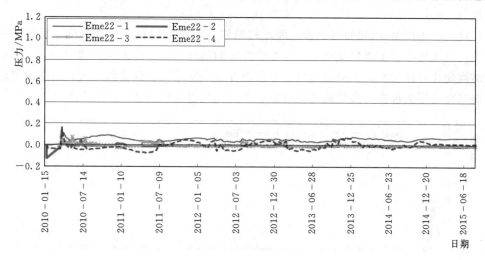

图 4.16.15 ME-ME′线监测抗滑桩土压力-时间曲线

6)MF-MF′线抗滑桩。MF-MF′线监测抗滑桩承受的围岩土压力最大值均出现在埋设初期,最大值变化范围介于 0.261~0.896MPa,最大值出现在 MF10 桩前底部的 Emf10-3 测点。截至 2015 年 8 月,桩身迎土侧所受滑坡推力最大为 0.059MPa(Emf10-2),背土侧土体抗力最大为 0.043MPa(Emf10-4),总体上明显小于历史极值。从土压力沿深度分布规律上看,MF10 最大滑坡推力位于桩身中部,桩底部和上部相对较小。

图 4.16.16 为典型监测抗滑桩土压力-时间曲线,可见埋设初期桩身土压力均发生显著变化,支护体系受力稳定后,土压力测值随时间总体变化平稳,无明显异常变化迹象。

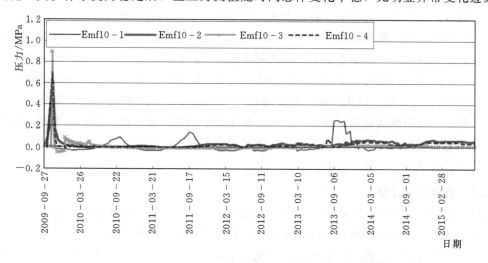

图 4.16.16 MF-MF′线监测抗滑桩土压力-时间曲线

7)NA-NA′线抗滑桩。NA-NA′线抗监测滑桩承受的围岩土压力最大值均出现在埋设初期,最大值变化范围介于 0.080~0.437MPa,最大值出现在 NA43 桩后底部的

Ena43-3 测点。截至 2015 年 8 月，桩身迎土侧承受的滑坡推力最大为 0.124MPa（Ena12-4），背土侧土体抗力最大为 0.158MPa（Ena43-4），总体量值不大，明显小于历史极值。

从抗滑桩土压力-时间曲线上看，埋设初期桩身土压力均发生显著变化，反映了抗滑桩施工浇筑及桩后岩土体填埋对土压力变化的影响过程。支护体系受力稳定后，土压力测值随时间变化总体较小，个别测点局部时段虽存在一定波动，但变幅不大，基本未见趋势性发展或突变增大现象，典型监测抗滑桩土压力变化过程线见图 4.16.17。

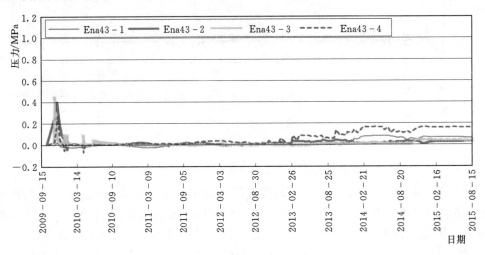

图 4.16.17　NA-NA′线抗滑桩 NA43 土压力-时间曲线

图 4.16.18 为当前桩身土压力-深度曲线，由该图可知，NA12 桩身中上部滑坡推力相对较小，桩身底部滑坡推力最大，背土侧基本无土体抗力作用；NA43 桩身上部所受滑坡推力最大，中下部相对较小，桩前土体抗力明显大于桩后滑坡推力。

（3）预应力锚索荷载监测。乱石岗滑坡后缘松弛区锚索抗滑桩 ME37 和 ME47 各埋设一套锚索测力计，仪器编号为 PRme37 和 PRme47。监测成果显示，锚索锚固锁定后均表现出一定的预应力损失，预应力损失率分别为 2% 和 16%。图 4.16.19 为典型锚索预应力-时间曲线，可以看出锚索预应力损失过程大致可划分为急剧损失、缓衰损失和平稳变化 3 个阶段，目前该区域监测锚索预应力已基本趋于稳定，虽然部分锚索应力受温度影响存在局部波动变化，但总体幅值不大，无明显趋势性异常或突增现象，反映锚固体系受力正常，锚索抗滑桩支护效果良好。

16.2.5　监测成果评价

（1）GNSS 变形监测站横河向与顺河向位移总体较小，位移-时间曲线变化稳定，无明显异常或趋势性变形迹象，反映该区块表层岩土体整体上是稳定的。

（2）大部分测斜孔深部位移随时间变化稳定，少数测孔如 IN2-2、IN4-1、IN5-1 和 IN6-3 浅表部或深部地层虽存在一定异常变位，但基本上未形成明显滑移变形带，且目前变形已逐步趋于收敛，反映乱石岗滑坡后缘松弛区及 M1-M2 地块深层岩土体整体上是稳定的。

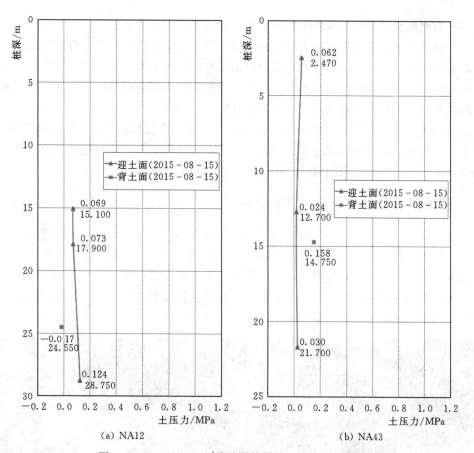

(a) NA12   (b) NA43

图 4.16.18 NA - NA′线监测抗滑桩土压力 - 深度曲线

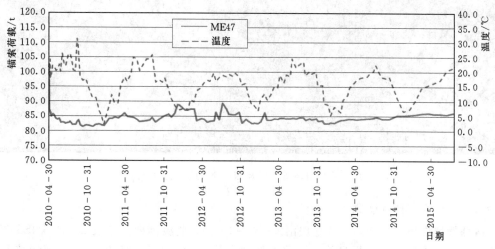

图 4.16.19 ME47 锚索抗滑桩锚固力 - 时间曲线

（3）渗压计 P1 - 2 埋设安装后孔内水位基本呈缓慢上升趋势，2013 年汛期后水位变化趋稳定，年变幅很小；P3 - 2、P4 - 1、P5 - 1 和 P6 - 3 基本干孔，仅汛期出现短时间窄幅波动变化。

（4）监测抗滑桩倾斜变形基本稳定，无不利或异常变化迹象。

（5）抗滑桩接触土压力一般在埋设初期变化显著，变化持续过程一般与围岩应力调整有关，支护体系受力稳定后，桩身土压力测值随时间变化平稳，无异常趋势性变化迹象。

（6）锚索抗滑桩目前预应力变化已基本趋于稳定，无明显趋势性异常或突增现象，反映锚固体系受力正常，锚索抗滑桩支护效果良好。

综上所述，乱石岗滑坡后缘松弛区及 M1-M2 地块表层和深部岩土体整体变形平稳，地下水位变化很小，监测抗滑桩未见倾斜迹象，桩身土压力和锚索预应力变化正常，反映坡体综合防治措施作用效果明显，区域岩土体稳定状态良好。

16.3 富塘滑坡堆积区及 N1-N3 地块

富塘滑坡堆积区及 N1-N3 地块稳定性监测以 6-6′～10-10′剖面布置的监测仪器设施为主，监测项目包括 GNSS 地表位移监测、测斜孔深部位移监测、地下水动态监测以及分级抗滑措施的支护效应监测，设计布置的监测仪器设施包括 14 个 GNSS 变形监测站、14 个钻孔测斜仪监测孔、5 支渗压计、2 个便携式倾斜盘和 28 支土压力盒，沿剖面布设的部分监测仪器设施埋设分布见图 4.16.20。

图 4.16.20　富塘滑坡堆积区及 N1-N3 地块工程监测布置图

16.3.1　地表水平位移监测

富塘滑坡堆积区及 N1-N3 地块沿 6-6′～10-10′监测剖面共布设 14 个 GNSS 变形监测站，监测成果统计分析显示，各测站横河向位移为－8.7～21.9mm，顺河向位移为－2.8～29.3mm，其中 TP6-1、TP8-2、TP8-4、TP9-2、TP10-2 等测点位移量及位移变幅相对较大，其变形主要以横河向坡外变形为主。

各站点位移变化特征见 15.2 节所述，可以看出，6-6′剖面 TP6-1～TP6-3、8-8′剖面 TP8-2～TP8-4、9-9′剖面 TP9-2、10-10′剖面 TP10-2 共 8 个测站监测期间均

表现出较明显位移增大趋势，部分测站变形仍处于缓慢增大发展中，暂未完全收敛，反映该区域表层岩土体稳定性相对较差，应进行持续监测并加强地表巡视检查。

16.3.2 地下深部位移监测

富塘滑坡堆积区及 N1-N3 地块沿 6-6′～10-10′ 监测剖面共布设 14 个钻孔测斜仪监测孔，监测成果统计分析显示，孔口相对于孔底的水平位移量，横河向为 0.2～345.7mm，顺河向为 -24.6～19.9mm，除去因施工碰撞引起测值异常的 TP10-2 外，IN6-1 和 IN8-4 变形相对较大。

各测孔累积位移-深度分布曲线见 15.2 节所述，可以看出，大部分测斜孔浅表部或深部地层均存在一定异常变位，但基本上未形成明显滑移变形带，且目前已逐步趋于收敛，仅 TP6-2 和 TP8-4 等个别测孔仍略显进一步增大趋势。总体上看，富塘滑坡堆积区及 N1-N3 地块受场地建设施工影响，其深层岩土体已产生一定变形，但目前已逐步趋于稳定。

16.3.3 地下水动态监测

6-6′～10-10′ 监测剖面各布置 1 支钻孔渗压计，多年监测成果显示，5 处钻孔中 P6-3、P7-2 和 P10-2 所在部位基本干孔；P8-3 孔内地下水水位近似呈年周期性变化，汛期水位上升，枯水期水位回落以至干孔，最大年变幅为 5.09m（2012 年），水位涨落受降雨影响显著；P9-2 孔内地下水水位基本呈现缓慢上升和平稳变化两个阶段，2013 年汛期后水位变化较稳定。

16.3.4 支护效应监测

（1）支挡结构倾角监测。富塘滑坡支护抗滑桩 ND1 和 ND10 各布置 1 支便携式倾斜盘基座，测点编号为 TJnd1 和 TJnd10。2011 年 11 月 6 日安装，截至 2015 年 8 月，各测点 A 方向倾角最大值为 0.0195°，最小值为 -0.0115°，历史变幅最大为 0.0309°；B 方向倾角最大值为 0.0103°，最小值为 -0.0092°，历史变幅最大为 0.0195°；监测期间各测点倾斜角随时间变化平稳，无不利或异常变化迹象，反映监测抗滑桩倾斜变形基本稳定。

（2）抗滑桩接触土压力监测。富塘滑坡及 N1-N3 地块支护抗滑桩共布设 28 支土压力盒，每桩 3 支埋设在桩后迎土侧，另 1 支埋设在桩前背土侧，其中 9 支在观测中遭施工破坏，目前有效运行共 19 支。

1）NB-NB′ 线抗滑桩。NB-NB′ 线监测抗滑桩承受的围岩土压力最大值均出现在埋设初期，最大值变化范围介于 0.143～0.810MPa，最大值出现在 NB12 桩后中上部的 Enb12-1 测点。截至 2015 年 8 月，桩身迎土侧承受的滑坡推力最大为 0.241MPa（Enb12-1），背土侧土体抗力最大为 0.128MPa（Enb39-4），总体上明显小于历史极值。

从抗滑桩土压力-时间曲线上看，埋设初期桩身土压力均发生显著变化，反映了抗滑桩施工浇筑及桩后岩土体填埋对土压力变化的影响过程。支护体系受力稳定后，NB39 桩身土压力测值随时间变化稳定，NB12 实测土压力受温度及外界环境影响波动较大，但总体变化平稳，无持续增大趋势，其土压力变化过程线见图 4.16.21。

图 4.16.22 为当前桩身土压力-深度曲线，由该图可知，NB12 桩后中部土压力最小，上部和底部滑坡推力相对较大；NB39 桩后中上部土压力分布差异较小，桩身底部滑坡推力最大。

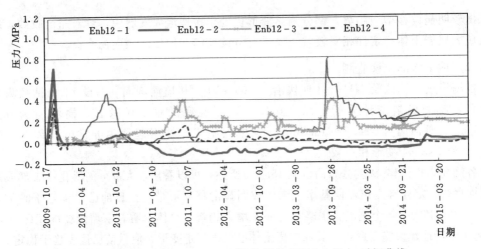

图 4.16.21　富塘滑坡 NB-NB′线抗滑桩 NB12 土压力-时间曲线

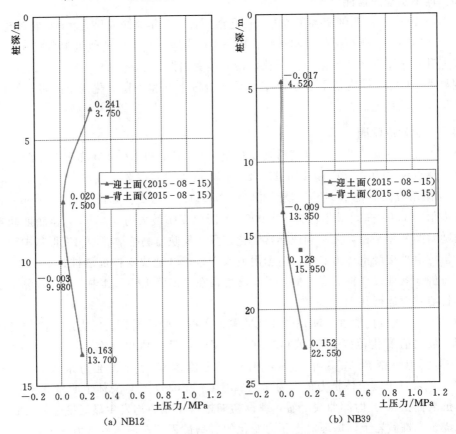

（a）NB12

（b）NB39

图 4.16.22　富塘滑坡 NB-NB′线监测抗滑桩土压力-深度曲线

　　2）ND-ND′线抗滑桩。ND-ND′线监测抗滑桩承受的围岩土压力最大值均出现在埋设初期，最大值变化范围介于 0.074～0.923MPa，最大值出现在 ND36 桩前中下部的 End36-4 测点。截至 2015 年 8 月，桩身迎土侧承受的滑坡推力最大为 0.069MPa（End12-1），背土侧土体抗力最大为 0.183MPa（End26-4），总体上明显小于历史极值。

从抗滑桩土压力-时间曲线上看，埋设初期桩身土压力均发生显著变化，支护体系受力稳定后，各抗滑桩桩身土压力测值随时间变化平稳，无异常趋势性变化迹象，典型土压力变化过程线见图 4.16.23。

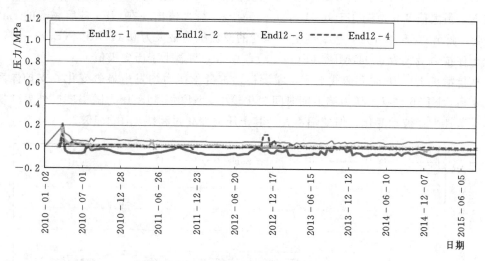

图 4.16.23　富塘滑坡 ND-ND′线抗滑桩 ND12 土压力-时间曲线

图 4.16.24 为当前桩身土压力-深度曲线，由该图可见，抗滑桩迎土侧承受的最大滑

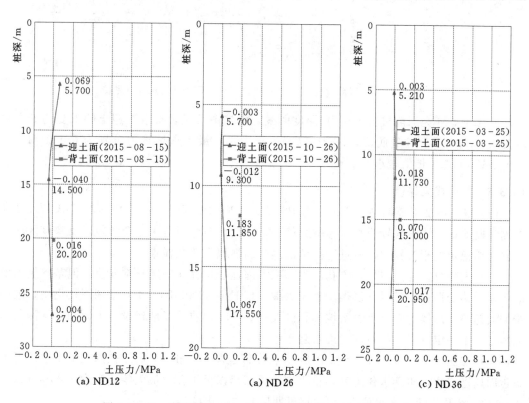

图 4.16.24　富塘滑坡 ND-ND′线监测抗滑桩土压力-深度曲线

坡推力，ND12 位于桩身上部，ND26 位于桩身底部，ND36 位于桩身中部，最大滑坡推力介于 0.018～0.169MPa，总体量值较小。

3）NF - NF'线抗滑桩。NF - NF'线监测抗滑桩承受的围岩土压力最大值均出现在埋设初期，最大值变化范围介于 0.013～0.845MPa，最大值出现在 NF9 桩后底部的 Enf9 - 3 测点。截至 2015 年 8 月，桩身迎土侧承受的滑坡推力最大为 0.111MPa（Enf9 - 3），背土侧土体抗力最大为 0.047MPa（Enf9 - 3），总体上明显小于历史极值。

从抗滑桩土压力-时间曲线上看，埋设初期桩身土压力均发生显著变化，支护体系受力稳定后，NF36 桩身土压力测值随时间变化较小，NF9 实测土压力随温度或外界环境影响呈季节性平稳波动变化，但变幅不大，其土压力变化过程线见图 4.16.25。

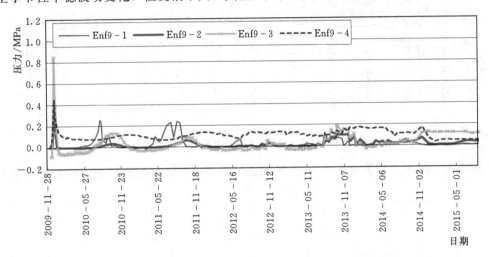

图 4.16.25 富塘滑坡 NF - NF'线抗滑桩 NF9 土压力-时间曲线

图 4.16.26 为当前桩身土压力-深度曲线，由该图可见，抗滑桩迎土侧承受的最大滑坡推力，NF9 位于桩身底部，NF36 位于桩身中部，最大滑坡推力分别为 0.111MPa 和 0.034MPa，总体量值较小。

16.3.5　监测成果评价

（1）GNSS 变形监测站 TP6 - 1～TP6 - 3、TP8 - 2～TP8 - 4、TP9 - 2、TP10 - 2 共 8 个测站监测期间均表现较明显位移增大趋势，部分测站变形暂未完全收敛，反映该区域表层岩土体稳定性相对较差，应进行持续监测并加强地表巡视检查。

（2）大部分钻孔测斜仪监测孔浅表部或深部地层均存在一定异常变位，但基本上未形成明显滑移变形带，且目前已逐步趋于收敛，仅 IN6 - 2 和 IN8 - 4 等个别测孔仍略显进一步增大趋势。总体上看，富塘滑坡堆积区及 N1 - N3 地块受场地建设施工影响，其深层岩土体已产生一定变形，但目前已逐步趋于稳定。

（3）渗压计 P6 - 3、P7 - 2 和 P10 - 2 所在部位基本干孔；P8 - 3 孔内地下水水位近似呈年周期性变化，汛期水位上升，枯水期水位回落以至干孔，最大年变幅为 5.09m（2012年）；P9 - 2 孔内地下水水位自 2013 年汛期后基本变化稳定。

（4）监测抗滑桩倾斜变形基本稳定，无不利或异常变化迹象。

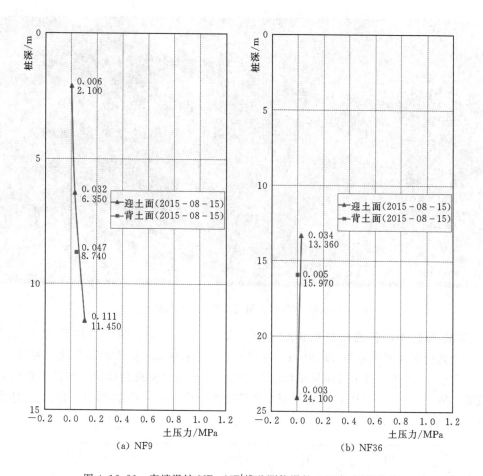

图 4.16.26　富塘滑坡 NF-NF′线监测抗滑桩土压力-深度曲线

（5）抗滑桩接触土压力一般在埋设初期变化显著，变化持续过程一般与围岩应力调整有关，支护体系受力稳定后，桩身土压力测值随时间变化平稳，无异常趋势性变化迹象。

综上所述，富塘滑坡堆积区及 N1-N3 地块地表变形整体相对较大，个别部位仍未收敛，钻孔深层岩体未形成明显滑带，地下水水位变化很小，监测抗滑桩未见倾斜迹象，桩身土压力变化规律正常，可见堆积区多级抗滑支护体系受力稳定，对限制滑坡整体变形作用效果较好，但区域表层岩土体稳定性相对较差，建议继续关注。

16.4　康家坪古滑坡堆积区

康家坪古滑坡堆积区稳定性安全监测项目包括 GNSS 地表位移监测、测斜孔深部位移监测、地下水动态监测以及 KA-KA′线抗滑桩支护效应监测，设计布置的监测仪器设施包括 5 个 GNSS 变形监测站、3 个钻孔测斜仪监测孔、2 支渗压计、3 个便携式倾斜盘以及 12 支钢弦式土压力盒，其埋设分布见图 4.16.27 所示。

16.4.1　地表水平位移监测

康家坪古滑坡堆积区共布设 5 个 GNSS 变形监测站，测站编号为 TP11-1～TP11-

图 4.16.27 康家坪古滑坡堆积区工程监测布置图

5．监测成果显示，各测站横河向位移为－3.1～27.8mm，顺河向位移为－23.6～4.1mm，其中最大变形点为 TP11－5。由图 4.16.28 和图 4.16.29 位移变化过程线可知，TP11－5 于 2012 年 7 月出现明显位移增大趋势，现场巡查发现测站附近坡体出现明显地表裂缝，另 TP11－1～TP11－4 位移量与位移变幅总体偏小，各方向位移随时间总体变化稳定。

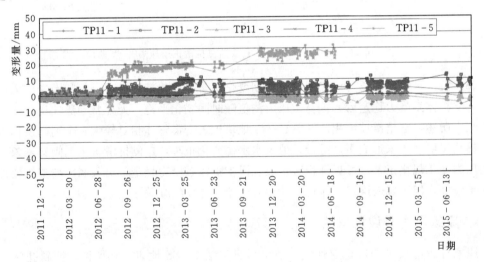

图 4.16.28 康家坪古滑坡堆积区 GNSS 点横河向位移-时间曲线

16.4.2 地下深部位移监测

康家坪滑坡堆积区共布设 3 个钻孔测斜仪监测孔，测孔编号为 IN11－1～IN11－3。监测成果统计分析显示，孔口相对于孔底的水平位移量，横河向为 2.1～3.4mm，顺河向

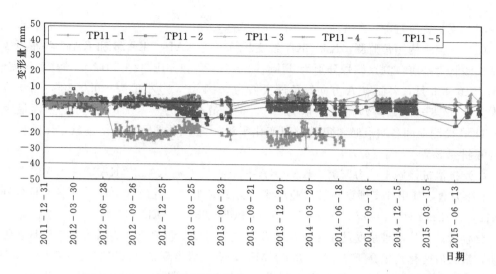

图 4.16.29　康家坪古滑坡堆积区 GNSS 点顺河向位移-时间曲线

为 $-21.5 \sim 1.1 \text{mm}$，总体量值较小。最大变形孔为 IN11-3，其孔口位移随时间变化曲线见图 4.16.30，可见顺河向变化趋势相对明显，横河向位移已渐趋平稳。

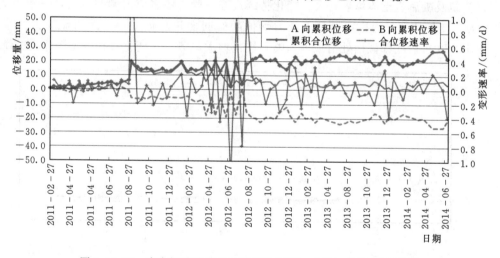

图 4.16.30　康家坪滑坡堆积区测斜孔 IN11-3 孔口位移-时间曲线

从位移-深度分布规律上看，各测孔深部均未形成较明显滑移面。其中，IN11-1 和 IN11-2 钻孔各深度位移变化很小，IN11-3 深部虽出现小幅波动变形带，但基本无趋势性发展迹象，故可认为滑坡深层岩体变形已基本稳定。

16.4.3　地下水动态监测

在钻孔测斜仪监测孔 IN11-2 和 IN11-3 孔底配套布置 2 支渗压计，仪器编号为 P11-2 和 P11-3，仪器安装后，地下水水位迅速下降，反映钻孔深部岩体透水性较强。监测成果显示，P11-2 孔内水位变幅很小，地下水水位变化稳定；P11-3 地下水水位受汛期降雨补给相对明显，枯水期水位平稳，最大年变幅为 1.5m。

16.4.4 支护效应监测

（1）支挡结构倾角监测。KA-KA′线支护抗滑桩KA16、KA28和KA32各布设1支便携式倾斜盘基座，测点编号分别为TJka16、TJka28和TJka32。2012年7月1日安装，截至2015年8月，各测点A方向倾角最大值为0.0160°，最小值为-0.0080°，历史变幅最大为0.0218°；B方向倾角最大值为0.0206°，最小值为-0.0160°，历史变幅最大为0.0241°；监测期间各测点倾斜角随时间变化平稳，无不利或异常变化迹象，反映监测抗滑桩倾斜变形基本稳定。

（2）抗滑桩接触土压力监测。KA-KA′线支护抗滑桩KA12、KA26和KA38各布设4支土压力盒，其中3支埋设在桩后迎土侧，另1支埋设在桩前背土侧，仪器编号分别为Eka12-1～Eka12-4、Eka26-1～Eka26-4和Eka38-1～Eka38-4。

分别统计各抗滑桩承受的围岩土压力监测成果可知，桩身土压力最大值均出现在埋设初期，最大值变化范围介于0.048～0.803MPa，最大值出现在KA26桩后底部的Eka26-3测点。截至2015年8月，桩身迎土侧承受的滑坡推力最大为0.259MPa（Eka38-3），背土侧土体抗力最大为0.146MPa（Eka12-4），总体上显著小于历史极值。

从抗滑桩土压力-时间曲线上看，埋设初期桩身土压力均发生显著变化，可能与抗滑桩施工浇筑及桩后岩土体填埋有关，变化持续过程一般与围岩应力调整有关，一般需要3～6个月。支护体系受力稳定后，土压力测值随时间变化总体较小，无明显应力突增现象，仅KA38桩后底部截面处滑坡推力略显缓慢增大趋势，其变化过程线见图4.16.31。

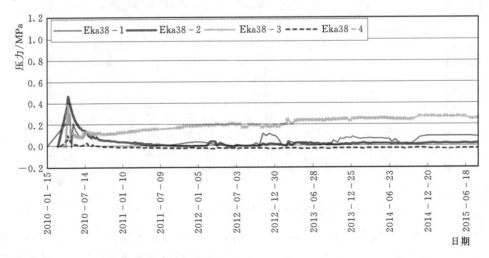

图4.16.31　抗滑桩KA38土压力-时间曲线

图4.16.32为当前桩身土压力-深度分布曲线，由该图可知，KA12和KA26桩后各深度滑坡推力分布差异较小，KA38桩身中部承受滑坡推力最小，桩身底部受力最大。

16.4.5 监测成果评价

（1）GNSS变形监测站TP11-1～TP11-4水平位移量与位移变幅总体偏小，最大变化点TP11-5于2012年7月出现位移增大趋势，目前已渐趋收敛。

（2）钻孔测斜仪监测孔深部均未形成较明显滑移面，未见明显异常或趋势性发展迹

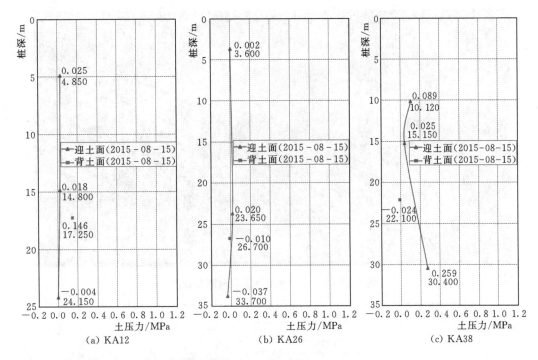

图 4.16.32　康家坪滑坡支护抗滑桩土压力-深度曲线

象，反映滑坡深层岩体变形已基本稳定。

（3）渗压计 P11-2 孔内水位变化稳定；P11-3 地下水水位受汛期降雨补给相对明显，枯水期水位平稳，最大年变幅为 1.5m。

（4）监测抗滑桩倾斜变形较小，土压力测值变化稳定，抗滑桩受力正常。

综上所述，康家坪古滑坡堆积区局部地表变形已趋收敛，深层岩土体未见软弱滑带迹象，钻孔地下水水位变幅不大，抗滑支挡结构受力正常，综合表明该古滑坡堆积体经加固整治后总体处于安全稳定状态。

16.5　煤层采空区

煤层采空区以 GNSS 地表位移监测为主，测斜孔深部位移监测为辅。测区布置的监测仪器设施共包括 3 个 GNSS 变形监测站和 1 个钻孔测斜仪监测孔，监测设施埋设分布见图 4.16.33。

16.5.1　地表水平位移监测

煤层采空区共布设 3 个 GNSS 水平位移监测站，测站编号为 TPck-1～TPck-3。监测成果显示，各测站横河向位移为 -1.2～4.5mm，顺河向位移为 -13.9～2.0mm，量值总体不大。最大变化点 TPck-1 以顺河向上游方向变形为主，最大位移量为 17.7mm，出现在 2013 年 8 月。

从图 4.16.34 和图 4.16.35 位移变化过程线上看，TPck-2 测值变化较为稳定，TPck-1 和 TPck-3 呈现缓慢变形增大趋势，其中 TPck-1 附近地表已出现明显裂缝扩展，已于 2014 年汛前进行了挡墙支护处理。

图 4.16.33　煤层采空区工程监测布置图

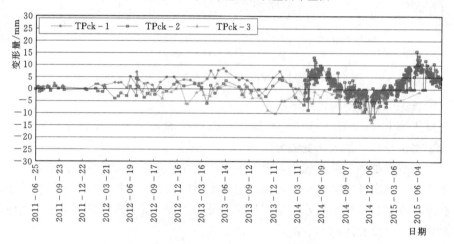

图 4.16.34　煤层采空区 GNSS 点横河向位移-时间曲线

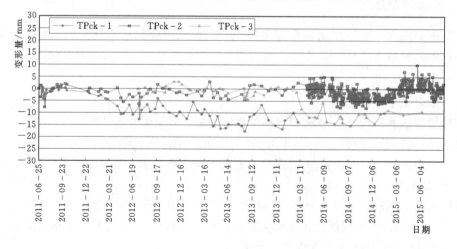

图 4.16.35　煤层采空区 GNSS 点顺河向位移-时间曲线

16.5.2 地下深部位移监测

测斜孔 IN14-1 布置在煤层采空区后缘，钻孔测斜仪监测成果曲线（图 4.16.36）显示，钻孔各深度位移量及其随时间变幅相对较小，最大变形孔口处当前两正交方向位移分别为 2.4mm 和 2.9mm，无趋势性变化迹象，反映测区后缘深层岩体基本稳定。

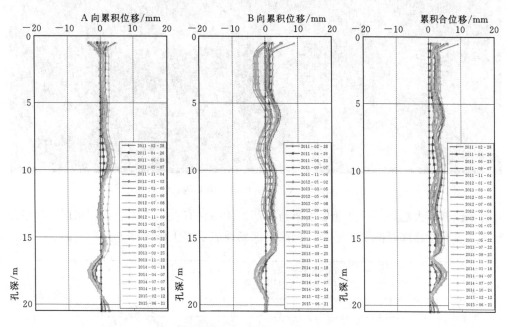

图 4.16.36　煤层采空区上缘测斜孔 IN14-1 累积位移-深度曲线

16.5.3 监测成果评价

（1）采空区地表水平位移量值不大，最大变化点 TPck-1（汉源二中操场附近后坡）主要表现为顺河向上游方向变形，与测站所在斜坡实际相符，已于 2014 年汛前进行了挡土墙支护治理。

（2）采空区后缘深层岩体变形稳定，IN14-1 钻孔各深度位移量及其随时间变幅较小，无趋势性变化迹象。

16.6 东区灰岩场地

东区灰岩场地稳定性监测以 14-14′～16-16′ 剖面布置的监测仪器设施为主，监测项目包括 GNSS 地表位移监测、测斜孔深部位移监测和地下水动态监测，埋设的监测仪器设施包括 7 个 GNSS 变形监测站、7 个钻孔测斜仪监测孔和 4 支钻孔渗压计，其埋设分布见图 4.16.37。

16.6.1 地表水平位移监测

东区灰岩场地各 GNSS 变形监测站当前横河向位移为 -9.0～41.2mm，顺河向位移为 -13.3～40.3mm，其中 TP14-2 和 TP15-3 位移量相对较大。图 4.16.38 和图 4.16.39 分别为横河向与顺河向位移变化过程线，可见 TP14-2 和 TP15-3 监测期间表

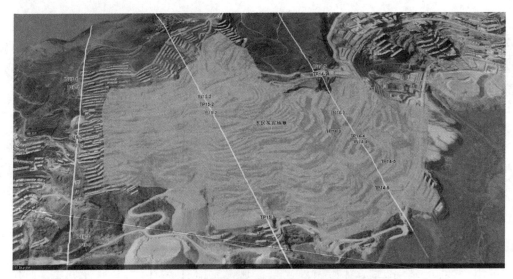

图 4.16.37　东区灰岩场地工程监测布置图

现出明显位移增大趋势，但其变形主要与局部岩体条件有关。总体上看，东区灰岩场地大部分站点水平位移随时间变化平稳，反映测区场地表层岩土体整体上是稳定的。

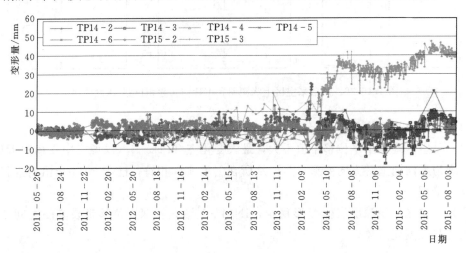

图 4.16.38　东区灰岩场地 GNSS 点横河向位移-时间曲线

16.6.2　地下深部位移监测

东区灰岩场地沿 14 - 14′～16 - 16′剖面共布设 7 个钻孔测斜仪监测孔，当前孔口相对于孔底的水平位移，横河向为 −22.8～9.6mm，顺河向为 −3.3～34.6mm，除去因施工碰撞引起测值异常的 TP14 - 3 外，最大变形孔为 IN14 - 2，其累积位移-深度分布曲线显示深度 15.5m 处出现明显滑带，测孔深层位移主要与地处山体滑塌破坏有关。

从钻孔测斜仪多年监测成果及位移-深度分布曲线可知，大部分测斜孔深部岩体位移量及位移变幅较小，未产生明显滑移变形带或一致性滑移迹象，反映东区灰岩场地深层岩土体整体上是稳定的。

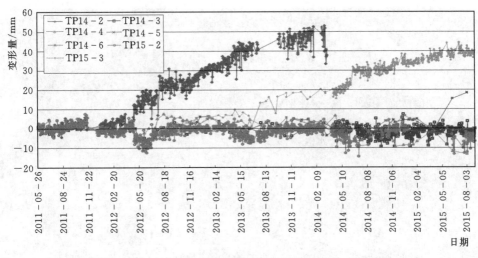

图 4.16.39　东区灰岩场地 GNSS 点顺河向位移-时间曲线

16.6.3　地下水动态监测

东区灰岩场地沿 15-15′~16-16′剖面共布设 4 支钻孔渗压计，多年监测成果显示，P15-2、P16-1 和 P16-3 钻孔地下水水位近似呈年周期性变化，汛期水位上升，枯水期水位回落至稳定，水位涨落受降雨影响较为显著，水位变幅介于 1.13~13.96m，最大变化孔为 IN16-1。P16-2 孔内水位变化较平稳，受降雨影响不明显。

16.6.4　监测成果评价

（1）GNSS 监测表明，变形量值不大，随时间变化较平稳，反映东区灰岩场地表层岩土体整体上是稳定的。

（2）测斜孔监测表明，深部岩体位移量及位移变幅总体较小，未产生明显滑移变形带或一致性滑移迹象，反映东区灰岩场地深层岩土体整体上是稳定的。

（3）地下水水位监测孔显示，地下水水位近似呈年周期性变化，汛期水位上升，枯水期水位回落至稳定，水位涨落受降雨影响较为显著。

综上所述，东区灰岩场地表层和深部岩土体变形总体稳定，与地下水水位季节性涨落相关性不显著，反映场区加固治理效果较好，整体上处于安全稳定状态。

16.7　萝卜岗后坡

萝卜岗后坡以 GNSS 地表位移监测为主，测斜孔深部位移监测为辅。监测设计在萝卜岗场地整体稳定性监测布置的基础上，另设置 7 个 GNSS 变形监测站，即埋设在测区的监测仪器设施共包括 9 个 GNSS 变形监测站和 3 个钻孔测斜仪监测孔，其埋设分布见图 4.16.40。

16.7.1　地表水平位移监测

萝卜岗后坡共布设 9 个 GNSS 变形监测站，测站编号为 TPhp-1~TPhp-7、TP7-1 和 TP8-1。监测成果显示，各测点横河向位移为 -0.6~20.6mm，顺河向位移为 -0.9~4.6mm，量值总体不大。最大变化点 TP7-1 以横河向坡外变形为主，最大位移量为 22.2mm，出现在 2015 年 5 月底。

图 4.16.40　萝卜岗后坡工程监测布置图

从图 4.16.41 和图 4.16.42 各测站横河向与顺河向位移变化过程线上看，TP7－1 横河向位移已显现较明显增大趋势，其余测点位移变化稳定。

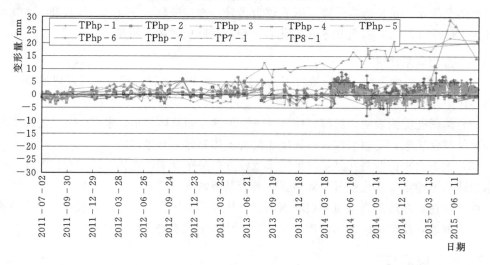

图 4.16.41　萝卜岗后坡 GNSS 点横河向位移-时间曲线

16.7.2　地下深部位移监测

萝卜岗后坡共布设 3 个钻孔测斜仪监测孔，测孔编号为 IN7－1、IN8－1 和 IN9－1。由监测成果统计分析可知，当前孔口相对于孔底的水平位移，横河向为－15.3～1.1mm，顺河向为－6.8～6.3mm，其中 IN7－1 和 IN8－1 位移量及位移变幅相对较大。

从前述累积位移-深度分布特征上看，IN7－1 和 IN8－1 孔口主要向坡内方向变形，钻孔深部变形总体稳定，未产生明显滑移变形带。IN9－1 钻孔各深度位移量随时间变化较小，深部岩土体变形稳定。

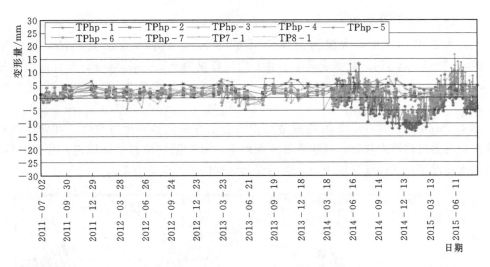

图 4.16.42　萝卜岗后坡 GNSS 点顺河向位移-时间曲线

16.7.3　监测成果评价

（1）GNSS 地表水平位移总体量值不大，个别点（如位于坡顶地形较陡部位的 TP7-1）受局部地形影响，变形较大，且以横河向坡外变形为主，其余测点位移变化稳定。

（2）测斜仪监测孔各深度位移量随时间变化较小，未产生明显滑移变形带，钻孔部位深层岩土体变形稳定。

16.8　萝卜岗环周边库岸

萝卜岗环周边库岸以 GNSS 地表位移监测和地下水动态监测为主，测斜孔深部位移监测为辅。监测设计共布置 27 个 GNSS 变形监测站、5 个水位监测孔和 2 个钻孔测斜仪监测孔，监测仪器设施埋设分布见图 4.16.43。

图 4.16.43　萝卜岗环周边库岸工程监测布置图

16.8.1 地表水平位移监测

（1）大渡河侧库岸。大渡河侧库岸共布设 14 个 GNSS 变形监测站，测站编号为 TPkz-1～TPkz-14。监测成果显示北方向位移量为-5.4～5.0mm，东方向位移量为-16.6～0.7mm，最大变化点为 TPkz-8，其历史位移最大值为 19.1mm，出现在 2015年 2 月。

图 4.16.44 和图 4.16.45 为各测站北方向与东方向位移变化过程线，可见 TPkz-8表现出较明显位移增大趋势，目前变形速率较小，其余测点位移总体稳定，北方向位移-时间曲线显现年周期性变化规律，主要与残余对流层延迟误差有关。

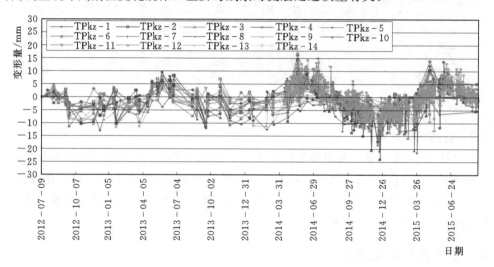

图 4.16.44　萝卜岗周边库岸 GNSS 点北方向位移-时间曲线

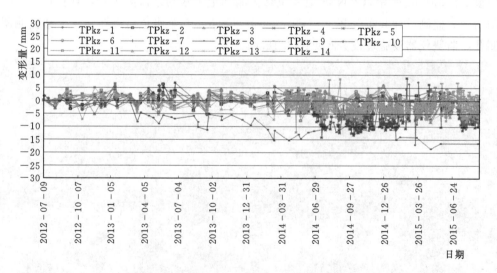

图 4.16.45　萝卜岗周边库岸 GNSS 点东方向位移-时间曲线

（2）流沙河侧库岸。流沙河侧库岸共布设 13 个 GNSS 变形监测站，测站编号为 TPkz-15～TPkz-27 和 TP3-6。监测成果显示，北方向位移为-12.0～25.1mm，东方向位移为一16.5～24.4mm，其中 TPkz-24 和 TP3-6 位移量相对较大。

图4.16.46 和图4-16-47 为各测站水平位移变化过程线，可见大部分测点北方向与东方向位移随时间变化稳定，仅 TPkz-24 和 TP3-6 出现趋势性变动。其中，TPkz-24 于 2011 年 6 月安装后变形量持续增大，汛期结束后变形速率减缓并维持较平稳变化，至 2012 年 "7·2" 雨灾不久，测站所在斜坡出现局部滑塌，测站墩标因此破坏。

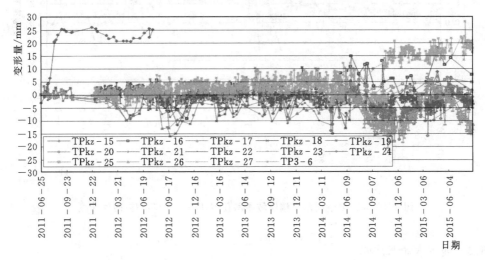

图 4.16.46　萝卜岗周边库岸 GNSS 点北方向位移-时间曲线

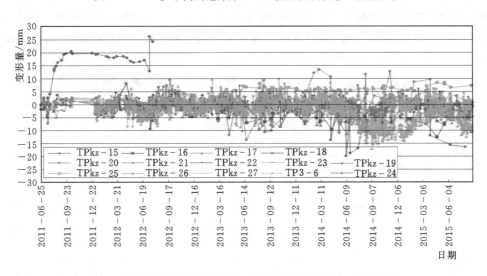

图 4.16.47　萝卜岗周边库岸 GNSS 点北方向位移-时间曲线

16.8.2　地下深部位移监测

测斜孔 IN16-4 和 IN16-5 布置在萝卜岗南东端岸坡，钻孔测斜仪监测成果显示，孔口横河向位移量为 11.3mm 和 0.6mm，顺河向位移量为 13.4mm 和 1.2mm。IN16-4 孔口已显现较明显位移增大趋势，目前变化速率已逐步趋缓。从累积位移-深度曲线上看，两钻孔深部均存在异常变位段，但总体上位移量及位移变幅较小，未显现明显滑动面或持续变形趋势，可认为钻孔深层岩体基本稳定，见图4.16.48。

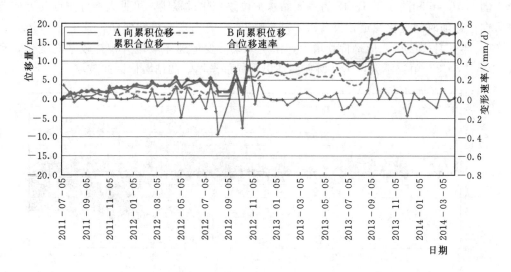

图 4.16.48　萝卜岗南东端岸坡测斜孔 IN16-4 孔口位移-时间曲线

16.8.3　地下水动态监测

萝卜岗环周边库岸共布设 5 个水位监测孔，测孔编号为 UPkz-1～UPkz-5，其中 UPkz-2 和 UPkz-3 相继在场地建设中遭施工破坏，其余 3 孔目前运行正常。近 6 年地下水水位观测成果显示，监测期间各测孔地下水水位变幅介于 6.77～16.22m，UPkz-2 水位变化最大，UPkz-4 最小。

图 4.16.49 为各测孔地下水水位随时间变化过程线，可见测孔 UPkz-1 和 UPkz-5 地下水水位具有明显年周期性变化规律，地下水水位升降与库水位涨落一致性较好，UPkz-4 地下水水位变化平稳，与库水位相关性不明显。

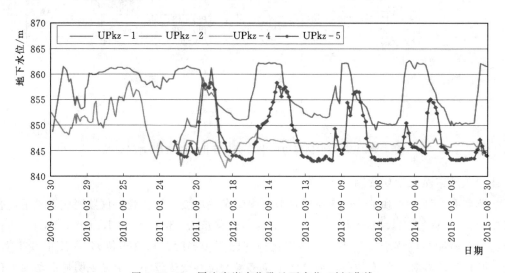

图 4.16.49　周边库岸水位孔地下水位-时间曲线

16.8.4 监测成果评价

（1）大部分 GNSS 水平位移监测站随时间总体变化稳定，仅个别点变形较明显，其中 TPkz-24 在 2012 年"7·2"雨灾中滑塌破坏，已加固处理。

（2）测斜孔监测表明，总体上位移量及位移变幅较小，未见明显滑动面或持续变形趋势，反映深层岩体基本稳定。

（3）水位孔监测成果显示，地下水水位具有明显年周期性变化规律，地下水水位升降与库水位涨落一致性较好。

17

建筑基础及其支挡结构稳定性
监测分析与评价

17.1 行政办公用地

17.1.1 第一行政中心后坡

测斜孔 IN14-2 位于第一行政中心后坡山坡顶，钻孔深度为 25.9m，埋设于 2010 年 11 月 22 日。孔口于 2011 年 10 月出现微变迹象，2012 年 7 月因汉源县"7·2"雨灾，致测孔北侧山体滑塌，次月随着山体清挖减载，在深度 15.5m 处探测到滑移变形带，并向临空方向持续缓慢增大，直至边坡防护工程完工后 2013 年 10 月下旬滑面位移才逐步趋于收敛。图 4.17.1 和图 4.17.2 分别为测孔累积位移-深度曲线与滑带 15.5m 深度处累积位移-时间曲线。

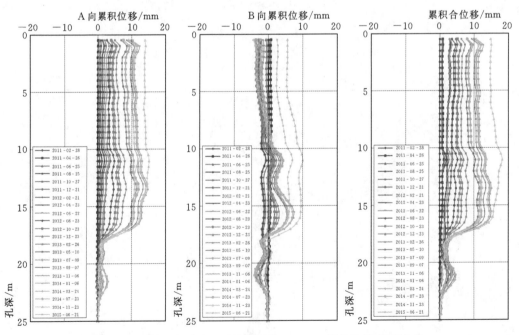

图 4.17.1　第一行政中心后坡测斜孔 IN14-2 累积位移-深度曲线

第一行政中心前缘框格梁护坡增设 1 个 GNSS 变形监测站，测站编号为 TPxz1-1。2012 年 4 月 5 日安装，2014 年 3 月升级改造为自动化监测站。截至 2015 年 5 月，测站累

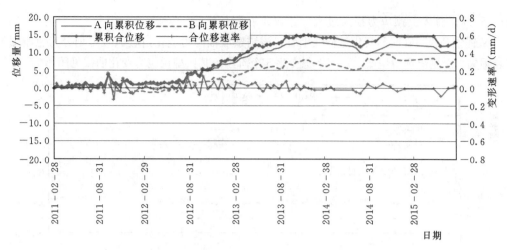

图 4.17.2　第一行政中心后坡测斜孔 IN14-2 15.5m（滑带）处累积位移-时间曲线

积水平合位移量仅为 1.0mm，总体量值较小。监测期间，测站各方向位移随时间变化平稳，表明第一行政中心前缘框格梁护坡是稳定的。

17.1.2　电力公司后坡锚索桩板墙

（1）地表水平位移监测。布置于电力公司建筑场地基础的 TPkz-21 监测成果显示，截至 2015 年 8 月，测站北方向位移为 -0.4mm，东方向位移为 -5.5mm，位移量值及其变幅总体较小，监测期间，测站各方向位移随时间变化平稳（图 4.17.3），表明电力公司建筑场地基础是稳定的。

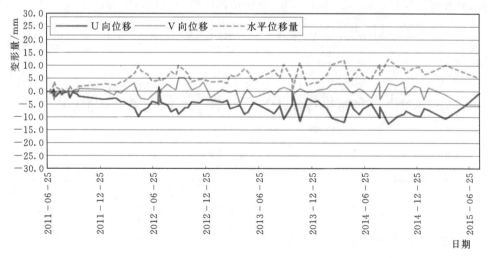

图 4.17.3　电力公司建筑场地前缘 GNSS 点 TPkz-21 位移-时间曲线

（2）预应力锚索荷载监测。电力公司后缘陡直高切坡预应力锚索桩板墙共布置 11 套锚索测力计，仪器编号为 PRxdl-1～PRxdl-11，2011 年 11 月 28 日至 12 月 22 日安装。分别统计各仪器监测成果可知，锚固力以预应力损失为主，预应力损失最大值为 51%，最小值为 5%，平均值为 25%。其中，预应力损失率为小于 10% 的有 2 套，占总数的 18%，损失率为 10%～20% 的有 3 套，占总数的 27%，损失率大于 20% 的有 6 套，占总数的 55%。总体上预应力损失过大，建议重新张拉锁定。

从锚索预应力随时间变化过程线上看，该锚索墙锚固力变化过程大致可划分为急剧损失、缓衰损失（个别出现缓慢增大）和平稳变化 3 个阶段，其典型预应力变化曲线见图 4.17.4。

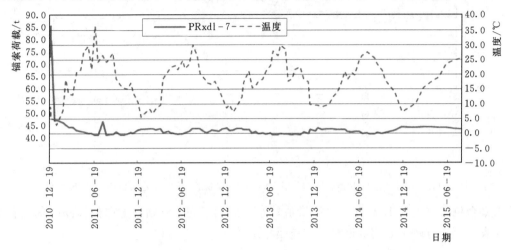

图 4.17.4　电力公司后缘预应力锚索桩板墙 PRxdl-7 锚固力-时间曲线

17.1.3　法院挡墙

（1）地表水平位移监测。布置于法院后缘挡墙的 TP12-2 监测成果显示，当前测站横河向位移为 3.7mm，顺河向位移为 8.7mm，位移量值及其变幅较小，监测期间测站各方向位移随时间变化平稳（图 4.17.5），表明法院后缘挡墙是稳定的。

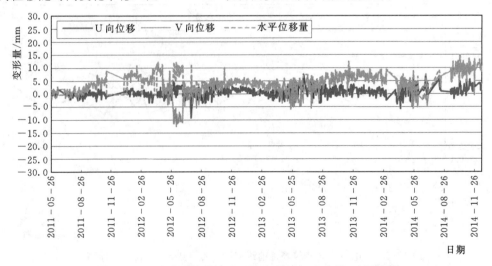

图 4.17.5　法院后缘挡墙 GNSS 点 TP12-2 位移-时间曲线

（2）挡墙裂缝开度监测。法院前缘挡墙 A-B 段 B 拐点裂缝布置 4 支裂缝计，仪器编号为 Kxfy-1～Kxfy-4，2010 年 5 月 8 日安装。截至 2015 年 8 月，各测点实测开合度量值介于 1.97～15.19mm，最大变化点为 Kxfy-4。图 4.17.6 为裂缝开合度-时间曲线，可以看出，Kxfy-1 和 Kxfy-2 变化量及变化速率较小，裂缝变形逐趋稳定；Kxfy-3 和

Kxfy-4 自安装初期已呈现缓慢增大趋势，并于 2011 年汛期出现突变，2012 年后开合度变形速率随时间逐步减缓，但从监测数据上看，裂缝变形暂未完全收敛。

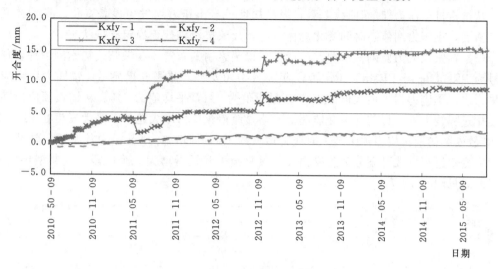

图 4.17.6　法院前缘挡墙裂缝开合度-时间曲线

17.1.4　监测成果评价

第一行政中心后坡受 2012 年汉源县 "7·2" 雨灾影响，发生山体滑塌，测斜孔 IN14-2 于深度 15.5m 处探测到较明显滑移变形带，2013 年 10 月经工程防护治理后，滑面位移逐步趋于收敛，目前整体稳定。

电力公司建筑场地基础 GNSS 监测站水平位移较小，基础沉降已趋稳定，表明电力公司场地基础是稳定的；后缘预应力锚索桩板墙锚索锚固力以预应力损失为主，预应力损失最大值为 51%，最小值为 5%，平均值为 25%。总体上预应力损失较大，经重新张拉锁定处理后已稳定。

法院后缘挡墙 GNSS 监测站水平位移较小，基础沉降基本稳定，表明法院后缘挡墙及场地基础是稳定的；前缘挡墙裂缝变化速率逐步趋缓，但暂未完全收敛，仍在监测。

17.2　教育机构用地

17.2.1　汉源二中操场

（1）抗滑桩倾角监测。汉源二中前缘操场 16 号、23 号、29 号和 37 号抗滑桩各布置 1 支倾斜盘，测点编号为 TJsm2-16、TJsm2-23、TJsm2-29 和 TJsm2-37，2012 年 4 月 9 日安装。截至 2015 年 8 月，各测点 A 方向倾角最大值为 0.0138°，最小值为 0.0103°，历史变幅最大为 0.0218°；B 方向倾角最大值为 0.0172°，最小值为 0.0115°，历史变幅最大为 0.0286°；监测期间各测点倾斜角随时间变化平稳，无不利或异常变化迹象，反映监测抗滑桩倾斜变形基本稳定。

（2）抗滑桩接触土压力监测。在汉源二中操场 4 号和 32 号抗滑桩各布置 4 支土压力盒，仪器编号为 Esm2-k4-1～Esm2-k4-4、Esm2-k32-1～Esm2-k32-4。由监测成果统计分析可知，抗滑桩桩身土压力最大值多出现在埋设初期，最大值变化范围介于

0.013～0.997MPa，最大值出现在 4 号桩前中下部的 Esm2‐k4‐4 测点。截至 2015 年 8 月，桩身迎土侧承受的滑坡推力最大为 0.096MPa（Esm2‐k4‐2），总体测值较小。

从抗滑桩土压力‐时间曲线上看，埋设初期桩身土压力均发生显著变化。支护体系受力平衡后，土压力测值随时间变化总体较小，反映抗滑桩处于稳定支护状态。

（3）锚索预应力监测。汉源二中操场后缘锚索墙共布置 5 套振弦式锚索测力计，仪器编号为 PRsm2‐1～PRsm2‐5，2011 年 3 月中旬安装。监测成果显示，锚固力以预应力损失为主，预应力损失最大值为 12%，最小值为 2%，平均值为 8%。从锚索预应力随时间变化过程线上看，目前共 4 套监测锚索略显缓慢预应力增大趋势，最大发生在 PRsm2‐4，其较安装初期预应力损失最大时应力增大约 11t，即增幅为 7%。总体上看，该锚索墙锚固力变化过程大致可划分为急剧损失、缓衰损失和缓慢增大 3 个阶段，其典型预应力‐时间曲线见图 4.17.7。

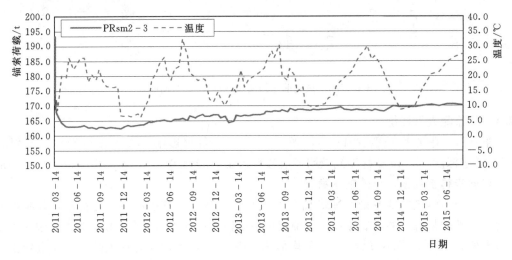

图 4.17.7　汉源二中锚索墙 PRsm2‐3 锚固力‐时间曲线

17.2.2　富林一小操场

（1）桩板墙水平位移监测。布置于富林一小操场抗滑桩桩顶的 TP12‐5 监测成果显示，截至 2015 年 8 月，测站横河向位移为 5.5mm，顺河向位移为 1.3mm，总体量值较小。图 4.17.8 为 TP12‐5 位移‐时间曲线，可见测站位移受观测误差影响表现出窄幅年周期性变化规律，但总体上随时间变化稳定，无明显异常或不利变形迹象。

（2）桩板墙裂缝开度监测。裂缝计 Ksp1‐1 布置在前缘左侧桩板墙，2013 年 6 月 4 日安装，截至 2015 年 8 月，开合度最大值为 1.95mm，平均值为 1.17mm，历史变幅为 1.98mm，当前实测开合度量值为 1.90mm，总体量值较小，且裂缝随时间变化已趋平稳，反映裂缝变形已基本稳定。

（3）桩板墙倾角监测。在前缘抗滑桩桩顶布置 1 支倾斜盘，测点编号为 TJsp1‐1，2011 年 9 月 9 日安装。监测成果显示，A 方向倾角最大值为 0.0069°，最小值为 −0.0138°，历史变幅最大为 0.0206°；B 方向倾角最大值为 0.0103°，最小值为 −0.0092°，历史变幅最大为 0.0195°；监测期间各测点倾斜角随时间变化平稳，无不利或异常变化迹

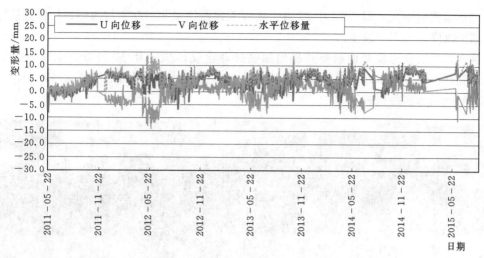

图 4.17.8　富林一小桩板墙 GNSS 点 TP12－5 位移-时间曲线

象，反映监测抗滑桩倾斜变形基本稳定。

（4）桩板墙深部位移监测。布置于富林一小操场抗滑桩内部的 IN12－5 监测成果显示，截至 2015 年 8 月，孔口横河向位移为 17.7mm，顺河向位移为 1.4mm，主要变形方向即横河向最大位移为 34.0mm，出现在 2011 年 12 月 1 日。图 4.17.8 为 TP12－5 累积位移-深度曲线，其中上层位移变化主要在埋设初期至 2011 年汛末，目前变形逐趋平稳，未见进一步趋势性变化。

17.2.3　监测成果评价

汉源二中场地基础经修复治理后沉降变形已趋稳定，抗滑桩倾角变化较小，土压力测值变化平稳，后缘锚索墙锚固力监测显示应力呈增大趋势，表明支护效应良好。

富林一小前缘桩板墙水平位移量值较小，裂缝开度未见明显扩展，倾角变化稳定，深部位移主要发生在埋设初期，目前变形逐趋平稳，未见进一步趋势性变化。

17.3　医疗卫生用地

17.3.1　妇幼保健院 M－4 挡墙

妇幼保健院 M－4 挡墙（包括新增 1 号桩板墙和新增 2 号挡墙）及边坡变形区，位于妇幼保健院和城镇居民 E 地块下方，边坡下方（东侧）为农业银行、汉源技术质量监督局等单位办公用房。

城镇居民 E 地块与技术质量监督局之间边坡支护设计采用"放坡＋挡墙"结构形式，边坡坡率为 1∶1.75，其间由新增 1 号桩板式挡墙将该边坡分为上、下两级边坡。下边坡下方（东侧）即为技术质量监督局后侧锚索挡墙。

新增 1 号桩板式挡墙由 13 根桩及其桩间板组成，全长 62m，挡墙临空面高度为 4.5～7.0m。该桩板式挡墙于 2010 年 6 月实施完成后，根据现场实际情况，在妇幼保健院已建挡墙与新增 1 号桩板墙（1 号桩）之间未封闭段，于 2010 年 8 月又增设了一段衡重式挡墙（即新增 2 号挡墙）进行封闭，该挡墙高 8.82～10.8m，长 6.5m。新增 2 号衡重式挡墙建成不久，即 2010 年 12 月上旬发现该段挡墙 k0＋000 与西侧妇幼保健院原已建挡墙的沉降缝出现拉裂变形。

为掌握挡墙及边坡变形趋势并提出加固处理建议，2010 年 12 月以来陆续增设裂缝计、钻孔测斜仪、渗压计、倾斜盘、GPS 点和锚索测力计等监测项目（图 4.17.9），对其开展实时观测和巡视检查。

图 4.17-9　M-4 地块挡墙变形裂缝计、测斜孔、倾斜盘、水位计、GPS 监测布置位置

（1）挡墙裂缝开度监测。妇幼保健院 M-4 挡墙共布置 4 支裂缝计，测点编号为 Kdm4-1～Kdm4-4，其中 Kdm4-1 和 Kdm4-2 安装在新增 1 号挡墙与新增 2 号挡墙裂缝处，Kdm4-3 和 Kdm4-4 安装在新增 2 号挡墙与后方原挡墙裂缝处。监测成果显示，各裂缝计均以拉伸变形为主，监测期间开合度为 22.82～83.52mm，最大值 83.52mm 发生在 LF2 上部 Kdm4-3；从开合度量值上看，LF2 裂缝大于 LF1 裂缝，同一裂缝开度值上部大于下部。

图 4.17.10 为裂缝开合度-时间曲线，可以看出，仪器安装不久便监测到 LF2 开合度

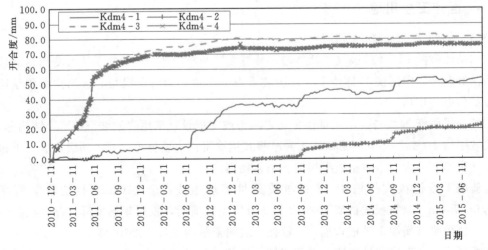

图 4.17.10　妇幼保健院 M-4 挡墙裂缝开合度-时间曲线

急剧增大，至 2012 年 2 月开合度达到约 70mm 后变化速率才逐步减缓；LF1 最先于 2012 年 7 月出现变形突变，并呈现明显波动增大趋势；总体来看，LF1 开合度进一步持续增大，LF2 仍未完全收敛，后期应加强监测，重点关注。

（2）深部位移监测。测斜孔 INm4-1 位于新增 2 号挡墙内部，钻孔深度为 22.9m，埋设于 2010 年 12 月 11 日。基准值获取不久便显现出明显的向临空方向的错动迹象（图 4.17.11 和图 4.17.12），其深度 13~14m 正位于该新增挡墙下部基岩软弱夹层 RJ0 一带。监测成果显示，测孔以向坡外变形为主，自 2011 年 3 月 1 日至 4 月中下旬，滑面处水平位移以约 0.25mm/d 的变形速率近匀速缓慢增大，随后变形速率进一步增大至 0.90m/d，到 5 月中旬滑面合位移量达 22.9mm 后测斜管被剪断，无法继续观测。

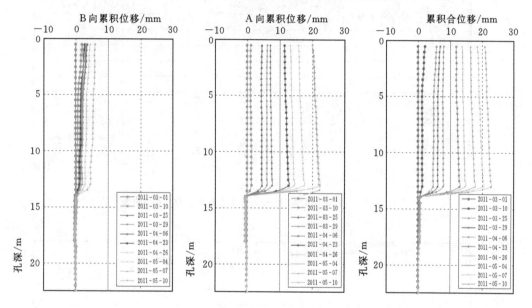

图 4.17.11　测斜孔 IN14-3 累积位移-深度曲线

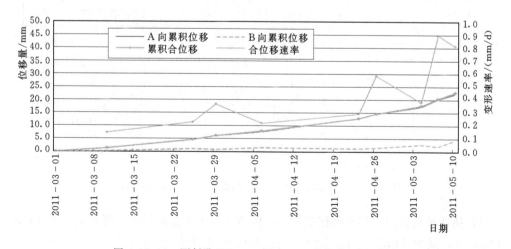

图 4.17.12　测斜孔 IN14-3 深度 13m 处位移-时间曲线

（3）水平位移监测。在 M-4 挡墙增设 3 个 GPS 变形监测点，测点编号为 TPm4-1～TPm4-3。监测成果显示，截至 2015 年 5 月，测点北方向位移为 2.8～14.8mm，东方向位移为 3.7～35.2mm，TPm4-1 和 TPm4-2 变形相对较大（图 4.17.13 和图 4.17.14）。从位移-时间曲线上看，TPm4-1 和 TPm4-2 表现出较明显位移增大趋势，TPm4-3 变化稳定。

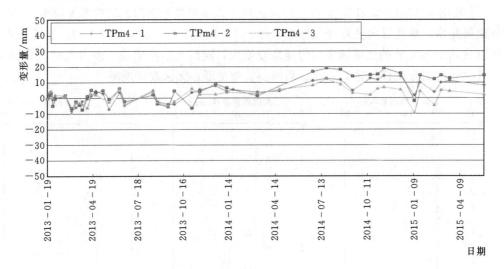

图 4.17.13　妇幼保健院 M-4 挡墙北方向位移-时间曲线

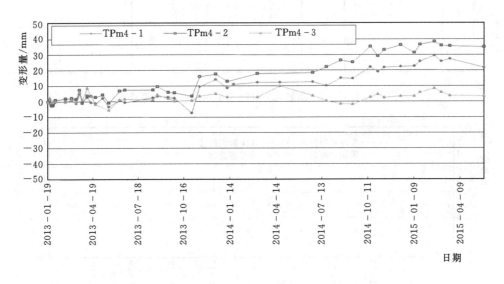

图 4.17.14　妇幼保健院 M-4 挡墙东方向位移-时间曲线

（4）挡墙倾角监测。妇幼保健院 M-4 挡墙共布置 5 支倾斜盘，测点编号为 TJm4-1～TJm4-5，其中 TJm4-1 和 TJm4-2 于 2011 年 4 月 19 日安装，TJm4-3～TJm4-5 于 2012 年 10 月 16 日安装。

截至 2015 年 8 月，各测点 A 方向倾角最大值为 0.0733°，最小值为 0.0138°，历史变幅最大为 0.0859°；B 方向倾角最大值为 0.0894°，最小值为 -0.0149°，历史变幅最大为 0.0894°；安装较早的 TJm4-1 和 TJm4-2 变化相对较大，其最大值发生在 2011 年 7—10 月。

图 4.17.15 和图 4.17.16 分别为 A 方向与 B 方向倾角-时间曲线，可以看出，布置在新增 1 号挡墙的 TJm4-1 和布置在新增 2 号挡墙的 TJm4-2 变化过程基本一致，与实际情况相符，其变形主要发生在 2011 年 10 月底以前，之后倾斜角逐步回落，到目前已基本趋于稳定。后补充布置在中排抗滑桩的 TJm4-3～TJm4-5 总体变化较小，监测期间未见异常变化迹象。

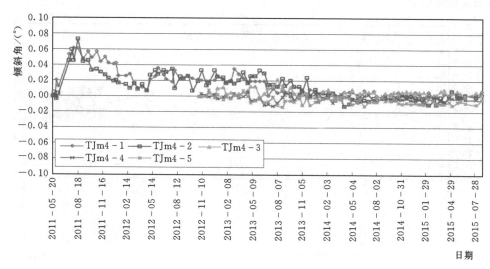

图 4.17.15　妇幼保健院 M-4 挡墙 A 方向倾角-时间曲线

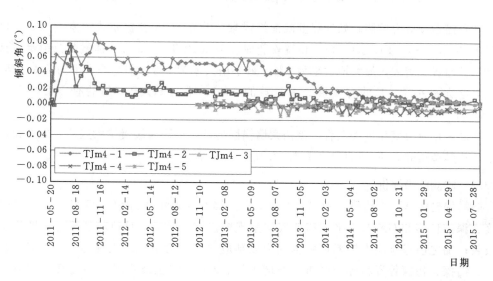

图 4.17.16　妇幼保健院 M-4 挡墙 B 方向倾角-时间曲线

（5）地下水动态监测。渗压计 Pm4-1 布置在测斜孔 INm4-1 孔底，仪器埋深 23.0m。仪器安装后，地下水水位迅速下降，反映钻孔深部岩体透水性较强。监测期间孔内地下水水位变幅为 2.58m，年变幅以 2011 年最大，2012 年以来测孔地下水水位变化基本稳定，受汛期降雨或地表水补给不明显。

17.3.2 妇幼保健院前缘预应力锚索墙

（1）水平位移监测。布置于妇幼保健院前缘预应力锚索墙的 TP3-2 监测成果显示，截至 2015 年 8 月，测站横河向位移为 3.7mm，顺河向位移为-5.2mm，位移量值及其变幅总体较小，监测期间，测站各方向位移随时间变化平稳（图 4.17.17），表明该预应力锚索墙是稳定的。

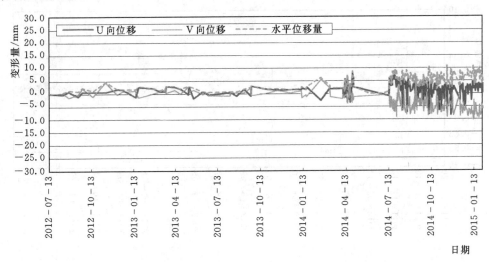

图 4.17.17　妇幼保健院 M4 高边坡前缘挡墙 TP3-2 位移-时间曲线

（2）锚索预应力监测。妇幼保健院前缘锚索墙共布置 13 套振弦式锚索测力计，仪器编号为 PRdm4-1～PRdm4-13，相继安装埋设于 2010 年 3—5 月。锚索张拉锁定后预应力基本呈趋势性增大，最大增大率为 9%，最小增大率为 2%，平均增大率为 5%。其中，预应力增大率小于 5% 的有 6 套，占总数的 54%，增大率大于 5% 的有 5 套，占总数的 46%。

从锚索预应力变化过程上看，该锚索墙锚固力基本表现为缓慢增大趋势，但变化速率较小，其典型预应力-时间曲线见图 4.17.18。

17.3.3 监测成果评价

妇幼保健院 M-4 挡墙（新增 1 号、2 号挡墙）建成不久即出现拉裂变形，其裂缝开度、深部位移和 GNSS 水平位移曲线均呈现缓慢增大趋势，且目前裂缝开合度仍未完全收敛；加之前缘预应力锚索墙的锚固力以预应力增大为主，最大值达 9%。结合补充地质、钻探、物探等资料综合分析，新增 1 号、2 号挡墙拉裂变形主要受其基础下部边坡岩体沿 RJ0、RJ1 等软弱夹层向临空方向发生缓慢蠕滑位移影响所致。正在加固处理。

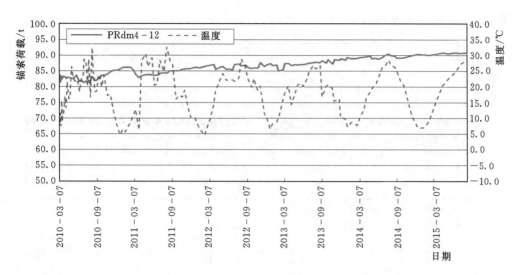

图 4.17.18　妇幼保健院 M4 高边坡前缘锚索墙 PRdm4－12 锚固力-时间曲线

17.4　复合安置用地

17.4.1　1－A 区

（1）挡墙裂缝开度监测。复合安置 1－A 区 8 号挡墙裂缝处共布置 4 支裂缝计，仪器编号为 Kf1a－1～Kf1a－4，2011 年 4—5 月安装。监测成果显示，截至 2015 年 8 月，裂缝开度为 3.94～9.75mm，开合度随时间呈缓慢增大趋势，暂未完全收敛，反映 8 号挡墙裂缝仍处缓慢张开变形中，见图 4.17.19。

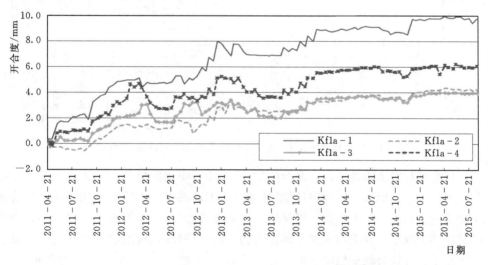

图 4.17.19　复合安置 1－A 区 8 号挡墙裂缝开度-时间曲线

（2）挡墙倾角监测。复合安置 1－A 区支护抗滑桩共布置 2 支便携式倾斜盘，测点编号为 TJf1a－1 和 TJf1a－2，2011 年 10 月 25 日安装。监测成果显示，两测点 A 方向和 B 方向倾角及其变幅较小，倾角-时间曲线变化稳定，反映监测抗滑桩未发生明显倾斜变形，见图 4.17.20 和图 4.17.21。

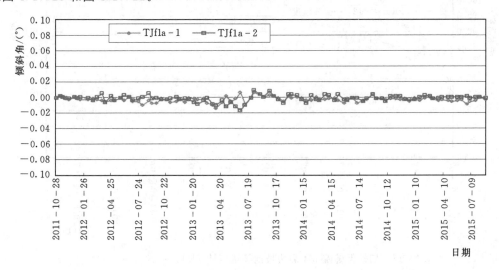

图 4.17.20 复合安置 1-A 区支护抗滑桩 A 方向倾角-时间曲线

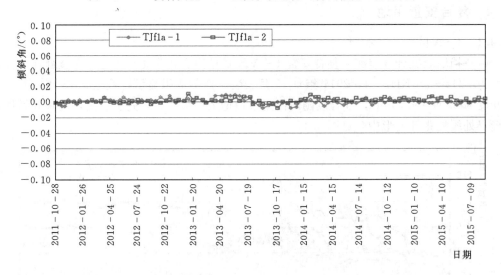

图 4.17.21 复合安置 1-A 区支护抗滑桩 B 方向倾角-时间曲线

（3）抗滑桩接触土压力监测。复合安置 1-A 区 B1 抗滑桩共布置 4 支土压力盒，仪器编号为 Ef1a-1～Ef1a-4。监测成果显示，施工期间桩身土压力变化明显，之后各深度土压力历时曲线总体趋于平稳，当前迎土侧滑坡推力介于−0.020～0.119MPa，桩身土压力随深度逐步减小，背土侧实测土体抗力为−0.005MPa，抗滑桩所受滑坡推力及土体抗力总体较小，可认为处于稳定支护状态，见图 4.17.22。

17.4.2 1-B区

复合安置 1-B 区 16 号、17 号楼建筑场地，地处松林沟右侧高回填土上。设计建筑桩基础置于中风化基岩上，2009 年 9 月施工建成，移民搬迁入住不久发现局部建筑物桩基下沉、墙体开裂。2010 年 12 月以来陆续对该建筑场地、建筑物基础和外侧挡墙分别开

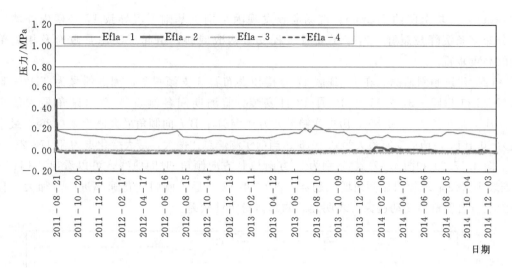

图 4.17.22　复合安置 1 - A 区支护抗滑桩土压力-时间曲线

展沉降、倾斜和深部位移等监测。

（1）基础沉降监测。复合安置 1 - B 区 16 号、17 号楼建筑基础及周边用地共布置 22 个沉降监测点，其中布置于建筑物基础上 6 点（测点编号为 LDf1b17 - 0 ～ LDf1b17 - 3、LDf1b16 - 1、LDf1b16 - 2），布置于建筑物室外场地及附近 16 点（测点编号为 LDf1b - 1 ～ LDf1b - 16），与工作基点 EM03 构成闭合水准路线。2010 年 12 月 18 日开始首期观测，截至 2013 年 9 月 27 日累计完成 57 期重复观测。从监测期各测点沉降历时曲线（图 4.17.23）上看：① 16 号楼建筑桩基础监测点 LDf16 - 1 和 LDf16 - 2 累积沉降量为 10.6mm，沉降速率缓慢；17 号楼建筑桩基础监测点 LDf17 - 2 ～ LDf17 - 3 累积沉降量介于 20.9 ～ 21.6mm，东南端（临 16 号楼）沉降较大，差异沉降明显；②17 号楼外侧回填土场地监测点 LDf1b - 1 ～ LDf1b - 3 沉降最大，累积沉降变形量介于 20.4 ～

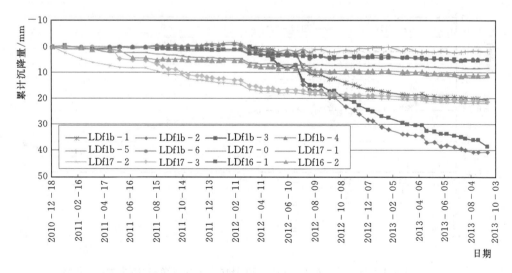

图 4.17.23　复合安置 1 - B 区 16 号、17 号楼基础及室外场地沉降-时间曲线

40.3mm，月均沉降约2.2mm。现场巡查发现因个别桩基础下沉导致17号楼内外墙面已分布多条沉降拉裂缝，对移民安置工程安全构成威胁，引起了汉源县政府及相关单位的高度重视。

（2）建筑倾斜监测。在1－B区17号楼顶共布置3支倾斜盘，测点编号为TJ17－1、TJ17－2和TJ17－3，2011年10月12日安装。监测期间各测点A方向倾角最大值为0.0401°，最小值为－0.0080°，历史变幅最大为0.0481°；B方向倾角最大值为0.0126°，最小值为－0.1616°，历史变幅最大为0.1616°；当前实测值总体偏大，最大变化点为TJ17－2。

图4.17.24和图4.17.25分别为A方向与B方向倾角-时间曲线，可以看出，TJ17－2安装不久便呈现较明显倾角增大趋势，2012年12月后，倾斜变化速率进一步加大，且各测点也出现整体变动迹象，表明建筑物总体稳定性较差。

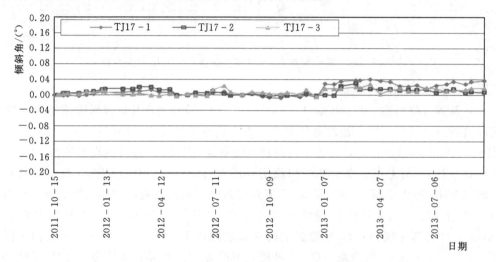

图4.17.24 复合安置1－B区17号楼A方向倾角-时间曲线

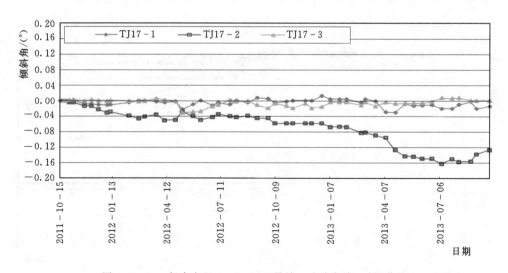

图4.17.25 复合安置1－B区17号楼B方向倾角-时间曲线

（3）前缘挡墙深部位移监测。测斜孔 IN5－2 于 2009 年 5 月 8 日埋设于 1－B 区 16号、17 号楼前缘挡墙，钻孔深度为 38.3m。多年连续观测未发现存在明显滑动面的迹象，孔口累积合位移随时间变化较小，最大值仅 7.1mm，表明测孔所在挡墙及其深部地层总体上是稳定的，见图 4.17.26。

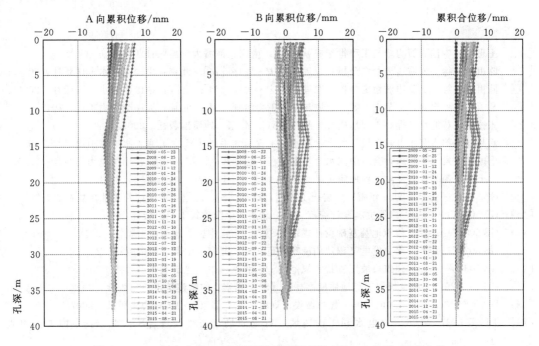

图 4.17.26　复合安置 1－B 区前缘挡墙测斜孔 IN5－2 位移-深度曲线

17.4.3　监测成果评价

（1）1－A 区 8 号挡墙裂缝开合度随时间缓慢增大，暂未完全收敛；但支护抗滑桩未发生明显倾斜变形，抗滑桩所受滑坡推力及土体抗力总体较小，可认为处于基本稳定状态。

（2）1－B 区 17 号楼施测期间建筑基础沉降量相对偏大，倾斜变形明显。初步分析系个别桩基础嵌入深度未到达设计的中风化基岩持力层而沉陷所致。已加固处理。

参 考 文 献

[1] 王思敬 . 中国岩石力学与工程世纪成就 [M]. 南京：河海大学出版社，2004.

[2] 陈祖煜，等 . 岩质边坡稳定分析：原理·方法·程序 [M]. 北京：中国水利水电出版社，2005.

[3] 陈祖煜，等 . 土质边坡稳定分析：原理·方法·程序 [M]. 北京：中国水利水电出版社，2005.

[4] 郑颖人，陈祖煜，王恭先，等 . 边坡与滑坡工程治理 [M]. 北京：人民交通出版社，2010.

[5] 张倬元，黄润秋，等 . 工程地质分析原理 [M]. 北京：地质出版社，2009.

[6] 水利电力部水利水电规划设计院 . 水利水电工程地质手册 [M]. 北京：水利电力出版社，1985.

[7] 中国水力发电工程编委会 . 中国水力发电工程工程地质卷 [M]. 北京：中国电力出版社，2000.

[8] 彭土标，等 . 水力发电工程地质手册 [M]. 北京：中国水利水电出版社，2011.

[9] GB 50021—2001（2009 年版） 岩土工程勘察规范 [S]. 北京：中国建筑工业出版社，2009.

[10] GB 500011—2010 建筑抗震设计规范 [S]. 北京：中国建筑工业出版社，2010.

[11] GB 50007—2012 建筑地基基础设计规范 [S]. 北京：中国建筑工业出版社，2012.

[12] GB 50287—2006 水力发电工程地质勘察规范 [S]. 北京：中国计划出版社，2008.

[13] GB 50330—2013 建筑边坡工程技术规范 [S]. 北京：中国建筑工业出版社，2013.

[14] CJJ 57—2012 城乡规划工程地质勘察规范 [S]. 北京：中国建筑工业出版社，2012.

[15] DL/T 5353—2006 水电水利工程边坡设计规范 [S]. 北京：中国电力出版社，2007.

[16] DL/T 5337—2006 水电水利工程边坡工程地质勘察技术规程 [S]. 北京：中国电力出版社，2006.

[17] DZ/T 0218—2006 滑坡防治工程勘查规范 [S]. 北京：中国标准出版社，2006.

[18] DZ/T 0219—2006 滑坡防治工程设计与施工技术规范 [S]. 北京：中国标准出版社，2006.

[19] TB 10025—2006 铁路路基支挡结构设计规范 [S]. 北京：中国铁道出版社，2006.

[20] JTG D30—2004 公路路基设计规范 [S]. 北京：人民交通出版社，2004.

[21] SL 379—2007 水工挡土墙设计规范 [S]. 北京：中国水利水电出版社，2007.

[22] 电力工业部成都勘测设计研究院 . 瀑布沟水电站初步设计报告（等同于可行性研究报告）[R]. 1993（未刊）.

[23] 电力工业部成都勘测设计研究院 . 大渡河瀑布沟水电站汉源县城迁建选址和电信设施迁建规划 [R]. 1993（未刊）.

[24] 国家电力公司成都勘测设计研究院 . 四川大渡河瀑布沟水电站可行性研究补充报告 9 建设征地及移民安置 [R]. 2003（未刊）.

[25] 国家电力公司成都勘测设计研究院 . 四川大渡河瀑布沟水电站建设征地及移民安置实施规划设计工作大纲 [R]. 2003（未刊）.

[26] 四川省地震局工程地震研究所 . 瀑布沟水电站汉源县城新址及永定桥供水水库工程场地地震安全性评价报告 [R]. 2002（未刊）.

[27] 四川省地震局工程地震研究所 . 汉源新县城规划区北段场地地震安全性评价报告 [R]. 2003（未刊）.

后　记

　　瀑布沟水电站建设征地移民安置工作涉及移民量大，安置规划工作牵涉面广，尤其是汉源新县城移民迁建工程建设条件复杂，工程地质问题多，建设周期短。成都院及其勘测设计团队在汉源新县城规划、勘察、设计和施工过程中，得到四川省人民政府、四川省扶贫和移民工作局，雅安市委、市人民政府、市扶贫和移民工作局，汉源县委、县人民政府、县扶贫和移民工作局及相关部门，国电大渡河流域水电开发有限公司，水电水利规划设计总院的大力支持与帮助。在此，谨向各级人民政府、相关部门和单位、各位领导和专家表示诚挚的敬意和由衷的感谢。